Planning, Design and Operation of Urban Road Traffic

城市道路交通规划设计与运用

（第2版）

石　京　著

人民交通出版社股份有限公司

北　京

内 容 提 要

本书系统地阐述了城市道路交通规划设计与运用的思想、方法，以及对未来的展望，共分十七章，主要内容包括：城市与交通、城市交通规划的基本思路、城市交通调查、城市道路的作用与功能、城市道路交通规划、道路通行能力与规划设计、道路路线设计基础、干线路网规划和城市快速路规划设计、城市功能区交通规划、平面交叉的规划设计与运用、立体交叉的规划设计、路面公共交通设施、城市道路交通关联设施、交通管理设施、交通安全设施、城市道路交通环境与道路景观、城市道路交通系统展望。

本书可作为交通运输类专业本科生和研究生教学用书，也可供交通运输规划、设计与管理领域从业人员参考使用。

图书在版编目(CIP)数据

城市道路交通规划设计与运用 / 石京著. —2 版. —北京：人民交通出版社股份有限公司，2023.4

ISBN 978-7-114-18649-3

Ⅰ.①城… Ⅱ.①石… Ⅲ.①城市道路—交通规划—设计 Ⅳ.①TU984.191

中国国家版本馆 CIP 数据核字(2023)第 036964 号

Chengshi Daolu Jiaotong Guihua Sheji yu Yunyong

书　　名：城市道路交通规划设计与运用(第 2 版)
著 作 者：石　京
责任编辑：李　晴
责任校对：赵媛媛
责任印制：刘高彤
出版发行：人民交通出版社股份有限公司
地　　址：(100011)北京市朝阳区安定门外外馆斜街 3 号
网　　址：http://www.ccpcl.com.cn
销售电话：(010)59757973
总 经 销：人民交通出版社股份有限公司发行部
经　　销：各地新华书店
印　　刷：北京虎彩文化传播有限公司
开　　本：787×1092　1/16
印　　张：18.375
字　　数：447 千
版　　次：2006 年 4 月　第 1 版
　　　　　2023 年 4 月　第 2 版
印　　次：2024 年 6 月　第 2 版　第 2 次印刷　总第 5 次印刷
书　　号：ISBN 978-7-114-18649-3
定　　价：58.00 元

前言

党的二十大报告中指出："从现在起，中国共产党的中心任务就是团结带领全国各族人民全面建成社会主义现代化强国、实现第二个百年奋斗目标，以中国式现代化全面推进中华民族伟大复兴。"党的十九大已经作出了建设交通强国的战略部署，近年来中共中央、国务院相继印发《交通强国建设纲要》《国家综合立体交通网规划纲要》，现代综合交通运输体系建设进入加速推进、发挥整体效能的重要时期。交通发展不均衡、不充分，供给能力、质量、效率不能满足人民日益增长的美好交通需要等问题亟待解决。城市道路交通依然存在着事故多发、拥堵严重、环境污染等问题，难以满足可持续发展的要求，高效、安全、环保的城市综合交通体系建设刻不容缓。在此大的背景下，《城市道路交通规划设计与运用》第2版在人民交通出版社股份有限公司的支持下得以出版。在此感谢人民交通出版社股份有限公司的大力支持，感谢李晴编辑的辛勤工作。我的博士生许静雯在全书修编中帮助查阅整理了大量参考资料，重新制作了部分图表；博士生潘杰在本书第十七章的修改中查阅整理了相关参考资料，在此一并表示感谢。

本书第1版于2006年出版，距今已经有17年。这17年间，我国的经济得到了高度发展，城市化进一步提高，城市道路交通体系整体上发生了巨大的变化，无论在技术上还是在质量上都有了长足的进步。为了更好地适应交通运输一体化发展，着力打造一流设施、一流技术、一流管理、一流服务，加快建设人民满意、保障有力、世界前列的交通强国，本书对内容进行了相应的修订。

首先，这些年出台了很多新的标准规范，城市道路相关的技术规范得到了不断完善，第2版纳入了新的规范内容，以适应时代的发展。其次，这些年出现了很多新的事物，如电动自行车、共享单车、网约车等新的交通方式，道路交通的参与主体更加复杂，不同主体需求之间的矛盾愈发凸显，道路的路权、道路空间的公平性问题变得更加重要。最后，信息化、智能化技术广泛得到应用，管理手段和方式有了很大变化。与此同时，我们应该看到，城市停车问题依然没有得到有效解决，城市中路网稀疏但道路过宽等问题依然存在；道路资产管理将成为今后重要的研究领域，与城市更新对应的道路功能更新也将是一个新的课题；社会老龄化引发了老年人安全出行问题，车路协同、自动驾驶、共享出行等新技术新业态的快速涌现带来了交通流量、出行方式变化，碳达峰、碳中和对交通运输系统的绿色发展提出了新的要求，人民群众对美好交通出行的向往和追求等都对城市交通系统提出了更高要求。针对以上问题，本书尽可能多地纳入了新知识、新内容，相应地删除了部分已经过时的内容。

本书最初的写作目的是希望促进实现两个一体化：第一个是规划、设计、建设、运用的一体化，即通过广泛的知识使各个环节、各个领域的从业人员对其他阶段的工作有所了解，避免相互之间产生隔阂和衔接问题；第二个是城市道路与公路的一体化，即促进两个道路体系的融合。目前看，第一个一体化已经基本形成了，这些年交通学科的发展基本上解决了这一问题，但第二个一体化还没有形成。因此，本书保留了与公路相关的部分知识和内容。

当今世界发展速度越来越快，笔者试图抓住这一变化趋势，并使之反映到本书之中。但是，囿于知识水平，书中定有不完善之处，欢迎各位读者批评指正。

石　京

2023年1月29日

于北京

目录

第一章　城市与交通 ······ 1

第一节　城市与交通的关系 ······ 1

第二节　城市交通的特征 ······ 3

第三节　交通方式的多样性及其特点 ······ 4

第四节　城市的交通问题 ······ 5

第五节　城市交通发展战略 ······ 8

第二章　城市交通规划的基本思路 ······ 13

第一节　城市交通规划的约束条件 ······ 13

第二节　交通规划的计量化与交通工程学 ······ 14

第三节　汽车化时代城市交通规划的基本思路 ······ 15

第四节　城市综合交通规划的一般步骤 ······ 19

第三章　城市交通调查 ······ 21

第一节　城市交通调查的作用与分类 ······ 21

第二节　人与物资的流动调查 ······ 24

第三节　关于道路交通的调查 ······ 30

第四节　交通调查的发展趋势 ······ 32

第四章　城市道路的作用与功能 ······ 35

第一节　城市道路的功能、效果与评价 ······ 36

第二节　路网中道路功能等级分类及其意义 ······ 43

第三节　我国城市道路的分类与设计标准 ······ 44

第四节　路网的构成及各级道路的功能 ······ 46

第五章　城市道路交通规划 ······ 48

第一节　城市道路交通规划的理念 ······ 48

第二节　道路交通规划的步骤 …………………………………………………………… 49
第三节　交通需求预测 ………………………………………………………………… 53
第四节　交通预测结果解析 …………………………………………………………… 65
第五节　道路交通专项规划 …………………………………………………………… 71
第六章　道路通行能力与规划设计 …………………………………………………… 78
第一节　道路交通特性 ………………………………………………………………… 78
第二节　道路通行能力与服务水平 …………………………………………………… 81
第三节　设计小时交通量与车道数的确定 …………………………………………… 87
第七章　道路路线设计基础 …………………………………………………………… 89
第一节　汽车行驶理论基础 …………………………………………………………… 90
第二节　道路规划设计的依据 ………………………………………………………… 94
第三节　道路平面设计 ………………………………………………………………… 96
第四节　道路纵断面设计……………………………………………………………… 104
第五节　道路横断面设计……………………………………………………………… 111
第六节　路基与路面…………………………………………………………………… 118
第八章　干线路网规划和城市快速路规划设计……………………………………… 120
第一节　机动车专用道路……………………………………………………………… 120
第二节　干线道路网规划……………………………………………………………… 124
第三节　城市快速路规划设计………………………………………………………… 126
第九章　城市功能区交通规划………………………………………………………… 136
第一节　城市功能区交通规划的基本概念…………………………………………… 136
第二节　居住区的交通规划…………………………………………………………… 138
第三节　市中心的交通规划…………………………………………………………… 142
第四节　行人与非机动车的空间……………………………………………………… 142
第五节　学区的道路交通……………………………………………………………… 144
第十章　平面交叉的规划设计与运用………………………………………………… 145
第一节　平面交叉规划设计的基本概念……………………………………………… 145
第二节　规划设计的步骤与具体方法………………………………………………… 159
第三节　交通安全与交通组织设计…………………………………………………… 161
第四节　交叉路口的左转车流变流向措施…………………………………………… 164
第十一章　立体交叉的规划设计……………………………………………………… 169
第一节　立体交叉的类型……………………………………………………………… 170

第二节　立体交叉的选型和适用条件……176
第三节　立体交叉的设计……178
第四节　道路与铁路交叉……184
第十二章　路面公共交通设施……186
第一节　路面公交的必要性和公交优先政策……186
第二节　公交车专用车道的规划设计……192
第三节　公交车优先信号……196
第四节　公交枢纽站与停车保养厂……198
第五节　公交中途站的规划设计……199
第十三章　城市道路交通关联设施……204
第一节　城市广场……204
第二节　城市物流中心……213
第三节　城市停车设施……215
第四节　公共加油站与充电站……221
第十四章　交通管理设施……223
第一节　交通信号机……223
第二节　道路交通标志……225
第三节　道路交通标线……228
第十五章　交通安全设施……233
第一节　立体人行过街设施……233
第二节　道路照明……236
第三节　防护设施……241
第四节　其他的交通安全设施……244
第十六章　城市道路交通环境与道路景观……247
第一节　道路交通环境……247
第二节　道路景观……253
第十七章　城市道路交通系统展望……263
第一节　可持续发展的交通体系建设中道路系统的功能定位……264
第二节　城市再生与道路建设及改良的案例……267
第三节　智能交通在城市道路体系中的功能和应用……270
第四节　其他与城市道路相关的新技术……275
参考文献……278

第一章

城市与交通

城市结构、土地利用形态与交通是相互作用、相互影响的，在研究和探讨城市交通时，离不开研究城市结构以及土地利用形态。城市结构影响着交通的空间分布形态，土地利用形态决定了交通发生吸引的强度。反过来，交通基础设施的建设又引导着城市的空间发展方向。因此，在研究和探讨城市中日益严重的交通问题时，既要考虑交通，又要充分考虑交通与城市结构以及土地利用形态的关系，否则交通问题难以真正得到解决。

第一节　城市与交通的关系

在历史上，随着商人这样一个不从事生产而只从事商品交换的阶层的出现，人类历史上第三次社会大分工开始出现，城市开始形成。城市是人类聚集在一起共同生活的场所，人类的城市社会具有居住、工作（包括学习）和游憩三个要素。

在城市形成的初期，居住、工作（包括学习）和游憩这三个要素处于同一个空间。随着工业化的发展和扩大，居住和工作空间的混用逐渐不适应新的生产形式而显现了弊端。逐渐地，城市空间被划分为具有专门性质的空间，如作为居住的区域有住宅地区，作为工作（包括学习）的区域有工业地区、商业地区、学区等，作为游憩的区域有商业地区、公园绿化地区等。各种性质的区域配置适当，相互之间有一定间隔，其全体就形成了现代的城市空间。

欧洲是能够反映现代城市形成过程的代表例子。19 世纪的欧洲，随着工业革命的进展，在城市中无计划地出现了大量中、小工厂，农村人口迅速向城市集中，城市规模急剧扩张。工厂就建在住宅周围，林立的烟囱中不断排出黑烟，废气覆盖了天空，工业废水与生活污水遍地皆是，造成了生活环境的恶化。

为了解决这些城市问题，从 19 世纪后半叶到 20 世纪初期，人们从城市规划的角度对于不同性质的城市空间进行了分离，纯化了土地利用的性质，于是居住、工作（包括学习）和游憩三种城市空间逐渐分离开来。与此同时，随着城市人口的增加，城市规模不断扩大，不同目的、性质的城市空间的分离程度也随之加大。人们为了进行上述三种基本的活动，就必须移动。随着城市空间的分离产生了城市社会的第四个要素“交通”。

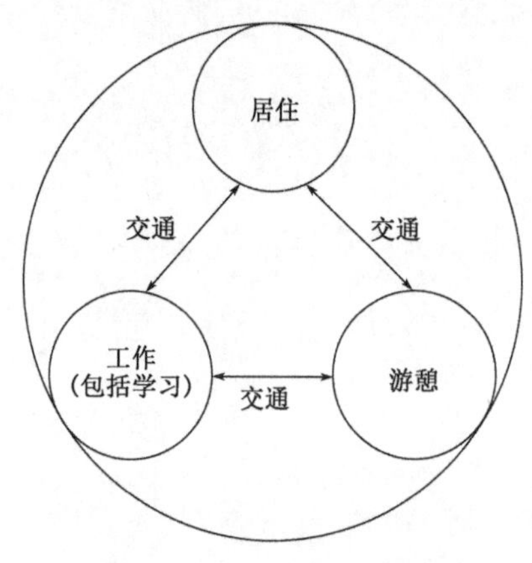

图 1-1　城市社会的四个要素

《雅典宪章》便是反映这一时期关于城市规划理论和方法的纲领性文件。它指出城市规划的目的是解决居住、工作（包括学习）、游憩与交通四大基本活动的正常进行，并根据居住、工作、游憩三个要素对城市进行明确的功能分区，通过设计合理的交通网将城市功能区联系起来。在物理上可以把城市解释为人们进行生活所必需的居住空间、工作（包括学习）空间、游憩空间以及交通空间的组合体。图 1-1 表示了城市社会四个要素及其相互之间的关系。

随着城市经济的快速发展，人口不断地向城市集中，进一步促进了城市空间向郊外不断扩大，增加了城市的交通需求。而这种增长的交通需求则需要更加发达的交通方式和交通基础设施与其对应。与此同时，交通方式与交通基础设施的发达反过来更加促进城市化的发展。从国内外的例子可以看到，城市发展的特征之一就是城市往往是沿着干线道路以及轨道交通等大运量客运系统（Mass Transit）的走向而发展的。

我国的城市交通发展史同样说明了城市与交通的相互作用。特别是近年来我国城市化发展速度不断加快，新的开发区或卫星城多是沿着主要交通通道而形成的。

北京市的城市发展就印证了这一点。北京地铁于 1965 年 2 月 4 日破土奠基。1969 年 10 月 1 日，北京地铁一期工程建成通车试运行。从北京站至古城路站共设 16 座车站及一座地面车辆段——古城车辆段，运营线路长 21km。1971 年 1 月 15 日，北京地铁一期工程线路开始试运营。1972 年 12 月 27 日，北京地铁由原凭证购买地铁票，改为免证件购买地铁票，单程票价仍为 0.1 元。1972 年，北京地铁年客运量为 1503 万人次，日均客运量为 4.1 万人次。1981 年 9 月 15 日，北京地铁一期工程验收正式交付使用。北京地铁一期工程从福寿岭至北京站，运营线全长 27.6km，共设 19 座车站。20 世纪 80 年代开始，地铁一号线沿线，特别是在地铁横贯全区的石景山区，陆续形成了多个大型居民住宅区。

北京市的环线道路建设也带动了城市的发展。全长 65.3km 的北京四环路于 2001 年 6 月 9 日全线通车。北京四环路为双向 8 车道，设计速度为 80 ~ 100km/h，与首都机场、京通、京沈、京津塘、京开、京石、八达岭高速公路和数十条城市干道相连，是主路全封闭、全立交的城市快速路。北京四环路建成后，居住新区、新商业区、高新技术产业开发区等各类城市人口密集区域迅速形成，沿线房价（地价）明显上升。

大城市周边住宅新区的大量开发,迅速增加了从城市周边向市中心集中的通勤、通学的交通量,造成了早晚高峰时段的交通拥堵。北京市由于大运量客运系统的建设滞后于城市的发展,造成地铁和公交拥挤。20 世纪 90 年代中期以后,北京机动车保有量急剧增加,2003 年底达到了 212.4 万辆,2018 年底突破 600 万辆,2021 年底达到了684.9万辆,道路拥堵成为城市交通问题中最为突出的一个。大规模的城市道路建设不仅没有使交通拥堵得到缓解,随着机动车保有量的增加,似乎交通拥堵更为严重,这一点极其值得我们深思。

截至 2020 年 12 月,北京城市轨道交通路网运营线路达 24 条,总里程 727km,与道路系统等共同构成北京市综合交通体系,为缓解道路交通拥堵、解决北京城市轨道交通问题发挥着巨大作用。"十三五"时期,北京市人口规模随着非首都功能疏解开始下降,交通出行总量仍保持增长态势。在交通出行方式结构方面,北京市地面公交出行比例趋于稳定,自行车出行比例在经历数年下滑后出现回升。2018 年,北京市中心城区绿色出行比例达 73.0%,较 2017 年增长 0.9 个百分点,其中轨道交通、常规公交、自行车、步行的比例分别为 16.2%、16.1%、11.5%、29.2%,由此可见,绿色出行占据主导地位。

城市功能布局及空间结构的优化调整是改善中心城区交通的治本之策。"十四五"时期,北京市将按照国务院批复的《北京城市总体规划(2016 年—2035 年)》全面实施新的空间发展战略,逐步构建"一核一主一副、两轴多点一区"的空间布局,更加突出首都功能、疏解导向与生态建设。我们相信北京市的交通问题随之将会从根本上得到解决。

第二节 城市交通的特征

城市是以人为主体,以空间利用为特点,以聚集经济效益和人类进步为目的的一个集约人口、集约经济、集约科学教育文化的空间地域系统。(引自李铁映《城市问题是个战略问题》)城市虽然占据的国土面积很小,但是却高度聚集了大量的人口、财富和社会经济活动。城市是人类物质财富和精神财富生产、传播与扩散的中心。随着城市规模的加大,城市交通问题变得更加复杂,特征也更加明显。

城市的特点决定了城市交通的复杂性。城市交通问题一直是世界各国大城市关注的焦点。在城市发展的各个阶段,大城市总是面临着各种不同的交通问题。

系统科学家习惯将城市交通系统称为复杂、开放的巨系统。这是因为城市交通系统是一切城市活动的载体。从系统科学的角度来看,城市交通系统本身是由道路子系统(含城市轨道交通)、流量子系统以及管理子系统组成的一个复杂、开放的巨系统。由于城市交通系统中存在出行者的决策博弈行为,从而使得城市交通系统的运行机理极其复杂。

城市的特性使得城市交通通常具有如下特征:

(1)以近距离交通为主体,市中心的短距离交通更多。

(2)具有时间周期性。人的移动以通勤、通学为主,而且主要集中在早晚的短时间段内。这种变动通常以 24h 或 1 周为周期发生变动。

(3)在城市中心或是交通枢纽以及车站具有聚集性。

(4)具有方向性。由于城市活动集中在市中心进行,所以城市中心发生的集中交通居多,通常呈现向心的形态。

(5)多种交通方式并存。城市中的人流，或者说人的出行(Person Trip)采用的交通方式多种多样，包括步行、自行车、摩托车、小汽车、公交车、轨道交通等。城市中的物流则以汽车为主，随着快递业的发展，小宗货物运送量的增加，近年来，摩托车、电动自行车也得到应用。

(6)出行量大、密集交通。与城市间相比，城市中的出行量明显更大。城市越大，城市中人和物体的移动总量越大，交通的发生率、集中率就越高。

(7)出行率高。城市的社会经济特征和地理环境是影响出行次数的主要因素。个人出行调查(Person Trip Survey，PT 调查)表明，城市中的日均出行次数要高于外围地区。所谓 PT 调查，主要是对于个人的某一天的行动进行调查，同时还包括对个人以及家庭属性的调查。广州 2021 年的调查数据显示，中心区的日均出行次数为 4.02 次，外围地区为 2.28 次；厦门 2021 年的调查数据显示，岛内中心区的日均出行次数为 2.57 次，岛外地区为 2.44 次；上海 2020 年的调查数据显示，市中心的日均出行次数为 4.89 次，外围的五大新城的日均出行次数为 2.68 次。与 20 年前我国的城市居民平均出行次数相比，均有了较大幅度的提高。

第三节　交通方式的多样性及其特点

交通可以被定义为人或物体在不同地点间的移动。随着城市规模的加大，城市中的社会、经济活动变得越来越复杂，城市功能也随之分化，连接这些城市功能的交通的作用就越来越大。构成交通的要素中有移动的主体、交通方式、交通通路。

城市中交通的各种特性，特别是移动主体的多样性决定了城市交通需要多种交通方式共同担负。具体到一种交通方式，一般是由交通动力、交通工具、交通通路、运营管理四种要素构成。其中，交通动力包括人力、畜力、风力、电力等。交通工具包括自行车、汽车、火车、船舶、飞机等。交通通路包括道路、铁路、水路、空路等线形网络，以及公路枢纽、港口、机场等枢纽设施，聚集多种方式的综合交通枢纽，合起来被称为交通的基础设施。交通动力和交通工具通常是一体的，如汽车、船舶、飞机；有时是分离的，如电气化铁路。当交通动力和交通工具为一体时，可以将其称为可移动设施。

当代的城市中，除了步行这种传统的交通方式外，还有自行车、电动自行车、摩托车、小汽车、货车、公交汽车、有轨电车、城市轨道等多种多样的交通方式。城市中各种交通方式的基本要素决定了运送能力(表 1-1)、舒适程度等的特点。正是由这些交通方式共同构成的城市综合交通体系支撑着城市的交通。如图 1-2 所示，城市中的出行距离长短不同，出行量也不同，所适合的交通方式也不同。其中，步行方式老幼皆宜，适合短距离出行。小汽车的效用尽管很高，是其他方式无法比拟的，但是运送能力是各种方式中最低的，而且近距离出行花费的时间可能会比步行或自行车多，大量出行如果使用小汽车，则会带来城市道路拥堵问题，以及随之而来的交通安全、污染排放等问题。因此，城市中尤其需要诸如地铁这样的大运量公共运输方式。城市中的出行由各种交通方式共同承担才能有效地处理好交通问题。

各种交通方式的运送能力比较　　表1-1

交通方式	单向运送能力观测值范围
铁路、地铁	40000～50000人次/h
有轨电车、城市轻轨(LRT)等	5000～24000人次/h
快速公交(BRT)	10000～25000人次/h
普通公交车	4000～18000人次/h
小汽车	620～2400人次/h
自行车	1500～1800人次/h
步行	1400～1800人次/(h·m)

注:各个地方对于BRT的定义不同,设计标准也不同。因此,BRT运送能力的范围较大,有的数据高达单向60000人次/h。一般认为单向10000～25000人次/h更为合理。运送能力过高意味着车辆大型化、运送频度密集化,这会导致交叉方向道路交通延误增加。

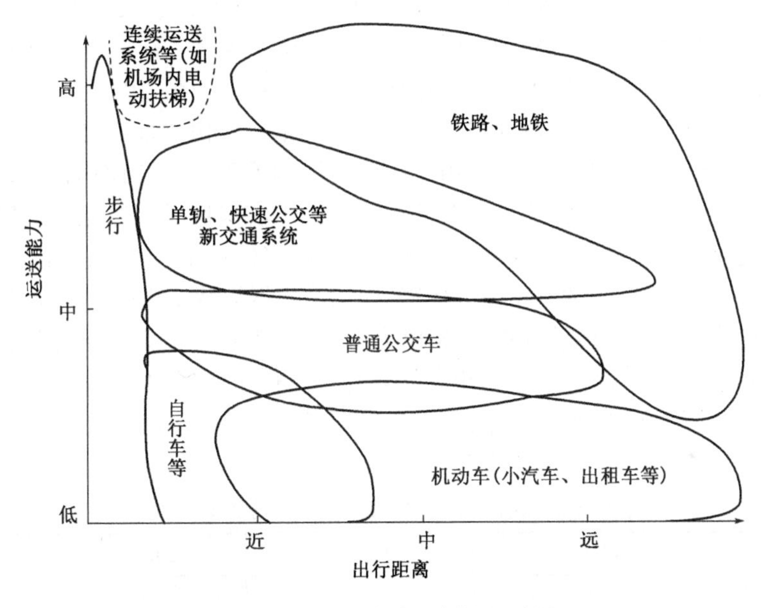

图1-2　多种交通方式适应范围示意图

近年来,随着自动控制技术的不断进步,运营管理更加受到重视。科学的运营管理是解决道路拥堵、安全、环境等问题的要素。

第四节　城市的交通问题

在现代城市中普遍存在着各种各样的城市问题,诸如人口变动、区域扩大、汽车增加带来的交通拥堵以及由此带来的环境问题、交通安全问题及其他社会问题,公共交通方式的车内拥挤以及人口过疏带来的公交衰退等交通问题。在城市社会经济发展的不同阶段,大城市面临着各种不同的交通问题。如何从根本上解决这些问题,多年来一直是专家学者们的研究重点。随着我国社会经济的持续快速发展、城市化进程的加快,以及机动车保有量的迅速增长,大中城市交通拥堵问题日益严重,交通拥堵已经成为制约城市社会经济发展的一个重要因素。

城市社会具有居住、工作(包括学习)、游憩和交通四个要素。随着城市的发展、城市规模的扩大,城市功能区划分越来越严格,即城市中居住、工作(包括学习)、游憩区域的特定化,使城市的交通需求不断扩大。城市结构决定了交通需求的发生,土地利用的形态决定了交通发生的强度。城市交通基础设施的供给与交通需求应该保持平衡的关系,当供给无法满足需求时,交通问题就显现出来了。

城市中的交通问题具体表现为交通拥堵、交通事故多发、生活环境恶化以及公共交通的服务水平不断下降。此外,由汽车排出的二氧化碳造成的地球温室效应问题也越来越受到人类社会的关注。我国在2020年提出“双碳”目标,城市交通领域亟须做出转变。

1. 交通拥堵是城市交通中最为明显的问题

交通拥堵给城市生活带来的直接影响是时间上和经济上的损失。城市中的交通拥堵不仅表现在道路上机动车的拥堵,还表现在公共交通方式的车内拥挤。世界上各个大城市都存在着同样的问题。在北京,地铁在高峰时间拥挤不堪,公交车也是一样。由于公共交通方式服务水准的低下,使得其效用往往低于私家车,这样使得有一定经济实力的出行者逐渐趋向于使用具有门到门服务、乘车舒适度高、时间灵活等特点的私家车。由于北京地处平原,而且雨天很少,原本是自行车出行的理想场所,但是由于道路建设侧重于汽车的使用,大量的立体交叉加大了坡度,加长了自行车的出行距离,过宽的道路增加了转弯以及横穿道路所需的时间,同时增加了出行的危险性,自行车的出行体验越来越差。随着机动车的增多,非机动车道被机动车道所压缩,这一切使得自行车的利用率逐年降低,结果使得为数不少的自行车使用者也逐渐加入了私家车的行列。表1-2显示,1986—2018年,自行车出行方式大幅度降低,社会机动车大幅增加。随着共享单车的横空出世,短距离的自行车出行比例增加。作为公共交通的有效接驳方式,自行车也在发挥着巨大的作用,但是也出现了共享自行车以巨大供给来应对有限需求所带来的种种乱象,特别是占用道路资源混乱、无序停车等问题。

北京市居民出行使用交通方式构成比例(单位:%)　　表1-2

交通方式	1986年	2000年	2013年	2018年
自行车	62.7	38.5	12.1	16.2
公交	26.5	22.9	25.4	22.7
轨道交通	1.7	3.6	20.6	22.9
出租车	0.3	8.8	6.5	3.7
小汽车	5.0	23.2	32.7	32.9
其他方式	3.8	3.0	2.7	1.6
合计	100.0	100.0	100.0	100.0

注:数据来源为北京交通发展研究院《北京市道路交通运行分析报告》。

2. 环境污染是交通拥堵的衍生问题

如图1-3、图1-4所示,在城市中机动车行车速度低,燃料耗费量增多,而且不完全燃烧增加了燃料费用。汽车尾气排放产生了大量的二氧化碳等温室气体,一氧化碳、二氧化硫、氮氧化物等对人类有害的化合物,以及粉尘、浮游颗粒等直接影响人体健康的微粒。二氧化碳排放量的不断增多加剧了地球温室效应,近年来成为全人类共同关注的地球环境问题。

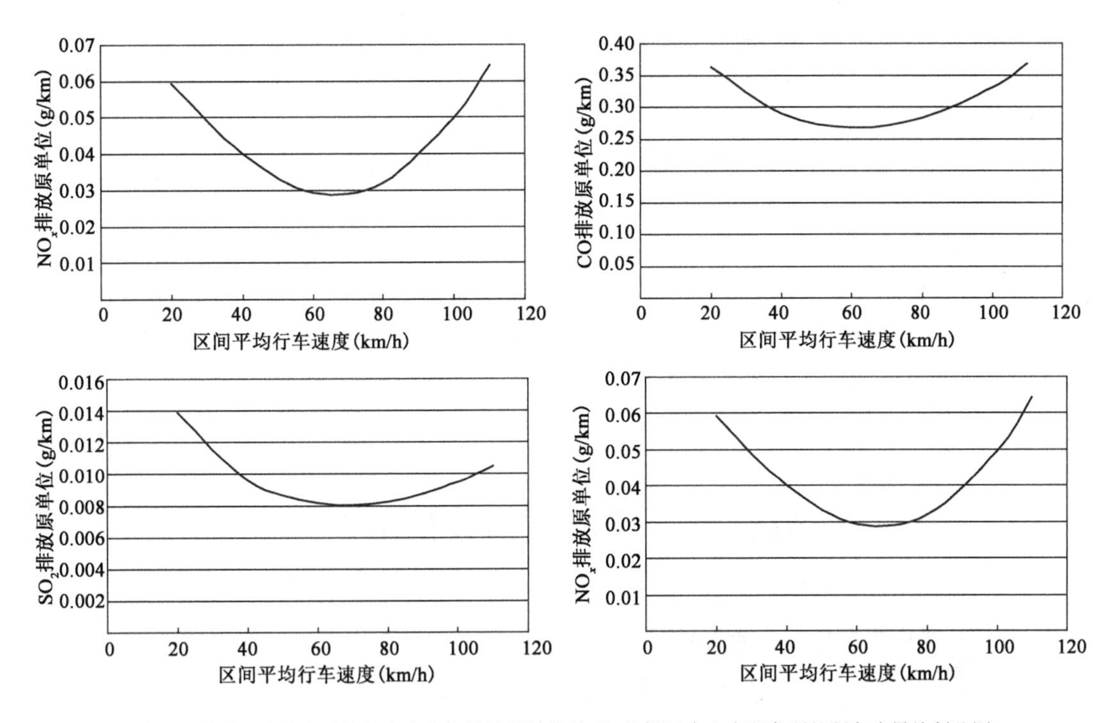

图 1-3 燃汽油小汽车平均行车速度与排放源单位关系(根据日本土木研究所的研究成果绘制此图)

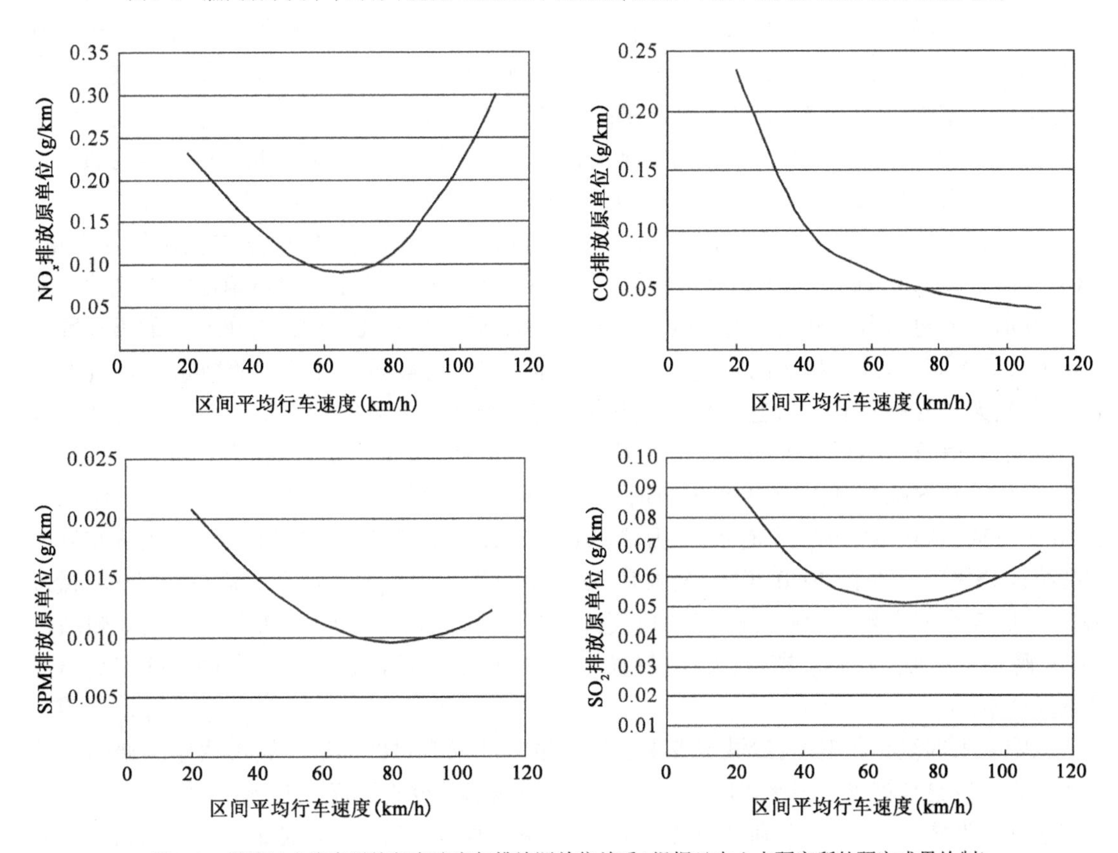

图 1-4 燃柴油小汽车平均行车速度与排放源单位关系(根据日本土木研究所的研究成果绘制)

3. 交通事故多发是城市交通问题的又一大特点

城市道路交通事故的发生与道路交通因素间有着必然的关联性。城市道路网密集,交叉口多是导致事故多发的一个重要因素。交通量过多,交通构成复杂是导致交通事故多发的交通因素。我国的交通事故有着自身的特点。随着我国有关部门对于交通安全的重视,以及汽车技术和交通管理水平的不断进步,在多种因素作用下,我国的交通事故数量和死亡人数一直呈下降趋势,但事故绝对数量以及万车比、万人比仍处于高位。根据国家统计局的数据,2021年,全国共发生道路交通事故244937起,造成63194人死亡,258532人受伤,直接损失达13.8亿元。我国城市中交通事故的主要特征是:城市道路网中交叉口附近、主干路是交通事故多发点;机动车驾驶员违法行为是事故的首要因素,且人为因素的比例高;混合交通流之间相互干扰、相互作用是交通事故的“温床”。

第五节　城市交通发展战略

1. 当前我国城市交通面临的挑战

(1)亟须解决汽车化快速发展与道路容量不足的矛盾

改革开放以来,特别是近年来随着我国国民经济的持续高速发展,城市的汽车化发展很快。以北京市为例,近20年机动车的保有率急剧增加,就新增登记车辆数而言,2002年为21万辆,2003年为22.6万辆,2004年为30.9万辆。到2004年末全市汽车保有量为187.1万辆,比上年末增加19.4万辆,其中小汽车保有量为109.6万辆。2008年北京奥运会前夕,北京实行了为期两个月的单双号限行,有效地降低了道路拥堵程度,保障了北京奥运会的顺利进行。之后,市政府果断实施了尾号限行政策,即每辆私家车根据牌照尾号的数字,每周有一天禁止上路行驶。但由于配套措施不完善,尾号限行措施迅速激发了家庭第二辆车的保有量。2010年前十个月北京的机动车保有量增加了80万~90万辆。为了应对迅速增加的机动车数量,市政府又紧急出台了机动车的限购等多项政策措施。之后,北京牌照的机动车的增长数量得到了有效控制,但外地牌照的机动车迅速大量涌入北京,最多时外地牌照数量高达近百万辆。同时,遮挡号牌、摘牌、伪造号牌等违法行为越来越多。之后的近十年中北京的机动车政策不断调整、完善。截至2020年末,北京市机动车保有量达到了657万辆,比上年末增加20.5万辆;民用汽车600.3万辆,比上年末增加9.5万辆;其中,私家车有507.9万辆,比上年末增加10.5万辆;私家车中小汽车有297.8万辆(数据引自北京市统计局《2020年国民经济和社会发展统计公报》)。截至2020年底,全国有70个城市汽车保有量超过百万辆,31个城市超过200万辆,13个城市超过300万辆,其中北京、成都、重庆超过500万辆,苏州、上海、郑州超过400万辆,西安、武汉、深圳、东莞、天津、青岛、石家庄等7个城市超过300万辆。城市交通问题越发严重。

急剧到来的汽车化浪潮,给城市带来了许多过去从未有过的问题。城市道路交通问题的主要矛盾是供给与需求的不平衡问题。但是由于交通基础设施投资巨大、建设周期长,因此城市交通基础设施的供给,难以满足经济高度成长、快速城市化和汽车化带来的急剧增长的交通需求,城市交通问题不可避免地显现出来,成为当今我国城市中老百姓极其关心、矛盾集中的城市问题之一。

急剧增加的机动车,汇集到汽车化之前建成的路网上,供给和需求不平衡的问题立刻显现出来,具体表现为道路拥堵、行车时间延长、交通事故多发以及交通环境恶化等问题。设施的不足除了表现在道路设施不足之外,还表现在停车设施的不足。路外停车设施不足导致路内违法停车的增加,这些更加加剧了道路服务水平的下降。另外,还存在着管理水平和管理效率较低等交通管理体制与方法滞后的问题。

表 1-3 为我国部分城市主要道路高峰小时的平均车速。

我国部分城市主要道路高峰小时的平均车速 表 1-3

城市	南京	上海	天津	北京	宁波	大连	杭州	鞍山	萧山
车速(km/h)	25.5	<20	20	15	26.9	32	27.5	30	21.8

注:部分数据出自清华大学交通研究所交通实地调查。

目前,城市交通问题正在逐渐由大城市向中小城市发展。各个城市为了应对交通拥堵问题,都正在采取道路设施建设与道路交通管理并重的措施。目前,对于交通需求的管理也越来越受到人们的重视。

(2)仍需进一步提高城市的公共交通服务水平

城市交通具有人口集中、出行频繁等特征。这些特征决定了大运量的公共交通方式是城市交通体系中的主要方式。城市公共交通方式包括普通公交(Bus)、快速公交(Bus Rapid Transit,BRT)、城市轻轨(Light Railway Transit,LRT)、地下铁道(Subway)等。

各种公共交通方式都是以城市道路系统为基础的。普通公交以及快速公交都是使用道路设施,城市轻轨通常也是利用道路空间(地上或地面),地铁则主要是利用城市道路的地下空间。

随着城市问题的日益严重以及人们的关注程度不断加大,人们越来越认识到,要解决城市的交通问题,在受到空间、资源、环境等约束条件限制的城市中,仅靠修建道路以满足不断增长的汽车需求是不切实际的,采用大运量、总能耗低的公共交通方式才是最佳的选择。

(3)城市交通信息化水平仍有待提升

人们把城市交通问题的改善,寄希望于智能交通系统(Intelligent Transportation System,ITS)的实现。随着科学技术的发展,控制技术、信息技术不断进步,运营管理作为第四个重要的要素,更加受到重视。近年来,ITS 在解决城市交通问题当中受到高度重视。ITS 利用信息技术把人、车、路有机地结合到一起,可以提高道路的通行能力,防止和减少交通事故的发生,减少拥堵,改善环境等。

ITS 越来越受到重视,与之相关的研发达到了空前火热的程度。ITS 研究已经有数十年的历史,欧美、日本都有各自的系统目标,并取得了相应的研究成果,一些成果得到应用。在日本,早在 20 世纪 90 年代开始由政府主导开始了 ITS 的研发,内容包括智能导航系统(Navigation System)、电子不停车收费系统(Electronic Toll Collection,ETC)、安全驾驶支援系统、交通管理最优化系统、道路高效管理系统、公共交通支援系统、营运车辆效率化管理系统、行人支援系统、紧急车辆支援系统等 9 个子系统。在产官学的紧密配合、共同努力下,目前,汽车导航系统和与其配套的车辆信息交换系统(Vehicle Information Communication System,VICS)以及 ETC 早已得到实际应用。我国对于 ITS 的研究起步较晚,目前信息平台的建设正在多个城市进行。由于缺乏国家级的行业标准,ITS 的发展受到了限制。总之,城市交通与信息化的联系越来越紧密。

(4)完善通行规则、缓解交通参与者之间的冲突刻不容缓

我国道路交通参与主体的组成日趋复杂，对各主体全面、公平、合理、精细化的服务与管理需要有坚实的法律基础。从实际道路运用中发现问题，不断完善道路通行规则，是使道路交通安全管理工作与社会发展和经济建设相适应的必要途径，也彰显了立法工作以人为本、从实际出发的精神。

完善通行规则问题是道路交通领域政策制定过程中需考虑的公共问题和社会问题，包括路权分配缺乏公平性、各参与主体需求复杂、相互间冲突严重等问题。笔者曾承担的国家高端智库项目“道路通行规则实证研究”正是通过实证研究为交通管理部门公平分配路权，化解道路交通参与各主体对道路交通需求间的冲突提供依据，以完善道路交通安全法。此问题解决的基本思路为：①判明各主体对道路通行需求与相互之间冲突的实际情况；②明确现行道路通行规则的问题，并分析其对交通安全、效率及公平性的影响；③借鉴交通管理先进国家与地区的相关成功经验，提出完善道路交通安全法的事实依据和政策建议。

在道路基础设施建设日趋完善的今天，充分运用公平合理的法律法规，把道路管好、用好显得越来越重要。

2. 城市交通发展基本战略

解决城市交通问题离不开城市交通发展战略的指导，这一战略应该包含公众利益优先、综合交通体系的形成、需求引导型交通规划理念、科学合理的交通运用及其管理等内容。1992—1995年，建设部与世界银行、亚洲开发银行联合开展“中国城市交通发展战略研究”，并于1995年11月在北京召开的研讨会上，通过了《北京宣言：中国城市交通发展战略》，提出了五项原则、四项标准和八项行动。五项原则：①交通的目的是实现人和物的移动，而不是车辆的移动；②交通收费和价格应当反映全部社会成本；③交通体制改革应该在社会主义市场经济原则指导下进一步深化，以提高效率；④政府的职能应该是指导交通的发展；⑤应当鼓励私营部门参与提供交通运输服务。四项标准：①经济的可行性；②财政的可承受性；③社会的可接受性；④环境的可持续性。八项行动：①改革城市交通运输行政管理体制；②提高城市交通管理的地位；③制定减少机动车空气和噪声污染的对策；④制定控制交通需求的政策；⑤制定发展大运量公共交通的战略；⑥改革公共交通管理和运营；⑦制定交通产业的财政战略；⑧加强城市交通规划和人才培养。

近年来，许多城市越来越注重城市交通发展战略的制定。北京市于2005年4月率先公布了《北京市交通发展纲要(2004—2020)》，昆明市于2005年7月通过了《昆明城市交通发展纲要》的评审。2005年，《国务院办公厅转发建设部等部门关于优先发展城市公共交通意见的通知》(国办发〔2015〕46号)，旨在提高交通资源利用效率，缓解交通拥堵。2012年，《国务院关于城市优先发展公共交通的指导意见》(国发〔2012〕64号)，为实施城市公共交通优先发展战略指明方向，除缓解交通拥堵外，还强调提升人民群众生活品质，为构建资源节约环境友好型社会做出贡献。2012年，住房城乡建设部、发展改革委和财政部等部委联合发布《关于加强城市步行和自行车交通系统建设的指导意见》(建城〔2012〕133号)，为促进城市交通领域节能减排，针对城市步行和自行车交通环境日益恶化、出行比例持续下降的实际情况提出指导。2021年，住房和城乡建设部发布公告，批准《城市步行和自行车交通系统规划标准》(GB/T 51439—2021)为国家标准，自2021年10月1日起实施，为保障城市步行和自行车交通空间、提升步行和自行车交通出行安全与品质、科学利用空间资源提供依据……上述交通发展

战略的时间线也可反映在出行结构方面对于提高绿色出行比例的要求。“十四五”时期,交通发展将由大规模基础设施建设转向交通综合治理、提升人们的出行品质。

城市交通发展战略是对城市交通未来发展趋势的总体预测与判断,从宏观上把握城市交通发展的方向,避免走弯路。结合我国人口众多、城市人口密度高、目前尚处于汽车化和城市化的进程中等特点,在我国城市交通发展战略中特别应注意下列几项基本内容。

(1)公众利益优先的公交城市建设策略

城市交通发展战略应该是以公众利益优先为主体。从城市交通结构的发展趋势看,城市交通发展战略大致有两类:一类是大力发展公共交通的交通发展战略,另一类是以小汽车为主导的交通发展战略。我国的大多数城市为人多地少的紧凑型发展模式,应该将发展公共交通作为主要的策略,根据不同城市规模,确定适合相应城市规模的公交发展战略,形成以公交为主体的综合交通体系。

城市交通设施的建设应该充分体现公平性原则。公共交通则是城市交通设施公平性的最好表现。然而,公交城市建设不是一蹴而就的,而是涉及城市规模、土地利用形态等一系列问题。对于大型城市,可以借鉴日本东京都以轨道交通为主的建设模式;对于中小城市来说,似乎公交城市的建设难度更大,可能需要采取更多的交通管理措施配合来实现,具体可以参考法国波尔多的公交城市建设模式。

(2)综合交通体系和信息化

大中城市应该形成城市综合交通体系。城市综合交通体系包括城市对外交通、市内客货运交通、交通枢纽、静态交通等诸多内容,是城市各类交通设施合理结合的有机组成。城市交通发展战略应该根据城市发展的需要对城市综合交通体系做出总体部署,其内容包括:①确定城市对外交通设施的选址、规模与功能;②确定城市道路网络的骨架、规模和布局;③确定公共交通设施的主导形式、规模和布局;④确定城市停车系统的规模、等级和分布;⑤交通枢纽、货运系统以及其他城市交通设施的规模与布局。

信息化可以提高出行的效率。建立城市交通信息平台,应该是城市综合交通体系建设的有机的一部分。

(3)以交通设施引导城市合理发展 TOD 策略

交通规划学专家们把交通规划划分为需求追随型和需求引导型两种。所谓需求追随型,是指当交通需求大于交通供给时,为了满足需求而做出的设施规划。所谓需求引导型,是指在需求发生变化之前,预测出其变化的趋势,针对需求预测的增加提前做出设施建设的规划,以满足潜在的需求增加的要求,避免城市交通问题表面化。而后者正是规划专家们追求的规划方式。具体到城市的发展过程中,就是试图用交通设施先行这种方法来引导城市的合理发展。

(4)动态管理与静态管理并举

交通规划通常是在给定的框架下进行交通需求预测,然后在预测结果的基础上进行设施规划。但是随着汽车化的快速发展,对于迅速增加的汽车需求,在有限的城市空间中已经很难进行满足预测需求的设施建设,因此综合考虑对于交通设施的运用与管理,控制机动车需求的做法越来越被人们所接受。

在欧洲,特别是在英国,首先出现了综合交通管理(Comprehensive Traffic Management, CTM),并由此在英国产生了交通设施建设与运用管理并重的一揽子方法;美国出现了交通系统管理(Transportation System Management, TSM),并由此发展成为交通需求管理(Travel

Demand Management,TDM);德国在全国范围开展停车管理,最近发展成为从交通需求出发进行土地利用管理的成长管理。

(5)完善规划体系与城市再生策略

交通规划要与城市总体规划和国民经济社会发展计划相协调,要与城市规划层次和编制阶段相衔接,建立和完善多层次的城乡一体化交通规划体系。各层次的交通规划要与相应层次的城市规划同步编制相协调,同时要建立交通规划与城市土地利用规划之间的反馈机制。

在经济高度发展、城市化快速发展的浪潮中,在土地财政的加持下,我国大大小小的城市均出现了不同程度的高密度开发以及城市规模无节制扩大的问题。为了解决随之产生的城市交通问题以及其他城市问题,我国城市需要进行城市的再开发,即通常所说的城市再生。由于我国人口众多,集约化的城市发展是必然的方向。因此,城市再生应该围绕着公交城市的建设规划调整土地利用形态,应该围绕着大运量轨道交通的线路特别是枢纽加大开发力度,充分利用地下、地上空间对枢纽进行立体空间化的综合开发建设,同时完善枢纽周边的慢行交通系统,建设公交城市。

为了保障各类规划(包括城市再生规划)的科学性、合理性、可行性、公平性,交通规划研究与编制要向社会开放,重大规划编制项目实行社会公开招标;完善专家论证与社会公示制度,鼓励公众参与规划的编制和监督规划的实施。

第二章

城市交通规划的基本思路

城市交通规划是城市总体规划的重要内容之一，要根据实际情况和未来发展趋势预测，对城市范围内(包括市区和郊区)的交通基础设施进行全面合理的规划。制定城市交通规划，需要结合城市交通规划的约束条件，利用规划的核心方法，明确规划思路，执行规划步骤。本章重点介绍城市交通规划的基本思路。

第一节　城市交通规划的约束条件

任何城市的交通规划都受到空间条件、资源条件和环境条件的约束。这些约束条件使得我们不能无止境地在城市中进行交通设施的建设。近年来，我国大力推行国土空间规划，自然资源部于2019年5月23日发布《中共中央　国务院关于建立国土空间规划体系并监督实施的若干意见》。国土空间规划是国家空间发展的指南、可持续发展的空间蓝图，是各类开发保护建设活动的基本依据。国家将建立国土空间规划体系并监督实施，将主体功能区规划、土地利用规划、城乡规划等空间规划融合为统一的国土空间规划，即实现“多规合一”。也就是说，今后的城市交通规划将受到国土空间规划的严格限制。

城市空间是有限的，交通基础设施的规划、建设首先受到城市空间条件的限制。交通基础设施中道路设施所占空间最大，而运送量较小。过去，人们为了应对汽车的快速发展带来的城市交通问题,采取了大量修建道路的对策,现在人们认识到,由于城市空间的限制,仅靠修建道路是不够的,还需要综合治理。

资源条件也是一个约束。任何交通基础设施的建设都需要占用土地,森林资源可能会被破坏。过多的道路设施建设使得城市中绿化面积降低,在多降雨地区的雨季,由于大量雨水不能顺利渗透,容易发生水灾。

环境条件包括自然环境和道路沿线的环境。在具有历史文化价值的地区,当需要修建道路时,更应重视对历史文物和自然环境的保护。

第二节　交通规划的计量化与交通工程学

1. 交通规划的计量化

贺业钜先生在《中国古代城市规划史》一书中首次提出并论证了远在公元前 11 世纪的奴隶社会,我国就形成了一套城市规划体系(营国制度传统)。这一体系随着社会的演进而不断革新和发展,一直延续到封建社会后期的明清两代,历时 3000 年。1840—1949 年的近代中国,其城市规划受到日本、欧美等国家很大的影响,澳门、上海、青岛、哈尔滨等都是很典型的例子。新中国成立后,城市规划曲折发展;改革开放以来,城市规划走上开放式发展的道路。

城市规划是城市政府引导和调控城市建设与发展的重要手段。城市规划是根据一定时期城市经济社会发展目标和发展条件,对城市土地利用、空间资源利用、空间布局及各项建设做出的综合部署和统一安排,是城市建设、发展和管理的重要依据,在经济社会发展中具有重要的地位。城市规划中包含道路网规划。城市规划中的道路网规划是根据城市功能的需求制定的路网规划,一般没有量化分析作为支撑。道路网规划需在量化分析交通需求的基础上制定。路网的实施过程中需要有道路工程学知识作为支撑。

道路工程学是从事道路的规划、勘测、设计、施工、养护等的一门应用科学和技术,是土木工程的一个分支。道路工程有着悠久的历史,为了军事和商旅需要,巴比伦、埃及、中国、印度、希腊、罗马、印加等文明古国在道路工程方面都有过辉煌的成就。罗马帝国衰亡后,直到 18 世纪中叶,现代道路工程才开始在欧洲兴起。1747 年,第一所桥路学校在巴黎建立。法国特雷萨盖、英国特尔福德和马克当等工程师提出新的理论和实践,认为良好的路基也承受荷载,所以将罗马式厚路面减到 25cm 以下,采用块石作基层和碎石作面层并取得成功,从而奠定了现代道路工程的基础。1885—1886 年,德国工程师卡尔·本茨(Karl Benz)发明了一辆三轮汽车,并申请了专利,由此开创了以汽车交通为主的现代道路工程的新时代。

多年来,城市规划学与道路工程学之间的联系并不紧密。城市规划中包括了道路网的布局,道路工程只是把具体化的路网中的路线转化为可以实现的工程项目。直到交通工程学的出现才使得两者关系密切起来,同时促进了交通规划计量化的发展。

2. 交通工程学的应用

对于道路和城市规划的有关技术人员来说,道路规划中的定量化成为十分必需的任务。由此人们开始注重交通的调查和研究。

根据美国交通工程师协会(Institute of Transportation Engineers)的定义:“交通工程学,是

与安全、便利、经济地运送人和物相关的公路与城市道路沿线用地的规划以及几何设计,包括交通运用的工程学分支。”这一领域包括了五部分内容:①交通特性的调查(Studies of Traffic Characteristics);②交通运用(Traffic Operation);③几何设计(Geometric Design);④交通规划(Traffic Planning);⑤行政管理(Administration)。

1978 年,张秋先生以讲学的形式将交通工程学带入我国。随着一大批研究人员投入交通工程领域,道路工程和交通工程逐渐得到融合,使我国道路规划、设计、建设更具科学性。

1991 年,建设部根据原国家城建总局(80)城发科字第 207 号文的要求,经过审查,批准了由北京市市政设计研究院主编的《城市道路设计规范》(CJJ 37—90)为行业标准,自 1991 年 8 月 1 日起施行。该规范的第三章,专门给出了道路通行能力的有关规定。把交通工程学的基本概念引入城市道路设计领域,意义重大。具体地,在设计小时交通量(DDHV)概念中,给出了路段车种换算系数和平面交叉口车种换算系数等。之后,又经过多次修编,《城市道路工程设计规范(2016 年版)》(CJJ 37—2012)于 2016 年 6 月 28 日发布,以适应不断发展的城市道路事业,使道路工程学与交通工程学有了更好的结合。

值得一提的是,1995 年国家技术监督局与中华人民共和国建设部联合发布了《城市道路交通规划设计规范》(GB 50220—95),自 1995 年 9 月 1 日起实施。这标志着交通工程学在道路交通领域得到了进一步的重视和应用。该规范涉及城市公共交通、自行车交通、步行交通、城市货运交通等多个方面的内容。该规范已被《城市综合交通体系、规划标准》(GB/T 51328—2018)替代并废止。

总之,交通工程学使得城市交通规划更具科学性。

第三节　汽车化时代城市交通规划的基本思路

汽车化,也称机动化,来自英文的 Motorization 一词。汽车化的到来给城市带来了一系列的交通问题。交通规划是交通工程学的重要分支,面向汽车化时代,交通规划的作用变得越来越重要。

汽车化时代的城市交通规划中应该注意下述问题。

1. 综合考虑土地利用规划和交通规划

土地利用规划与交通规划有着密切的关系,通过土地规划严格地控制土地使用形态,可以控制该土地上交通的发生、集中量,甚至可以控制交通的分布形态。

这与前面所说的 TDM 是一致的。因此,在进行交通规划时,与城市总体规划或土地利用规划进行综合考虑十分重要。同时,城市综合交通规划以及各专项规划都应与城市总体规划互为反馈、互相矫正。

2. 层次清晰、功能分类明确的道路网

城市道路最初大都是由格子形状、放射形状等四通八达的道路网构成的。但是,随着汽车交通的发展,产生了由汽车交通向城市中心集中,以及汽车交通穿过城市中心、穿越住宅区,造成城市生活居住环境恶化等问题。为了使道路与城市环境相协调,有必要让构成道路网的各条道路的功能分类明确化。根据道路在路网上的所处位置以及所承担的功能,通常可以把道

路划分为汽车专用道路，主要干线道路，次要干线道路，支线道路，居住区、商业区内部的地区道路，以及行人、自行车专用道路等特殊道路。这种分类可以称为道路的阶段性功能分类。如图2-1所示，道路的交通功能包括通行(Transit)功能和进出(Access)功能两部分。干线道路更注重通行功能，其承担的交通方式主要为汽车，具有交通量大、交通速度快、出行长度长等特点。相对应地，支线道路更注重与路旁建筑物等连接的进出功能，主要承担非机动车和行人交通，具有速度慢、出行长度短、交通量少等特点。

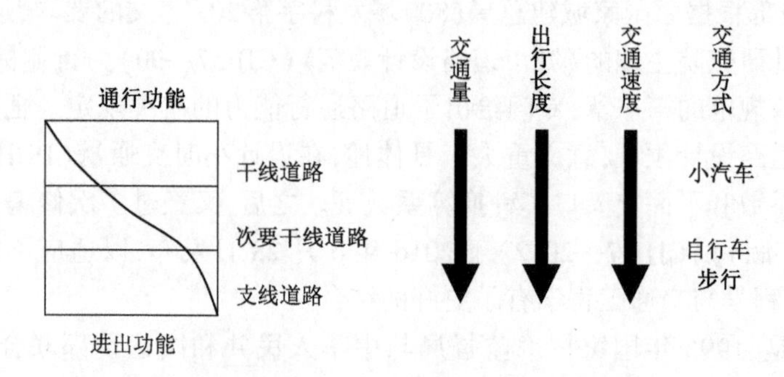

图2-1　道路通行功能与进出功能的相互关系

按照道路在路网中的地位、交通性质和任务以及所承担的交通量的不同，可将道路分为四类，即高速道路、干线道路、集散道路和地方(支线)道路。

以上述道路的功能分类为基础，我国的城市道路相应地分为四类，即快速路、主干路、次干路和支路。需要指出的是，在《城市道路工程设计规范(2016年版)》(CJJ 37—2012)中没有涉及城市中的地区道路，即城市功能区内部道路。《城市综合交通体系规划标准》(GB/T 51328—2018)将城市道路从功能角度进行了细化，但也未明确城市功能区内部道路的概念。从路网的完整性上，应该说在城市交通规划中地区道路是不应忽视的。城市交通体系中首先需要有一个作为城市骨骼的、层次清晰功能分类明确的道路网。

3.进行“步车分离”或是“步车共存”的交通规划

所谓“步车分离”，是指行人与机动车的交通分离。从道路规划的角度来看，为了保证交通的安全性与舒适性，需要考虑在城市交通规划中彻底把行人与机动车分离开。但是，为了实现行人与机动车交通分离，需要大量的费用和空间，因此，在经济条件与物理条件的制约下，交通分离的程度也不同。

在住宅区等特定地区内，当步车分离难于实现的情况下，需要考虑“步车共存”的交通规划，尽可能排除过境交通，降低汽车行驶速度，以保证行人的通行权，确保行人的交通安全。

4.考虑方式分担的交通规划

私家车普及程度越高，仅考虑用汽车来解决城市交通问题就越来越不可能。事实上，在城市中可以利用的交通手段还包括公交汽车和轨道交通等大运量运输方式，以及步行和自行车等无环境污染的交通方式。在交通规划中，应该根据这些交通手段的特点，充分使它们发挥自己的特长。最终目标是形成各种方式分担合理的城市综合交通体系。

5.改善公共交通系统

为了改善公交系统存在的问题，应该在软、硬两个方面进行努力。其中，“软”是指政策措施、管理方法等,“硬”是指设施的建设与改良。在大中型城市中,应该形成以轨道交通系统为中心的公共交通系统主轴,以及以公交车为辅助系统的公共交通体系,在政策上给予它们优先通行权,保证它的准时性、舒适性,提高其效用,使其具有与私家车竞争的能力。从实践中看,高峰期的公交专用车道效果显著,在提高公交车效用的同时,降低了私家车的效用,通过“一推一拉”可以有效提高高峰期公交车的使用率,降低私家车的出行比例。此外,公交票价可以作为调节需求的有效手段,公交专用信号灯也有一定的效果。

6. 开发新交通系统

在许多城市仅靠大运量轨道交通与公交车来构成公共交通系统是不够的。根据交通需求,有必要设置一些介于轨道交通、公交车、步行之间的交通手段。比如,轻型轨道就是一个代表;快速公交由于造价低、见效快、运能较大,可以说是适合我国国情的一种新的交通方式。但也需要注意,在路网密集的城市中心大量设置快速公交线路,在交叉口处很难给予优先权,快速公交则无法很好地发挥作用。

7. 有序组织城市静态交通

停车问题是大城市中令人头痛的城市交通问题之一。作为城市交通系统的一部分,静态交通也扮演着重要的角色。动态交通和静态交通是相互制约和影响的,任何一方面没有管理好,都会降低整个城市交通系统的效率。

城市的停车位应包括基本停车位和社会停车位。基本停车位就是日常车辆的停放场所,社会停车位则为驱车外出时停放车辆的场所。要解决停车问题,必须做到:一方面要准确地把握当前停车供求关系,抓住问题的关键所在,并提出和实施针对性的措施;另一方面要预测未来停车需求的发展趋势,同时制定相应的规划方案和保障措施。

为了保证道路交通的畅通以及有效控制机动车的发展,需要建成与道路交通容量相匹配的停车系统,在城市中实现基本停车位“一车一位”,使公共停车位数量达到汽车保有量的一定比例,如北京的规划目标是10%。

8. 从交通管理规划向TDM迈进

交通管理规划是在解决汽车交通的环境恶化过程中产生的。它从保护人的生活和环境的角度出发,不是让汽车以及公共交通放任自流,而是对其加以灵活运用。最常见的交通管理措施有路口禁止左转、设置单行线、禁止货车行驶等。

近年来,社会对TDM提出了新的要求。TDM的目的是降低由于汽车交通过分集中而产生的交通拥堵以及大气污染等的社会费用。过去的交通管理者认为,只要能抑制汽车交通,个人在出行满意度方面做一些牺牲也是没有办法的。而TDM旨在形成一个在不牺牲个人的机动性的情况下分散汽车交通的体系,同时满足个人与社会的利益,这正是TDM的本质所在。TDM的具体示例有停车换乘(Park and Ride,P&R)、吻别换乘(Kiss and Ride,K&R)、高容量车道(High Occupancy Vehicle Lane,HOV Lane)、错峰出行(Stagger Shifts或Off Peak Travel)、拥堵收费(Road Pricing)等。

TDM的含义自产生以来也发生着变化,体现出人们对城市交通问题认识的变化。最初的TDM是Traffic Demand Management的缩写,注重的是汽车交通需求的管理。之后变化为Transportation Demand Management,意指从汽车交通需求发展为多种方式交通的管理。目前TDM通常被解释为Travel Demand Management,即对于出行需求的管理。

9. 考虑干线交通规划与城市功能区交通规划的平衡

干线交通规划曾经是交通规划的主体部分。随着大量的机动车交通进入城市特别是进入生活住宅区,人与车之间的矛盾不断增加,居住环境受到破坏。

因此,需要制定与过去的干线交通规划出发点不同的城市交通规划,以保证居住区、学区、商业区等特定地区内机动车与行人的交通安全与舒适,以及良好的居住环境。城市交通规划中应该兼顾考虑它们之间的平衡关系。

10. 便利、安全、高效的综合交通枢纽规划

综合交通体系是城市交通的最佳模式,其核心是公共交通方式。在交通枢纽换乘的非效率化(过多的时间、费用)会增加交通抵抗,降低公共交通方式的效用。便利、安全、高效的综合交通枢纽规划在综合交通体系中至关重要。另外,城市中货运枢纽(物流中心)的规划建设也不容忽视。

11. 城市交通管理的智能化、信息化

ITS 的应用是近年来道路交通领域研究的一个热门课题。所谓 ITS,是指通过信息技术把人、车、路有机地结合起来,形成有机的整体,达到提高道路的通行能力、改善道路安全、改善道路交通的环境问题等目的,使道路发挥更大的作用。尽管目前欧、美、日都在大力发展自己的 ITS,但从定义上和内容上看都大同小异。ITS 的主要内容包括汽车导航系统、VICS、ETC、安全驾驶支援系统、先进的道路支援系统(AHS)、自动车辆驾驶系统、公交支援系统、行人诱导系统等。

根据美国 ITS 的定义,ITS 结合信息处理、通信、控制及电子等技术,应用运输系统,以减少交通事故及拥堵,并提高运输效率。根据欧洲 ITS 的定义,ITS 把信息、运输及通信等技术应用于车辆及道路基础设施的运作,以改善运输机动性,同时增进运输安全、减少交通拥堵及提高舒适程度,并减少环境冲击。

目前国内对于智能交通发展研究主要集中在城市信息平台的建立以及城市交通信号控制系统、电子警察系统等。制定 ITS 规划,以及在交通规划中充分考虑 ITS 的因素,将是城市综合交通规划中不可缺少的有机部分。交通信息化、数字化是城市交通发展的必然方向。促使 ITS 健康发展还需要有好的产业模式、好的服务。在城市中采用经济手段治理交通也是 ITS 的一个重要应用领域。

12. 兼顾城市环境与交通

城市发展中必须兼顾城市环境与交通的关系。但是必须注意,两者的关系并不是此长彼短的,即居住环境变差,但无助于移动性的提高。但是移动性好的话,居住环境也会变好。因此,不仅要把道路按其功能分类,还要防止汽车穿行住宅区,以保障城市环境。同时,从城市综合交通体系建设入手,努力发展公共交通,努力降低机动车在城市中的使用率,从而达到缓解交通拥堵、改善交通环境的目的。另外,环境政策已经从解决大气污染、噪声、振动等道路沿线个别的问题,向解决温室效应这样的地球环境问题发展。

13. 重视生活环境的质量

过去在进行道路的规划、设计时,考虑的是移动时的平稳流畅与安全。所谓重视生活环境的质量,就是在此基础上还要重视生活环境、道路景观,以及与历史、地理、文化等这些与人的

生理、视觉、文化知识有关的因素。

14. 普适性设计

在西方发达国家,针对人口的老龄化多年来在无障碍(Barrier Free)设计方面已经积累了很多经验。这里面包含了去除移动中的物理障碍和在法律上保障老年人以及残疾人的移动权利,防止他们受到歧视。

随着社会的发展,现在这一概念已经从以老年人、残疾人等为对象,开始转变为把所有人作为对象,被称为普适性设计(Universal Design)。Universal 作为一个形容词,它具有"普遍的,全体的,通用的,宇宙的,世界的"等意思。普适性设计本来是工业产品中的一个概念,在规划领域它意味着在规划设计中需要考虑安全性、移动性、简单易用、经济合理、景观环境等五个基本因素。

15. 打造城市道路景观

在经济高度发展、城市化快速发展的过程中,随着路网迅速展开和楼盘快速建成,一些城市失去了自身的特色,失去了可识别性,甚至到部分少数民族地区,看到的都是一样的楼、一样的路,让人无法感受到来到了少数民族地区。

在城市建设过程中,需要考虑当地的历史、文化等因素,努力打造具有地区特色的城市景观。道路是城市的骨骼,也是城市景观的良好载体,通过细致入微的道路设计可以塑造出良好的道路景观。例如,可以选择具有当地特色的植物进行具有地方特色的道路绿化;可以与当地历史文化相结合,设计具有地方特色的道路设施;高速路的收费站、服务区也都可以打造展现城市特色的附属设施。

第四节　城市综合交通规划的一般步骤

1. 交通现状调查以及有关调查的实施和数据处理

城市综合交通规划的基础是综合城市交通调查,主要包括 PT 调查、物资流动调查和其他调查。进行城市综合交通规划时,应该在人口、经济、土地利用等综合的城市调查以及交通调查的基础上,进行与将来土地利用密切相关的交通需求预测;有必要充分把握交通的现状与特性,综合、准确地把握人和物的动向。

首先,进行以家庭访问形式为中心的 PT 调查,以访问运输行业等为中心的物资流动调查。

其次,广泛地收集资料,进行解析、预测、制定规划方案、评价有关的各种情报、资料。其中包括人口、经济指标、土地利用、建筑物利用状况等。

最后,对上述资料、数据进行汇总,以便于分析时使用。

2. 现状分析

在上述各种数据的基础上,定性或定量地把握城市构造的现状、特性,同时从社会经济体系、生态体系、空间体系等维度进行分析,把握现状、未来的问题所在。

3. 把握城市发展轮廓

在上述各种数据的基础上,通过对未来人口的预测、对未来土地利用形态变化的把握等,定性或定量地把握未来的城市发展轮廓。

4. 制定规划方案

在综合交通规划的制定过程中，需要制定将来道路网的规划方案、将来公共交通方式网络规划方案、轨道交通线网方案、停车设施规划方案、交通管理规划方案等。制定方案的过程中需要按照城市综合交通规划的基本思路，综合考虑各种影响因素。

5. 需求预测

为了对未来交通状况进行定量把握，必须在制定规划方案之后进行将来需求预测。将来个人出行的预测方法通常采用四阶段预测法。对于物流的预测基本上采用同样的方法。城市综合交通规划中，四阶段预测法作为将来交通需求的推定方法已经定型下来。所谓四阶段预测法，是指一种把复杂的交通现象进行简化，便于分析、预测的数学方法。具体过程：①把对象地区划分为小区，然后分阶段进行将来需求预测；②预测对象地区的生成交通量(Trip Production)，将其作为总控指标使用；③在此基础上预测各个小区的发生量(Generation)、集中量(Attraction)、交通分布(Distribution)、方式分担(Modal Split)；④进行交通量分配(Assignment)。关于四阶段预测法的具体内容将在本书第五章第三节进行较为详细的介绍。

20世纪70年代以后，人们发现并指出了四阶段预测法在理论方面以及实用方面的问题，其中最主要的一点是各个阶段模型标定中所使用的参数不一致的问题。之后人们开始了对于预测方法的改良研究。

改良的一个代表案例，就是对非集计模型(Disaggregate Model)的研究和应用。这一模型是以个人等的交通行动单位为基础，用来表现人的行动机理的模型。这一模型在方式划分的预测中发挥了很好的作用，针对短期的政策变化的交通预测十分有效，并且具有较好的时间移转性。

6. 规划方案的评价

在交通需求预测的过程中，需要制定将来道路网、公共交通方式网络规划方案、轨道交通线网方案、停车设施规划方案、交通管理等规划方案，并对方案进行评价，在制定方案的过程中需要按照城市综合交通规划的基本思路，综合考虑各种影响因素，评价中要从经济性、方案合理性、可行性等方面对各个方案进行综合评价。关于城市综合交通体系规划的综合评价，目前还没有体系化的定量评价方法。

城市综合交通体系规划的综合评价项目包括：

(1)将来土地利用规划以及有关规划的一致性。

(2)交通设施(手段)之间的协调建设，分担平衡关系。

(3)经济性(如投资额、投资效果、消费能源等)。

(4)收支平衡(经营收支、经济效益分析)。

(5)对城市环境、景观的影响。

(6)推进体制。

(7)可行性。

对于道路网规划方案的评价可以从道路种类与道路的利用形态、需求平衡、进出性能三方面进行。

对于将来公共交通手段网络规划方案的评价可以从作为公共交通网络的可接近性(服务水准)、交通网络的效率性、需求平衡三方面进行。

另外，成本效益分析(Cost Benefit Analysis，CBA)法正在交通基础设施规划方案评价中发挥越来越大的作用。交通基础设施的公平性评价也成为近些年研究的热点之一。

第三章

城市交通调查

交通调查是进行城市综合交通规划、城市道路系统规划、城市道路交通管理规划、交通安全规划等专项规划,以及城市道路设计、道路交通管理的基础。本章首先阐述城市交通调查的作用与分类,然后从人与物资的流动调查、关于道路交通的调查两个层面展开介绍,最后对交通调查的发展趋势进行探讨。

第一节　城市交通调查的作用与分类

1. 城市交通调查的作用

城市交通调查的对象包括城市交通基础设施、交通使用状况等城市交通现状,调查数据可以帮助城市交通规划设计人员获取和分析城市交通的发生与吸引、交通的分布、交通方式的划分、在路网上的分布与负荷、运行规律以及现状存在的问题。

城市交通调查作为基础调查,需要定期进行。与城市交通相关的调查的结果不仅应用于城市综合交通规划等的制定、个别的设施建设以及改良方案的制定,还应用于国土规划、地域规划乃至城市水平的基本构想、基本规划等的制定。交通调查有多种分类方式,通常可以分为交通设施调查和交通量调查两大类。由于调查目的不同,调查内容与方法也不同,既有以观测为主的针对通过交通量的路段交通量调查,也有针对交叉口交通实态和地区的停车状态的调查,还有对于把握全体的交通总量以及地域间的移动总量等以问卷调查为主的调查。

关于城市中交通设施的调查包括道路现状调查、公共交通方式调查、停车场调查和枢纽调查。道路现状调查包括各条道路的种类、等级,道路功能分类,里程、幅宽(车道数)、纵断、曲率等几何构造信息,交通容量,预定改建计划,交叉口状况,各种管制状况等。公共交通方式调查包括轨道设施现状调查、普通公交调查、港湾设施调查。停车场调查分为路内停车调查和路外停车调查。路内停车调查包括交通管制状况、停车可能区间延长、可能车辆数等;路外停车调查包括停车场面积、构造,可能停车车辆数等。枢纽调查包括站前广场、公交枢纽、货运枢纽等。

交通量的调查可以说是交通调查的基础部分,包括对于地点、断面以及 OD(Origin and Destination,起讫点)分布调查等多项内容。注重于某个地点的交通量调查,主要包括利用人工观测计量路线上某一地点的通过交通量的一般交通量调查,依靠路上所设微波、红外检测器等检测设备所做的常时交通量观测调查,以及交叉口交通流态的交叉口交通量调查。注重于断面的调查有通过交通量调查,即假想一条切断对象地区的断面,对于通过这个断面的交通量进行调查,通常称为核查线(Screen Line)调查。核查线通常可以选通路固定的河流或是铁路线。由于边界线(Cordon Line)调查多用于汽车牌照的调查,这种调查方法有时又称为车牌调查。边界线可以是一条把对象地区封闭起来的闭合曲线。对于“地域”的调查,可以通过对调查对象进行问卷调查以获得交通行动的起止点的 OD 调查为代表。

2. 城市交通调查的种类

城市交通调查多种多样,其目的不外乎是掌握城市的交通状况,为制定城市交通规划,以及制定交通基础设施的建设或改善规划等提供数据基础。

城市交通调查的内容大致可以分为对于交通设施的调查和交通量的调查两大类。对于交通量的调查,可以分为客运与货运调查,也可以分为对于人的出行的调查和对于车辆的调查。着眼于人的调查有 PT 调查。

由于我国在交通调查领域进展缓慢,还没有形成完整的调查体系,缺乏全国性系统的交通调查,故本章中主要以在日本进行的交通调查为例进行介绍。在日本进行的与城市相关的交通调查主要有道路交通调查、城市 OD 调查、PT 调查、大城市交通调查和国势调查 5 种。其中,道路交通调查的调查对象为车辆的运行,城市 OD 调查的对象为人的流动或是车的流动,后 3 种则以人的流动为对象,而国势调查主要调查人的通勤、通学等日常的行动。

此外,物资流动调查也是与城市关系密切的调查,主要是调查物资的发生、集中等流动的实际状态。

3. 城市交通调查的特征

表 3-1 列出了在日本进行的与城市相关的交通调查的主要种类和各自的特征。

需要说明的是,由于居民出行调查和大城市交通调查都是在国土交通省主导下进行的,为了弥补 PT 调查中时间跨度大(10 年)、数据覆盖面小(大都市圈)等问题,国土交通省将上述两个调查合并形成了“全国都市交通特性调查”(也称全国 PT 调查),这实际上是全国城市人员出行调查,其特点包括:①在全国范围调查,即同一年中全国一起开展调查;②包括了平日和休息日;③城市规模变化,包括过去调查中没有的小规模的城市;④开展 5 年一次的时间序列调查。这样的交通调查可以获得出行率、出行原单位、交通方式分担率等都市交通特性。

城市交通统计调查的种类和特征(以日本为例)　表3-1

项目	道路交通调查	城市 OD 调查	PT 调查	大城市交通调查	国势调查
实施周期	每5年	不定期	不定期(大约每10年)	每5年	每5年
对象地区	全国	大约50万人以下的都市圈	大约50万人以上的都市圈	东京都市圈、大阪都市圈、名古屋都市圈	全国
调查对象	车辆的运行(一天)	人的流动或车的运行(一天)	人的流动(一天)	轨道、公交的利用(一天)	人的通勤、通学流动(通常的行动)
流动性质	总流动	总流动	纯流动	月票调查或是纯流动	纯流动
抽样以及调查方法	(1)从汽车登录数据中随机抽取机动车; (2)出租车、租赁车在记录中追加计入起止地点; (3)普通公交可以抄录运送实绩报告书; (4)均为上门访问,留下调查表,日后回收	(1)机动车抽样(与道路交通调查同样),或者是从户籍记录抽样(与PT调查同样); (2)上门访问,留下调查表,日后回收	(1)从户籍记录随机抽样,以家庭中5岁以上成员为对象进行调查; (2)上门访问,留下调查表,日后回收	(1)轨道、公交的利用状况调查对象为月票使用者全员; (2)进行轨道一般车票调查(OD调查)、公交利用调查、从业者调查	(1)家庭构成全员调查; (2)上门访问,留下调查表,日后回收
调查精度(抽样率)	2% ~3%	平日:10% ~20%; 休息日:2% ~3%	大都市圈:2% ~3%; 地方都市圈: 5% ~10%	月票调查:5% ~6%; 普通票调查: 全数调查	全数
OD 表分区单位	B zone(中分区)	C zone(小分区)	规划基本 zone	基本 zone	市区町村
特征:时间段	○	○	○	○	×
特征:休息日	○	○	×	×	×
主管单位	国土交通省	国土交通省	国土交通省	国土交通省	总务厅

注:1. OD 表示分区单位,通常为 A、B、C 三级,A 级最大,C 级最小。
2. "○"表示对应(是),"×"表示非对应(不是)。

作为类似的调查还有由地方政府进行的都市圈 PT 调查,但调查的时间因城市地区而异,这取决于制定城市交通总体规划的时间。由于很难通过同一年的比较来进行纵贯全国的对比分析。因此,在全国 PT 调查中,国土交通省成为实施主体,每5年对按不同的都市圈规模提取的目标城市进行一次全国统一调查。全国城市交通特征调查(全国 PT 调查)的特点是"全国范围"和"时间序列",是了解城市交通特征(包括出行率、出行原单位、交通方式分担率等)的调查。

但是,全国城市交通特征调查与都市圈 PT 调查的规模感差异较大。由于全国 PT 调查的目的是比较全国主要城市交通特征值(包括外出率、人均出行数、各个目的出行数、交通方式分担率等),因此样本数被缩小到了解这些值所需的数量。因此,全国 PT 调查虽然可以有效地进行全国范围的调查,但是,却无法掌握在大都市区人员旅行调查中可以获得的城市圈范围内的“从何处到何处的总量(OD 量)”。这是因为,都市圈 PT 调查需要获取城市人口的百分之几作为样本,但全国 PT 调查所需样本一律将每个城市统一设置为 500 个家庭。例如,如果城市有 50 万户家庭,则都市圈 PT 调查需要获得数万个家庭样本,而全国 PT 调查则只需要 500 个家庭样本。2015 年在全国 70 个城市中调查所需的样本总数仅为 3.5 万户。

可以看到,交通调查依然存在着很多问题。目前为止应用于交通规划的依然是传统的交通调查方式,大数据的使用十分有限。我国在大规模的交通调查方面依然存在着很大差距,需要不断改进。

第二节 人与物资的流动调查

由表 3-1 可以看到,5 种交通调查中城市 OD 调查、PT 调查、大城市交通调查、国势调查都是有关人的流动的调查。上述的调查除了能够获得人的一天的行动信息外,还可以获得交通方式利用的信息。关于物资流动的调查有与居民个人出行调查相近似的物资流动调查。本节将重点介绍 PT 调查和物资流动调查。

1. PT 调查

PT 调查是通过对抽样选定居民的全天 24h 的行动进行调查,再将其进行样本扩大来把握都市圈的交通的整体。PT 调查是针对人的调查,通过问卷调查可以了解居民一天之内的出行次数、出行方式等出行情况,以及出行者的个人特征和家庭特征等基本信息。

美国在把州际公路引入都市圈时,为了探讨州际公路对于都市圈的影响,在政府的资助下开发并使用了 PT 调查。之后许多国家使用了这个调查方法,至今已经积累了许多的经验和成果。

PT 调查的数据本来是以制定都市圈的交通基本规划为目的的,现在被用于各种交通规划的制定以及调查研究中,包括:城市综合交通规划,道路网规划,停车场规划,交通影响评价,城市单轨、新交通系统等公共交通方式规划,站前广场规划,环境影响评价等。总之,PT 调查数据得到了广泛应用。

1)PT 调查的内容

随着 PT 调查的广泛开展和普及,调查的标准化得到实施。PT 调查的内容包括调查项目的标准化、数据处理的标准化等。

标准的 PT 调查的调查项目,见表 3-2。调查项目可以分为个人与家庭的基本信息和出行特性两大部分。其中,基本信息既包括性别、年龄、职业、收入、工作地址等个人属性,又包括家庭住址、居住和在籍人口情况、车辆拥有情况等家庭属性;出行特性包括出发地状况、到达地状况等出行端属性,以及出行目的、出行时间、所使用的交通方式等出行属性。通过把这些项目相互交叉,或是与交通服务的现状、人口等社会经济数据相组合,可以获得多种多样的信息。

PT 调查的调查项目 表 3-2

分类			调查项目
基本信息	个人属性、家庭属性		家庭住址； 工作单位、学校地址； 性别、年龄； 职业、收入； 工作性质、文化程度； 有无驾驶执照； 有无可以平时使用的机动车； 是否保有机动车(家庭保有)
出行特性	出行端(Trip End)属性	出发地状况	出发地的划分及其地址； 出发设施； 出发时刻
		到达地状况	到达地的划分及其地址； 到达设施； 到达时刻
	出行属性	全体	目的； 交通方式：各种方式所需时间及换乘地点
		其他	同伴人数； 是否驾车； 停车场所； 是否利用收费道路以及利用的出入口

2) PT 调查的特征

(1) PT 调查自身的特征

PT 调查具有两个最为基本的特征：①PT 调查不仅仅是为了把握现状所进行的统计调查，更是为了制定交通规划所进行的规划调查。②可以用“综合”一词来表现。但要注意，这里讨论的不是狭义的把握人的出行的 PT 调查，而是包含了 PT 调查之后的数据处理、分析、规划作业等一系列过程。“综合”包含了以下几个含义：①交通方式间的综合。交通方式之间有机的关系研究是缓解交通问题和制定交通政策需要考虑的重要部分，而 PT 调查正是揭示所有的交通方式的利用实际状态与分担关系的唯一的调查。②土地利用与交通，以及土地利用与环境间的综合。交通负荷小的城市规划的制定需要在多种土地利用以及人口的框架下，认真探讨适合该土地利用以及人口框架的交通规划方案的效果与影响。③硬的措施与软的措施的综合。如果不同时考虑以交通设施建设为中心的硬的措施与 TDM 等软的措施，缓和空间、环境、财政制约极为严格的现代城市中的交通问题，实现更为有效的交通系统都是非常困难的。④各种利害关系的调整与综合。由于交通是城市以及地域各种活动的支撑，交通政策影响大，持续时间长，这些影响以及效果在不同的主体身上以不同的方式显现出来。此时，事先对这些利害关系进行预测，进行调整的机能十分重要。⑤行政机关间的协调与综合。交通的发达带来生活活动的广域化和活性化，带来了日常生活圈(交通圈)与行政区域的偏离，为了更好地提供交通服务，各地区之间的协调与互动十分重要。

(2) PT 调查数据的特征

PT 调查数据具有一些其他调查所没有的特征，当然也存在着起因于数据特性的界限性。

PT 调查数据的一个特征是可以综合地把握城市中人的移动。也就是说,PT 调查可以综合地把握居住在都市圈内所有人的行动,不限于某种特定的交通方式,而是连续地把握所有人的移动。在对人的交通行动的调查中,把握住交通方式分担特性可以说是一大特征。

PT 调查的另一个特征是可以掌握与家庭以及个人属性相交叉的交通实际状态的信息。据此可以捕捉到交通的发展、老龄化社会的进展等与家庭汽车保有状况的关系。

由于 PT 调查是对于个人行动的调查,缺乏对于营业用机动车等法人保有的机动车的调查数据。此外,PT 调查通常为平日调查,无法掌握休息日交通的状况。

3) PT 调查数据的应用

PT 调查数据主要应用于制定都市圈的交通基本规划,也被作为研究制定其他交通规划的基础数据。

(1) PT 调查数据用于现状分析

为了捕捉到都市圈的现状与问题、课题,需要从不同的视点进行现状分析。表 3-3 为现状分析的具体项目。

现状分析的具体项目 表 3-3

分　类	分 析 项 目
一般课题	城市交通的概况
	对于机动车交通的分析
	对于轨道交通的分析
	对于公交交通的分析
	对于停车的分析
	对于市中心行人交通的分析
	对于交通事故的分析
	基于防灾视点的分析
特定课题	对于交通服务与规划目标的分析
	对于促进广域交流的交通规划的分析
	关于土地利用与交通服务的分析
	关于通勤交通政策的分析

(2) PT 调查数据应用于将来交通量预测

将来交通量是按照生成交通量→发生、吸引交通量→分布交通量→交通方式划分交通量→分配交通量的顺序进行预测的。为了建立各个阶段的预测模型,需要使用 PT 调查数据。交通量按照个人属性等的分类区分使用。交通量预测模型建立时所需要的数据见表 3-4。

交通量预测模型建立时所需要的数据 表 3-4

模　型	必要的交通数据	类 别 区 分
生成模型	各个出行目的的生成交通量	出行目的、性别、年龄、有无驾照
发生、吸引模型	各个出行目的的发生、吸引交通量	出行目的
分布模型	各个出行目的的分布交通量	出行目的
交通方式划分模型	各个出行目的代表交通方式的交通量	出行目的、交通方式
分配模型	机动车出行分配交通量	车种

(3)PT调查数据的各种应用

PT调查数据除了应用于制定都市圈的各种交通基本规划之外,还在市区甚至更小单位的各自的特定区域或是设施的规划中得到普遍应用。

表3-5为日本东京都市圈截至1995年第三次PT调查数据使用情况的统计。由表3-5可以看到PT调查数据多次被应用于各种目的。

日本东京都市圈截至1995年第三次PT调查数据使用情况的统计 表3-5

利用目的	城市综合交通规划	道路网规划	停车场规划	大规模开发相关规划	公共交通方式研讨	环境影响评价	其他	合计
件数	37	53	47	95	44	12	65	353
占比(%)	10.5	15.0	13.3	26.9	12.5	3.4	18.4	100

综合城市交通规划、道路网规划,与都市圈的综合交通体系规划同样应用了PT调查数据。停车场规划应用了市、区等行政单位的停车场建设规划的数据,停车需求的计算、将来预测中都使用了PT调查的结果。大规模开发相关规划是在大规模的城市开发项目实施之前,对于周围交通的影响进行评价,制定出适当的交通规划。交通量预测中,各种设施的交通方式之间的分担率预测需要利用PT调查数据。公共交通方式研讨中,城市轻轨、新交通体系的规划制定,站前广场规划时所需的交通需求预测都需要使用PT调查数据。环境影响评价中为了计算分配交通量也需要使用PT调查的OD交通量等数据。

4)PT调查相关的课题

PT调查在发达国家已经得到了广泛的应用,取得了许多成果,并积累了许多经验。由于成本问题、技术问题等原因,PT调查在我国还没有得到普遍开展。PT调查必须结合当地的特点去制订方案,进行调查。随着社会经济形势的不断变化,PT调查出现了一些新的课题,需要做一些改善。

(1)调查项目的扩充

近年来,为了适应交通规划的需求的变化以及多样化,需要追加一些新的调查内容。在实施的PT调查中,追加了不少标准化的调查项目以外的调查内容。

①家庭属性的信息。为了研究对应于老龄化的进展和机动车保有结构的变化等社会经济形势变化的交通规划,需要准确地把握家庭构成的属性以及家庭保有机动车的信息。

②研究TDM措施所需的生活行为信息。为了研讨TDM措施,除了交通之外还需掌握与所有生活行为相关的信息,包括自由选定出勤时间(Flextime)等信息,对于汽车保有量产生影响的居住信息、停车场信息等。

③费用与负担的信息。对于拥挤收费等的研讨中,评价与费用相关的措施变得越来越重要,交通费用的实际情况(月票,多次优惠等车票的种类)以及对于通勤费用补贴的掌握也十分重要。

④不同时间段的小时交通量数据。为了把握交通服务水平等指标,需要掌握不同时间段的小时交通量。但是实际调查中很难获得精度高的PT调查数据。对于这些信息,需要与观测数据相结合,利用模型推测等方法,通过抽样调查掌握实际数据。

(2)相关数据的收集

在PT调查获得的一天的交通实际状态的基础上需要加入一些相关的信息,这需要通过附加调查以及行政信息的整理来掌握。

①供给一方的数据。为充分考虑社会的经济效益、费用合理，在此基础上制定规划并做出投资决定，同时要注重交通的数量与质量。因此，用于评价服务水平、交通设施的建设水准以及营运服务的情况等交通设施供给一方的数据变得十分必要。

②对应于规划对象的数据收集。过去的交通规划主要是以平时一天的交通量为基础进行制定的。近年来，随着休息日、观光交通等的不断增加，交通调查中也应该注意把休息日交通、观光交通、季节性交通作为研究对象，对这些交通也需要加以重视。

③规划方案评价所需的数据。为了顺利制定规划方案并保证其实施，除应捕捉交通实态信息进行分析外，还应追加一些意向调查等，以获得进行多种评价所需的信息。

对于规划目标以及相关措施的方向性的意见，对于现状的满意程度等意向数据，应从交通需求与供给两方面进行收集。另外，为了正确评价规划方案，机动车排出的环境负荷物质的排出原单位以及为了计量其社会经济效益所需的货币价值转换系数等的数据是必要的。这些数据不是从过去的交通统计数据中获得，而是从现在起就应该注意获得该相关数据的调查。

(3)调查数据的利用

进行合理的调查、收集相关数据的同时，如何有效地利用收集到的数据非常重要。为此，不仅调查实施的主体将其应用于自己的规划制定之中，还应该促进研究机构、市民、企业以及直接有关的单位对调查数据的使用。

(4)实态调查的实施

PT调查一直是以从居民中随机抽选被调查对象，利用家访发放调查表，然后回收调查表。近年来，人们对于隐私权越来越重视，居民特别是大城市居民对于调查的配合程度越来越低。因此，在考虑扩充收集信息内容的同时，有必要考虑减轻给调查对象造成的负担。

(5)实态调查的概要和新的尝试

随着PT调查内容的不断扩充，PT调查近年来又被称为交通实态调查，并且逐渐形成了新的体系。如图3-1所示，实态调查体系中包括了交通实态调查和交通意识调查两大部分。

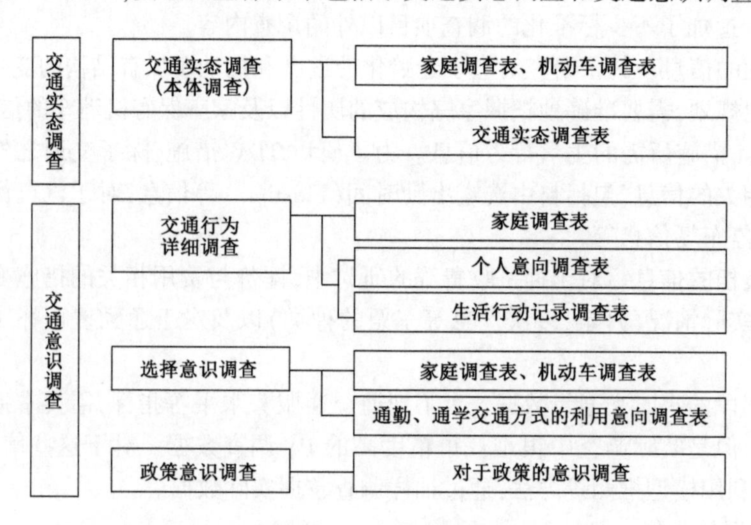

图3-1 实态调查的体系

1998 年日本东京都市圈进行了第四次东京都市圈交通实态调查（PT 调查），调查按照图 3-1所示的调查体系进行。

在本体调查中，为了掌握家庭全员的个人属性与家庭中保有机动车的特性，以及对家庭构成和机动车保有构成进行详细的分析，把家庭调查表和机动车调查表分开。

另外，作为交通实态调查（本体调查）的补充，分别进行了老龄人口再就业的意向、继续驾驶行为的意向，以及对于交通服务的希望与要求等个人意识调查，关于平日、周六、周日的生活行动记录的调查，关于选择交通方式与出勤时刻的选择意向调查。

采用的调查方法是，调查员通过上门访问，把问卷调查用表发给各个作为调查对象的家庭，日后再次访问时进行回收。对于政策意识调查则采用了家庭访问。对于都县市行政代表的调查，政府服务窗口发放附带调查表的小册子，利用网页进行问卷调查。

调查对象为通过随机抽样选出的东京都市圈的在住家庭，大约有 88 万人。选择意识调查与政策意识调查各有约 1 万人作为调查对象接受了调查。

2. 物资流动调查

物资流动调查（简称物流调查）是利用问卷调查方式调查商店、企事业单位物资的发出及到达量等流动情况，其目的在于掌握物资流动的数量、品种、起终点、运输方式等。物资流动调查本来是与把握人的移动的 PT 调查一起被用于综合地把握城市的交通状况，应用于综合交通规划的制定，但是近年来随着社会经济状况的变化而进行的大规模的物资流动调查越来越少，与政策课题相关的新的调查越来越受到重视。

调查目的：物资流动调查是与 PT 调查成双成对的，着眼于物资流动调查。由于调查的对象是物流，因此除了把握货车等的交通量以及将来预测等目的外，还可将调查用于枢纽、物流中心等的综合规划的基础资料。

调查内容：物资流动调查以到单位访问调查为主，结合进行枢纽调查、交通设施调查、边界线（Cordon Line）调查、核查线（Screen Line）调查等。

单位访问调查又分为一般单位访问调查与运输业者访问调查。其调查项目如下：

（1）单位的业务内容，如业务种类、从业人员规模、产品数额、机动车数量等。

（2）物资的动向，如各种产品的 OD 以及重量、运输方式。

（3）货车的动向，如 OD、运输品种以及重量等。

（4）其他，如设施状况等。

调查方法：调查的对象区域、区域划分（Zoning）大致与 PT 调查相同。把调查区域内所有单位作为调查对象，按照不同分区（Zone）、行业、规模进行一定数量的抽样。抽样率根据单位的规模不同而不同，从业人员 100 人以上的单位全部调查，不足 100 人的抽样率为 1% ~20%，平均为 5% ~10%。调查数据的收集采用发放调查表、访问调查并回收的方法。

补充调查：与 PT 调查同样，进行通过边界线进入调查对象区域的物流调查。

检验调查精度的调查：调查通过横切调查区域的核查线的物资流动量，检验问卷调查结果的精度。

另外，日本还开展了全国货物纯流动调查，作为各个运输机构的货物统计的补充。该调查与国势调查相呼应，每 5 年调查一次。所谓“纯流动”，就是与 PT 调查中出行链的概念相似，把从出发地到目的地的货物的移动作为一个货物移动交通来考虑。

第三节　关于道路交通的调查

道路交通调查包含与道路相关的各种内容,如道路交通量调查、道路设施调查、道路使用状况调查等。

道路交通调查的主要内容是关于车辆的调查。关于车辆的调查是城市交通调查中极为重要的组成部分,包括路段、路口机动车交通量调查和机动车OD调查、车速调查等。关于车辆的调查需要了解机动车流的来龙去脉,也就是发生、吸引的地点和强度,分布情况,车种构成,拥堵情况等。关于车辆的调查是道路规划、设计的基础。

道路交通调查的代表是道路交通调查(Traffic Census),本节以在日本进行的道路交通调查为例进行介绍。

1.道路交通调查概况

在日本进行的道路交通调查,也称全国道路(街路)交通调查,是关于全日本道路交通的全面调查,其目的在于把握全国机动车的活动情况。

图3-2为道路交通调查的构成。在日本,道路交通调查由国土交通省以及地方公共团体等负责实施,其内容包括利用问卷形式抽样调查机动车一天之内活动的机动车OD调查,包括道路状况调查、12h或24h的断面交通量调查、高峰时间行车速度调查在内的一般交通量调查。此外,道路交通调查中还增加了有关停车场实态停车调查,以及为了把握道路的功能而进行的有关医院等道路沿途设施的功能调查。道路交通调查每5年进行一次包括机动车OD在内的大型调查,5年中的第三年补充一次不含机动车OD的调查。其目的是准确、及时地掌握道路交通的基本状况,把调查结果尽快反馈到道路交通规划与管理中去,最大限度地保证城市道路交通的最大效率。

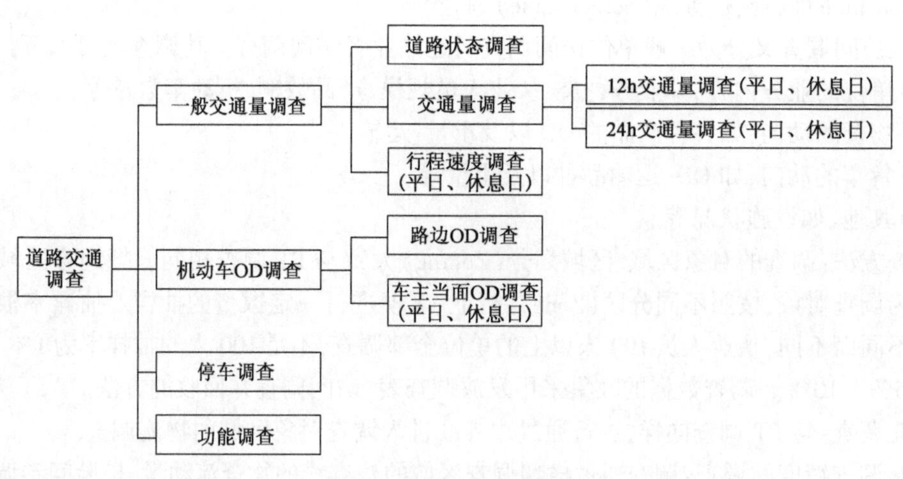

图3-2　道路交通调查的构成

2.机动车OD调查

机动车OD调查是道路交通调查的另一项主要内容。机动车OD调查的结果是现状机动车 OD 表。调查机动车 OD 时与 PT 调查一样需要把调查对象区域划分为若干个小区(Zone),通过调查可以获得多车种的现状机动车 OD 表。现状 OD 表则是预测将来机动车 OD 表的基础。机动车 OD 调查的构成如图 3-3 所示。

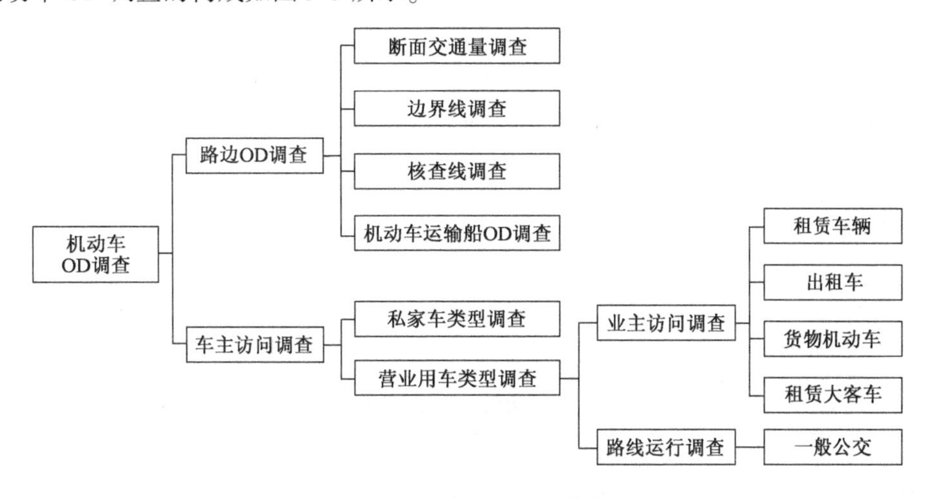

图 3-3 机动车 OD 调查的构成

3. 一般交通量调查

道路交通调查中关于路段交通量的调查包括机动车流量、非机动车流量和行人流量及其流向的调查,速度的调查,交通事故和道路等级、设施状况的调查。

交通量是道路交通调查最为基础的数据,被应用于把握道路交通状况和道路规划。交通量调查又可以分为计量单位时间内通过的机动车数的道路交通量调查、调查机动车出发地和目的地的机动车 OD 调查、行程速度调查等。

交通量调查通常为调查早 7 点到晚 7 点之间的交通,按照各个车种,每个小时进行统计。对于主要地点则需进行 24h 的观测。车种根据需要可分为多种,如在日本调查对象共划分为 12 种,见表 3-6。行人也作为其中之一进行观测。汽车分为客车和货车两大类,共计 8 种。观测时主要是依照汽车牌照的号码和颜色进行区分。

车种分类　　表 3-6

行人类	自行车类	人力、畜力车	摩托车	汽车							
				客车类			货车类				
				轻型小汽车	小汽车	大客车	轻型货车	小型货车	货客两用车	普通货车	特殊车辆

随着 ITS 的普及和完善,道路上的检测设备越来越多,如视频、微波、红外光标以及地磁、线圈等检测器都可以用来获取交通量,大大节省了人工成本。但除了视频检测器外,很难获取分类交通量。

4. 交通量常时观测调查

由于道路调查每 3 ~ 5 年才进行一次,每次只观测一天的交通量,为了把握交通量以及车种构成的年度变化、季节变化、月变化、日变化、小时变化,还需要进行常时观测调查。常时观测调查地点包括常时观测交通量的基本观测地点和作为补充的春秋两季各连续观测一周的辅助观测地点。在基本观测地点和辅助观测地点的观测采用设备观测与调查员观测相结合的方法。

交通量常时观测调查的对象为全国的一般国道或主要城市的主要地点，调查结果以年报的形式公布。交通量常时观测调查统计项目见表3-7。

交通量常时观测调查统计项目　　表3-7

项　目	解　释
年平均日交通量(辆/d)	一般写作AADT，为年总交通量除以一年的天数得到的数值
*K*值(%)	年第30位小时交通量占AADT的百分比
*D*值(方向不均匀系数)(%)	上下行方向交通量中大的一方占双方向合计交通量的百分比
高峰小时系数(%)	一天中交通量最大的小时交通量占全天24h交通量的百分比
星期系数	一周中某一天的日交通量与该周平均日交通量的比值
饱和小时数	一年8760h中超过小时交通量的小时数
小时系数(%)	小时交通量占日交通量的比率
昼夜率(%)	24h交通量对白天12h(7:00—19:00)的比率
大型车混入率(%)	大型车占机动车总量的比率，大型车为大客车、普通货车、特殊车辆的合计

第四节　交通调查的发展趋势

在交通调查研究领域，随着科学技术的发展，特别是计算机科学、通信技术、传感器技术等信息技术的发展，交通调查的手段和方式发生了很多变化，数据采集也由过去单纯的人工记录方式向自动化、实时化、动态化方式发展。总的来说，先进方法在汽车交通流的参数调查方面应用比较成功，但是在PT调查以及机动车OD调查等方面，由于涉及个人隐私信息等原因，个人信息、出行端信息难以获取，因此新型调查手段应用进展缓慢。在调查方法上，网络调查取代纸质调查问卷已经成为一个大的趋势。

本节仅对目前在实际中应用较广的新型调查技术和手段做简单介绍。

1. 基于多种检测器的道路交通流自动调查技术

交通流参数自动调查机械装置一般由车辆检测器和计数装置两部分组成。检测器有超声波检测器、雷达检测器、感应线圈检测器等。在我国支撑交通流调查的检测器，由于成本低原因，以线圈检测器和无线地磁检测器为主，但是其损坏率高，且修复困难。近年来部分地区开始大力推广视频检测器。随着视频图像处理技术的不断发展，视频图像检测应该具有很大的发展潜力。几种主要检测器的特性对比分析见表3-8。

几种主要检测器的特性对比分析　　表3-8

<table>
<tr><th colspan="2">检测器类型</th><th>优　点</th><th>缺　点</th></tr>
<tr><td colspan="2">线圈检测器</td><td>成熟、易于理解的技术;灵活多变的设计,可满足多种实施情形的需求;具有广泛的实践基础,能够提供基本的交通参数(如流量、占有率、速度、车头时距等);不受恶劣天气影响;采用高频励磁的型号可以提供车辆分类数据;与其他一些检测器相比,计数精度较高;能够获取准确的占有率检测信息</td><td>安装时需要切割路面;安装和维修时需要关闭车道,会对交通流造成干扰;安装在路面质量不好的道路上时容易损坏;路面翻修和道路设施维修时可能需要重装检测器;检测特定区域的交通流状况时往往需要多个检测器;安装不当将降低道路的使用寿命;对路面车辆压力和温度敏感;需要定期维护;当需要检测多种车辆类型时检测精度可能降低</td></tr>
<tr><td colspan="2">地磁检测器</td><td>某些型号不需要刨开路面即可安装于路面下(需要钻孔);安装及翻修时封闭车道时间短,中断交通只需20min左右;挖埋管线距离短(仅数据接收主机到信号机,地磁和中继设备采用无线传输);2个检测器可提供流量、占有率、速度、车头时距、车种等;可用于感应线圈不适用的地方(如桥面等);适用于恶劣环境,不受气候环境、日间、夜晚及路面差的影响;对路面车辆压力的敏感度低于感应线圈</td><td>会受地磁电池使用寿命的影响;道路宽度窄的情况下,容易受相邻车道大车及紧密车间距影响;可能需埋设杆件</td></tr>
<tr><td rowspan="2">红外线检测器</td><td>主动型
(激光雷达)</td><td>主动型红外线检测器发射多光束的红外线,能够保证对车辆位置、速度及车辆类型的准确测量;可实现多车道检测</td><td>当雾天能见度低于6m或遇强降雪天气时,检测性能下降;安装、维护及定期清洗需要关闭车道</td></tr>
<tr><td>被动型</td><td>检测区域的被动型红外线检测器可测量车速</td><td>在大雨、大雪或浓雾等恶劣天气条件下,被动型红外线检测器的灵敏度会下降;一些型号的检测器不适用于以下情形:忽略已经存在于检测区域内一段时间的道路用户,而继续检测新进入检测区域的道路用户</td></tr>
<tr><td colspan="2">微波雷达
检测器</td><td>在用于交通管理的较短的波长范围内,对恶劣天气不敏感;可实现对速度的直接测量,可实现多车道测量</td><td>天线的波束宽度和发射的波形必须适应具体应用的要求;多普勒微波雷达不能测量静止车辆;较大的钢桥可能会对一些型号的检测器产生影响</td></tr>
<tr><td colspan="2">超声波检测器</td><td>可实现多车道检测,易于安装,可实现超高车辆检测</td><td>温度变化、强烈的气流紊乱等环境因素都会影响检测性能;当高速公路上的车辆以中等车速或高速行驶时,检测器采用大的脉冲重复周期会影响占有率的检测</td></tr>
<tr><td colspan="2">视频检测器</td><td>适用于多检测区域,可检测多条车道;易于增加和改变检测区域;可获得大量数据;当多个摄像机连接到一个视频处理单元时,可提供更广范围的检测;检测数据直观;当需要检测多个检测区域或特殊类型的数据时,视频检测器具有较高的性价比</td><td>如果安装在车道上方,则安装、维护及定期清洗时都需要关闭车道;恶劣的天气、光照水平变化或车辆投射到相邻车道等形成阴影都会影响效果;摄像机上的水迹、冰霜和蜘蛛网等都可能影响检测器性能;某些型号对因大风引起的摄像机的振动敏感</td></tr>
</table>

2.基于移动型检测器的交通调查技术

随着智能手机的普及,实时、动态地把握个人出行的时间和空间信息成为可能,因此,近几年已经开始借助智能手机进行交通调查的研究,并且成为很有发展前途的交通调查方法。此外,随着导航和定位技术的发展,可以借助全球定位系统(GPS)及我国自主研发的北斗系统等获取出行者的时间和空间信息,确定车辆的位置和速度等,因此在机动车OD调查方面,导航和定位技术将发挥重要作用。除此之外,还有基于浮动车的动态交通信息检测等技术和方法。几种移动型检测器的特性对比分析见表3-9。

几种移动型检测器的特性对比分析　　表3-9

应用技术	优点	缺点	可检测参数
基于卫星定位技术的动态交通信息检测技术	数据检测连续性强;全天候条件下工作	需要足够多装有卫星定位车载终端的车辆运行在城市路网中;检测数据信号容易受到电磁干扰;在城市中的检测精度与卫星定位精度有很大关系	直接检测:交通流量、瞬时车速; 间接检测:行程时间、行程车速; 可实现多车道覆盖
基于电子标签的动态交通信息检测技术	数据检测连续性强;全天候条件下工作;可以提供自动收费功能;可实现全球唯一ID号码,防伪、防借用、防盗用及拆卸	车辆必须安装有电子标签;必须有足够多车辆安装有电子标签;必须有良好的滤波算法,以消除个别车辆因运行故障引发的数据误差	直接检测:交通流量; 间接检测:行程时间、行程车速; 可实现多车道覆盖
基于汽车牌照自动识别的动态交通信息检测技术	数据检测连续性强;全天候条件下工作;车辆不需要安装其他设备;可以检测路网所有车辆信息	检测精度受天气和光源及识别算法的影响较大	直接检测:交通流量、瞬时车速; 间接检测:行程时间、行程车速; 可实现多车道覆盖
基于智能手机的交通信息检测技术	可提供城市、高速公路等整个路网的交通信息;不需要安装高成本的车载设备;可直接获得速度、行驶方向及行程时间等信息	有时会发生丢包现象;实际速率比理论值低;存在转接时延	间接检测:整个路网(包括高速公路、快速路、城市干道等)的车辆位置、速度、行程时间、行驶方向、交通事件信息

第四章

城市道路的作用与功能

我国的道路体系中，大致上可以将道路分为两大类别，即公路和城市道路。由于历史的原因，公路和城市道路形成了完整的、独立的两个体系，分别有各自的标准规范，以及各自的主管单位负责规划建设和养护维修等。城市道路除了快速路、主干路、次干路和支路等四类市政道路之外，还有居住区内道路等非市政道路，以及绿道、自行车专用道等具有休闲特性的道路。此外，城市范围内，存在着大量公路，这些在城市道路网络规划中也是必须考虑的，它们都发挥着服务市民出行的作用（图 4-1）。

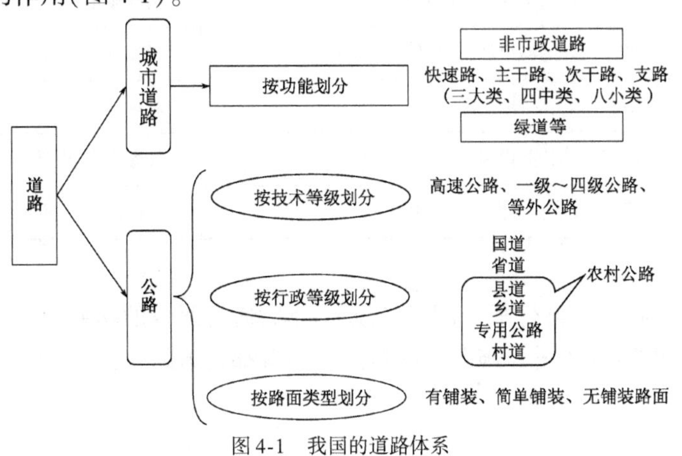

图 4-1　我国的道路体系

本章重点对城市道路的作用与功能进行介绍。但是我们也应该看到,随着城市化进程的不断加速,城市化范围迅速扩大,原来按照公路标准设计的地区,事实上已经成了城市化地区。如何使道路适合城市化的发展,这是一个值得注意的、需要深入探讨的问题。从长远的角度来看,城市道路与公路的标准规范的一体化,应该引起重视。本章对于道路的功能与作用的介绍中并未区分城市道路和公路。

第一节　城市道路的功能、效果与评价

1. 城市道路的功能与作用

城市道路不仅是城市中最基本的交通设施,而且在城市化进程中起着至关重要的作用。

城市道路的功能总的可以分为交通功能(Traffic)和空间功能,其中交通功能又可以分为通行(Transit)功能和进出(Access)功能。城市道路的功能与作用见表4-1。

城市道路的功能与作用　　表4-1

功　能			作　用
交通功能	通行功能	为汽车、自行车、行人等交通主体提供通行服务	确保道路交通的安全
			缩短时间距离
			缓和交通拥堵
			降低运输成本
			减轻交通公害
			节省能源
	进出功能	为进出道路沿线的土地、建筑物、各种设施服务	地域开发的基础设施建设
			扩充生活基础设施
			促进土地利用
空间功能		构成城市的骨骼,形成城市景观	构成城市轮廓,形成城市景观
		确保良好的城市环境,提供绿化空间	绿化、通风、采光
		防灾	避难通路、消防活动、防止延烧
		收容公共公益设施	收容电力、电话、煤气、上下水道、地铁等
		形成社区、社会交流的媒介	促进近邻的交往

1)交通功能

通行功能是指为汽车、自行车、行人等交通主体的通行服务的功能。进出功能是指为进出道路沿线的土地、建筑物、各种设施服务的功能。两者都是道路作为交通基础设施的最基本的功能。

城市道路的通行功能与进出功能具有此长彼短的关系(图2-1)。例如,城市快速路以及干线道路主要具有通行功能,而处于街区的支线道路主要具有进出功能。这两种关系如何加以考虑,将成为道路的阶段构成的基础。

2)空间功能

空间功能是道路所具有的极其重要的功能。

城市道路的空间功能有多种多样。建筑物需要面向道路建造这一点,更是说明城市空间形成中道路的重要本质。随着城市化的发展,城市规模的扩大,城市空间变得越来越有限,道路的空间功能越来越受到期待。人们所期待的城市道路的空间功能随着时代的发展也在发生变化,因此,在城市道路建设中,需要考虑将来必要的、潜在的道路功能,在规划和设计中留有余地。比如,随着ITS的进展,道路的智能化不断发展,智能化道路(Smart Way)的建设可能需要更多的道路空间来设置相应的设施。

目前,城市道路的空间功能主要有如下几个方面。

(1)构成城市的骨骼,形成景观

道路网络在城市中就像是城市的骨骼。当把城市呈现在地图上,或是从空中直接俯瞰城市,就可以很好地理解道路网络构成了城市的骨骼。

道路作为不特定多数人可以自由使用的、唯一的、连续的、网状的空间这一点更说明了道路的重要性。城市道路面积率(城市道路面积率 = 建成区道路用地总面积/建成区用地总面积)通常为城市面积的百分之几到百分之几十(表4-2)。在日本,由于城市中人口密集,土地价格居高不下,道路占城市面积的比例较低,但城市道路面积率也达到百分之几到百分之十几。尽管我国城市化水平逐年提升,但目前城市道路面积率不高还很低,北京为15%,上海浦东为19%。北美城市化程度较高,纽约曼哈顿约为35%。但是城市道路面积率并非越高越好,一般认为20%左右为宜。不同时期、不同的规范文件对于路网结构的指标各有侧重,2016年2月,中共中央、国务院印发的《关于进一步加强城市规划建设管理工作的若干意见》在提出"窄道路、密路网"建设理念的同时,对城市建成区道路基础设施发展提出了非常明确的指标要求:"到2020年,城市建成区道路面积率达到15%"。此外,还有地区制定的适应自身发展状况的规划,如深圳市提出城市道路用地面积宜占城市建设用地面积的20%~25%。

主要城市(区)的道路面积率 表4-2

主要城市(区)	道路面积率(%)	主要城市(区)	道路面积率(%)
北京	15	东京都核心23区	16.3
天津	13.34	纽约曼哈顿	41.7(南) 29.1(北)
厦门	15.03	巴黎	23
海口	11.6	伦敦	29
上海浦东	19	首尔	19

从我们的体验中可以知道，城市道路景观对于城市印象的树立起着很大的作用。随着社会的发展、生活水平的提高，人民对于美好生活的向往和追求会越来越强烈，对于城市景观的要求会越来越高，城市景观也应该成为城市道路规划、设计中必须考虑的一个重要方面。

(2)确保良好的城市环境，提供绿化空间

作为通风、采光的空间，道路所起的作用巨大。还有道路的路旁绿化带、花坛等的设置，形成城市内绿地空间，意义也十分重大。随着我国城市化水平的提高，城市人口增加，机动车保有量增加，城市道路交通矛盾激化，有些城市为了拓宽道路，以及开展路口渠化，大量占用了绿地。这些措施尽管短期内在一定程度上缓解了道路交通拥堵的问题，长期来看使得城市环境、景观乃至生态受到破坏，不宜推荐。

(3)防灾

城市防灾、减灾是现代城市生活中的一大课题。当火灾、震灾发生时，道路既是避难场所，也是消防、救急救灾等的通道。此外，在火灾发生时，道路空间还可以起到防止延烧的作用。

(4)收容公共公益设施

电力、电话、煤气、上下水道、光缆纤维等是城市的生命线。把这些城市基础设施收容在道路的上空或是地下，是道路应起的重要作用之一。城市中地铁线路通常也在城市道路下面修建。为了更好地发挥这一功能，防止因管路修理等造成道路施工时的交通拥堵，具有收容这些城市基础设施功能的共同沟(指城市地下综合管廊，简称综合管廊)成为城市干道中的一个重要部分，需要在城市综合交通规划设计阶段加以考虑。

(5)形成社区、社会交流的媒介

路边散步，俗称"逛马路"，可以说是城市中的一景。道路把相邻的居住地连接起来，成为形成社区、社会交流的媒介。汽车时代的到来也很难从本质上改变道路的这一功能。

2. 城市道路的投资效果

公共投资特别是交通投资所带来的效果有多种多样。正确地理解城市道路的投资效果，不仅有利于做好道路规划，还有利于明确道路管理的目的和方法。根据评价的目的和评价的立场的不同，公共投资效果可以分为多种形式。城市道路除了收费道路之外，都属于公共投资的基础设施，具有如下的效果。

1)按市场的角度划分

交通可以被看作一种服务，称为交通服务(Transport Service)，即"为人或物的地点之间的移动所提供的服务"，属于无形资产。对交通进行市场分析属于交通经济学的研究范畴。从市场的角度划分，可以将交通投资所产生的效果分为市场内效果和市场外效果。其中，市场内效果是指在交通服务市场内部发生的效果，而市场外效果是指在交通服务市场外部产生的效果。

道路设施投资的市场内效果和市场外效果的区分以及效果的传导过程如图4-2所示。当对城市道路进行投资时，在道路建成之后投入使用，道路的行车时间、行车费用减少，交通事故减少，收费道路的通行费用增加，这些都属于交通市场内的效果；投资引起建设行业的需求增加，设施建设引起土地价格上涨，这些最终归结为税收增加的部分则是交通市场外的效果。

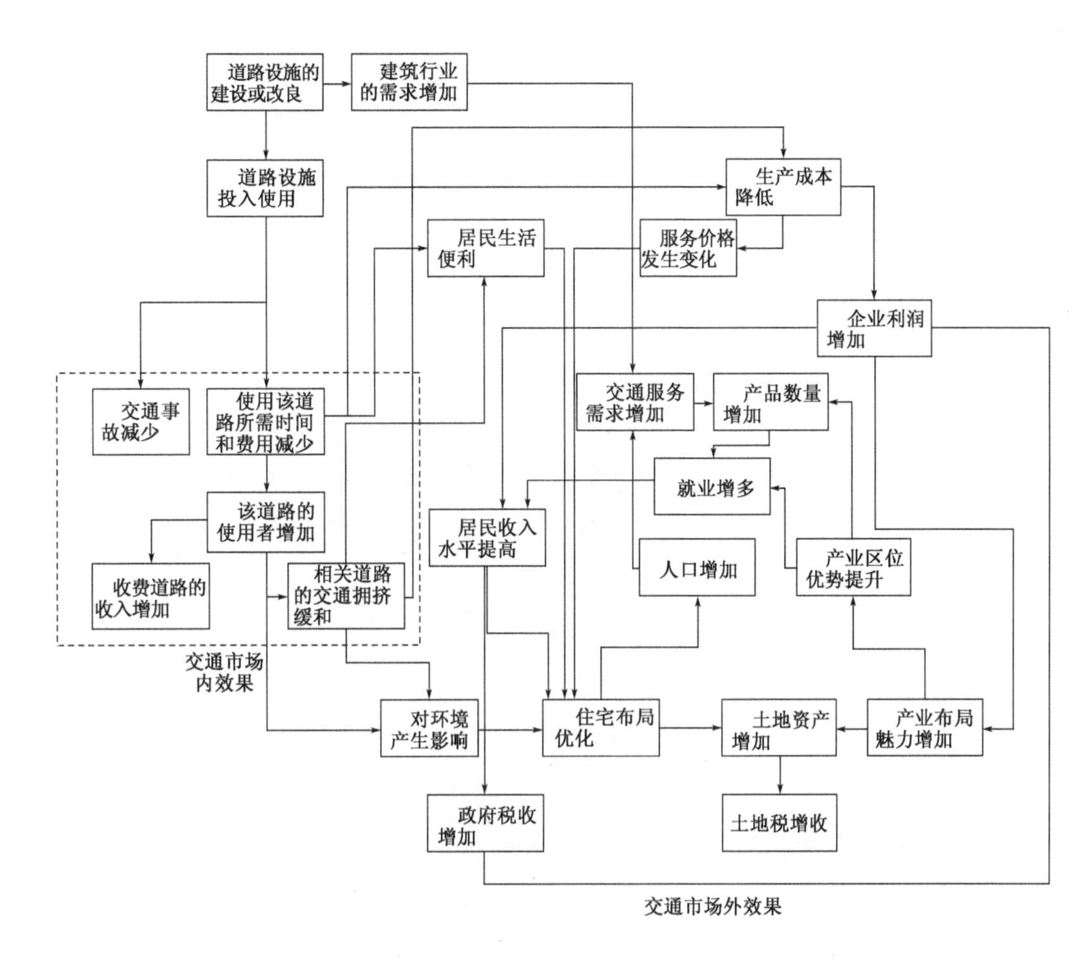

图 4-2 城市道路设施投资的市场内效果和市场外效果的区分以及效果的传导过程

2)按效果的传导过程分类

城市道路投资给社会、经济带来各种各样的效果,这些效果会波及很多方面。按效果的传导过程分类,效果可分为直接效果和间接效果。

直接效果是指通过城市道路投资,即通过建设或对现有道路设施进行改良,一些道路设施的使用者可以直接享受到的经济效果。由于道路的使用者可以直接享受到的直接效果在绝大多数情况下都为正面的效果,所以通过计量被定义为使用者效益。道路建设得到的有代表性的直接效果主要包括:①运输时间或行车时间的缩短;②行车费用的节省;③安全性、舒适度、可靠性等服务质量的提高;④虽然未直接使用上述的道路设施,但是在利用由这些设施而产生的新的服务所享受到的经济效果。

间接效果是指通过道路投资、建设或对现有道路设施进行改良,这些道路设施的非使用者间接地享受到的经济效果,及这些设施所在地所能享受的经济效果。根据这些效果所发生的时期,又可将其分为短期效果和长期效果。

以交通工程项目中最有代表性的道路为例,可以加强对直接效果和间接效果的理解。道路投资不仅对道路的使用者,而且对社会的各个方面产生各种各样的影响。这些影响可以整理成表 4-3。

道路建设的直接效果与间接效果 表 4-3

<table>
<tr><th>效果类型</th><th>影响对象</th><th>影响方面</th><th>具体效果</th></tr>
<tr><td rowspan="11">直接效果</td><td rowspan="4">道路使用者</td><td rowspan="4">道路利用</td><td>行车时间缩短，行车费用减少（包括作为对象的道路和其他道路，以及其他交通方式）</td></tr>
<tr><td>交通事故减少（包括作为对象的道路和其他道路，以及其他交通方式）</td></tr>
<tr><td>行车的舒适度提高</td></tr>
<tr><td>行人的安全性、舒适度提高</td></tr>
<tr><td rowspan="14">沿线以及地区社会</td><td rowspan="5">环境</td><td>空气污染（包括作为对象的道路和其他道路，以及其他交通方式）</td></tr>
<tr><td>噪声（包括作为对象的道路和其他道路，以及其他交通方式）</td></tr>
<tr><td>景观</td></tr>
<tr><td>生态系统</td></tr>
<tr><td>地球环境和能源</td></tr>
<tr><td rowspan="5">居民生活</td><td>道路空间的利用</td></tr>
<tr><td>灾害发生时确保有替代道路</td></tr>
<tr><td rowspan="9">间接效果</td><td>增大交流的机会</td></tr>
<tr><td>公共服务水准的提高</td></tr>
<tr><td>人口的安定化</td></tr>
<tr><td rowspan="5">地区经济</td><td>建设项目所带来的新需求</td></tr>
<tr><td>工农业等新的布局带来生产增加</td></tr>
<tr><td>就业机会增加，收入增多</td></tr>
<tr><td>物价降低</td></tr>
<tr><td>资产价值升高</td></tr>
<tr><td rowspan="2">公共部门</td><td>财政支出</td><td>节约公共设施建设费用</td></tr>
<tr><td>税金收入</td><td>增加地方税、国家税</td></tr>
</table>

3）按效果的发生原因分类

按效果的发生原因分类，可以分为项目效果和设施效果。项目效果也称为流动效果（Flow Effect），是指由于交通设施的建设项目产生的效果。设施效果又称为财产效果（Stock Effect），是指交通设施投入使用后，利用这些交通设施所提供的服务所带来的效果。另外，交通设施的所占空间被应用到除本来的目的以外的其他目的时所产生的效果被称为空间创造效果。

道路具有多种多样的功能，以道路为例，可将与这些功能相对应的效果列在表 4-4。

道路建设的效果与功能　　表4-4

效　果	分　类	具体功能
设施效果	对应于交通功能的效果	节约行车费用
		缩短行车时间
		确保行车时间
		减轻驾驶员的疲劳,行车舒适度提高
		减少货物运输时的货物损伤,降低包装成本
		步行更舒适
		自行车交通的移动性提高
		运输费用降低
		物价降低
		扩大生产力
		生产力扩大带来税收增加
		促进工业布局、住宅开发等地域发展
		促进沿线土地利用
		通勤、通学、购物的范围扩大,生活更便利
		公益设施、医疗设施的可利用范围增大
		人口趋于稳定或增加
		地区间的交流、协作增强
	对应于空间功能的效果	促进国土的有效利用和国土管理的效率化
		构成城市的骨骼,形成城市景观
		作为通风、采光、绿化空间,提高生活的舒适度
		形成防灾空间,保障城市安全
		作为收容空间,收容电气、电话线、煤气管道、上下水道、地下铁道
项目效果		道路投资带来新的需求
		新需求带来的税收增加
		出口增加

3. 道路评价与成本效益分析

在我国的道路体系中,城市道路包括快速路、主干路、次干路、和支路。快速路通常为汽车专用道路,可以建成收费道路,也可以建成非收费道路,这主要取决于投资方式与投资主体的性质。在日本,城市快速路又称为城市高速道路,有专门的道路公团负责筹资兴建,为高架道路形式,完全属于收费道路。在我国,快速路通常采用平面道路加立体交叉的形式,多为不收费道路。例如,北京的二环到五环都属于不收费的快速路。值得一提的是,五环是以收费道路标准修建的,由于收费影响了使用者的数量,市有关部门决定于2004年4月拆除收费亭将其按照非收费道路开放。城市道路中的后三者则属于由政府投资兴建的非收费道路。

在对道路的建设效果进行评价时,对于收费道路与非收费道路通常采用不同的评价方法。对于道路项目的评价通常包括三个阶段,即财务分析评价、社会经济效益分析评价和社会分析评价。财务分析主要是进行投入产出的分析,这种方法通常用于由民间资本或是银行贷款修建的收费道路。通常评价基准是看在规定的偿还期限内,通行费收入是否能够用来偿还贷款。由于通行费收入是单价与利用人数乘积的函数,因此如何确定单价是规划阶段一项重要的任务。

城市道路的评价主要集中于对非收费道路的评价。评价内容主要是对其产生的社会经济效益进行分析,采用的方法为 CBA(Cost Benefit Analysis)法。CBA 法以一般均衡理论、消费者剩余理论和边际效用递减规律等微观经济学理论为基础,利用从交通市场中获得的信息分析交通投资项目的效果,具体用交通需求曲线的变化表示,把效益作为一般化消费者剩余的增大来近似计量。由政府运用税金投资兴建的城市道路不属于收费道路,不存在资金回收问题。CBA 法应用于城市道路的评价更有意义。CBA 法具体是把一项经济行为对社会福利的全部影响和效果,折算为货币单位表示的成本和效益,通过项目发生的成本和效益的对比,按其净收益对项目的经济性作出评价。也就是说,将道路建设带来的各项建设效果货币化,转换为社会经济效益 B,然后与建设成本 C 进行比较,当 B 大于 C 时认为项目可行,否则认为项目不可行。

1965 年,普雷斯特和特维给出 CBA 的定义:CBA 是一种评估投资项目合意程度的实际方法,这种评估应采取长期的观点(考察在较近和较远的将来产生的影响)和广泛的观点(考虑到对于许多人、企业、地区产生的多种副作用),应列举与评估所有相关的成本和收益。

目前,日本、欧美以及一些发展中国家主要是以 CBA 法为基础进行交通投资项目的评价。日本 1998 年制定了《道路投资评价的相关指针》,将 CBA 法定为公共投资项目的评价方法。之后为了弥补可货币化评价内容少的缺点,作为补充制定了《道路投资评价的相关指针》的第二篇《综合评价》,追加了扩张成本效益评价法、修正成本效益评价法,和考虑对非货币计量的项目进行评价的“多基准分析”(Multi-Criteria Analysis,MCA)。综合评价方法使一些非市场价值的评价以明确的数值形式进行评价成为可能,从效率和公平的角度更全面地考虑道路建设项目的经济效果。

法国 1996 年建立 CBA 原理,并发表极其著名的 BOITEUX 报告。针对城际道路交通,目前有 3 本评价手册,分别是城际公路投资评价手册、内陆水运投资评价手册、运输项目评价的地区手册。考虑到时间价值,目前一般采用 30 年为评价周期,折现率为 6%。

英国采用 CBA 的标准程序 COBA,1998 年改为更正式的 NATA(New Approach of Transportation Appraisal),其核心部分是 AST(Appraisal Summary Table)中的五个标准,即环境影响、安全性、经济性、可达性以及综合因素。它们都包括一些定性和定量因素,但 NATA 无定量环境影响。考虑到时间价值,目前一般采用 30 年为评价周期,折现率为 8%。

在美国应用最广泛的也是 CBA 法,以及其他评价分析方法,如 MOEs(Measures of Effectiveness)法、多基准分析 MCA(Multi-Criteria Analysis)法。评价内容涉及交通需求预测、时间价值、交通安全、环境影响、效率标准、区域经济影响以及公平性问题。

通常 CBA 采用经济效益的比值[式(4-1)],或是差值[式(4-2)]来判断项目的可行性。

$$\frac{B}{C} = \frac{\sum_{t=1}^{T} B_t (1+q)^{-t}}{\sum_{t=1}^{T} C_t (1+q)^{-t}} > 1 \tag{4-1}$$

$$B - C = \sum_{t=1}^{T} B_t (1+q)^{-t} - \sum_{t=1}^{T} C_t (1+q)^{-t} = \sum_{t=1}^{T} (B_t - C_t)(1+q)^{-t} > 0 \tag{4-2}$$

式中：$\frac{B}{C}$ ——项目的效益成本比值；

$B-C$ ——项目带来的净效益总值；

B ——项目带来的总效益；

C ——项目耗费的总成本；

B_t ——第 t 年的项目效益；

C_t ——第 t 年的项目成本；

B_t-C_t ——第 t 年的项目纯效益；

q ——折现率；

t ——年份；

T ——评价周期，一般为 30 年。

目前可以货币化计量的社会经济效益项目包括行车时间的短缩、行车费用的减少、由于尾气排量减少带来的环境改变以及交通安全改善等。而其他（如生活环境的改善，舒适程度的提高等）项目的货币化计量还处于理论研究阶段。

需要指出的是，目前 CBA 中的成本和效益的计算还都不够完善，成本 C 应该是投资对象从规划建设到生命周期结束的生涯成本（Life-cycle Cost）。效益 B 的计算随着经济学理论的进展，如行为经济学的产生和应用，也将变得更准确、更全面。

上述的社会经济效益的评价方法，注重的是项目建设的效益性，忽视了项目建设的公平性评价。也就是说，按照成本效益比的大小作为投资标准，很可能大多数项目都投在了发达地区，其结果很可能会拉大地区间的差距。对于道路项目的评价，应该对其效率性和公平性综合加以评价才是完全的。而对于道路建设公平性的评价更是处于起步阶段，需要更多的理论研究作为支撑才能达到实用阶段。

传统的社会经济效益评价方法是基于网络分析进行的，准确可信的交通需求预测结果是分析评价的基础。道路交通需求预测及分析技术将在本书第五章第三节中做具体介绍。

第二节　路网中道路功能等级分类及其意义

随着道路网的形成，道路才真正开始全面地发挥其功能。因此，在考虑道路网的形成时，需要恰当地决定道路网的形状、构成道路网的各条道路的功能分担（道路的功能等级）、各条道路定量的建设水准等。

关于城市道路的功能等级分类，最初进行科学讨论并做出提案的是，1963 年在英国政府的主导下成立的研究小组出版的研究报告书《城市的汽车交通》（*Traffic in Town*）。在这本报告书中把城市道路按照其功能分为以下四类，提出在考虑道路网络形状的同时，还要考虑其功能等级。

干线分散道路（Primary Distributor）：构成城市骨骼的道路，担负长距离出行。

地区分散道路（District Distributor）：引导城市内各个地区的交通，形成该地区的外廓的道路。

局部分散道路（Local Distributor）：被地区分散道路所包围的地区内的构成城市骨骼的道

路。为了排除通过交通,需要限制居住环境地区的进出口数量。

进出道路(Access Road):居住环境地区内进出各户的道路。尽可能限制汽车的通行功能,优先考虑居住环境。

在这个报告书中提出的居住环境地区(相当于居住性城市功能区)以及步车分离的提案与上述的道路功能等级分类的提案一起被列入英国的道路交通政策中,而且对美国、日本等许多国家的道路交通方面都产生了巨大的影响。

在汽车化最早得以实现的美国,率先研究的是汽车专用道路等高等级道路的功能分类以及道路网形状,包含了一般道路的功能等级分类的思考方式,是在受到《城市的汽车交通》报告书的影响才开始建立的。

德国的汽车化历史悠久,在第二次世界大战之前就有了高速道路(Autobahn)。在德国已经确立了功能分类构成的思考方式,德国道路分为高速道路、汽车专用道路、干线道路、辅助干线道路、地区内道路等。德国道路的特点是城市功能区内道路的功能也划分得十分彻底,功能区内从干线道路到进出道路都有详细的设计指导。

日本同样是受到该报告书的影响,以"道路法"为基础制定了《道路构造令》。它规定了道路新设或是改建时道路构造的一般的技术水准,道路的分类以及对应于各种分类的构造是日本道路规划、设计的最基本的指导。《道路构造令》把道路分为4种,各种道路都分为若干等级。其中,第一种、第二种为高速机动车国道以及机动车专用道路,第一种相当于我国的高速公路,第二种为城市快速路。第三种、第四种为其他道路。第三种为城市间道路,第四种为城市地区道路,分别相当于我国的普通公路和城市道路。这样划分的好处是,一个标准、一本规范囊括了所有的道路,技术标准统一。

我国把道路系统划分为公路和城市道路,并分别有各自的主管部门和各自的标准。中国的公路分为高速公路、一级公路、二级公路、三级公路、四级公路;城市道路分为快速路、主干路、次干路和支路。《城市综合交通体系规划标准》(GB/T 51328—2018)从功能角度入手,把城市道路分为三个功能大类、四个中类和八个小类。不同城市应根据城市规模、空间形态和城市活动特征等因素确定城市道路类别的构成。

第三节　我国城市道路的分类与设计标准

《城市道路工程设计规范(2016年版)》(CJJ 37—2012)的"第三章　基本规定"中对于城市道路分类、分级有具体的规定,即城市道路分为四类。

该规范的"第一节 道路分类"中,按照道路在道路网中的地位、交通功能以及对沿线的服务功能等,将城市道路分为以下四个中类。

1.快速路

快速路为城市中大量、长距离、快速交通服务。快速路应采用中央分隔、全部控制出入、控制出入口间距及形式,应实现交通连续通行,单向设置不应少于两条车道,并应设有配套的交通安全与管理设施。

快速路两侧不应设置吸引大量车流、人流的公共建筑物的出入口。

2. 主干路

主干路应连接城市各主要分区,应以交通功能为主。

主干路两侧不应设置吸引大量车流、人流的公共建筑物的出入口。

3. 次干路

次干路应与主干路结合组成道路网,应以集散交通的功能为主,兼有服务功能。

4. 支路

支路宜与次干路和居住区、工业区、交通设施等的内部道路相连接,应解决局部地区交通,以服务功能为主。

此外,《城市综合交通体系规划标准》(GB/T 51328—2018)对于道路的功能分类有了更加详细的划分,即按照大类、中类、小类进行归类。其中,大类是对功能的分类,包括干线道路、集散道路和直线道路;中类是指相关道路设计规范中规定的快速路、主干路、次干路和支路;小类则是针对各个中类进行了更为细致的技术等级划分。城市道路功能等级划分与规划要求见表4-5。

城市道路功能等级划分与规划要求 表4-5

大类	中类	小类	功能说明	设计速度(km/h)	高峰小时服务交通量推荐(双向pcu)	双向车道数(条)	道路红线宽度(m)
干线道路	快速路	Ⅰ级快速路	为城市长距离机动车出行提供快速、高效的交通服务	80~100	3000~12000	4~8	25~35
		Ⅱ级快速路	为城市长距离机动车出行提供快速交通服务	60~80	2400~9600	4~8	25~40
	主干路	Ⅰ级主干路	为城市主要分区(组团)间中、长距离联系交通服务	60	2400~5600	6~8	40~50
		Ⅱ级主干路	为城市分区(组团)间中、长距离联系以及分区(组团)内部主要交通联系服务	50~60	1200~3600	4~6	40~45
		Ⅲ级主干路	为城市分区(组团)间联系以及分区(组团)内部中等距离交通联系提供辅助服务,为道路沿线用地服务较多	40~50	1000~3000	4~6	40~45
集散道路	次干路		为干线道路与支线道路的转换以及城市内中、短距离的地方性活动组织服务	30~50	300~2000	2~4	20~35
支线道路	支路	Ⅰ级支路	为短距离地方性活动组织服务	20~30	—	2	14~20
		Ⅱ级支路	为短距离地方性活动组织服务的街坊内道路、步行、非机动车专用路等	—	—	—	—

在规划阶段确定道路等级后，当遇特殊情况需变更级别时，应进行技术经济论证，并报规划审批部门批准。

当道路为货运、防洪、消防、旅游等专用道路使用时，除应满足相应道路等级的技术要求外，还应满足专用道路及通行车辆的特殊要求。

道路应做好总体设计，并应处理好与公路以及不同等级道路之间的衔接过渡。

第四节　路网的构成及各级道路的功能

1. 城市道路网的构成

随着网络（Network）的形成，道路才真正开始全面地发挥其功能。因此，在考虑道路网的形成时，需要恰当地确定道路网的形状、构成道路网的各条道路的功能分担（道路等级）、各条道路的定量的建设水准等。

在自然形成的道路网中，通常道路都是以市中心为原点形成放射状，历史形成的过境道路大多会穿过城市中心地区，这样的道路网很容易造成车辆穿越市中心，在市中心部引起道路拥堵。环状道路的建设，把过境交通从市中心部排除出去，对于确保城市全体的交通行驶的平滑性起着很重要的作用。图4-3为北京市的道路网络。从图4-3中可以看到，若干条环状道路成功地阻截了放射线道路向中心的延伸，起到了疏散交通、避免车辆穿越市中心的作用。

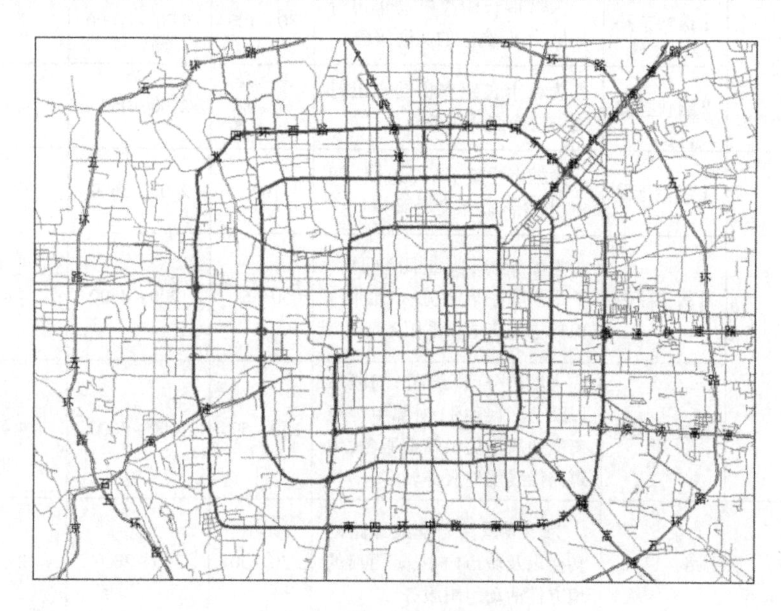

图4-3　北京市的道路网络

2. 城市各级道路的功能

道路根据其在网络上所处的位置以及担负的功能，可以分为若干类。在中国，城市道路按照功能划分为快速路、主干路、次干路和支路四类。此外，在城市道路的功能分类中还应该考虑居住区、商业区等地区道路和行人、自行车专用道等特殊道路的功能。

(1)快速路

快速路,又称为城市快速干道,是大城市道路交通的主动脉,也是城市与高速道路的联系通道,在城市对外交通系统中发挥着巨大的作用。快速路是城市中汽车专用道路,是构成城市骨骼的道路,主要分担出行长度较长的交通。快速路以通行功能为主,汽车的行驶平滑性、舒适性更加受到重视,设计速度设定较高。

(2)主干路

主干路又称主干线道路。主干路大多以交通功能为主,担负着客、货运的运输任务,但是也有少数主干路在特殊情况下可以成为城市主要的生活性景观大道。主干路同样是形成城市骨骼的道路。除了通行功能受到重视之外,还需要在一定程度上考虑进出功能。在市区,为了不让进出功能影响道路的通行功能,道路最好采用将一般车道与分离开的路侧车道的断面形式。最好是行车 4 车道、路侧 2 车道的合计 6 车道的断面形式。另外,对于道路空间功能,沿线环境的考虑也十分重要。

(3)次干路

次干路又称次干线道路,可以分为交通性次干路与生活性次干路。交通性次干路通常为混合性交通干路和客运交通次干路;生活性次干路包括商业性街道等。次干路也是构成城市骨骼和地区轮廓的道路,它是形成城市中道路网的基本的道路,主要担负中、短出行距离的交通,通行功能、进出功能、空间功能都十分重要,原则上不仅要保证 4 个车道,还要设有足够的停车带。

(4)支路

支路又称城市一般道路或地方性道路。支路以服务功能为主,承担城市中、长距离联系交通的集散和城市中、短距离交通的组织,为了不让通过目的的交通进入地区,要在支路的配置形式上下功夫。

(5)地区内部道路(街坊路)

从支路下来,通往各个门户的道路,在我国一般称为地区内部道路(街坊路)。汽车的出行长度、交通量以及速度都应该加以限制。这里所说的功能区包括居住区、商业区等。

(6)具有特殊功能的道路

城市中应该鼓励使用无环境负荷的交通出行方式。除了以上道路之外,根据具体情况还设置行人以及自行车专用道路,为行人和自行车提供良好的交通环境。近年来,供行人步行和自行车骑行者用于游憩、健身的绿道出现了。绿道是一种线形绿色敞开空间,通常沿着河滨、溪谷、山脊、风景道路等自然和人工廊道建立,内设可供行人和骑车者进入的景观游憩线路。我国的绿道不属于城市道路系统,一般设置于绿地之内,归城市管理部门管理。但作为城市道路体系的补充,绿道应该得到大力发展。北京还出现了回龙观至上地的自行车专用路,这是北京市首条自行车专用道,全长 6.5km。自行车专用路限速 15km/h,行人、电动自行车禁入。此外,步行街也是一种仅供步行的特殊道路形态。在汽车化迅速发展的今天,步行街对于保障城市交通的有序和商业的繁荣有着特殊的作用。

第五章
城市道路交通规划

现代道路规划主要是基于对交通的调查、分析与预测进行的。本书着眼于交通规划思想与方法在道路规划中的影响和作用,因此采用了城市道路交通规划的说法。这一点与早期的《城市道路交通规划设计规范》(GB 50220—1995)和现行《城市综合交通体系规划标准》(GB 51328)的思路是一致的,即从对城市交通需求预测、交通结构、交通空间分布以及道路交通特性的分析出发,探讨城市道路交通规划课题。

第一节　城市道路交通规划的理念

进行城市道路交通规划时,首先,有必要在道路对土地利用(城市全体)以及地域社会所起的基本作用上有一个基本的认识。其次,需要准确把握规划对象道路将起到的作用,把握对象地区的现状以及将来的状态,进行事先评价,明确道路建设的意义和作用。再次,需要在交通需求预测和交通分析的基础上研讨道路交通规划的各种方案,并对方案加以评价。最后,根据需要追加环境影响评价、节地模式评价等内容,进行综合评价并做出决策。

在进行道路交通规划时有下列基本的课题需要讨论:

(1)对于道路功能与基本作用的认识。

(2)准确把握道路建设的需求,并反映到道路基础设施的规划中去。

(3)假设道路的建设水准,计量道路建设的效果。

(4)综合交通规划体系中道路的所处位置。

(5)道路网应有的功能体系。

(6)国民经济。

(7)环境影响评价。

(8)节地模式评价。

(9)决定建设的优先顺序。

(10)道路交通的运用。

(11)其他。

道路首先应该发挥其本身所具有的交通功能等基本功能。在从事实际的道路交通规划时,对于道路设施以及所通过的交通会给沿线区域带来何种影响,在规划的最初阶段就应加以考虑。

比如,对于城市内的干线道路,道路交通规划中需要考虑采用各种方法对其交通噪声、空气污染、振动等社会的环境要因加以控制,真正做到与沿线条件进行协调。对于非城市中心部的规划道路,应该根据沿线地区的状况与野生的动、植物等自然环境因素进行协调。关于道路的生态化研究以及道路景观的研究目前正成为新的研究热点。

第二节　道路交通规划的步骤

进行道路交通规划时,需要充分把握以下几点:

(1)相关道路、交通的现状与问题。

(2)社会、经济、文化等社会条件的现状与未来特征。

(3)周围地区的自然环境与生活(社会)环境的现状,准确地预测从现在到未来对于道路建设的需求,在考虑与环境的协调以及道路的多种功能的基础上制定道路交通规划,确定道路建设的优先顺序。

1. 基本步骤

道路的调查以及规划的内容和范围,随着该道路的功能、规模、区位条件的不同有很大区别,为了决定道路建设的时期、顺序、构造,需要从多角度进行研讨。道路建设的一般步骤如图 5-1所示。从图 5-1 中可以看到,道路交通规划包含了道路网规划和路线规划两部分内容,城市道路交通规划在道路建设中占据了主要的地位。

道路工程项目的顺利实施,与沿线居民的理解和协助是分不开的。为了在调查规划阶段制定出与地区环境相互协调的道路规划,需用易于理解的形式向沿线居民讲解道路的作用与功能、道路建设对于地区及社会的影响,为此要在调查汇总和制定规划时准备易于理解的相关资料。

城市道路交通规划是道路建设的一个重要步骤,需要按照图 5-2 所示的工作流程图进行。

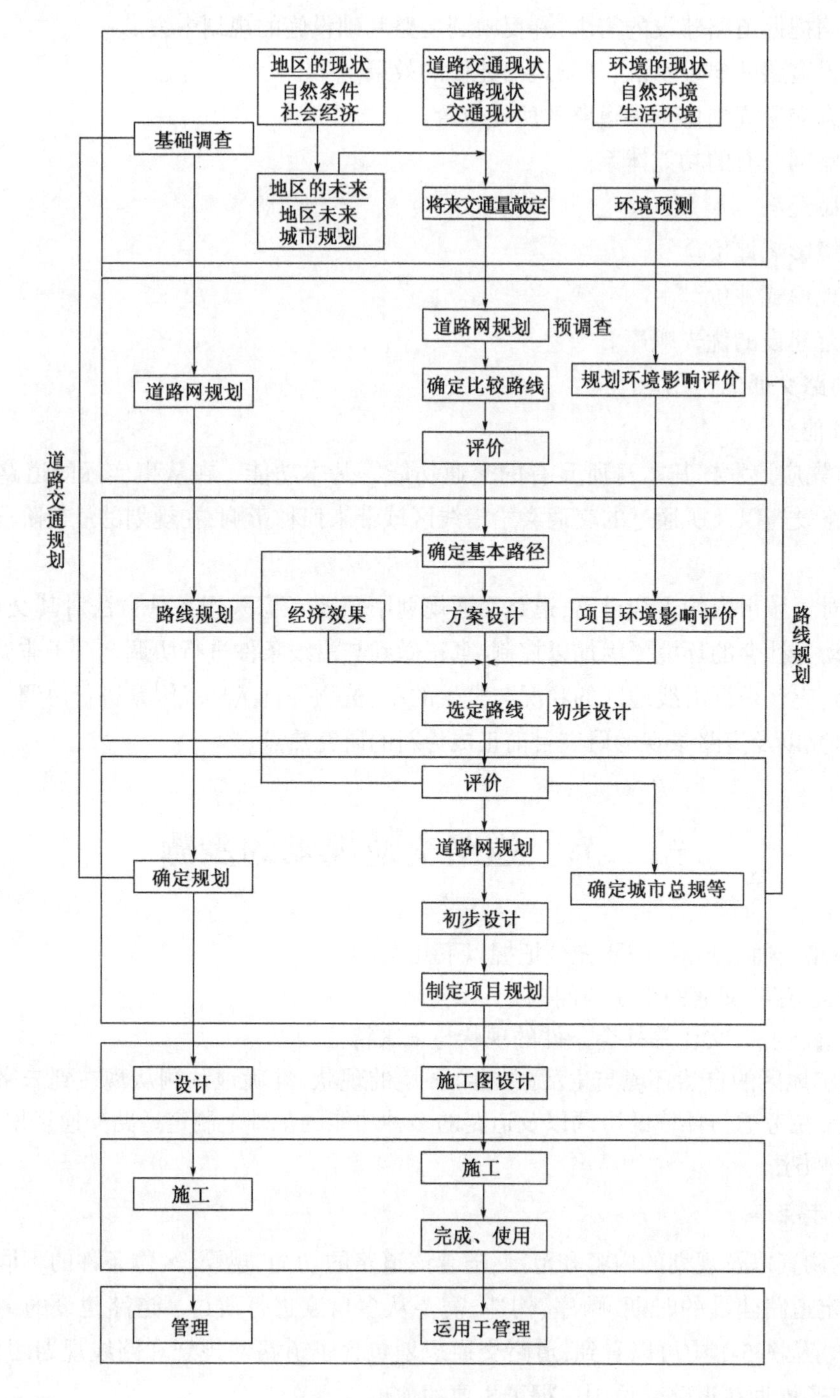

图 5-1　道路建设的一般步骤

2. 道路网规划

道路的建设包括从高等级的干线道路到乡村的支线道路，它们共同构成了道路网。各类道路有其各自的功能，共同构成一个有机的道路体系。所谓有机的道路体系，是指强调道路网中的各部分相互关联、相互协调，不可分割，就像一个生物体那样具有有机联系。

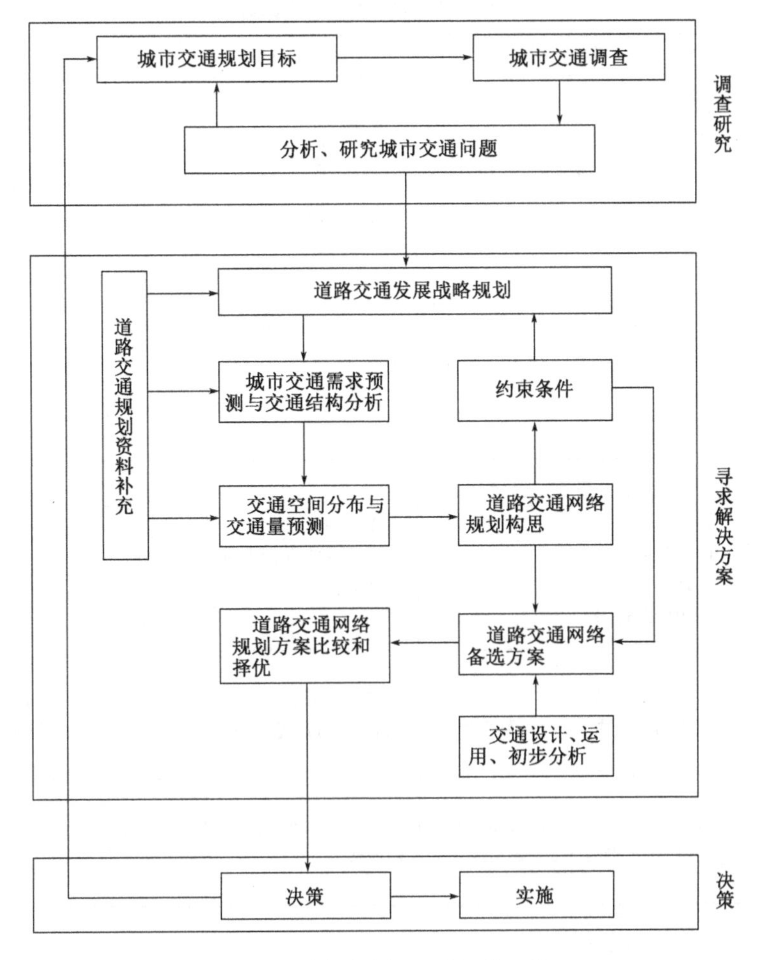

图 5-2　城市道路交通规划工作流程图

因此,明确道路网中各级道路所担负的交通特性,与地区(功能区)规划以及城市规划相协调的道路的所处位置,有效地制定有体系的道路网规划十分重要。在明确各条道路的将来交通量、确定车道数以及服务水准等构造规格的同时,探讨现况道路的问题,通过探讨建设效果研究确定建设的优先顺序,制定实施规划。在研讨过程中,可以在各个阶段制订不同的预备方案,之后对各个阶段的预备方案进行研究评价,根据评价结果对道路网的构成配置以及车道数等进行反馈(图 5-1)。

3. 路线规划

道路路线规划的定位,对于一般道路来说,在道路建设的一般步骤中,从“道路网规划”阶段开始到“初步设计”阶段的整个范围,是在调查、规划中作为主体作业的最为重要的阶段。

为了进行合理的路线规划,需要在规划的各个阶段获得规划所需的信息,因此需要适当地进行各种调查。在给定的条件下,从当初制定的尽可能多的比较路线中,把类似路线归类,得到代表方案,在最终阶段从多个路线方案中选定路线规划。这个步骤十分重要。

在路线规划中,选定路线上主要控制点的控制项目和具体内容见表 5-1。

主要控制点的控制项目和具体内容　　表5-1

项　目	一次控制	两次控制	备　注
自然条件： 地形； 地质、土质； 气象	山峰、溪谷； 主要河流的架桥地点； 大规模滑坡地带； 可能的浓雾多发地区、路面冻结地区	挖填土； 湖沼、池塘、中小河流； 软弱地基地带、断层的方向； 可能的积雪、强风地点	决定长大隧道、长大桥梁的位置； 海拔800m以上尽可能选择低处
相关公共事业	出入口位置与相连接道路的关系； 重要道路与铁路的交叉位置（改造、新建）； 城市规划事业	出入口附近道路的线形、交叉地点； 区划整理事业	—
环境条件： 社会环境； 自然环境	学校、医院、密集住宅区等； 科研保护区； 国家公园； 管理区； 资源管理保护区	工业地区； 自然环境保护地区； 地方公园等	—
文物古迹等： 文物； 名胜古迹	国宝、重要文物； 重要的名胜古迹、天然纪念物	古建筑等； 名胜古迹、纪念物	仅考虑有形文化遗产中的建造物
公共设施	机场、大型铁路车站、大型港口、电信设施、大型发电站、储水池	铁道、道路、港湾、电信设施、输电线	—

1）方案规划（方案设计）

方案规划阶段是在经济调查、交通量调查的基础上，在广范围内探求路线的可能性，判断其在社会、经济方面是否妥当，以及在设计速度、技术水平方面是否合理的规划。

在比例尺为1/50000～1/25000的地形图上，参考城市规划图、地质图等，考虑控制点，沿着假想的路线勾画比较路线。

2）选择路线（初步设计）

在此进行两个作业：一是选择比较路线，二是确定路线。

首先，以方案规划为基础的数条候补路线得到确定后，需要获取比例尺为1/5000的地形图，在此地形图上，画上平面线形、纵断线形，计算土工量、桥梁、隧道的工程量，估算各个方案的建筑安装工程费和用地费。这一作业通常可通过CAP（Computer Aided Planning）、CAD（Computer Aided Design）软件来进行。现在，地理信息系统（Geographic Information System，GIS）等卫星信息数据应用十分广泛，如果电子地图可以获得，则无须进行航空测量。否则还需要沿着这条规划带进行航空测量。

在进行路线比较时，通过比较工程造价，依据经济效益/成本比值、线形等最终确定最佳路线。

另外，在山地等地形复杂地区，可以使用比例尺为1/1000～1/3000的地形图以提高精度。

4. 道路设计(施工图设计)

道路设计是道路建设中的重要步骤。利用比例尺为1/1000的实测图进行施工图设计,根据需要可以结合使用比例尺为1/500~1/200的图纸进行道路的详细设计。

本书将在以后的章节里讨论道路交通设计的相关问题。有关道路施工图设计的详细内容,请参照有关规范以及相关技术书籍,本书将在第七章作适当介绍。

第三节　交通需求预测

城市交通规划随着对象区域、对象期间、对象设施不同而不同,依据规划的目的,须采用不同的规划方法。其一般的步骤大致可以分为收集规划所需的信息资料、设定规划框架(课题与目标)、制作方案进行预测、效果评价、实施、运用与信息反馈等几个阶段。

城市道路规划中交通需求预测是必不可少的。预测一般按照下列步骤进行:①根据目的确定预测对象内容;②确立预测模型;③参数标定(Calibration);④模型检验(Validation);⑤模型应用。

未来交通需求预测可以使用交通计量经济学的方法和四阶段预测法。前者主要是在调查的基础上利用历史数据,使用回归分析等数理统计的方法推导未来的交通需求的发展趋势;后者则是交通规划学所研究、使用的基本方法。

四阶段预测法是交通规划中把复杂的交通问题分阶段简化利用数学模型进行分析预测的最常用的方法,已经有几十年的历史。几十年来交通规划学研究人员围绕这一方法做了大量工作,开发和改良了许多模型,使其更趋成熟。它尽管存在着这样那样的问题,(如不同阶段间使用参数不一致等),但是它一直受到人们的重视,至今依然在实践中得到广泛应用。

城市道路规划中的交通量预测通常是基于机动车OD、路段交通量、车速等道路交通调查数据。交通量预测的方法也是采用传统的四阶段预测法。当采用机动车交通调查作基础时,预测的步骤是:经济指标→发生吸引→分布→交通分配,这时不存在方式划分的问题。如果以城市中PT调查为基础进行预测时,预测的步骤是:经济指标→发生吸引→分布→方式划分→交通分配,这时应该注意的是个人出行次数与机动车车辆数之间需要一个转换系数,通常这个系数因城市而异,一般为1.3~1.5。

完整的交通需求预测,除了通常说的四阶段预测的步骤之外,实际上还包括经济指标预测、小区划分(Zoning)、路网形成、发生吸引点选定等步骤。

1. 社会经济发展状况预测

在进行城市道路规划之前,首先要了解该城市的社会经济发展状况,包括GDP(国内生产总值)指标,第一、二、三产业占国民经济的比例及其变化情况,以及该城市在所在经济圈中所处的位置,等等。

通常,城市发展规划中会对将来的经济指标作预测,编制交通规划时应该遵循这一指标进行预测,但是如果在城市总体规划没有完成的情况下,可以自行对城市经济发展状况进行预测。这种情况下,交通规划的结果应该与后来制定的城市总体规划互相反馈,进行校核。

2. 分配对象道路网与小区划分

1)交通分配对象道路网的设定

交通分配对象道路网由调查对象路线和与其相关的道路构成,但是构成时应该留意下述问题。

(1)调查对象路线

调查对象路线作为调查目的的道路应被放入对象道路网之中。

(2)相关道路

相关道路是指与调查对象路线有着关联性的道路。具体而言,应该把下述路线放入路网:调查对象路线的交叉路线、末端连接路线、有竞争关系的平行路线、有必要把握其交通流动的路线以及可能对调查对象路线的交通流动带来影响的路线。特别是当调查对象路线是有进出限制的城市快速路时,与出入口相连的所有连接道路都应放入路网中。

2)路网的形成

为了交通分配方便将实际的道路模式化所形成的就是路网(Network)。分配对象道路网表示的、作为分配的对象来处理的道路及其相关道路构成的路网,与实际道路网络是有区别的。分配对象道路网中的以交叉点为节点(Node),以道路区间为路段(Link),根据交通流研讨的必要性使调查对象路线及其相关路线具有一对一的关系,对于其他路线可以对若干条进行合并以交通线路(Traffic Line)的形式表现。

3)设定交通分配对象区域

通常,交通分配对象区域要比进行道路规划的区域大一些,这是因为交通规划中要考虑对外交通以及过境交通的影响。通常分配对象区域的周边的行政区域要作为分配对象区域加以考虑。一般来说,分配对象区域越大,预测的精度越高。

4)小区划分

采用四阶段预测法进行交通预测时,需要把交通分配对象区域划分为若干个小区(Zone),这一步骤称为小区划分。对分配对象区域进行小区划分时,划分的原则是应适用于对调查对象路线的交通流动的把握。因此,这些路线附近的小区要细分,远处可以适当粗一些。另外,小区划分时应该注意划分的小区的分割指标应该容易获得。

交通量分配时,原则上一个小区中设一个发生、吸引点(Centroid)。小区内交通量通常不作为分配对象处理。因此,交通量分配的结果中应该关注小区间的路段交通量,而不是小区内的路段交通量。

分配对象区域以外的小区设置可以相对粗糙,也可以采用虚拟发生吸引点的方法来处理,其目的是获取过境交通和内外交通,所以这样的精度就足够了。

对象路线沿线的小区通常需要加以细分,这时需要在上一级小区的基础上对其进行分割。分割之后的新小区的发生集中量需要利用其对应的土地或人口指标计算按比例获得,进一步可以利用这些指标和 Frater 法等将 OD 量进行分割。小区的分割方法及其发生吸引点的设置可以有图 5-3 中所示的几类,它们具有以下特点:①不着眼于交叉点的方法,有利于进行路段交通量分析;②着眼于交叉点的方法,有利于对于交叉口交通量进行分析;③着眼于交叉点与街区构成的方法,适合于进行居住区等地区交通分析。

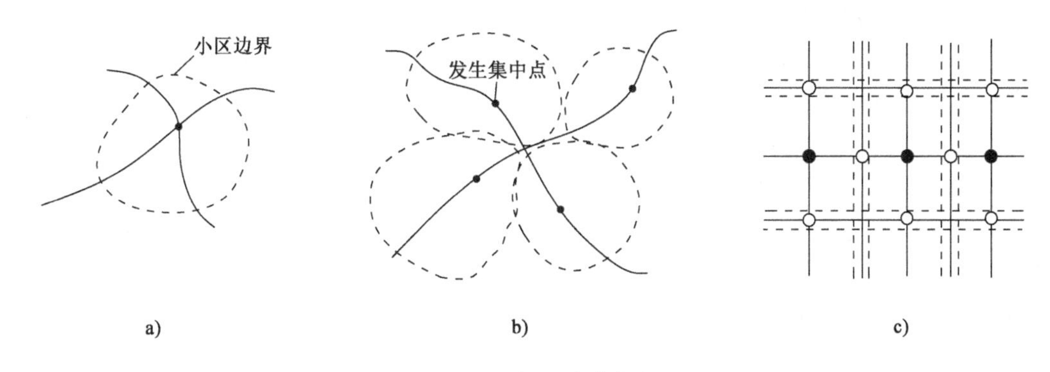

图 5-3 小区的划分方法

a)不着眼于交叉点的方法;b)着眼于交叉点的方法;c)着眼于交叉点与街区构成的方法

3. 交通量预测的一般步骤

为了获得上述的交通量解析结果,必须在将来城市经济指标以及人口预测的基础上进行交通需求预测。通常采用四阶段预测法,即将复杂的交通需求问题通过分阶段使用数学模型加以简化,从而得到量化的未来需求指标的方法。具体包括把研究对象区域(Objective Area)划分为适当大小的小区(Zone),建立路网,把交通的产生过程分为若干个阶段进行模拟。

1)设定框架

所谓设定框架,是指设定规划对象地区的未来人口等的规划目标。这一框架不仅是道路规划的目标,也是所有规划的目标。但是在机动车交通量预测中,可以认为是为了预测发生、吸引的将来值确定所需的指标。

2)发生、吸引交通量的预测

进行发生、吸引交通量预测时,通常要先预测生成交通量[规划对象区域全域的发生、吸引交通量的合计,作为总控量(Control Total)],然后预测规划区域内各个小区的假定的发生、吸引量,再按照假定的各个小区的发生、吸引交通量比对生成交通量(也就是总发生吸引量)进行分割,从而预测出各个小区的发生、吸引交通量。

代表性的发生、吸引交通量的预测方法有家庭类别生成模型法、回归模型法、增长率法、发生率法和时间序列法。发生、吸引交通量的单位为个人出行端(Trip End)数或机动车出行端数。

(1)家庭类别生成模型法

家庭类别生成模型是根据交通调查数据或参考相关城市资料,按土地利用性质、社会经济特性等,将出行主体分类,确定各类出行率。国外在该方法中通常采用的出行主体的基本单位是家庭。家庭类别生成模型法基本描述为:把家庭按家庭结构、家庭收入或者汽车拥有量的不同加以分类,再依据居民出行 OD 调查统计的各种类型的家庭平均出行率和家庭总户数来计算生成量,则:

$$G_i = \sum_{k=1}^{n} \overline{T}_k F_{ik} \tag{5-1}$$

式中:G_i ——交通小区 i 的发生量(个人出行端数);

$\overline{T}_k$ ——第 k 类家庭的平均出行率;

n——划分家庭类别总数；

F_{ik}——交通小区 i 中第 k 类家庭的总户数。

家庭类别生成模型法的优点是可比性强，直观地反映了用地与交通生成的关系；其缺点是计算分类较烦琐，分类的代表性影响其预测精度。

(2)回归模型法

回归模型法主要是建立出行量和相关因素的函数关系，依此类推预测。在居民出行发生预测中，一般以土地利用强度指标（如小区人口数、劳动力资源数、就业岗位数、各类土地利用面积等）为自变量，然后依据居民出行OD调查数据建立模型。其基本形式为

$$Y = a + \sum_i b_i X_i \tag{5-2}$$

式中：Y——交通小区的出行发生量；

X_i——第 i 种土地利用强度指标；

a、b_i——回归系数。

回归模型法的主要优点是函数关系明确，可以统计检验模型精度；其缺点表现在常用的 $Y = a + bX$ 线性方程在具体应用时，有时会出现相关系数较高但 a 较大的情况，这样就使出行发生量出现虚假的上升、下降现象。

(3)其他预测方法

交通小区的居民出行发生量的预测方法还有增长率法、时间序列法、发生率法等。

增长率法是将现状年的各交通小区居民出行发生量乘以从现状年到规划年的出行的增长率，从而得到规划年的各交通小区的居民出行发生量。增长率法有利于确定规划区以外的区域出行发生、吸引交通量，因此在对规划区域进行预测时，对规划区以外的区域的发生、吸引交通量也要进行预测。利用增长率法，可以将发生、吸引交通量的增长率按照某些特征指标的增长率来加以计算。

时间序列法是按照时间序列预测交通增长，即用现在和过去的交通生成资料，对交通生成与时间的关系进行回归，并利用此回归方程预测未来交通生成。该方法的缺点在于需要多年的交通发生、吸引量的资料，而且对于远景预测其精度一般较差。

发生率法在应用时只能用于较为粗略的估计。

3)分布交通量的预测

分布交通量的预测，就是预测某个小区的发生、吸引交通与其他小区间的关系，也就是对于从哪里来、到哪里去的预测。分布交通量可以以OD矩阵的形式表示，因此又称为OD交通量。这一阶段常用的预测方法有增长率法、重力模型法和概率模型法等。

(1)增长率法

增长率法分为平均增长率法、Detroit法和Frator法等。它们的基本分析方法和分析步骤如下：

①用 t_{ij} 表示现状OD表中交通小区 i、j 间的交通量。$G_i^{(0)}$、$A_j^{(0)}$ 分别表示现在的发生交通量和吸引交通量。

②用 G_i、A_j 表示各交通小区将来的发生交通量和吸引交通量。

③用下式计算各交通小区的发生、吸引交通量的增长系数 F_{gi}、F_{aj}。

$$F_{gi}^{(0)} = \frac{G_i}{G_i^{(0)}}, F_{gj}^{(0)} = \frac{A_j}{A_j^{(0)}} \tag{5-3}$$

④作为要推算的交通量的第一次近似值 $t_{ij}^{(1)}$,可由 $F_{gi}^{(0)}$、$F_{aj}^{(0)}$ 的函数用下式算出:

$$t_{ij}^{(1)} = t_{ij} \times f(F_{gi}^{(0)}, F_{aj}^{(0)}) \tag{5-4}$$

⑤一般来说,由对分布交通量求和得到的发生交通量 $G_i^{(1)} = \sum_j t_{ij}^{(1)}$ 和吸引交通量 $A_j^{(1)} = \sum_i t_{ij}^{(1)}$ 与 G_i、A_j 并不一致,这时用 $G_i^{(1)}$、$A_j^{(1)}$ 代替式(5-3)中的 $G_i^{(0)}$、$A_j^{(0)}$,算出增长系数,求解第二次迭代的近似值,即

$$t_{ij}^{(2)} = t_{ij}^{(1)} f(F_{gi}^{(1)}, F_{aj}^{(1)}) \tag{5-5}$$

⑥重复上述流程,直至 $F_{gi}^{(k)} = \frac{G_i}{G_i^{(k)}}$、$F_{gj}^{(k)} = \frac{A_j}{A_j^{(k)}}$ 都接近于 1 时,相应的 $t_{ij}^{(k)}$ 为所求的 OD 交通量。

前述的增长率法中各方法的不同取决于式(5-4)中的函数形式 $f(F_{gi}, F_{aj})$ 的定义。各法对此函数的定义如下:

①平均增长率法。

$$f = \frac{1}{2}\left(\frac{G_i}{G_i^{(0)}} + \frac{A_j}{A_j^{(0)}}\right) \tag{5-6}$$

②Detroit 法。

$$f = \frac{G_i}{G_i^{(0)}}\left(\frac{\dfrac{A_j}{A_j^{(0)}}}{\dfrac{\sum_j A_j}{\sum_j A_j^{(0)}}}\right) \tag{5-7}$$

③Frator 法。

$$f = \frac{G_i}{G_i^{(0)}} \cdot \frac{A_j}{A_j^{(0)}} \cdot \frac{L_i + L_j}{2} \tag{5-8}$$

式中:L_i ——小区 i 的位置系数或 L 系数(Location Faction)。

$$L_i = \frac{G_i^{(0)}}{\sum_j \left(t_{ij}^{(0)} \cdot \frac{A_j}{A_j^{(0)}}\right)} \tag{5-9}$$

$$L_j = \frac{A_j^{(0)}}{\sum_i \left(t_{ij}^{(0)} \cdot \frac{G_i}{G_i^{(0)}}\right)} \tag{5-10}$$

平均增长率法是极为单纯的分析方法,计算也很简单。此法虽然要进行多次迭代,仍然被广泛地使用。但是随着计算机的发展,此法在逐渐被 Detroit 法和 Frator 法所取代。

Detroit 法是 J. D. Carol 于 1956 年提出的。Detroit 法认为,从 i 到 j 的交通量与小区 i 的发生量的增长系数及小区 j 的吸引交通量占全域的相对增长率成比例地增加。这个模型是以经验为基础开发出来。

(2)重力模型法

重力模型是模拟物理学中万有引力定律而开发出来的交通分布模型。此模型假定 i、j 间的分布交通量 t_{ij} 与小区 i 的发生交通量和小区 j 的吸引交通量成正比,与两小区间的距离成反比,即

$$q_{ij} = k\frac{G_i^{\alpha}A_j^{\beta}}{R_{ij}^{\gamma}} \tag{5-11}$$

式中: G_i——小区 i 的发生交通量;

A_j——小区 j 的吸引交通量;

R_{ij}——i、j 之间的距离或一般化费用(包含了真实费用和通过时间价值转化的时间费用);

α、β、γ、k——模型系数。

在已知 q_{ij}、G_i、A_j、R_{ij} 的情况下,(如已知现状的 OD 表),可用最小二乘法等求得。具体地说,对式(5-11)两边求对数,则

$$\log q_{ij} = \log k + \alpha\log G_i + \beta\log A_j - \gamma\log R_{ij} \tag{5-12}$$

式(5-12)为线性函数,可用线性重回归分析求各系数。如果假定求得的系数不随时间和地点变化的话,则通过回归分析求得的重力模型,在给定发生交通量、吸引交通量及小区间距离的条件下,可以在任何时候和任何地域应用,用于预测该地域的 OD 分布交通量。

(3)概率模型法

概率模型法是由 Schneider 提出的。其基本思想是把从某一个小区发生的出行选择某一小区作为目的地的概率进行模型化,所以属于概率模型。除此之外,也有人把 Tomazinis 提出的机会模型和佐佐木及 Wilson 提出的熵最大化模型归为概率模型。

此模型以如下三个基本假定为前提:

①人们总是希望自己的出行时间较短。

②人们从某一小区出发,根据上述想法选择目的地小区时,按照合理的标准确定目的地小区的优先顺序。

③人们选择某一小区作为目的地的概率与该小区的活动规模(潜能)成正比。

现在,对某个起点小区 i,按照与其距离的远近(所需时间的长短)把可能成为目的地的小区 $j(j=1\sim n)$ 排成一列。把起点小区 i 到第 $j-1$ 个目的地小区为止所吸引的出行量之和用 U 表示,第 j 个目的地小区的吸引交通量用 $\mathrm{d}U$ 表示,在小区 i 发生的出行到第 $j-1$ 个目的地小区为止被吸引的概率用 $P(U)$ 表示。此外,各个小区吸收出行的概率为 L。那么,如果在小区 i 发生的出行被第 j 个小区吸引的概率为 $\mathrm{d}P$ 的话,则下式成立:

$$\mathrm{d}U = [1 - p(U)]L\mathrm{d}U \tag{5-13}$$

将式(5-13)变形,可得:

$$\frac{\mathrm{d}P}{1 - P(U)} = L\mathrm{d}U \tag{5-14}$$

解式(5-14),可得:

$$P(U) = 1 - \mathrm{e}^{-LU} \tag{5-15}$$

因此,小区 j 被选为目的地的概率可表示为

$$P_{ij} = P(U_{j+1}) - P(U_j) = \mathrm{e}^{-LU_j} - \mathrm{e}^{-LU_{j+1}} \tag{5-16}$$

现在,如果将存在于小区 j 和到小区 j 为止以前的选择顺序中的小区的累积机会(累积的吸引出行量)用 V_j 表示的话,即 $V_j = U_{j+1}$,那么从小区 i 到小区 j 的分布交通量 t_{ij} 可用下式表示为

$$t_{ij} = G_i(\mathrm{e}^{-LV_{j-1}} - \mathrm{e}^{-LV_j}) \tag{5-17}$$

式中:G_i——小区 i 的出行发生的总数。

另外,为使 $\sum_{j=1}^{n} t_{ij} = G_i$ 成立,将式(5-17)两边对 j 求和并令其等于 G_i,同时注意到 $G_i = V_n$(n 为全小区数),可得:

$$t_{ij} = G_i\left(\frac{\mathrm{e}^{-LV_{j-1}} - \mathrm{e}^{-LV_j}}{1 - \mathrm{e}^{-LG_i}}\right) \tag{5-18}$$

4)交通方式分担的预测

交通方式分担的预测,就是预测人或物在移动时所使用的交通方式,是推定轨道、公交、汽车、自行车、步行等各种交通方式分担交通量的阶段。进行机动车交通量预测时,过去大都把这一阶段省略了,但是在考虑城市中包括轨道、公交等城市综合交通体系时,需要包含这个阶段,而且包含这一阶段的预测方法正在逐步走向成熟。

(1)分担率曲线法

分担率曲线法是指从 PT 调查结果出发,并依据可以认为是主要影响因素的地区间距离、地区间交通方式的所需行走时间比或所需时间差等,做成使用者交通方式选择曲线,从而依据该曲线求出该地区间交通方式分担率的方法。

(2)函数型模型

所谓函数型模型,是指把交通方式的分担率用函数式的形式表示,再计算各交通方式分担交通量的方法。函数型模型可以分为线性模型、Logit 模型和 Probit 模型等。

①线性模型。线性模型是函数模型中最早开发出来的模型。它把影响交通方式分担率的各种要素用线性函数的形式表示,从而推求交通方式分担率。但用这种方法求出的分担率 P_i 无法保证分担率必须满足 $0 \leqslant P_i \leqslant 1$ 这一条件。为了解决这个问题开发了 Logit 模型和 Probit 模型。线性模型现在已经不再使用。

②Logit 模型。为了弥补线性模型的缺点,交通研究人员开发了此模型。某个 OD 组间某种交通方式的分担率可表示为

$$P_i = \frac{\exp(U_i)}{\sum_{j=1}^{J}\exp(U_j)} \tag{5-19}$$

$$U_i = \sum_k a_k X_{ik} \tag{5-20}$$

式中:X_{ik}——交通方式 i 的第 k 个说明要素(所需时间、费用等);

a_k——待定参数;

j——交通方式的个数;

U_i——交通方式 i 的效用函数;

P_i——分担率。

在这个模型中,存在 $0 \leqslant P_i \leqslant 1$ 和 $\sum_i P_i = 1$ 的关系,具有很容易算出分担率的优点。

这个模型中的参数 a_k 是通过居民个人出行调查的结果来标定的。

③Probit 模型。Probit 模型是为了弥补线性模型的缺点而开发的适用于只有两种交通方式的分担率预测模型。交通方式被选择的概率 P_i 可以用下式计算出来：

$$P_i = \frac{1}{\sqrt{2\pi}} \int_{-\infty}^{Y_i} \exp\left(\frac{-t^2}{2}\right) \mathrm{d}t \tag{5-21}$$

式中：Y_i——两种方式特性的线性函数值的差。

这种方法对两种交通方式之间的选择是适用的，而应用于多种交通方式的选择则非常难。其优点是两种交通方式特性即使不独立也可使用。

在地区间模型中，从预测精度、计算作业及模型构思的合理性来看，Logit 模型是较好的。

④其他模型。除了以上三种模型外，还有许多其他模型，如牺牲量模型、直接需求模型等。其中，牺牲量模型和我们前面介绍的方法完全不同，它以人们选择交通方式的特性为基础，即假定人们是选择利用时损失（牺牲量）最小的交通方式。但无论是从选择意义，还是从分布形式来说都需要很强的假定条件。此外，该模型无论是理论上还是实证上的研究都还很不充分。其特点是无须使用地域特征及交通调查的结果等，预测作业完全是机械地进行的。

5）分配交通量的预测

分配交通量的预测，就是把汽车或各个方式的分布交通量分配到各个路线上的阶段，通常需要有复杂的计算过程。为了更接近实际交通流动的路线选择状况，多种预测模型得到开发，并不断得到改善。

交通分配方法通常都是以 Wardrop 在 1952 年提出的两个分配原理为依据。

原理Ⅰ：车辆驾驶员总是试图选择使自己行车时间或行车费用（通常是利用时间价值将时间折算成货币价值的一般化费用）最小的路径。网络上的交通以这样一种形式分布，使所有被使用的路径比没有被使用的路径一般化费用小。

原理Ⅱ：车辆在网络上的分布，使得网络上所有车辆的总出行时间（一般化费用）最小。

分配模型满足 Wardrop 第一个原理的称为用户均衡模型（User Equilibrium Model），满足第二个原理的称为系统最优化模型（System Optimized Model，SO）。此外，也有不使用 Wardrop 原理而采用模拟方法的分配模型。

用户均衡模型中又根据用户掌握交通信息情况的假设分为两种基本情况：一为用户掌握确定自己交通选择所需的路网交通情况，因此确切知道自己应该走哪条道路，对应形成确定型模型；二为用户并不掌握路网确切的交通情况，而是根据有限的信息选择自认为是正确的路线，由此建立了概率型模型。

从 1952 年 Wardrop 提出用户均衡分配原理之后，曾经在很长一段时间内没有一种严格的模型可求出满足这种均衡准则的交通流分配方法。1956 年 Beckmann 等学者根据这一原理建立了数学规划模型，奠定了研究交通流分配问题的基础。后来的许多分配模型，如弹性需求交通分配模型、分布-分配组合模型等都是在 Beckmann 模型的基础上扩充得到的。近 20 年后，1975 年 LeBlanc 等学者才设计出了求解 Beckmann 模型的算法，即 Frank-Wolfe 算法，最终形成了目前广泛应用的一种解法，简称 F-W 解法。直至 1979 年 Smith 在对均衡原理进一步细致分析的基础上提出了变分不等式模型，才使得均衡模型理论形成完整的体系。随着计算机技术的飞速发展，均衡模型已在交通分配理论研究中占据了主导地位。

在此，围绕一些实用性较强的交通分配方法进行简单介绍。

(1)全有全无分配法(All-or-nothing)

在全有全无分配模型中,OD点之间的交通量全部分配到起讫点之间的最短路径上。全有全无分配法也称为0-1分配法。这种方法的计算步骤可归纳如下:

①计算网络中每个出发地O到每个目的地D的最短路径。

②将O、D间的OD交通量全部分配到相应的最短路径上。

全有全无分配模型是与实际不符的,因为首先每个OD对应的数值只分配到一条路径上,即使存在另外一条时间、成本相同或相近的路线。另外,交通量分配的时候路段的运行时间为一个输入的固定值(通常为自由流所需的时间),它不因为路线的拥堵而变化。

全有全无分配法十分简单但却很近似。在道路稀少的偏远地区的交通量分配中可以采用这种方法,一般城市道路网的交通量分配中不宜采用这种分配法。但是,用全有全无分配法获得的结果,通常可以在地区边界处准确地表明地区间的交通需求,因此全有全无分配法在探讨地区间交通需求时发挥着重要的作用。

(2)增量分配法

增量分配法中OD交通量是分次分步加载的。在每一步中,加载一定百分比的交通需求。单次分配是基于全有全无分配法的。每加载一次之后,路段时间要根据当前交通量重新计算,然后重新寻找最短路径。如果加载的次数很多,分配获得的结果看起来就像一个平衡分配法,但事实上,增量分配法并未产生一个平衡的结果。因此,交通量和运行时间之间的矛盾就会导致评价指标的误差。同时,每次分配的OD量的比例将影响增量分配法的结果,这增加了分配结果的误差。

当把OD交通量等分时,其计算步骤如下:

步骤0:初始化。q_{rs}表示小区r到小区s的交通量,将每组OD交通量N等分,即使$q_{rs}^{n} = q_{rs}/N$。同时,令$n=1$, $x_a^0 = 0$, $\forall a$, a为一个路段, X_a为该路段上的交通量。

步骤1:更新。$t_a^n = t_a(x_a^{n-1})$, $\forall a$, t_a为该路段在X_a交通量状态时的行车时间。

步骤2:增量分配。按步骤1计算所得t_a^n,用全有全无分配法将$1/N$的OD交通量q_{rs}^n分配到网络中去。这样得到一组附加交通流量$\{W_a^n\}$。

步骤3:交通流量累加。令$x_a^n = x_a^{n-1} + w_a^n$, $\forall a$。

步骤4:判定。如果$n = N$,停止计算,当前的路段交通流量即是最终解;如果$n < N$,令$n = n+1$,返回步骤1。

增量分配法的复杂程度和解的精确性都介于全有全无分配法和均衡分配法之间。当$N=1$时与全有全无分配法的结果一致;当$N \to \infty$时,其解与平衡分配法的解一致。

增量分配方法由于简单易操作,而且可以获得路径表,因而直到现在仍然在实际工作中得到广泛应用。通常可以把OD交通量分为3份、4份、5份、10份,分割数越少,计算时间越短。实际工作中不一定把交通量做成N等分,比例可以根据需要定,比如5分割时可为4:2:2:1:1,3:2:2:2:1,或可为2:2:2:2:2。分配计算结果表明分割比例的差别对于分配结果影响不是很大。但是,第一分割的比例过大可能会导致少数路段的交通量过高,超过观测值。

(3)用户均衡分配法

Beckmann用取目标函数极小值的办法来求均衡分配的解。提出的均衡分配模型如下:

$$\min Z(x) = \sum_a \int_0^{x_a} t_a(w)\,\mathrm{d}w \tag{5-22a}$$

s. t.

$$\sum_k f_k^{rs} = q_{rs} \quad (\forall r,s) \tag{5-22b}$$

$$f_k^{rs} \geqslant 0 \quad (\forall r,s) \tag{5-22c}$$

另外,定义约束：

$$X_a = \sum_r \sum_s \sum_k f_k^{rs} \delta_{a,k}^{rs} \quad (\forall a \in L) \tag{5-22d}$$

Beckmann 的交通分配模型中使用了如下的变量：

X_a——路段 a 上的交通流量；

t_a——路段 a 的走行时间；

$t_a(\cdot)$——路段 a 的交通阻抗,也称为走行时间,因而 $t_a = t_a(x_a)$；

f_k^{rs}——出发地为 r、目的地为 s 的 OD 间的第 k 条路径上的交通流量；

C_k^{rs}——出发地为 r、目的地为 s 的 OD 间的第 k 条路径的总走行时间；

$\delta_{a,k}^{rs}$——路段-路径相关变量,即 0-1 变量,如果路段 a 在出发地为 r、目的地为 s 的 OD 间的第 k 条路径上,则 $\delta_{a,k}^{rs} = 1$,否则 $\delta_{a,k}^{rs} = 0$；

q_{rs}——出发地为 r、目的地为 s 的 OD 间的交通流量；

L——网络中路段的集合；

R——网络中出发地的集合；

S——网络中目的地的集合；

ψ_{rs}——r 与 s 之间的所有路线的集合。

Bechmann 的交通分配模型有一些必须满足的基本约束条件。式(5-22b)表示对于分配问题本身应满足的条件是交通流守恒条件,即各 OD 间的交通量应该全部分配到网络中去,或者 OD 间的各条路径上的交通总量应等于 OD 交通量。

式(5-22d)表示的约束条件是变量之间的关系式,即路径交通量 f_k^{rs} 与路段交通量 x_a 之间的关系式。

此外,路径的总走行时间与路段走行时间的关系式为

$$C_k^{rs} = \sum_a t_a \delta_{a,k}^{rs} \quad (\forall k \in \psi_{rs}, \forall r \in R, \forall s \in S) \tag{5-23}$$

以上模型的目标函数是对各路段的走行时间函数积分求和之后取最小值。但是,很难对它做出直观的或经济学上的解释。

用 F-K 解法可以求解上述均衡分配模型,其步骤可归纳如下：

步骤 0:初始化。按照 $t_a = t_a(0)(\forall a)$,实行一次 0-1 分配。得到各路段的交通流量 $\{X_a^1\}$,令 $n=1$。

步骤 1:更新各路段阻抗函数。令 $t_a^n = t_a(X_a^n)(\forall a)$。

步骤 2:寻找下一步的迭代方向。按 $\{t_a^n\}$ 实行一次 0-1 分配,得到一组附加交通流量 $\{Y_a^n\}$。

步骤 3:确定迭代步长。求满足下式的 α_n：

$$\sum_a (Y_a^n - X_a^n) t_a [X_a^n + \alpha_n (Y_a^n - X_a^n)] = 0 \quad (0 \leqslant \alpha_n \leqslant 1)$$

步骤 4:确定新的迭代起点。

$$X_a^{n+1} = X_a^n + \alpha_n(Y_a^n - X_a^n) \quad (\forall a)$$

步骤 5:进行收敛性检验。如果 $\{X_a^{n+1}\}$ 已满足规定的收敛准则 $\sqrt{\sum_a (X_a^{n+1} - X_a^n)^2} / \sum_a X_a^n < \varepsilon$,其中 ε 为预先给定的误差限值, $\{X_a^{n+1}\}$ 为要求的平衡解,停止计算。否则,令 $n = n + 1$,返回步骤 1。

用户均衡分配模型是在明确的用户均衡分配理论基础上建立的,应该说可以较好地描述交通状态。但是在实际应用当中也存在一些问题,比如,道路网中存在收费道路时,无论是采用时间价值转换方法,还是采用其他方法都会很大程度地降低交通量预测的精度。

(4)系统最优化的交通分配

Wardrop 在提出交通分配的第一个原理(原理Ⅰ),即用户均衡(UE)理论的同时,还提出了另一原理,即系统最优化原理。该原理为:在考虑拥堵对走行时间影响的网络中,网络中的交通量应该按某种方式分配以使网络中交通量的总走行时间最小。该原理一般称为 Wardrop 第二原理(原理Ⅱ)。

Wardrop 第一原理反映了道路网利用者选择路线的一种准则。按照第一原理分配出来的结果应该是道路网的实际分配结果。而第二原理则反映了一种目标,即按什么样的方式分配是最好的。在实际路网中不可能出现第二原理所描述的状态。除非所有的驾驶员互相协作,为系统最优化而努力。但是这在现实中是不可能的。但第二原理为规划管理人员提供了一种决策方法。

系统最优化比较容易用数学规划模型来表达。其目标函数是对系统的总走行时间取最小值。约束条件则与用户均衡模型完全一样。因此,该问题可归纳为下述系统最优化模型。

$$\min \tilde{Z}(x) = \sum_a x_a t_a(x_a) \tag{5-24a}$$

s. t.

$$\sum_k f_k^{rs} = q_{rs} \quad (\forall r,s) \tag{5-24b}$$

$$f_k^{rs} \geqslant 0 \quad (\forall k,r,s) \tag{5-24c}$$

式中: x_a ——路段 a 上的交通流量;

t_a ——路段 a 的走行时间;

$t_a(\cdot)$——路段 a 的走行时间函数,因而 $t_a = t_a(x_a)$;

f_k^{rs} ——出发地为 r、目的地为 s 的 OD 间的第 k 条路径上的交通流量;

q_{rs} ——出发地为 r、目的地为 s 的 OD 间的交通流量。

(5)二次加权平均法

二次加权平均法(Method of Successive Averages)是一种介于增量分配法和用户均衡分配法之间的循环分配方法。其基本思路是通过不断调整已分配到各路段上的交通量,使分配结果逐渐到达或接近均衡分配。其计算步骤如下:

步骤 0:初始化。按照各路段的自由走行时间进行一次 0-1 分配,得到各路段的分配交通流量 x_a^0,令 $n = 0$。

步骤1：按照当前各路段的分配交通量 x_a^0 计算各路段的走行时间，令 $n = n + 1$。

步骤2：按照步骤1计算的路段走行时间和OD交通量进行一次0-1分配，得到各路段的附加交通流量 F_a。

步骤3：用加数平均的方法计算各路段的当前交通量 $x_a^n = (1-\phi)x_a^{n-1} + \phi F_a(0 \leqslant \phi \leqslant 1)$。

步骤4：如果 x_a^n 与 x_a^{n-1} 的差值不太大，应停止计算，x_a^n 即分配交通流量；否则返回步骤1。

在步骤4中，当判别 x_a^n 与 x_a^{n-1} 差值大小时，可控制它们的相对误差在百分之几以内。但为了提高计算效率，节省计算时间，用得更多的准则是循环若干次以后令其停止。

在步骤3中，权重系数 ϕ 需由计算者自定。ϕ 既可定为常数，也可定为变数。当 ϕ 定为常数时，最普遍的情况是令 $\phi = 0.5$。当 ϕ 定为变数时，通常可令 $\phi = 1/n$（n 为循环次数）。有研究表明，当 $\phi = 1/n$ 时，会使分配尽快接近均衡解。

二次加权平均法是一种简单实用却又最接近于用户平衡分配法的分配方法。如果每一次循环中权重系数 ϕ 严格按照数学规划模型取值时，即可得到均衡分配的解。

（6）其他分配方法

模拟随机分配（Simulation-based）和概率随机分配（Proportion-based）两类方法也得到了相对广泛的应用。模拟随机分配方法应用 Monte Carlo 等随机模拟方法产生路段阻抗的估计值，然后进行全有全无分配；概率随机分配方法则应用 Logit 等模型计算不同的路径上承担的出行量比例，并由此进行分配。

然而上述两种方法都存在着一些不可避免的缺陷。比如，估计路段阻抗分布相互独立的假设在某些情况下会导致不合理的结果，以及没有很好地考虑拥挤因素等。

此外，以用户均衡理论为依据发展起来的随机用户均衡（Stochastic User Equilibrium，SUE）模型也得到广泛应用。SUE 分配中出行者的路径选择行为仍遵循 Wardrop 第一原理，只不过用户选择的是自己估计阻抗最小的路径而已。SUE 表示了这样一种交通流分布形态，即任何一个出行者均不可能单方面改变出行路径来减少自己的估计行驶阻抗。

6）交通预测方法使用中的问题讨论

交通需求预测模型都有局限性，各有优缺点，实际工作中需根据实际情况选定需求预测方法。由于集计型的需求预测方法普遍具有时空移转性差的缺点，因此使用前都需要通过使用调查数据对模型进行标定（Calibration）。哪一种模型更好、预测精度更高是人们关心的一个问题，现阶段对于模型好坏的评定只有通过“现状再现”（Status quo Reproduction）来检验。所谓现状再现，就是使用模型对于现状进行预测，把道路路段的预测交通量与观测交通量进行比较，其误差越小，说明模型的预测精确度越高。然而在现实中，这一步骤基本上被省略了，对于使用没有经过“现状再现”检验过的模型，所作的将来需求预测结果的可信度是值得怀疑的。如何提高“现状再现”的精度则是一个课题。首先可以考虑通过调整 OD 表来达到此目的。因为 OD 交通量通常是由放大调查样本获得的，本身存在着误差，对其调整是合理可行的。调整时可以使用 OD 反推的技术。提高“现状再现”的精度最重要的是在交通量分配阶段下功夫。首先，对路网进行调整，如调整路段的自由流时间（自由流速度）、路段长度、路段通行能力等；其次，根据具体情况对模型自身进行调整；最后，调整分配小区的大小、发生、吸引点的位置等也可以达到提高“现状再现”精度的目的。在实际工作中，“现状再现”阶段往往占用了整个预测工作的一半以上时间。

交通预测中存在着许多不确定的因素，使用“现状再现”精度很高的模型预测出的将来交通量也很难说就是准确的。这一点交通规划人员十分清楚,因此对于需求结果要进行定量的解析和定性的分析,这也是需求预测中必不可少的。

如前所述,对于需求预测进行定量解析,通常需要路径表,因此往往优先选择易于获得路径表的分配方法。

将来需求预测结果是一个目标,在实施过程中需要采取多种保障措施,才能达到这个规划目标。

第四节　交通预测结果解析

作为交通需求预测的最终结果,往往仅给出路段交通量。交通需求预测的第四阶段交通分配时,直接得到的分配结果实际上是各个 OD 直接的路径交通量,经过后处理,对于每个路段进行循环叠加路径交通量计算后才得到路段交通量。在实际道路规划中,仅有路段交通量是远远不够的,根据其目的、规模不同,需要获得交通需求预测的多种预测结果并加以解析。经常使用的预测结果及需要解析的内容如下:

(1)路段交通量(分车种以及合计)。

(2)路段负荷度。

(3)平均出行长度。

(4)出行长度分布。

(5)大型车混入率。

(6)货车混入率。

(7)指定路线利用交通量。

(8)交叉点交通量。

(9)路段的 OD 分类构成。

(10)指定路线的 OD 分类构成。

(11)出入口 OD 交通量。

(12)出入口的影响范围。

(13)小区(区域)的通过、内外、内内分类交通量。

(14)交通流带。

(15)经济效果分析。

(16)其他(如对于 OD 交通量的解析)。

以上解析所需数据大多是从交通分配结果获得的。交通分配的实质实际上是将所有的 OD 交通量按照事先确定的规则,分配到 OD 间的路径上。因此,直接的分配结果实际上是路径交通量,之后通过对路径交通量进行后处理,获得直观的路段交通量。利用路径交通量可以进行多种交通解析。在选择交通分配方法时,需要选择可以将明确的路径存储起来的方法,以供进一步解析。通常路径的结果数据较多,易受计算机存储条件的限制。路径结果以表 5-2 所示路径表的形式(以增量分配法)表示,其中包括发生、吸引节点号,发生吸引小区号,以及各个车种的交通量、所经路径节点编码、全路径所需时间、延长等。需要指出的是,路径交通量通常会被忽视,而实际工作中做各种交通解析时,路径交通量是必不可少的。

路径表的形式(以增量分配法为例) 表 5-2

存储位数	内 容	单 位 等	存储位数	内 容	单 位 等
5	分割数	份	10	小型货车交通量	辆
5	收费、一般区别	收费:1 普通:2	10	普通货车交通量	辆
5	出发地小区号(O)		5	OD 间距离	m
5	到达地小区号(D)		5	通过节点数	(N)
5	出发地中心节点号(CO)		5	通过节点 1(CO)	
5	到达地中心节点号(CD)		5	通过节点 2	
10	小客车交通量	辆	5	……	
10	大客车交通量	辆	5	通过节点 N(CD)	

随着规划层次、水准以及规划对象的不同,道路规划的调查内容以及研讨项目则不同。在各种道路规划中,需要讨论各种项目的方案,对其加以分析、评价,推进规划的进展。也就是说,调研的流程应服从调研的目的,具体流程如下:

(1)设定需要研讨的项目。

(2)设定具体的调查项目。

(3)利用交通分配的结果进行整理、解析。

通常根据需要可以利用 OD 表和路径表进行以下解析。

1. 路段交通量

分配交通量就是对各个路段的集合值,通常以全车种、各个车种、大型车或是货车用图的形式表示出来。如图 5-4 所示,交通量图示的方法是在道路网中直接写入数值;为了更直观地表现,也可以用线的宽窄表现交通量。目前的规划软件都具有这些表现功能。考虑到预测的精度,通常可以采用百辆或千辆为单位,发表环境评价结果时原则上采用千辆为单位。

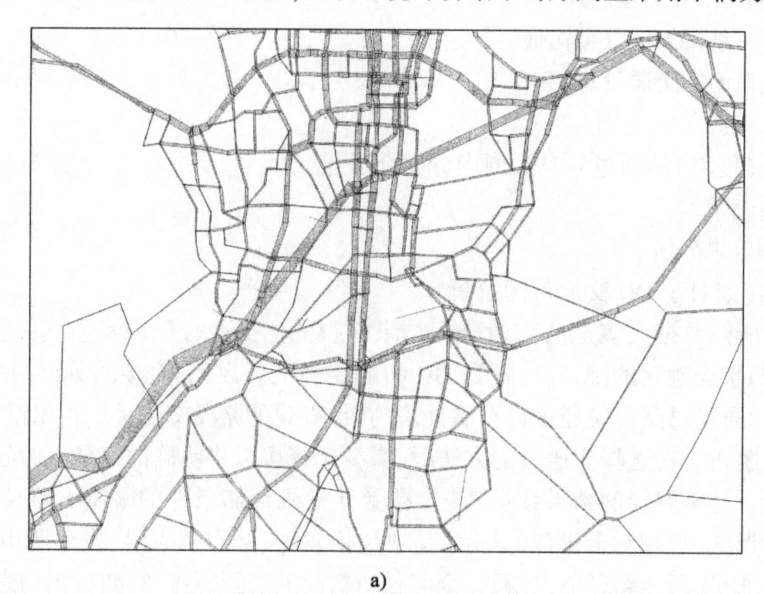

a)

图 5-4

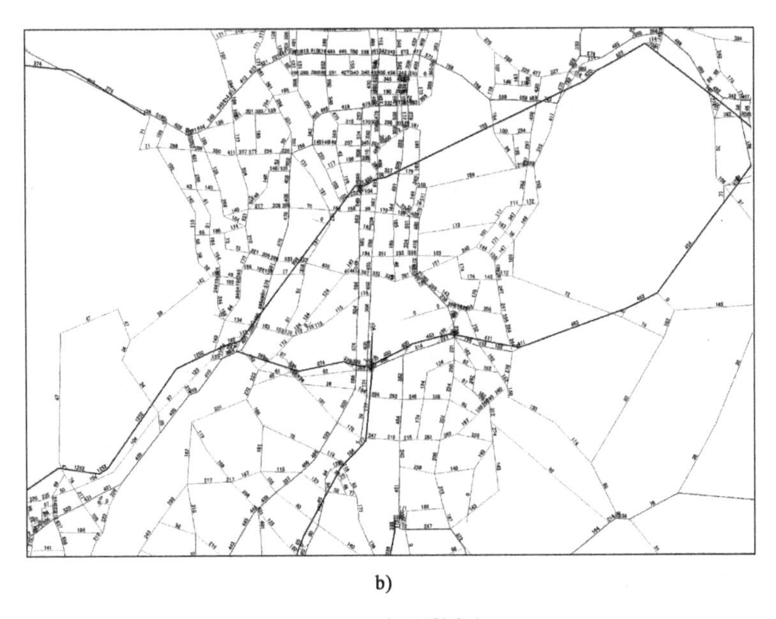

b)

图 5-4 交通量图示

a)用线条的宽窄表示;b)用数字表示(图中数字单位为 100pcu)

2. 负荷度

负荷度是路段的分配交通量与通行能力的比值,它是需求平衡的尺度。道路通行能力是对应于道路的服务水平的指标,可以使用评价基准交通量(相当于适应交通量)来表示。

$$负荷度 = \frac{分配交通量}{评价基准交通量} \tag{5-25}$$

除了特殊的情况外,分配交通量与评价基准交通量都用小汽车当量交通量(pcu/d)来表示,而不是使用实际车辆数。这是为了能够正确地对不同路段的负荷度进行比较。

通常,把负荷度分为 1.0 以下、1.0 ~ <1.5、1.5 及以上等档次,将其表示在道路网络图上。

3. 平均出行长度

平均出行长度表示通过某路段的交通的出行长度的平均值,可利用下式计算。

$$平均出行长度 = \frac{\sum(通过此路段的各个\ OD\ 交通量 \times 各个\ OD\ 出行长度)}{路段交通量} \tag{5-26}$$

平均出行长度的表示形式与路段交通量相同,在网络图中写上数字,或用线条宽窄来表示。

4. 出行长度分布

出行长度分布是把通过路段的交通的出行长度分段集合,通常与平均出行长度结合起来看。分段要以平均出行长度为参考。

出行长度分布的表现形式是把要考虑的路段单独取出,分距离段用柱状图表示,如图 5-5 所示。

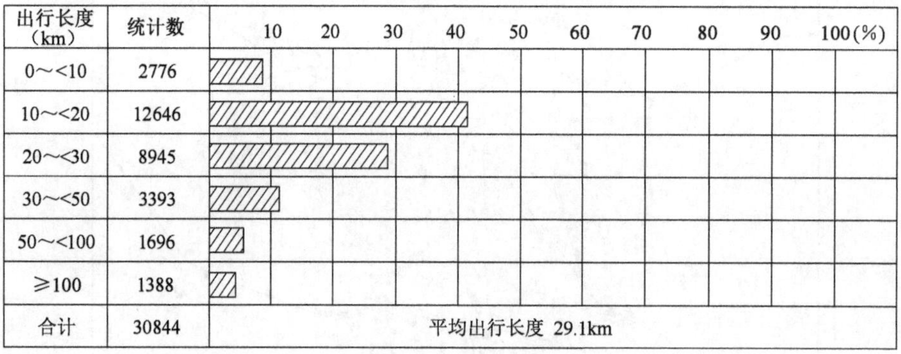

出行长度（km）	统计数	10　20　30　40　50　60　70　80　90　100(%)
0～<10	2776	
10～<20	12646	
20～<30	8945	
30～<50	3393	
50～<100	1696	
≥100	1388	
合计	30844	平均出行长度 29.1km

图5-5　出行长度分布图示例

5. 大型车混入率

大型车混入率可以按照式(5-27)，把各个车种的路段交通量进行集计获得，结果计入道路网络图。

$$大型车混入率 = \frac{巴士交通量 + 普通货车交通量}{全车种交通量} \times 100 \tag{5-27}$$

6. 货物车混入率

与大型车混入率同样，货物车的混入率可以按照式(5-28)，把各个车种的交通量进行集计，结果计入道路网络图。

$$货物车混入率 = \frac{小型货物车交通量 + 普通货车交通量}{全车种交通量} \times 100 \tag{5-28}$$

7. 指定路线利用交通量

将通过指定路线区间的交通按照该路线上各个路段(Link)进行集合，分析、评价规划道路中利用整个路线的交通流动以及进出交通的走向时使用。可以将利用该路线的交通抽出，直观地将这些利用交通展现在交通流带图上，以考察该路线的走向或是分布情况。它通常与某个路段利用交通量的分析方式相同。

8. 交叉点交通量

在交通分配的基础上获取交叉点交通量(图5-6)，包括各个方向的直行交通量、左转交通量和右转交通量。交叉点交通量可以采用矩阵的形式列表给出，但最好以交叉点交通量图的形式表示，比较直观、易懂。通常情况下，给出每一个方向交通量合计即可，有必要时可以给出各个方向的数值。获取交叉点交通量的最好方法是由路径表计算获得，但是，当不具有路径表时可以根据节点的相邻路段交通量，采用数学方法进行估算。需要注意的是，想要获取交通量的节点不能作为发生、吸引节点。

9. 路段的 OD 分布构成

为了了解某个路段的利用交通是哪些小区之间的交通在利用，需要汇总路段的 OD 分布构成，以 OD 表的形式表示出来。当分配小区数量非常多时，可以把小区汇总为较大的区域，必要时可以绘出期望路线图。

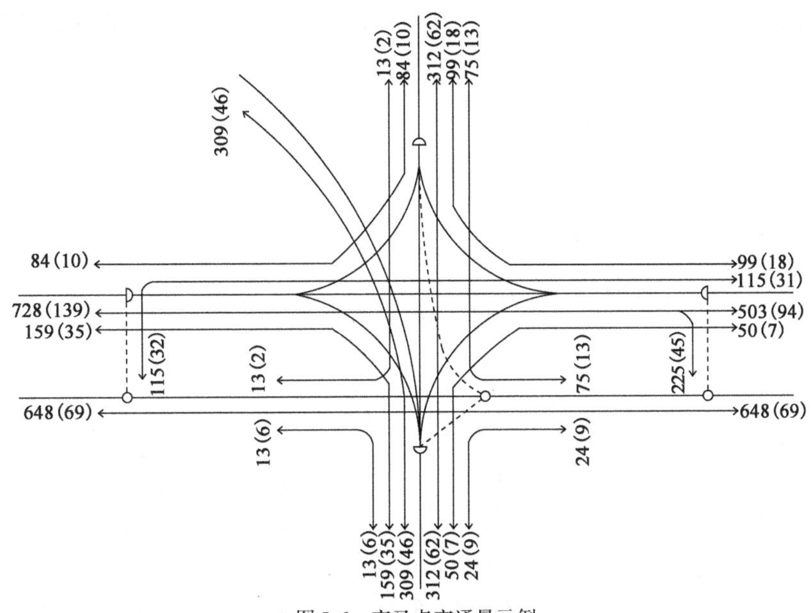

图5-6 交叉点交通量示例

10. 指定路线的OD分布构成

这是为了搞清楚通过指定的路线区间(两个路段或更多路段)的交通的分布构成所作的分析,用与获得路段OD分布构成相同的方法集计和表示。

11. 出入口之间交通量

对高速公路或城市快速路等限制出入的道路进行交通分析时,通常对其出入口之间的OD交通量进行集计。一般采用四角形OD表(表5-3)的形式,对出入口间交通量进行整理,也可以直观地画在示意图中表示。

高速道路出入口间交通量的例子　　表5-3

交通量		出口						
		栗东以东	濑田东	濑田西	大津	京都东	京都南以西	合计
入口	栗东以东	38317	—	8	1363	5075	20644	65407
	濑田东	—	—	—	—	—	—	—
	濑田西	6	—	0	82	1030	1718	2836
	大津	989	—	40	0	1054	4376	6459
	京都东	5265	—	1248	1094	0	2533	10140
	京都南以西	20115	—	1845	4256	2135	0	28351
	合计	64692	—	3141	6795	9294	29271	113193
进出合计		130099	—	5977	13254	19434	57622	226386

12. 出入口的影响范围

将机动车专用道路的指定出入口的利用交通分别以发生、吸引小区进行集计,分析其影响范围时使用此方法,其优点是十分直观地看出哪些地区的人在利用这个出入口。

13. 分配小区(区域)的通过、内外、内内区分路段交通量

首先要指定各个路段属于哪个小区,然后利用这种方法,通过集计可以分析利用该路段的

交通是否与包含它的小区有关联。另外，分析地域的通过、内外、内内交通量的时候，可以采用同样方法通过集计，判断是否是与地域有关的交通。

表示方法：多数情况可以在路网上画出通过交通量（率）以及内外交通量（率）。

14. 交通流带

交通流带可以分为下述两种：

第一种方法是选定作为研究对象的地域或小区，界定范围，然后按照各个方向集计该地域或小区的通过、内外、内内交通量，如图5-7所示。

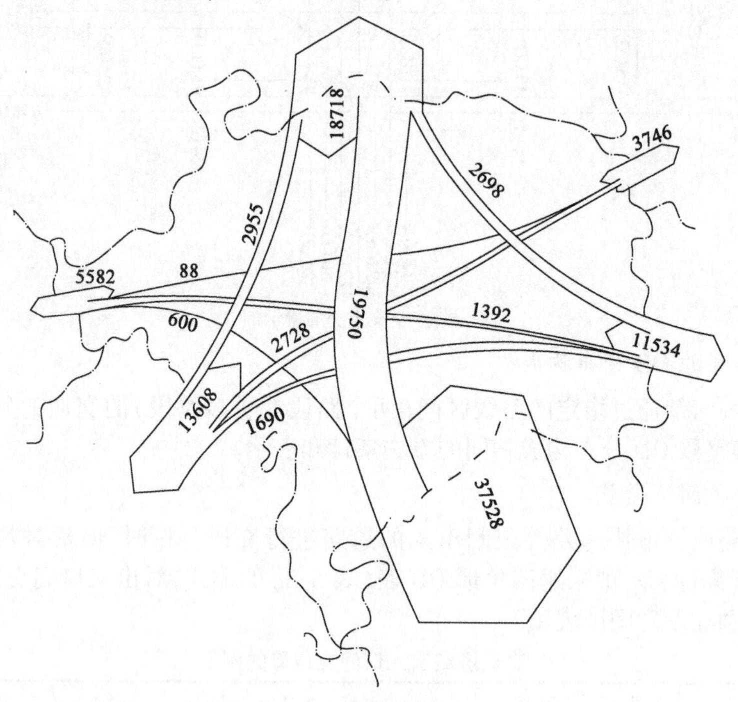

图5-7　区域交通流带

第二种方法是用路段交通流带图直观地表现出利用某个（某组、某些）路段的交通量的走向（图5-8）。

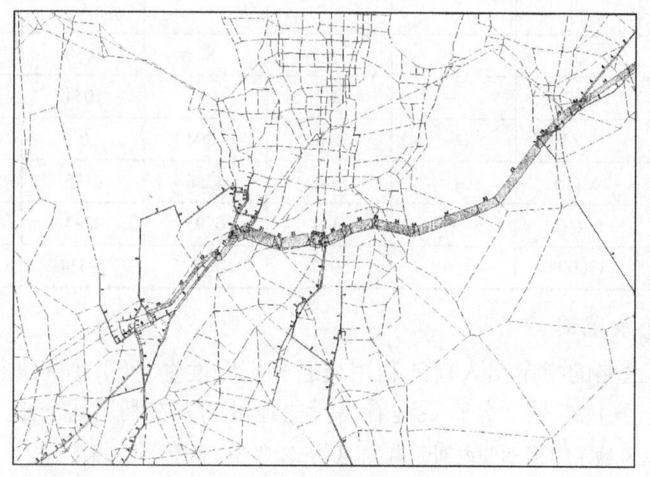

图5-8　路段交通流带

15. 经济效益分析法

经济效益分析法(Cost Benefit Analysis),即成本效益分析是进行道路建设的效果评价、方案评价时使用的一种分析方法,即通过把道路建设前后的行车时间的减少、行车费用的节约、交通事故的减少、道路沿线环境的改善所带来的社会经济效益进行货币化计量,并将其与道路建设的生涯费用进行比较,以判断其建设效果。

16. 其他

交通分配的结果通常以两种形式保存,即路段交通量和路径表。有了保存的路径表,一般的交通解析都可以进行。因此,在可能的条件下,把交通分配的最终结果用路径表的形式保存起来,以备在需要时进行必要的分析。利用路径表可以获得交叉口交通量等多种交通预测结果,进行各种交通分析。

根据需要有时还要对 OD 表进行解析,以探讨分布交通的分布形式、强度等。

第五节　道路交通专项规划

1. 道路交通管理规划

城市道路交通管理规划以国家的政策、法规和规范为依据,结合城市的规模、经济发展态势、交通现状以及整个城市近期、中期、长期发展规划,运用交通工程、系统工程的理论和方法,对城市道路交通管理特别是城市交通组织管理、交通管理科技发展和政策发展等方面提出发展规划。

城市道路交通管理规划在城市道路交通规划、建设和管理工作中占有重要的地位。科学地制定和实施城市道路交通管理规划,可以系统、全面地掌握城市各项交通基础信息及影响城市交通基础设施建设的因素;预测和把握城市道路交通的发展趋势,明确道路交通管理工作的发展方向,规划长远、决策当前、建管并举、标本兼治;进而统一协调城市道路交通的规划、建设、管理工作,全面提高城市道路交通管理水平,集中力量解决影响城市道路交通畅通的突出问题,加快城市道路交通管理工作的科学化、法制化、规范化建设的步伐。所以,城市道路交通管理规划是指导城市道路交通管理走向现代化的重要技术纲领,为城市的交通管理和可持续发展创造了良好条件。

1)交通管理规划的层次

城市道路交通管理规划在规划时间上可以和道路规划建设周期保持一致,一般可分为三个层次:近期交通管理规划、中期交通管理规划及远期交通管理规划。各层次道路交通管理规划的期限、目标及主要内容如下。

(1)近期交通管理规划

近期交通管理规划的期限一般以 1 ~2 年为宜,主要以完善现有城市交通基础设施、合理组织和渠化交通为主,充分发挥现有交通管理效能,如对重点路口的渠化、信号灯的设置和配时、路段的机非隔离、停车管理、主要线路信号线控的实现、单行线和专用线的规划等。

近期交通管理规划的主要内容通常包括城市交通组织方案、交通安全管理方案、交通设施管理方案、交通宣传教育方案、交通勤务方案等。

近期交通管理规划的主要控制指标有交通延误、平均车速、路网交通负荷、路口交通负荷、干道交通负荷、交通安全度、安全管理设施设置比例、交通规则及交通信号遵守率、社会对交通管理工作的满意率等。这些指标均可依据有关规定进行评价。

(2)中期交通管理规划

中期交通管理规划的期限一般以3～7年较为合适，其目标主要是优化城市交通结构，逐步提高科技水平，提高管理队伍建设水平，综合提高城市道路交通管理水平，促进道路交通管理工作向科学化、高效化方向发展。

中期交通管理规划的具体内容通常包括城市交通结构控制规划、城市道路建设与改造规划、道路交通科技发展规划、道路交通管理队伍建设规划、道路交通法治建设规划等。

中期交通管理规划的主要控制指标包括各类交通工具的保有量、各种交通方式出行结构比、公交拥有率、公交网密度、客运结构比、道路面积率、干道网密度、人均道路面积、停车场数量、停车总容量等。

(3)远期交通管理规划

远期交通管理规划的期限一般为8～10年，但根据具体情况可以延长至15年，其目标主要是确定城市道路交通管理发展的基本政策，制定相关的法规，建立智能化的道路交通管理系统(ITMS)，使道路交通的发展与城市社会经济发展水平相适应，为城市社会经济的可持续发展创造安全畅通、秩序良好、环境污染小的交通环境。

远期交通管理规划的主要内容通常包括城市道路交通管理战略规划、城市道路交通管理综合规划、城市道路交通管理专项规划、城市道路交通发展政策等。

对于大城市可以考虑编制战略规划及对城市交通系统发展建设的长期性和全局性谋划，以系统工程的观点，在比较广阔的地域空间上和长久的时间期限内，在城市与区域社会经济发展和空间布局发展战略指导下，对城市交通系统发展做出总体部署。对于其他城市可以根据城市的特点，编制与城市总体交通规划相联系，与经济水平的发展相一致的道路交通管理发展规划。

2)交通管理规划的工作程序

编制城市道路交通管理规划的工作程序如下：

(1)进行人员组织及技术准备工作。

(2)确定规划目标、期限、方法等，进行基础数据调查、分析、整理的工作。

(3)预测交通状况，提出相应管理措施和方案。

(4)编制道路交通管理分期规划。

(5)专家及领导小组成员对道路交通管理规划进行审议、评价与优化。

(6)主管部门审定道路交通管理规划。

(7)颁布并实施道路交通管理规划。

2.道路交通安全管理规划

交通安全对于社会发展和人民生活都是一个极其重要的问题。国家统计局数据显示，我国道路交通伤害导致伤亡人数近年来虽有下降，但依然保持高位，造成巨大经济损失。我国是世界上交通事故死亡人数最多的国家之一，由此不难看出，交通安全是一个很严峻的问题，因此也引起了广泛的重视。2004年5月1日开始施行的《道路交通安全法》第四条明确规定：“各级人民政府应当保障道路交通安全管理工作与经济建设和社会发展相适应。要求县级以上地方各级人民政府应当适应道路交通发展需要,依据道路交通安全法律、法规和国家有关政策,制定道路交通安全管理规划,并组织实施。"

科学、完善的道路交通安全管理规划能够综合协调道路及道路安全设施、交通流、各方管理者之间的关系,建立道路交通事故预防与监测、事故现场勘察处理及紧急救援等一整套的技术保障和社会保障体系,控制道路交通事故特别是重大交通事故的发生。因此,通过制定、实施合理的道路交通安全管理规划,可以改变当前道路交通安全管理工作中滞后管理、割据式管理的模式,提升道路交通安全管理水平。

道路交通安全管理规划从管理权限和时间上可分为国家级道路交通安全管理规划、省级道路交通安全管理规划和地(市)级道路交通安全管理规划。

道路交通安全管理规划的总体流程及各阶段内容如下。

1)道路交通安全调查与分析

道路交通安全管理规划所需调查主要包含以下几项。

(1)社会经济基础资料调查

社会经济基础资料调查包括历年人口总量、国内生产总值、各种车辆的拥有量、驾驶员数量、各种道路长度及道路条件(分为公路和城市道路)等。

(2)交通事故调查

交通事故调查是指借助道路交通事故管理信息系统获取交通事故调查及统计数据,得到交通事故次数、伤亡人数、直接经济损失等指标,得到交通事故的时间及空间分布特征,特别要进行事故多发点(段)的排查,进行交通事故主要原因调查与分析。

(3)必要的交通调查和其他调查

交通事故成因复杂,交通安全分析与评价时可能需要某些交通流运行参数,如交通流量、车速、交通组成等,必要时应予以调查。另外,交通安全管理水平、交通环境等影响交通安全状况的因素也需要进行调查。

2)道路交通安全管理现状评价和问题分析

全面进行道路交通安全调查后,应对本地区交通安全管理现状进行分析,从中发现问题,为今后道路交通安全政策和措施的制定提供依据。现状分析和问题诊断可从以下三方面进行。

(1)道路交通安全状况与变化趋势

为保障道路交通安全,可以通过量化指标分析与判定地区道路交通安全状况和变化趋势。量化指标可以是每亿元国内生产总值道路交通事故死亡率、机动车当量万车道路交通事故死亡率、10 万人口道路交通事故死亡率、高速公路亿车公里交通事故死亡率、国省道亿车公里交通事故死亡率、城市道路百公里交通事故死亡率、县乡公路百公里交通事故死亡率、道路交通事故危险性系数、道路交通事故死亡人数下降比率等。

(2)道路交通安全社会化管理

道路交通安全社会化管理是指建立政府牵头、职能部门监督、有车单位尽职尽责、全社会共同预防和减少交通事故的新型机制。道路交通安全社会化管理主要从道路交通安全责任制、道路交通安全宣传教育、道路交通安全监督管理保障体系、道路交通安全监督管理水平、道路安全条件等方面进行定性分析和评价。

(3)道路交通事故分析与防控水平

道路交通事故分析与对策是交通安全管理的基础工作,主要从道路交通事故多发地点整治、道路交通事故紧急救援等方面评价某地区的道路交通事故分析与防控水平。

3）道路交通安全趋势预测

道路交通安全趋势预测是指根据该地区历年交通事故的统计资料，分析道路交通事故的影响因素，运用预测技术和模型确定近期、中期、远期规划年份的道路交通安全状况，为制定道路交通安全管理目标、战略和政策提供依据。

4）道路交通安全管理目标确定

根据规划年份的交通安全趋势预测结果，针对该地区交通事故的特点确定交通安全管理目标，并与当地社会经济发展相适应。道路交通安全总的管理目标一般为交通事故死亡人数减少的数量或下降的比例，也可以针对各相关职能部门对各项规划内容细化管理目标，分别提出相应要求。

5）道路交通安全管理专项规划内容

（1）制定道路交通安全管理政策

制定道路交通安全管理政策时应从车辆、道路、交通参与者、自然环境、交通管理措施、事故救援等方面，运用系统工程学原理，进行综合分析和研究，提出不同规划时期的道路交通安全管理政策。其内容包括交通安全责任制体系完善、交通工具结构优化政策、机动车辆安全性能监督和环保监督政策、道路交通安全审计政策、交通事故紧急救援机制等。其中，建立交通事故紧急救援机制及响应行动需要予以特别关注。

（2）道路交通安全信息系统建设规划

道路交通安全管理规划应考虑采用先进技术，逐步建立道路交通安全和事故情报信息网络，形成全面、真实、快速的事故情报检索系统和科学、细致、有效的事故统计分析、预警系统，迅速、准确地确定事故黑点（段），为道路交通事故防范工作奠定基础。

（3）道路交通安全宣传教育规划

道路交通安全宣传教育规划应探讨与当地文化、经济发展相适应的交通安全宣传模式，突出宣传对象的针对性、宣传内容的实用性和宣传方式的多样性。

（4）道路交通事故多发点段的整治规划

道路交通事故多发点段的整治规划应确定该地区道路交通事故多发点段的位置，进行事故成因分析与研究，确定并实施整治方案。

（5）微观交通安全技术措施及对策

①使用先进的车辆安全装置，如车辆配备事故自动记录仪、驾驶员异常状态检测仪、自动调速器和事故预警器、导航系统、安装纵横向稳定装置等以提高行车安全性。

②加强对驾驶员和车辆的交通安全源头管理，在驾驶员考试、发证、违章处罚、记分等环节加大管理力度，严把机动车辆安全认证、管理和报废关。

③加强客运管理，把好运输企业市场准入、营运车辆技术状况和营运驾驶员从业资格关，强化客运站场安全监管。

④加强道路交通安全设施建设，根据本地区特点，在必要地点安装交通安全设施，并定期检查维护，保持有效性。

⑤加强机动车驾驶、碰撞、故障、仿真等技术研究，加强交通事故分析与对策的研究。

6)道路交通安全管理规划的评价优化

(1)通过建立交通安全评价系统,分析规划内容对道路交通安全的影响。

(2)道路交通安全评价系统应从交通安全管理政策、道路交通设施、交通管理措施、驾驶心理、交通流运行、CBA 等方面进行评价,并根据评价结果调整规划内容。

(3)根据调整的规划内容和实际需要,列出资金预算和实施时间表,以利于规划的顺利执行。

3. ITS 规划

ITS 是解决现今各类交通问题的重要途径之一。ITS 对于提升交通安全性、缓解交通拥堵、节能减排、改善环境等方面具有促进作用;同时,ITS 是信息技术在交通领域的重要应用,对交通行业、信息行业等产生着重要的影响。

1)ITS 规划的理念

ITS 规划是从一个全新的角度对城市或地区的综合交通系统进行功能定位,与传统的综合交通系统规划既有相通之处,又有明显差异。作为综合交通系统的重要组成部分,ITS 并不是孤立存在、独自发展的,而是依存于交通基础设施和交通工具。ITS 规划的目的是通过信息把人、车、路有机地结合在一起。从内外环境层面来看,ITS 规划既与综合交通系统内部的各个基础系统、交通工具、出行者等存在密切联系,又与综合交通系统外部的各种组织机构、外部环境及其他因素存在相互关系,且这些因素也存在着种种不确定性因素,因此,也需要 ITS 规划来协调未来的 ITS 发展。

总体来讲,我国 ITS 的发展不够顺畅,存在一些亟待解决的问题。与此同时,目前对于 ITS 规划尚存在一些误区,人们往往觉得或者因为未来时间尺度长、变化因素多而无法进行良好的规划,或者干脆认为不需要进行 ITS 规划而直接由一个个项目去推进即可,现实中这也导致人们对 ITS 规划的不重视或即使有了 ITS 规划却不能发挥其良好的作用。因此,需要发现问题,有针对性地反映在 ITS 规划中加以解决。

我国 ITS 发展长期以来受到了理念瓶颈、制度瓶颈和技术瓶颈这三大瓶颈的制约。综合来看,理念瓶颈对于 ITS 发展的制约尤为严重。

首先是理念瓶颈。现有 ITS 的应用重点集中在管理层面,忽视了使用者层面。尽管我国企业具有进行交通信息服务方面的动力,但是基础信息资源建设超出了企业自身能力,政府部门对于信息资源基础建设缺乏动力与具体规划,造成目前有基础设施建设而无基础信息资源的局面,基础设施建设不仅包含实体建设,还包含信息资源基础建设。

其次是制度瓶颈。一方面,我国在 ITS 标准确立上进展十分缓慢,ITS 标准完成度仍然较低,标准的欠缺与不明确会在一定程度上阻碍企业的市场参与;另一方面,我国缺少一个全面高层次引导 ITS 发展的中心,参与 ITS 的政府部门、高校、企业缺乏统一的领导与组织,处于“跑马圈地”状态,ITS 信息与技术缺乏共享和深度利用。

最后是技术瓶颈。例如,“车路协同”是 ITS 的趋势之一,但其对于技术要求较高。

在 ITS 规划中,首先需要正确认识这些问题,并且有针对性地解决这些问题。为了克服这三大瓶颈带来的问题,把 ITS 发展好,需要把以下对于我国 ITS 发展的策略建议有机地融入规划。

一是用户策略建议。ITS 规划的服务目标应从面向交通管理者转变为面向交通参与者，以改善市民生活品质、实现交通“以人为本”为 ITS 发展的落脚点。我国处于 ITS 发展的第一阶段，技术、产业都比较落后。而 ITS 作为朝阳产业，其发展程度代表着我国在高新技术领域的发展程度。目前，我国处于高速发展期，面临的交通问题已不仅仅是提高管理水平所能解决的。唯有“以人为本”，使人们能够较为便捷地使用 ITS，并且对 ITS 进行反馈，我国的 ITS 发展才能有持久的动力。

二是产业策略建议。产业策略建议：①确立产业中心；②形成权威主导机构；③以信息资源的共享和深度利用作为城市或地区 ITS 发展的基石；④提出可量化的评价机制；⑤重大计划带动 ITS 发展；⑥以标准化带动产业良性发展。

2006 年国务院发布的《国家中长期科学和技术发展规划纲要(2006—2020 年)》表明，在“十三五”期间，ITS 给相关行业带来的商机将超过 1000 亿元人民币。其中，电子警察、视频传输、视频监控系统和车载 GPS 的占比接近 80%。2016 年，国家发改委和交通运输部联合发布《推进“互联网 +”便捷交通 促进智能交通发展的实施方案》(国发〔2015〕40 号)，这是国家第一次就 ITS 发布的总体框架和实施方案，为我国智能交通的未来发展指明了方向，也同时标志着历经二十多年的发展，我国智能交通即将进入新阶段。

2) ITS 规划的方法和应注意的问题

从方法论上讲，ITS 规划需要对现状需求进行全面调查、对未来需求做出准确预测，在此基础上制定出切实有效的规划。具体规划理论与方法可以参见笔者所著《土木规划学(第 2 版)》(人民交通出版社股份有限公司，2018 年)。

ITS 规划中需要注意的问题主要有以下几方面：

(1)进行 ITS 系统的效果分析。从过去的实践来看，ITS 项目到底能带来多大的好处、具有什么样的可以量化的效果，相关的分析很少。无法量化就代表着无法进行项目的 CBA，投资则是盲目的。因此，ITS 规划应该像其他基础设施规划一样，对其所带来的效果(Effect)、效益(Benefit)进行量化分析，对规划进行优化。

(2)加强成本效益分析(CBA)。ITS 规划要在对效益进行量化分析的基础上，对项目投资进行成本效益分析。应当注意的是，ITS 不仅是一个需要初期的高投入，还是一个需要后续不断地追加投入的系统，必须按照生涯成本(LCC)进行成本分析，最终通过投入产出分析，确定项目投资的必要性、合理性，可以避免过去发生的盲目投资的事情发生。

(3)对于 ITS 技术产业化的分析。ITS 由于具有高投入、低产出的特点，为了使 ITS 能够可持续发展，需要走产业化的道路，即探讨 ITS 服务如何为用户提供更多的、有效的用户愿意购买的服务。

(4)探讨 ITS 与经济手段结合的可行性。ITS 有一些交通管理的功能，用户可能无法直接购买，但是 ITS 若与交通拥堵收费等经济手段相结合，或许能够得到可持续发展。

(5)需要特别注意子系统相互之间的协调关系。ITS 由于投资巨大，整个系统的一次性投资比较困难，因此，在 ITS 规划设计中特别需要注意子系统之间的协作关系及子系统与主系统之间的协调关系。同时，还需要注意克服制度上的障碍，使 ITS 发挥更大的作用。

(6)投、融资体制。由于投资巨大，完全靠政府投资变得越来越不现实。因此，需要对投、融资体制进行必要的探讨。PPP 模式是一个值得探讨的可行模式。

(7)标准化。ITS 标准化是一个十分重要的问题,在国家层面的标准化还没有完善之前,ITS 规划必然会涉及标准化的问题。规划建设中必须慎之又慎,避免造成不必要的投资浪费。

(8)面向未来,需要强化车路协同的发展方向,在 ITS 规划建设的同时,需要加强智慧道路(Smartway)的建设。

第六章

道路通行能力与规划设计

道路的规划、设计、运用与管理都离不开对于道路交通特性的把握。在道路的规划设计中需要以预测交通量为依据。道路是为车辆和行人等使用者服务的,因此道路规划设计中离不开交通知识。道路通行能力是道路的基本交通特性之一,是道路规划设计的主要依据,在交通运用与管理中也会用到。道路规划的依据是年平均日交通量(Annual Average Daily Traffic,AADT),道路车道数确定依据是设计小时交通量。在过去的道路设计中,交通知识应用得不多,规范中对于交通知识反映得不多,道路设计人员也缺乏交通工程的基础知识,因此设计出来的道路在使用中或多或少会出现这样或那样的问题。为了能让读者了解必要的交通基础知识,本章将首先从交通流理论研究入手简单介绍道路交通特性,然后重点讲述道路通行能力和服务水平以及与道路规划设计的关系,最后讲述设计小时交通量与车道数的确定。

第一节　道路交通特性

1. 道路交通流理论概述

道路交通流理论是交通工程学的基础理论,是运用数学和物理学的定理来描述交通流特性的一门边缘学科,是研究在一定道路环境条件下交通流随时间和空间变化规律的模型和方法体系。随着检测设备、大数据应用技术的进步,道路交通流理论研究得到了拓展。道路交通流理论以解析或仿真的方法阐述交通现象及其机理，探讨人和车在单独或成列运行中的动态规律及人流或车流的流量、流速和密度之间的变化关系，深入发掘道路交通特性，以求在道路交通规划、设计和运用中达到协调和提高各种交通设施使用功能的目的。多年来，在交通工程的诸多领域，如交通规划、交通控制、道路交通工程设施设计、交通运用与管理等领域，道路交通流理论均得到了广泛的应用。

2. 交通流的基本特性

交通流由驾驶员、车辆构成，驾驶员、车辆、道路、环境之间互相产生影响。交通流是时间、空间的函数，交通系统中不会存在表现完全相同的交通流，因此难于对未来的交通流进行精确的预测。但是存在着一个合理的交通流表现范围。定量描述交通流的目的：一是理解交通流特性的内在变化关系，二是界定交通流特征的合理范围。因此，必须定义和测量一些重要的参数，如交通量、速度、密度等。

道路使用者包括机动车、非机动车、行人等。在实际的道路规划设计中，机动车的交通现象更加受到重视。从对于道路交通流理论的介绍中可以看到，道路交通流理论的最基本、最原始的部分是对于交通流特性的三参数（流量、密度、速度）的量测方法和三者之间的关系研究。

用于表示交通特性的最为基本的宏观指标有交通量、平均速度、密度以及占有率。

1）交通量

通常我们可以把交通量定义为单位时间内通过道路某一断面的车辆数。通常交通量指的是两个方向的合计。交通量是显示道路的利用状况的代表性的指标。交通量可以根据规划、设计、管理等的不同需要给出多种定义，如常用的有高峰小时交通量（辆/h）、12h 交通量（7:00—19:00）、24h 交通量、5min 及 15min 交通量、年平均日交通量（AADT）、月平均日交通量（MADT）、周平均日交通量（WADT）等。其中，AADT 又称为规划交通量，为拟建道路达到远景设计年限时的 AADT（辆/d），而设计小时交通量是确定道路等级的依据。

道路上的交通量随着时间、地点的不同而不同。其变动方式随着路线的性质、地区特性、气象条件等的不同而不同。交通量随着时间的变动可以分为年变动、季度变动、月变动、星期变动、24 小时变动以及短时间变动，且各有其特征。年交通量受经济成长、机动车保有量的影响，并随之变动，一般随之增加。当交通量接近道路的容量时，多呈横向移动倾向。一年中每月的交通量的变动可以用月变系数来表示，如在北京，由于受开学和节假日活动的影响，3 月和 9 月的交通量比其他月份要高，1 月和 2 月的交通量相比于其他月份较低。月变动经常用月变系数表示，月变系数是 AADT 与某一个月的平均日交通量之比。同理，一周间随日期的不同交通量随之变化，通常用星期系数来表示。星期系数为 AADT 与周平均日交通量的比值。

小时系数、高峰率、昼夜率用来表示一天中 24h 交通量的变动状况。小时系数为某一个小时的交通量对于 24h 交通量的比率（%）。高峰率为高峰小时交通量对日交通量或是 12h 交通量的比率（%），通常为日交通量的 6% ~ 10%。昼夜率为日交通量对于白天 12h 交通量的比率，通常为 1.2% ~ 1.8%。

高速公路以及信号交叉口等特定的道路区间的设计以及交通管理规划中，需要考虑高峰小时内更短的时间变动。通常可分为 1min、5min 以及 15min 交通量。短时间内的交通量的变动，除去交通信号的影响，一般为随机变动。美国的《道路通行能力手册》（*Highway Capacity Manual*，HCM）中用高峰小时系数（Peak Hour Factor，PHF）表示短时间变动特性。PHF = 高峰小时交通量/（4 × 高峰 15min 交通量）。需要注意的是，把 1min、5min 以及 15min 为单位的交通量换算为以小时为单位时,为了与小时交通量有所区别,将其称为交通流率(Flow Rate)。

第30位最高小时交通量(30th Highest Annual Hourly Volume)在道路交通规划中是一个十分重要的概念。把某一道路断面上获得的一年内的小时交通量按照大小顺序排列,纵轴为小时交通量与AADT的比率(%),由大到小排在第30位的交通量就是第30位最高小时交通量。它是考虑道路服务水平时作为标准的交通量。在道路交通规划时,可以参照规划道路相似的道路第30位小时交通量作为规划标准。第30位最高小时交通量与AADT相比所得到的K值(设计小时交通量系数,为设计小时交通量与设计交通量之比)十分稳定,因此,通常用第30位最高小时交通量作为设计小时交通量。这样既保证了一年内8760h中的8730h不会出现拥堵,又能够降低道路建设费用,经济合理。在日本,通常K值为7% ~20%;在我国20世纪80年代统计的K值为11% ~15%。

交通量通常是指道路上往返两方向的合计,但随着时间的不同,通常上下行方向的交通量不同。方向不均匀系数(又称重方向率)是表示上下行方向交通量差异的指标。所谓方向不均匀系数,就是交通量多的方向(重方向)小时交通量对往返合计小时交通量的比率(%),通常称为D值。以小时为单位观察交通量时,高峰小时中上下行方向交通量相差很大。如果使用上下行交通量的合计进行设计和评价,对于交通量大的方向服务水准会很低,或者评价基准交通量会被过大计算,因此引入了D值。统计表明,相当于第30位最高小时交通量时的方向不均匀系数,在城市里大约为55%,在城市间为55% ~60%。道路规划中决定车道数时需要这一指标。

D值和K值一起,都在把以24h为单位的规划交通量转化为以小时为单位的设计小时交通量时,或是计算评价基准交通量时使用。

2)速度

速度是表示道路服务水平、服务质量的指标,单位通常采用km/h。机动车的行车速度受到驾驶员的个人属性、车辆、道路状态、交通状态以及环境的影响。交通工程学中有许多种关于速度的定义,包括地点速度、行驶速度、运行速度、行程速度、自由速度、临界速度、设计速度等。其中,行驶速度为随机变量,对行驶速度进行统计分析,一般要借助车速分布直方图、频率分布图、累计频率分布曲线。其统计分布特性通常为:在高速路、乡村路上呈正态分布,在城市道路上呈偏态分布。车辆以接近自由速度状态行驶时的速度分布为正态分布,或是对数正态分布。

速度分布的代表值有以下几种:

(1)平均速度(Mean Speed):速度的观测数据的算术平均值。

(2)中间速度(Median Speed):比这一速度快的车辆数与比这一速度慢的车辆数正好相等时的速度。

(3)最频速度(Modal Speed):出现频率最多的速度。

(4)85位速(85 Percentile Speed)和15位速(15 Percentile Speed):设定限制速度时的参考数值。

各车的速度的分散可用标准差σ来表示,则:

$$\sigma \approx \frac{V_{85} - V_{15}}{2.0}$$

在道路工程中所用到的速度通常可以理解为平均速度。交通流的平均速度根据其平均的处理方法不同而分为如下两种：

(1)时间平均速度(Time Mean Speed)：某一断面上观测的车辆的速度分布为时间速度分布，其算术平均为时间平均速度。

(2)空间平均速度(Space Mean Speed)：在某一特定瞬间，行驶于道路某一特定区间内的全部车辆的速度分布的平均值。

3)密度

密度(Density)的定义是，某一时刻道路的单位区间上存在的车辆数(辆/km)，是表示道路的拥堵状态的代表性指标。交通密度由于难于测定，所以通常利用占有率来代替。

4)占有率

(1)时间占有率(Time Occupancy)：某一道路断面上汽车占有时间占计量时间的百分率。

(2)空间占有率(Space Occupancy)：某一瞬间一定长度的道路上存在的车辆的总长占观测区间总长的百分率。

第二节　道路通行能力与服务水平

1. 道路的通行能力

1)通行能力的研究历史

道路交通流理论的研究中最为基础的是关于道路通行能力的研究。通行能力，也称道路的交通容量，是指单位时间段内通过某地点的可能的最大车辆的数量。通行能力通常以每一小时的交通量来表示。通行能力不仅是交通分配时使用的定量指标，而且是与道路交通评价相关的重要的概念。

关于机动车的道路通行能力的研究最早开始于20世纪20年代，但是直到1950年在美国出版了《道路通行能力手册》(HCM)后才形成体系。之后的50年中，HCM又分别于1965年、1985年、2000年进行了三次修订。HCM对许多国家的道路通行能力研究都产生了很大的影响。

日本在参考HCM的基础上，制定了独自的通行能力计算方法。1972年出版了《道路的通行能力》一书，详细地介绍了通行能力的概念和计算方法。书中把单车道道路的通行能力分为三类，即理想的道路条件、交通条件下为“基本通行能力(辆/h)”以及根据实际的道路条件对基本通行能力进行修正之后可以得到“可能通行能力(辆/h)”，当考虑到道路可以提供的服务水平时，可以获得“设计通行能力(辆/h)”。

近年来，通行能力的研究和应用在我国也得到了较大进展。我国《城市道路工程设计规范》中对于通行能力的定义为：在一定的道路和交通条件下，单位时间内道路上某一路段通过某一断面的最大交通流率。同时，指出：快速路的路段、分合流区、交织区段及互通式立体交叉的匝道应分别进行通行能力分析；主干路的路段和与主干路、次干路相交的平面交叉路口，应进行通行能力和服务水平分析；次干路、支路的路段及其平面交叉路口，宜进行通行能力和服务水平分析。

在通行能力的研究中，除了上述的“基本通行能力”“可能通行能力”和“设计通行能力”

之外,还有“经济通行能力”“环境通行能力”的概念。在一些特定情况下,道路规划设计中也会用到两种通行能力。

(1)经济通行能力被定义为新增通行能力时的投资与该投资所带来交通效益(的现在换算值)相等时的交通量。当道路的交通量低于经济通行能力时表明投资过剩;当道路的交通量超过经济容量发生交通拥堵时,需要追加更大的投资。这一思路最早起源于英国的交通经济研究人员。把第30位最高小时交通量作为设计小时交通量的做法相当于经济通行能力的一种解释。

(2)环境通行能力被定义为在某条道路或是某个地区,不会对于环境造成危害的交通量的上限值。“环境”的具体内容包括行人的安全、噪声、大气污染等。尽管这是一个十分重要的概念,但是由于难于定量地设定环境限制与所能容纳的交通量的关系,到目前为止还没有定量化。

2)道路通行能力的相关概念

更为深入的道路通行能力的知识,可以通过《道路通行能力手册》获得。在此首先介绍几个与道路的规划设计密切相关的基本概念。

(1)当量交通量

道路通行能力原则上使用一个小时为单位的小汽车换算车辆数,即标准车当量数 pcu 来表示。这表示通过将道路的交通换算为不含卡车等大型车,不含自行车等非机动车以及行人,交通构成只有小汽车时,该道路断面能通过的最大车辆数。

道路通行能力也可以用实际车辆数表示。这时,道路上交通的车种构成随着时间段或是时刻的变化而变化,通行能力的数值也发生变化。当用当量交通量(Passenger Car Unit,pcu)表示通行能力时,为了把通行能力与交通量进行比较,需要把实际交通量换算为标准车当量数,可以把通行能力影响因素中的交通因素作为把交通量换算为小汽车时的修正因素来考虑,该道路的通行能力可以被当作不随时间变化来处理。

另外,道路通行能力用实际车辆数来表示时,可以把用当量交通量表示的通行能力,通过使用小汽车换算系数求得的修正系数换算成实际的车辆数。

(2)基本通行能力

基本通行能力是指当道路条件和交通条件符合基本条件时,单位断面一个小时内所能通过的小汽车的数量。它是考虑道路的实际情况去计算各条道路通行能力时作为基础的通行能力。

日本《道路通行能力》一书中对于基本通行能力有如下的规定:多车道道路 2200pcu/(h·ln);双向双车道道路 2500pcu/(h·2ln)。

美国(HCM1994 修订版)规定:2200pcu/(h·ln)(4 车道道路)、2300pcu/(h·ln)(6 车道道路)。

我国《公路工程技术标准》(JTG B01—2014)规定基本(基准)通行能力是五级服务水平条件下分别对应的最大小时交通量。例如,高速公路为 2200pcu/(h·ln)(设计速度为 120km/h 时),一级公路为 1800pcu/(h·ln)(设计速度为 80km/h)等。

我国的《城市道路工程设计规范(2016 年版)》(CJJ 37—2012)中尽管没有明确给出基本通行能力的概念,但是直接给出了快速路基本路段和其他等级道路路段一条车道对应于不同设计速度的基本通行能力数值。

(3)可能通行能力

可能通行能力是指现实道路的道路条件和交通条件下可以期望通过的小汽车的最大数

量。其数值是对基本通行能力,通过使用考虑现实的道路条件、交通条件予以折减计算获得。

(4)设计通行能力

设计通行能力是指道路规划、设计时依照该道路的种类、特性、重要性以及该道路年间应该提供服务的质量程度所规定的交通量。

(5)评价基准交通量

评价基准交通量是作为评价道路交通状况的基准的交通量,其数值为设计通行能力换算成12h或是全天24h的换算值。换算采用上述的高峰率K值和方向不均匀系数D值进行。

(6)设计基准交通量

设计基准交通量是确定道路的车道数时使用的基准值,是道路所能允许的交通量。本文中为了与规范用语统一,也称其为设计小时交通量。

2. 通行能力的计算

1)基本通行能力和可能通行能力

基本通行能力的定义是"当道路条件和交通条件符合基本条件时,单位断面一个小时内所能通过的小汽车的数量"。定义中的基本条件包括道路条件和交通条件。对应基本通行能力的基本的道路条件、交通条件,见表6-1。多车道道路和双向双车道道路的基本通行能力见表6-2。

对应基本通行能力的基本的道路条件、交通条件 表6-1

道路条件	(1)车道幅宽足够宽,不会对通行能力造成影响(3.5m以上); (2)路侧与障碍物之间的距离足够大,不会对交通流的速度造成影响(侧向净空为1.75m); (3)纵坡、曲线半径、视距以及其他的线性条件良好,不会对通行能力造成影响
交通条件	(1)交通构成中不含会使通行能力降低的卡车等大型车、小型摩托车、自行车以及行人,只有小汽车; (2)没有速度的限制

基本通行能力 表6-2

种类	基本通行能力	种类	基本通行能力
多车道道路	2200pcu/(h·ln)	双向双车道道路	2500pcu/h(往返合计)

注:1. 表中所列基本通行能力数值为日本《道路通行能力》的给定值。

2. 表中所示多车道道路的基本通行能力为一车道的数值,双向双车道为往返双向双车道合计的数值。

可能通行能力为"在实际的道路条件和交通条件下的通行能力"。具体地可以按照式(6-1)、式(6-3)通过对基本通行能力乘以各种折减系数获得。

(1)多车道道路

多车道道路每一车道:

$$C_L = C_B \times \gamma_L \times \gamma_C \times \gamma_I \times \cdots \tag{6-1}$$

式中: C_L——每一车道的可能通行能力,pcu/(h·ln);

C_B——基本通行能力,pcu/(h·ln),为2200 pcu/(h·ln);

γ_L、γ_C、γ_I——各类折减系数。

道路断面全体的可能通行能力可通过车道数乘以每条车道的可能通行能力获得。

$$C_C = C_L \times N \tag{6-2}$$

式中：C_C——道路的可能通行能力，pcu/h；

N——车道数（往返方向合计）。

（2）双向双车道道路

对于双向双车道道路可以采用下式计算：

$$C_L = C_B \times \gamma_L \times \gamma_C \times \gamma_I \times \cdots \tag{6-3}$$

式中：C_L——道路的可能通行能力，pcu/h；

C_B——基本通行能力，pcu/(h·ln)，为2500 pcu/(h·ln)；

γ_L、γ_C、γ_I——各类折减系数。

2）各种折减

目前可以定量化考虑的路段通行能力的影响因素有五项：①车道幅宽；②侧向净空；③沿道状况；④大型车的混入率；⑤自行车等混入的影响。尽管坡度、线型、隧道等因素也对通行能力有影响，但是目前还难以通过使用折减系数定量计算。

（1）根据车道幅宽进行折减

日本根据规格较低的城市高速道路的观测结果，规定车道宽为3.25m以下时需要折减（表6-3）。

基于车道幅宽的折减系数 Γ_L　　表6-3

车道幅宽(m)	折减系数	车道幅宽(m)	折减系数
3.25以上	1.00	2.75	0.88
3.00	0.94	2.50	0.82

（2）根据侧向净空进行折减

所谓侧向净空，是指车行道外侧至侧向障碍物（如建筑物、护栏等）的距离。当侧向净空低于0.75m时需要进行折减（表6-4）。

基于侧向净空的折减系数 Γ_C　　表6-4

侧向净空(m)	折减系数		侧向净空(m)	折减系数	
	单侧不足	双侧不足		单侧不足	双侧不足
0.75以上	1.00	1.00	0.50	0.98	0.95
0.25	0.95	0.91	0.00	0.93	0.86

（3）根据沿道状况进行折减

由于道路的沿线状况造成的因素，如沿线车辆的出入情况、路上停车情况以及行人的出没的影响造成的折减见表6-5。

基于道路沿线状况的折减系数 Γ_I　　表6-5

城市化程度	折减系数	
	考虑停车影响	不考虑停车影响
非城市化地区	0.90~1.00	0.95~1.00
部分城市化地区	0.80~0.90	0.90~0.95
城市化地区	0.70~0.80	0.85~0.90

(4)根据大型车混入进行折减

卡车以及大客车等大型车与小客车相比,占地面积大,坡道上速度低,因此需要折减。折减系数可以按照下列公式计算:

$$\gamma_{\mathrm{T}} = \frac{100}{(100 - T) + E_{\mathrm{T}}T} \tag{6-4}$$

式中:γ_{T}——由于大型车混入的折减率;

E_{T}——大型车的小汽车换算系数(表6-6);

T——大型车混入率,%。

大型车的小汽车换算系数 E_{T} 表6-6

坡 度	坡道长(km)	道路类型	大型车混入率(%)				
			10	30	50	70	90
3%以下	—	两车道道路	2.1	2.0	1.9	1.8	1.7
		多车道道路	1.8	1.7	1.7	1.7	1.7
4%	0.2	两车道道路	2.8	2.6	2.5	2.3	2.2
	0.2	多车道道路	2.4	2.3	2.2	2.2	2.2
	1.0	两车道道路	2.9	2.8	2.7	2.5	2.4
	1.0	多车道道路	2.5	2.4	2.4	2.4	2.3

注:对于坡度4%及以上的情况本表仅列举出部分数值。

(5)根据自行车等混入进行折减

自行车(包括电动自行车)等的混入是通行能力降低的原因,与大型车相同,可以采用下述公式计算折减系数:

$$\gamma_{\mathrm{B}} = \frac{100}{100 + \alpha P_{\mathrm{M}} + \beta P_{\mathrm{B}}} \tag{6-5}$$

式中:γ_{B}——自行车等混入的折减率;

P_{M}——小型摩托车的小汽车换算系数(表6-7);

P_{B}——小型摩托车与自行车的小汽车换算系数(表6-7);

α——小型摩托车的混入率,%;

β——自行车的混入率,%。

小型摩托车与自行车的小汽车换算系数 P_{B} 表6-7

城市化程度	小型摩托车	自行车	城市化程度	小型摩托车	自行车
非城市化地区	0.75	0.50	城市化地区	0.50	0.33

3. 服务水平与设计通行能力

上述的可能通行能力是在考虑了现实的道路条件、交通条件的情况下,道路所能通过的交通量的最大值。为了进一步把它作为实用的通行能力,需要在考虑交通量变动的基础上,尽可能留出一些富余来。通常以设计通行能力来表示这种富余通过服务水平(Level of Service, LOS)。

美国的HCM中对于公路的服务等级作了划分,并将其分为A~F 6级。日本结合本国的情况将道路规划水平定为3级。我国的《公路工程技术标准》(JTG B01—2014)中把公路的服务水平定为6个等级,并分别给出了高速公路、一级公路和二、三、四级公路相对于不同设计速度的服务水平的各项指标。

美国的HCM把"速度"与"负荷度"(负荷度 =交通量Q/通行能力C)作为设定服务水平时的指标。日本则通过多项评价项目的综合指标来确定服务水平。多项指标包括:①速度、旅行时间;②行驶的中断、妨碍;③行动的自由;④安全性(不仅是事故,还包括潜在的危险性);⑤驾驶的舒适与难易程度;⑥经济性(车辆的运行费用)。

服务水平是驾驶员感受道路交通流运行状况的质量指标,通常用平均行驶速度、行驶时间、驾驶自由度和交通延误等指标表征。当进行道路建设或是改良时,作为设计条件,需要事先设定开通后该道路可以提供的服务水平与质量的标准。这种新设道路或是改良道路时作为规划、设计条件使用的表示服务水平程度的指标称为规划水平。规划水平是根据规划目标年的交通状态应该达到的服务质量水平而设定的指标。日本的道路规划水平与相应的折减率见表6-8。

日本的道路规划水平与相应的折减率 表6-8

规划水平	说　明	折　减　率	
		非城市化地区	城市化地区
1	规划目标年中,不会发生预想的年间最大高峰小时交通量超过可能通行能力。第30位小时交通量处于可流动状态,可以以某个速度正常行车	0.75	0.80
2	规划目标年中,每年大约有10个小时预想的高峰小时交通量会超过可能通行能力,发生大型堵车。第30位小时交通量处于可流动状态,但正常行车比较困难	0.85	0.90
3	规划目标年中,每年大约有30个小时预想的高峰小时交通量会超过可能通行能力,发生大型堵车。第30位小时交通量处于可流动状态,但行车速度经常变化,甚至会停止	1.00	1.00

注:折减率=设计通行能力/可能通行能力。

我国的《公路工程技术标准》(JTG B01—2014)依据专题研究成果,采用v/C值(在基准条件下,最大服务交通量与基准通行能力之比)来衡量拥堵程度,作为评价服务水平的主要指标,同时采用小客车实际行驶速度与自由流速度之差作为次要评价指标,将服务水平分为6级,并根据交通流状态对各服务水平分级进行了定性描述。服务水平分级代表一定运行条件下驾驶员的感受。

各级公路设计服务水平应不低于表6-9规定。一级公路用作集散公路时,设计服务水平可降低一级。长隧道及特长隧道路段、非机动车及行人密集路段、互通式立体交叉的分合流区段以及交织区段,设计服务水平可降低一级。

各级公路设计服务水平 表6-9

公路等级	高速公路	一级公路	二级公路	三级公路	四级公路
服务水平	三级	三级	四级	四级	—

具体的服务水平划分,以二、三、四级公路路段服务水平分级为例,见表6-10。

二、三、四级公路路段服务水平分级　　表6-10

服务水平	延误率(%)	设计速度(km/h)										
		80				60				≤40		
		速度(km/h)	v/C			速度(km/h)	v/C			v/C		
			禁止超车区(%)				禁止超车区(%)			禁止超车区(%)		
			<30	30~70	≥70		<30	30~70	≥70	<30	30~70	≥70
一	≤35	≥76	0.15	0.13	0.12	≥58	0.15	0.13	0.11	0.14	0.12	0.10
二	≤50	≥72	0.27	0.24	0.22	≥56	0.26	0.22	0.20	0.25	0.19	0.15
三	≤65	≥67	0.40	0.34	0.31	≥54	0.38	0.32	0.28	0.37	0.25	0.20
四	≤80	≥58	0.64	0.60	0.57	≥48	0.58	0.48	0.43	0.54	0.42	0.35
五	≤90	≥48	1.00	1.00	1.00	≥40	1.00	1.00	1.00	1.00	1.00	1.00
六	>90	<48	—	—	—	<40	—	—	—	—	—	—

注:1. 当设计速度为80km/h、60km/h和40km/h时,路面宽度为9m的双车道公路,其基准通行能力分别为2800pcu/h、2500pcu/h和2400pcu/h。

2. v/C是在基准条件下,最大服务交通量与基准通行能力之比。基准通行能力是五级服务水平条件下对应的最大小时交通量。

3. 延误率为车头时距小于或等于5s的车辆数占总交通量的百分比。

第三节　设计小时交通量与车道数的确定

在获得道路的设计通行能力后,可以判断设计通行能力是否可以满足规划目标年的交通需求。

1. 设计小时交通量

规划目标年的交通需求,通常用AADT来表示,也称为规划交通量(辆/d)。道路设计时需要根据AADT来获得规划目标年的高峰小时交通量,称为设计小时交通量(辆/h),将其与设计通行能力进行比较,确定道路设计水准。因此,设计小时交通量也成为设计基准交通量。

当把一年间的小时交通量与AADT的比值按照大小顺序排列时,通常在年间第30位小时交通量附近有一个拐点,曲线急剧变化。可以说,把第30位最高小时交通量作为设计基准,从投资效率和拥堵时间的平衡来看是合理的。目前我国和世界上大多数国家均采用第30位小时交通量作为设计小时交通量。我国《公路工程技术标准》(JTG B01—2014)指出可根据项目特点与需求,在当地年第20~40位小时交通量之间取值。

当缺乏观测资料无法获得相应的第30位最高小时交通量时,可以通过基于交通调查数据进行预测来获得规划目标年的AADT,并据此来获得设计小时交通量。规划交通量与设计小时交通量之间的关系,可以表示为"主要方向高峰小时的设计小时交通量(辆/h) = AADT(辆/d) · K · D"。其中,K为设计小时交通量的换算系数,又称高峰率,即设计小时交通量(通常为第30位小时交通量)与设计交通量之比(%),设计小时交通量为高峰小时两个方向的总交通量;D为方向不均匀分布系数,即高峰小时期间主要方向交通量与两个方向的总交通量之比(%)。

2. 确定车道数

在已知设计小时交通量的情况下，可以根据道路的重要性、所在区域等情况，拟定道路等级和设计车速，确定道路车道数量。最后通过车道宽度、路肩和隔离带设施宽度等，确定道路断面情况，完成道路横断面设计。

车道数的确定中需要对双车道道路和多车道道路有所区分。具体使用下述方法：

(1)对应道路的等级以及地形，规划交通量小于设计基准交通量的“2 车道”一栏中所示数值时，该道路确定为 2 车道。

(2)规划交通量大于“2 车道”一栏中所示的设计基准交通量时，用“多车道”一栏中的设计基准交通量的数值除规划交通量后求出车道数。另外，车道数应该是 4 以上的偶数(但是单向行驶道路，车道数应为 2 以上)。

车道数确定的一般步骤如图 6-1 所示。

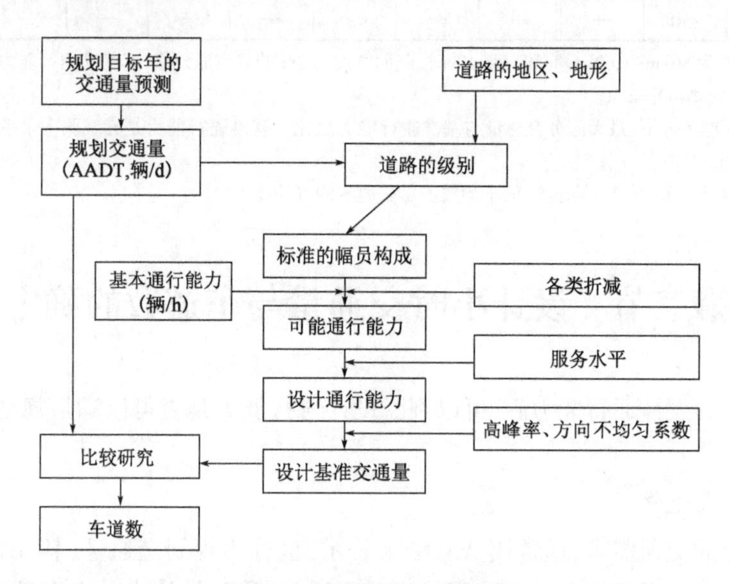

图 6-1　车道数确定的一般步骤

道路设计中，设计交通量、通行能力和车道数存在关系：

设计交通量(AADT) = 车道数 × 该等级道路的设计通行能力(pcu/h)/($D \cdot K$)。

单向车道数的计算具体可以用下式表示：

$$N = \frac{\text{AADT} \times K \times D}{C_\text{d} \times \gamma_\text{L}、\gamma_\text{C}、\gamma_\text{I} \cdots} \tag{6-6}$$

式中：N——道路的单向车道数；

AADT——设计远景年平均日交通量，pcu/d；

D——交通量方向分布系数；

K——设计小时交通量系数；

C_d——体现了服务水平的设计通行能力；

γ_L、γ_C、γ_I——通行能力的各类折减系数。

第七章

道路路线设计基础

道路设计包含了很多的内容,道路工程的每一部分内容都需要设计。我国的道路体系有城市道路与公路之分,分别有各自的设计规范(标准),虽然原理上是一样的,但是在技术细节上有较大差别。为了保证知识的完整性,本章将在介绍城市道路设计的同时,也对公路相关知识进行一些介绍,包括公路规范、公路特有的路肩、避险车道等。

城市道路路线设计是道路设计中最为重要的部分,应该根据城市总体规划、城市综合交通规划和市政专项规划,合理确定道路等级、平纵线形、横断面布置及交叉路口形式等。本章将介绍以道路路线设计为主的基本方法,包括平面线形设计、纵断面设计和横断面设计以及线形组合设计的基础知识。在介绍的过程中,除了城市道路内容外,还包括了公路设计的内容。

道路的设计需要有依据,各个国家都根据自己国家的特点,制定了相关的道路设计规范,并不断进行调整、更新。目前我国城市道路的设计依据是《城市道路路线设计规范》(CJJ 193—2012)、《城市道路工程设计规范(2016 年版)》(CJJ 37—2012)等,设计规范对城市道路设计中的一些共性要求和主要技术指标进行了规定。公路设计则依据《公路工程技术标准》(JTG B01—2014)等规范。

道路设计应依据相关规范,明确该对象道路的设计交通量、设计速度和设计车辆这三个要素。设计交通量是确定道路等级以及车道数的主要依据,现行规范中给出的解释是"为确定车道数而预测的交通量,即预期到设计年限末时道路的交通量,分为日交通量和高峰小时交通量"。设计交通量可以是 AADT,也可以是设计小时交通量,通常前者为道路断面总的交通量,用于路线规划,后者为高峰时间交通量多的一侧的单向交通量,用于结构设计。设计速度是指车辆行驶只受道路本身的条件影响,一般驾驶员在气候正常、交通密度小时能保持安全而舒适行车的最大速度。设计速度决定了道路的平曲线半径、纵坡等设计要素。设计车辆是指规范规定尺寸的用于道路几何设计的车辆,车辆的种类、尺寸决定着车道加宽值等设计要素。道路是直接为车辆行驶服务的,因此,学习道路设计时,首先要对车辆的行驶理论有基本的了解。

在道路设计中有一些专用名词需要读者理解和把握。例如,“道路”在设计领域可以被定义为三维空间的带状结构物。“路线”是指道路中线的空间位置。路线设计用于确定路线空间位置和各部分几何尺寸。路线可分解为平面、纵断面、横断面三大部分。作为三维空间的结构物的道路需要被分解为平、纵、横三个投影面来进行设计。其中,路线的平面是指路线在水平面上的投影;纵断面是指沿中线竖直剖开再行展开的纵断线形,不是简单的几何投影;横断面是指中线上任意一点的法向切面。对于公路,设计顺序一般是,先定平面,再设计纵断面和横断面;对于城市道路,由于横断面设计是主要矛盾,因此可以先进行横断面设计,再进行平面和纵断面设计。必须指出的是,平面、纵断面和横断面设计虽然分别进行,但三者之间是相互关联的,应综合考虑。

路线设计的范围在于其几何线形设计,不涉及结构。几何线形设计研究的是汽车行驶与道路各个几何元素的关系,以保证在设计行车速度、预计交通量以及地形和其他自然条件下,达到行驶安全、交通通畅、行车舒适以及路容美观的设计目标。在城市道路的几何线形设计中,要实现人、车、路环境的相互协调,还需要研究驾驶员的心理、汽车运行的轨迹和动力性能、交通量和交通特性等与几何设计直接相关的问题。

第一节　汽车行驶理论基础

现代道路服务于各种类型的车辆,如小汽车、公共汽车、货车、自行车等,道路设计时需要满足这些车辆的行驶要求,以保障车辆行驶时的安全和道路的通行效率。汽车行驶的基础知识对于理解道路几何线形设计十分重要,因此,本节提纲挈领地简单介绍最基本的汽车行驶理论,包括汽车的静力特性、运动特性和动力特性,以便读者理解道路设计中的纵坡坡度、曲线半径、缓和曲线、超高设计等的原理。

1. 汽车的静力特性

静力特性指车辆的质量和尺寸等。道路路线设计主要考虑车辆的尺寸。设计车辆是指对道路上行驶的各种车辆进行归类,将其尺寸标准化,作为道路设计的依据。设计车辆的外廓尺寸直接关系到车行道宽度、弯道加宽、道路净空、行车视距等道路几何设计问题,可分为机动车设计车辆和非机动车设计车辆两种。我国《城市道路工程设计规范(2016 年版)》(CJJ 37—2012)中规定了机动车和非机动车设计车辆外廓尺寸限界。对于机动车,将小客车作为车道宽度的设计车辆。

2. 汽车的运动特性

运动特性指车辆的行驶特征,包括速度和加速度特性等。与道路路线设计密切相关的速度指标为设计速度。设计速度指在天气良好、交通密度低的条件下,具有中等驾驶技术的驾驶员在路段上保持安全、舒适行驶的最大速度。设计速度是决定城市几何道路线形的基本依据。道路弯道半径、弯道超高、行车视距等线形要素的取值,以及道路的横断面尺寸、横向净宽和道路纵断面坡度等都与设计速度有关。可以说,设计速度的高低直接反映出道路的类别、等级的高低。同样,城市道路设计速度的确定,也要考虑车辆的交通效果。

3. 汽车的动力特性

动力特性指导致车辆运动的各种动力因素,包括动力要求、空气阻力、坡道阻力、摩擦阻力、曲线阻力、制动距离、制动力、转弯性能等。

1)汽车的牵引力

汽车主要的动力来源是发动机。本书以燃油车为例介绍其行驶原理。在行驶过程中,汽车的驱动力克服行驶阻力才能前行。汽车的牵引力来自发动机,发动机中热能转化为机械能,产生有效功率 N_e,驱使曲轴以每分钟 n_e 的转速旋转,发生 M_e 的扭矩,然后通过一系列的变速和传动,将曲轴扭矩传给驱动轮,产生 M_k 的扭矩驱动汽车行驶。对于家用小汽车,扭矩越大加速性越好;对于越野车,扭矩越大则爬坡度越大;对于货车,扭矩越大,车拉的重量越大。

汽车有两轮驱动和四轮驱动之分。在此以两轮驱动的汽车为例,介绍车辆的行驶原理。图7-1所示为后轮驱动汽车的受力分析。发动机产生的功率通过复杂的传动系统转化成扭矩 M_k,使后轮旋转推动汽车向前行驶。这时驱动轮除了受到扭矩之外,还受到车体传来的重力 G_k、惯性阻力 T_1、地面的支撑力 Z_1 以及轮胎与地面之间的摩擦力。从动轮则受到重力 G'_k、推力 T_2、支撑反力 Z_2 以及地面摩擦力 T_s。

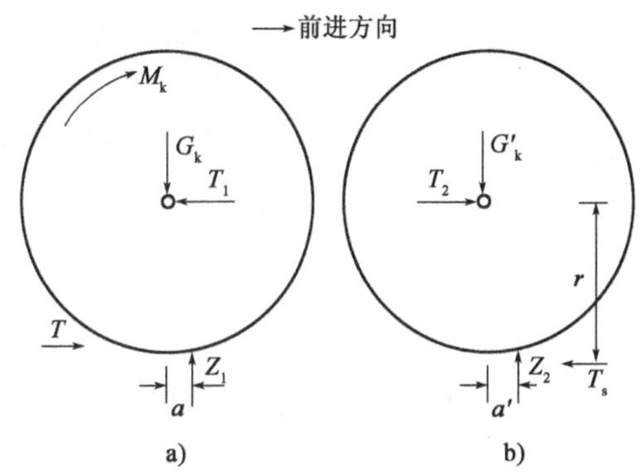

图7-1 后轮驱动汽车的受力分析

a)驱动轮;b)从动轮

近年来汽车工业取得了不断的进展,汽车发动机的升功率不断得到提高,家庭用小汽车的功率储备较大,汽车的加速性能得到提高。另外,汽车的制动性能也有所改善。相比之下,大型车特别是载货汽车的加速性能明显不足,制动距离也较长。因此道路设计中要确定设计车型,根据车型的特点进行道路的视距、坡度等几何设计。

2)汽车的行驶阻力

汽车行驶时需要不断克服运动中所遇到的阻力。汽车行驶阻力包括空气阻力 R_w、道路的滚动阻力 R_f、道路的坡度阻力 R_i、惯性阻力 R_I。其中,滚动阻力与坡度阻力因为与路面、坡度等道路特征有关,又可以合起来称为道路阻力 R_4。

(1)空气阻力 R_w

汽车在行驶过程中,受到迎面而来的空气压力、车后的真空吸力以及车身表面的摩擦阻力,总称为空气阻力。汽车的行驶速度越大,空气阻力对汽车行驶的动力性和燃料消耗的经济性影响越大。行驶速度在100km/h以上,有时一半的功率用于克服空气阻力。

(2)道路的滚动阻力 R_f

道路阻力 R_Ψ 是由弹性轮胎变形和道路的不同路面类型及纵坡度而产生的阻力,主要包括道路的滚动阻力 R_f 和坡度阻力 R_i。

弹性轮胎反复变形时,在柔性路面上汽车行驶时由于路面变形、路面不平整而造成轮胎震动和撞击,都会消耗功率。滚动阻力系数 f 与路面类型、轮胎结构和行驶速度有关。但在一定类型的轮胎和一定车速范围内可视为只和路面状况有关的常数。各类路面滚动阻力系数 f 值见表 7-1。

各类路面滚动阻力系数　　表 7-1

路面类型	水泥及沥青混凝土路面	表面平整的黑色碎石路面	碎石路面	干燥平整的土路	潮湿不平整的土路
f 值	0.01 ~ 0.02	0.02 ~ 0.025	0.03 ~ 0.05	0.04 ~ 0.05	0.07 ~ 0.15

(3)道路的坡度阻力 R_i

道路的坡度阻力 R_i 是指汽车在纵坡为 i 的道路上行驶时,车重力的分力在上坡时阻碍,在下坡时助推汽车行驶。

(4)惯性阻力 R_I

汽车变速行驶时,需要克服其质量变速运动时产生的惯性力和惯性力矩,称为惯性阻力。

3)汽车的运动方程式与行驶条件

汽车运动方程(Motor Equation)又称汽车牵引平衡方程,是指汽车在道路上行驶时,汽车的牵引力与各行驶阻力间的关系式。

汽车在道路上行驶时,必须有足够的驱动力 T 来克服各种行驶阻力 R,即 $T=R$。

汽车运动方程关系式如下:

$$T = R_w + R_f \pm R_i \pm R_I \tag{7-1}$$

式中:T——牵引力,各阻力含义同上。

式(7-1)表明,为保证汽车在道路上行驶,汽车的牵引力必须等于各行驶阻力之和,这是汽车行驶的必要条件(也称汽车驱动条件、汽车牵引平衡条件或汽车行驶的第一条件)。

汽车的运动方程式是汽车行驶的必要条件(驱动条件),但不是汽车行驶的充分条件。若驱动轮与路面之间的附着力不够大,车轮将在路面上打滑,不能行驶。汽车行驶的充分条件是驱动力小于或等于轮胎与路面之间的附着力,即

$$T \leqslant \varphi G_k \tag{7-2}$$

式中:φ——附着系数,主要取决于路面的粗糙程度和潮湿泥泞程度、轮胎的花纹和气压以及车速和荷载,计算时按表 7-2 选用;

G_k——驱动轮荷载,一般情况下,小汽车为总重的 0.5 ~ 0.65 倍,载重车为总重的 0.65 ~ 0.80 倍。

各类路面的附着系数　　表 7-2

路面类型	路面状况			
	干燥	潮湿	泥泞	冰滑
水泥混凝土路面	0.7	0.5	—	—
沥青混凝土路面	0.6	0.4	—	—
过渡式及低级路面	0.5	0.3	0.2	0.1

根据以上汽车行驶条件,从宏观上要求路面平整而坚实,尽可能减小滚动摩擦;从微观上要求路面粗糙而不滑,以增大附着力。

4）汽车的制动距离

汽车的制动取决于两个摩擦，即内摩擦和外摩擦。内摩擦是指制动片与制动鼓之间的摩擦，外摩擦是指轮胎与地面间摩擦。驾驶员踩制动踏板之后，这两个摩擦开始作用，汽车在一定时间后经过一定的距离才会停止。

5）汽车的转弯特性

汽车在行驶过程中会经常转向，汽车拐弯时具有的主要特点是，其车辆轮廓画出的轨迹线要比直行时变宽，转弯半径越小，则宽度越宽。这个特性要求在道路平面设计时，对于转弯处的圆曲线部分的车道宽度进行加宽，以保障转弯处的通常和安全。

汽车转弯时的受力也有其重要的特点，主要是受到了离心力的作用。由式(7-3)表明，汽车在弯道上行驶时的离心力 F 与速度 v 的平方成正比、与车辆的自重成正比，与转弯半径 R 成反比。这就要求我们在道路的平面线形设计中除了需要对转弯车道进行加宽之外，还需要在横断面设计中进行超高设计，即将道路横断面的一方抬起，以克服车辆的离心力。无论是车道加宽值，还是超高值，都与转弯半径相关，而转弯半径的大小又与设计速度相关，设计速度越快的道路，其转弯半径越大。

$$F = \frac{G v^2}{gR} \tag{7-3}$$

6）汽车的动力性能评定指标和动力因数

汽车动力性能是汽车各种性能中最基本、最重要的性能。

(1)汽车的动力性能评定指标

进行道路路线几何设计时，需要满足设计车辆的动力性能评定指标。汽车动力性能主要由三个方面指标来评定，即汽车的最高车速、汽车的加速时间和汽车的最大爬坡度。

汽车的最高车速是指在水平良好的路面(混凝土或沥青)上汽车所能达到的最高行驶车速。

汽车的最大爬坡度通过满载(某一载质量)时汽车在良好路面上的最大爬坡度表示。

(2)汽车的动力因数

汽车的动力因数是指某型汽车在海平面高程上，满载情况下，每单位车重克服道路阻力和惯性阻力的性能。汽车运动方程式改写后，得到汽车的后备驱动力 $T - R_w = R_\Psi = R_I$，动力因数 $D = (T - R_w)/G$，即某种车型汽车在海平面高程上，满载情况下，每单位车重克服道路阻力和惯性阻力的性能。

但是，随着海拔高度的增高，汽车发动机燃烧不充分，动力性能有所下降，需要用海拔系数计算海拔荷载修正系数，进而对动力因数 D 进行修正。因此，在道路的纵断设计中需要考虑这些因素，对道路的坡度进行折减。

需要补充说明的是，电动汽车基本上不受高海拔的影响，不需要对其动力因数进行折减。汽车在量产前要做“三高测试”，即高温、高寒和高海拔测试。对于纯电动车来说，由于发动机、变速箱、燃油系统、进排气系统等都不存在，取而代之的是以动力电池、驱动电机、整车电控组成的“三电系统”。高原环境对电动车的影响也主要集中这一方面。“三电”系统中，电机本身工作性能不受低氧、低压环境影响，基本上可以忽略不计。但是，燃料电池汽车从工作原理上还是需要氧气燃烧产生动力。未来的道路设计是否有变化，目前还不得而知。

第二节　道路规划设计的依据

1. 标准与规范

道路规划与设计必须依据相关的标准、规范，需要有统一的规划设计标准。

我国道路体系分为公路和城市道路。改革开放以来的四十多年里，我国的道路事业取得了举世瞩目的成就。我国公路里程稳步增长，2021 年底，公路里程达到了 528.07 万公里。"借贷修路，收费还贷"这一政策促进了高速公路的快速发展，高速公路里程已经超过了 15 万公里。城市道路在加快城市化的同时，也取得了巨大的进步。这些成就的取得与我国道路技术规范的进展有着密切的关系。

为了科学、合理地进行城市道路交通规划设计，优化城市用地布局，提高城市的运转效能，提供完全、高效、经济、舒适和低公害的交通基础设施，相关部门制定了若干规范。这些规范适用于全国各类城市的城市道路交通规划设计。早期，建设部委托编制的《城市道路交通规划设计规范》（GB 50220—1995）率先将交通工程和道路工程知识结合起来，使我国的城市道路规划设计范围扩大到了考虑多种交通方式，强调了道路和城市土地利用的关联。《城市道路设计规范》（CJJ 37—1990）出现于 1990 年，是城市道路工程设计的重要依据，这一规范后期经过不断修编，日趋完善。随着我国道路事业的蓬勃发展，很多相关规范陆续出台，使得城市道路设计有规可循，更加规范化。

目前，城市道路设计相关规范主要有《城市道路工程设计规范（2016 年版）》（CJJ 37—2012）、《无障碍设计规范》（GB 50763—2012）、《城市道路交叉路口规划规范》（GB 50647—2011）、《城市道路交叉路口设计规程》（CJJ 152—2010）、《城镇道路路面设计规范》（CJJ 169—2012）、《城市道路路基设计规范》（CJJ 194—2013）、《道路交通标志和标线》（GB 5768）、《城市道路绿化规划与设计规范》（CJJ 75—1997）。公路设计相关规范主要有《公路工程技术标准》（JTG B01—2014）、《公路路线设计规范》（JTG D20—2017）、《公路路基设计规范》（JTG D30—2015）、《公路沥青路面设计规范》（JTG D50—2017）、《公路水泥混凝土路面设计规范》（JTG D40—2011）等。

2. 城市道路设计流程

按设计程序划分，城市道路设计可分为前期工作和工程设计两部分。城市道路设计的依据还包括招标人提供的地形图、道路规划红线图、道路控规等。

1）前期工作

城市道路设计的前期工作主要包括项目立项、预可行性研究和工程可行性研究。对已明确建设必要性的工程项目，前期工作可以直接进入工程可行性研究。前期工作流程图如图 7-2所示。

2）工程设计

城市道路工程设计主要包括初步设计和施工图设计。对于技术复杂且缺乏经验的项目，可以在初步设计和施工图设计两个阶段间增加技术设计。对于小型且技术简单的道路工程，经有关部门同意后，可以利用方案设计代替初步设计，按方案设计审批后直接转入施工图设计。工程设计流程图如图7-3所示。

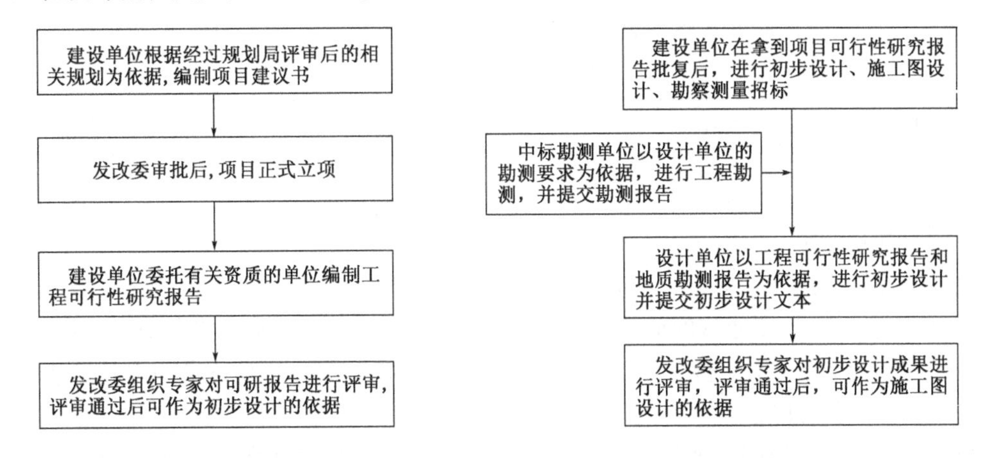

图7-2　前期工作流程图　　　　图7-3　工程设计流程图

3)城市道路设计成果

城市道路工程初步设计文件的主要内容应包含设计说明书、工程概算、主要材料及设备表、主要技术经济指标、附件(工程可行性研究报告批复文件、勘测及设计合同、有关部门的批复以及协议、纪要等)、设计图纸。其中,道路设计图纸主要包括平面总体设计图、平面设计图、纵断面图、典型横断面设计图、挡土墙、涵洞及附属构筑物图纸、交通标志、标线布置图、工程特殊部位技术处理的主要图纸。其他专业图纸包括桥梁、排水、监控、通信、供电、照明设施图。

城市道路工程施工图设计文件的主要内容应包括设计说明书、施工注意事项、施工图预算、工程数量和材料用量表、设计图纸。其中,设计图纸主要是对初步设计图纸的补充和完善。对城市道路来讲,在施工图阶段主要应对初步设计的图纸补充施工横断面图、广场或交叉路口竖向设计图、排水设计图(主要指雨水口布置)、挡土墙、涵洞及附属构筑物的平、立、剖面结构详图。

3. 道路设计三要素

在道路几何设计中,设计交通量、设计车速、设计车辆是三个重要的设计要素。

1)设计交通量

规划与设计所使用的交通量,来源于交通调查与交通预测。具体的交通调查和交通预测的方法参见第三章和第五章。

在道路规划设计中使用的交通量有两个:

(1)设计年平均日交通量 Q_d,是拟建道路到达远景年限时能达到的AADT,辆/d。AADT主要用于确定道路等级,论证道路的计划费用或各项结构设计,不适合直接用于道路的几何设计。

(2)设计小时交通量,是确定车道数、车道宽度或评价服务水平的依据。设计小时交通量的通常采用"第30位最高小时交通量",或根据当地调查结果控制在第20~40位取值。这一数值是通过基于交通调查的交通需求预测得到的。具体计算方法可参见第六章。

由于交通量调查获得的是分车种的交通量,在需求预测时通常需要将其转化为标准车(pcu)的数量。《城市道路工程设计规范(2016年版)》(CJJ 37—2012)规定,交通量换算应采用小客车为标准车型，当量小汽车换算系数见表7-3。需要说明的是，当道路的纵坡超过3%时，计算通行能力时还需要对这些换算系数进行折减。

当量小汽车换算系数　　表7-3

车辆类型	小客车	大型客车	大型货车	铰接车
换算系数	1.0	2.0	2.5	3.0

2）设计速度（Design Speed）

设计速度是指道路几何设计（包括平曲线半径、纵坡、视距等）所采用的行车速度。其具体含义是在气候良好、交通密度低的条件下，一般驾驶员在路段上能保持安全、舒适行驶的最大车速。也就是说，汽车运行只受道路本身条件的影响时，中等驾驶技术的驾驶员能保持安全、顺适的最大行驶速度。

设计速度是决定道路几何设计的依据。观测表明，当设计速度高时，行驶速度低于设计速度；反之则行驶速度高于设计速度。

影响行驶速度的条件包括道路的外部特征、汽车类型、其他车辆的存在、交通管制（如限速等），以及驾驶员的驾驶技术、汽车性能。

3）设计车辆

规范中对于设计车辆的尺寸有详细的规定。在城市道路领域，除了规定了机动车的尺寸外，还规定了非机动车的尺寸外。这些尺寸都是几何设计的依据。比如，在平（面）交（叉）路口的转弯、立（体）交（叉）路口的匝道设计、弯道的车道加宽设计中，均与车辆尺寸有关。

第三节　道路平面设计

平面线形设计中使用的基本要素有三个，即直线、圆曲线和缓和曲线。《城市道路工程设计规范（2016年版）》（CJJ 37—2012）中将圆曲线和缓和曲线合并成为平曲线，即分为直线和平曲线两大类。涉及的内容还包括行车视距及其保证，平面线形组合设计以及平面设计图表的绘制。

1. 直线

直线在道路设计中使用非常广泛。直线的优点：距离短，缩短里程；汽车行驶时受力简单，易于驾驶；施工简单。直线的缺点：大多难于与地形协调；过长的直线易使驾驶员感到单调、疲倦，产生急躁情绪，引起超速。因此，长直线段行车安全性较差，往往是易导致发生交通事故的路段。

通常采用直线线形的路段包括：①平原地区不受地形、地物限制的地方，或是开阔谷底；②以直线条为主的城镇及其近郊，或规划方正的农耕区等地区；③长大桥梁、隧道等构造物路段；④路线交叉点及其前后；⑤双车道公路可超车的路段；⑥收费站及其附近。

由于长直线段，行车安全性差，因此直线的最大长度应有所限制。当采用长直线段时，应该注意：①在长直线上纵坡不宜过大；②长直线与大半径凹形竖曲线组合为宜；③长直线或下坡尽头的平曲线半径，应尽可能选用较大值；④通过设计改变道路两侧景观过于单调的问题。

道路必须采用与自然地形相协调的线形。对于长直线的量化是一个需要研究的课题。从理论上讲,合理的直线长度应根据驾驶员的心理和视觉效果等方面来决定。新疆有直线路段长达47.5km的公路。目前各国对于长直线的限制都是从经验出发,通过调查来确定的。德国和日本的规范规定直线的最大长度(以m计)为20V(设计速度,单位为km/h,下同)。

直线的设置中需要注意以下问题:

(1)同向曲线之间的直线最短长度直线过短容易把直线误看成反向曲线,易造成驾驶员的操作失误。《城市道路工程设计规范(2016年版)》(CJJ 37—2012)推荐同向曲线之间的最短直线长度不小于6V,但设计速度低于40km/h的道路可放宽。当条件许可时,宜将同向曲线设计成单曲线、复曲线、卵形曲线或C形曲线。

(2)反向曲线间的直线最小长度反向曲线之间,考虑到设置超高和加宽缓和段以及驾驶员转向操作的需要,宜设置一定长度的直线。《城市道路工程设计规范(2016年版)》(CJJ 37—2012)规定反向曲线之间最小直线长度不小于2V为宜。在受到限制的地点,也可让反向缓和曲线首尾相接,如S形曲线。

(3)回头曲线间的直线最小长度。回头曲线是指山区公路为克服高差在同一坡面上回头展线时所采用的曲线。直线路段应尽量避免设置回头曲线。两相邻回头曲线之间,应争取有较长的直线距离,其最小长度在二、三、四级公路上分别应不小于200m、150m、100m。

2. 圆曲线

各级公路和城市道路无论转角大小均应设置圆曲线。圆曲线是道路平面线形中主要组成部分。其优点是易于与地形相适应,线形美观,测设方便等。其缺点是车辆在圆曲线高速行驶时由于存在离心力导致横向行驶稳定性质变差、相较于直线段圆曲线的设置需要加宽、圆曲线半径小中心角过大时驾驶员视距条件差等。

如图7-4所示,圆曲线的组成包括转点IP、转角α、切线长T、曲线起点BC、中点MC、终点EC、曲线长L、半径R和外距E。

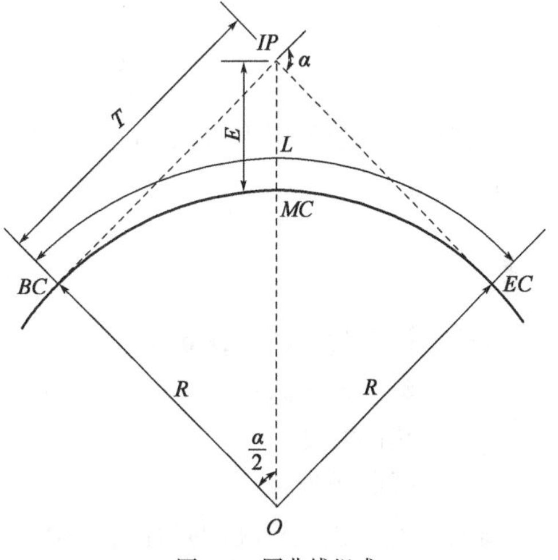

图7-4 圆曲线组成

对于城市道路曲线设计,主要通过设置曲线超高来克服离心力对车辆的影响。行车视距主要受曲线半径、长度和转角大小的影响,曲线转角在道路定线时就确定了,因此城市道路圆曲线设计要素主要包括超高、圆曲线半径和长度。

1)超高及其设计

所谓超高,是指为了在弯道上克服汽车行驶中所受到的离心力,设计中会将弯道外侧的路面抬高,形成一个单方向的坡度。合理地设置超高可以提升汽车行驶在曲线上的稳定性和舒适性。图7-5为弯道超高路段上行驶车辆的受力分析图。

(1)离心力的计算

在圆曲线路段上自重为G的车辆以速度v行驶时,其所受到的离心力F与自重成正比,与速度平方成正比,与半径成反比。由此可以推导出设计速度 v 的圆曲线路段的半径 R,其中的离心力可以替代为克服离心力所设置的超高率和横向力系数的函数。

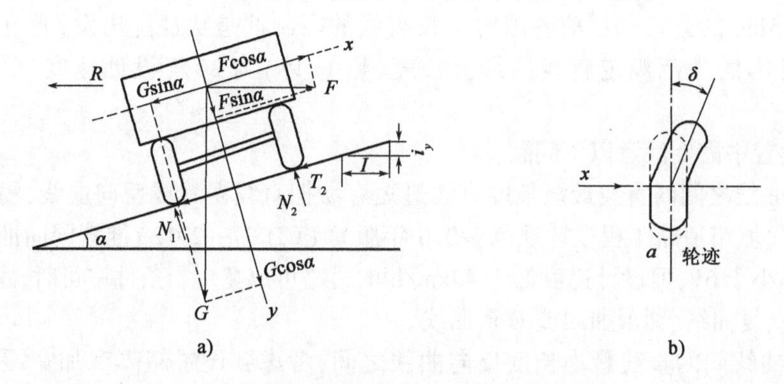

图 7-5　弯道超高路段上行驶车辆的受力分析图

(2)横向力系数 μ

将作用在汽车上的重力 G 和水平方向的离心力 F 分解为垂直于路面和平行于路面的分力,则平行于路面的横向力 X 表示如下:

$$X = F\cos\alpha \pm G\sin\alpha \tag{7-4}$$

一般曲线横向坡度角度 α 很小,可近似认为 $\cos\alpha \approx 1, \sin\alpha = \tan\alpha = i_{\mathrm{h}}$(道路横向超高坡度),因此式(7-4)可以简化如下:

$$X = F \pm Gi_{\mathrm{h}} = \frac{G}{g} \cdot \frac{v^2}{R} \pm i_{\mathrm{h}} \tag{7-5}$$

在式(7-5)的两边同时除以 G,并将速度单位进行换算,可得到单位车重的横向力,称为横向力系数,即

$$\mu = \frac{X}{G} = \frac{v^2}{127R} \pm i_{\mathrm{h}} \tag{7-6}$$

式中:v——计算行车速度,km/h;

μ ——横向力系数;

i_{h}——超高坡度;

R——圆曲线半径。

横向力使弯道上行驶的弹性的轮胎产生横向变形,形成横向偏移角,增加了汽车操纵的难度。横向力系数 μ 的意义为单位车重所承受的横向力,反映了不同车重的汽车在同一弯道行驶时的横向稳定性。它的存在对行车产生种种不利影响,μ 越大越不利。横向力系数主要表现在侧滑、燃料消耗增加、轮胎磨损加剧、乘客感觉不舒适几个方面。

①轮胎在路面上横向滑移。汽车能在弯道上行驶的基本前提是轮胎不在路面上滑移,这就要求在道路设计中保证车辆的横向力系数 μ 小于路面的横向摩阻系数 φ_{γ},即 $\mu \leqslant \varphi_{\gamma}$。横向摩阻系数 φ_{γ} 与车速、路面种类及其状态和轮胎状况有关,一般干燥路面上约为0.4～0.8,路面冻结或积雪时降到0.2～0.3,在光滑的冰面上可降到0.06。

②增加燃料消耗,轮胎磨损和旅行不舒适。表 7-4 为 μ 值产生的油耗、轮胎磨损增加以及乘客的心理变化表。

μ 值产生的油耗、轮胎磨损增加以及乘客的心理变化　　表 7-4

μ	燃料消耗(%)	轮胎磨损(%)	乘客对曲线的感觉
0	100	100	无
0.05	105	160	无
0.10	110	220	平稳
0.15	115	300	尚平稳
0.20	120	390	不平稳

为计算最小平曲线半径,应考虑各方面因素,采用一个舒适的 μ 值。研究指出,μ 值的舒适界限为 0.11 ~0.16,随行车速度而变化,设计中对高、低速路口可取不同的数值。

(3)超高坡度 i_h

由式(7-6)可得,曲线超高的大小受到设计车速、曲线半径和横向力系数的影响,超高坡度可以按照式(7-7)计算:

$$i_h = \frac{v^2}{127R} - \mu \tag{7-7}$$

当车速较高时,为平衡离心力超高可选用较大值。但行驶于道路上的车辆速度并非完全一致,尤其对于混合交通的道路,需要同时考虑速度高与速度低的车辆。在特殊情况下(如前方路段交通堵塞、交通事故等)暂停于弯道上的车辆的离心力为 0,若超高率超过了轮胎与路面之间的横向摩阻系数 φ_γ,车辆将有沿着路面最大合成坡度下滑的危险,因此超高坡度必须满足:

$$i_h \leqslant \varphi_\gamma \tag{7-8}$$

式(7-8)中的 φ_γ 应取一年中气候恶劣季节路面的横向摩阻系数。

《城市道路工程设计规范(2016 年版)》(CJJ 37—2012)中对于城市道路最大超高进行了规定,见表 7-5。

城市道路最大超高横坡度　　表 7-5

设计速度(km/h)	100,80	60,50	40,30,20
最大超高横坡度(%)	6	4	2

2)圆曲线半径

根据式(7-6),可推导出圆曲线半径的计算公式如下:

$$R = \frac{v^2}{127(\mu \pm i_h)} \tag{7-9}$$

根据式(7-9),在车速 v 一定的条件下,圆曲线最小曲线半径取决于容许的最大横向力系数 μ 和最大的横向超高坡度 i_h。根据其取值的大小,城市道路的圆曲线半径分别为极限最小半径、一般最小半径、不设超高的最小半径和不设缓和曲线的最小半径。

(1)极限最小半径

横向力系数 μ 根据设计车速采用 0.10 ~0.16,最大超高根据城市道路的不同环境取为 0.06、0.04、0.02,按照式(7-9)计算得到极限最小半径。极限最小半径是指在最大超高值和容许的横向力系数下能以设计速度安全行驶的最小圆曲线半径。极限最小半径是路线设计中的极限值,当地形困难或条件受到限制时采用,一般不轻易采用。平面设计中过多使用极限最小半径,必然降低路线的使用质量。

(2)一般最小半径

一般最小半径是设置超高时采用的最小半径,是保证按设计速度行驶的车辆安全性与舒适性的最小圆曲线半径,其数值的大小一般介于极限最小半径和不设超高的最小半径之间。一般最小半径的取值,既要考虑汽车转弯时能以设计速度或接近设计速度安全行驶,旅客有充分的舒适感,又要注意在地形比较复杂的情况下不会过多地增加工作量,此时横向力系数μ根据设计车速应小于0.10。一般情况下,应尽量采用大于或等于一般最小半径的值。

(3)不设超高的最小半径

不设超高的最小半径指道路曲线半径较大、离心力较小时,汽车沿着双向路拱外侧行驶的路面摩擦力,足以保证汽车安全稳定行驶时,路面可以不设超高时采用的最小半径。路面上不设超高,对于行驶在曲线外侧车道的车辆来说是"反超高",其横向超高坡度为负值,大小与路拱坡度相同。此时路拱门横坡一般不大于2%,横向力系数一般不大于0.04。

表7-6和表7-7分别为《城市道路工程设计规范(2016年版)》(CJJ 37—2012)规定的城市道路圆曲线最小半径和圆曲线最小长度。

城市道路圆曲线最小半径 表7-6

设计速度(km/h)		100	80	60	50	40	30	20
不设超高最小半径(m)		1600	1000	600	400	300	150	70
设超高最小半径(m)	一般值	650	400	300	200	150	85	40
	极限值	400	250	150	100	70	40	20

城市道路圆曲线最小长度 表7-7

设计速度(km/h)	100	80	60	50	40	30	20
圆曲线最小长度(m)	85	70	50	40	35	25	20

(4)不设缓和曲线的最小半径

《城市道路工程设计规范(2016年版)》(CJJ 37—2012)规定,直线与圆曲线或大半径圆曲线之间与小半径圆曲线之间应设缓和曲线。当设计速度小于40km/h时,缓和曲线可采用直线代替。当圆曲线半径大于表7-8不设缓和曲线的最小圆曲线半径时,直线与圆曲线可直接连接。

不设缓和曲线的最小圆曲线半径 表7-8

设计速度(km/h)	100	80	60	50	40
不设置缓和曲线的最小圆曲线半径(m)	3000	2000	1000	700	500

3.缓和曲线

缓和曲线是设置在直线与圆曲线之间,或半径相差较大的两个转向相同的圆曲线之间的一种曲率连续变化的曲线,是道路平面线形要素之一。《城市道路工程设计规范(2016年版)》(CJJ 37—2012)规定,直线与圆曲线或大半径圆曲线与小半径圆曲线之间应设缓和曲线,缓和曲线采用回旋线。当设计速度小于40km/h时,缓和曲线可采用直线代替。

1)缓和曲线的作用

缓和曲线具有线形缓和、行车缓和和超高加宽缓和的作用。

(1)线形缓和

在圆曲线与直线相接处设置缓和曲线后,能使线形圆滑,增加线形美观,有良好的视觉效果和心理作用感。

(2)行车缓和

由离心力式(7-3)可以看出,曲率 $K(1/R)$ 缓和,也就是离心力 F 的缓和。

(3)超高加宽缓和

行车道从直线上的双向路拱到圆曲线上的单向超高,以及行车道由直线上的正常宽度过渡到圆曲线上加宽宽度,都是在缓和曲线长度内完成的。

2)缓和曲线的特性

缓和曲线具有如下特性:①轨迹是连续圆滑的;②曲率是连续的,即离心力是连续的;③曲率的变化率是连续的,即离心率的变化率是连续的。

一般能满足缓和曲线3个特性的数学曲线都可用作为缓和曲线,如双纽线、三次抛物线、5次或7次多项式、正弦曲线等。但设计中使用最多的是回旋曲线。

3)回旋曲线

(1)回旋曲线的数学表达式

回旋线是道路路线设计中最常用的一种缓和曲线(图7-6)。回旋线的基本公式如下:

$$rl = A^2 \tag{7-10}$$

式中:r——回旋线上某点的曲率半径,m;

l——回旋线上某点到原点的曲线长,m;

A——回旋线参数。

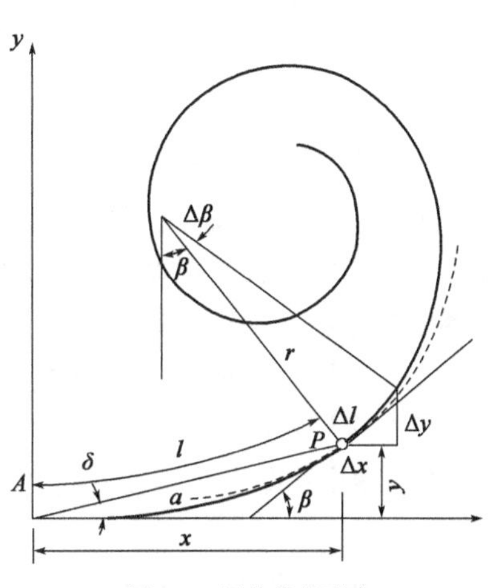

图7-6 回旋线的形态

(2)有缓和曲线的平曲线计算

道路的平曲线不论怎样复杂,都不外乎是直线、圆曲线和回旋曲线的排列组合。以基本型的非对称形式为基本单元,一般就能满足平曲线的计算。

(3)缓和曲线的长度及其参数

缓和曲线的长度及其参数选值中需要避免如下的问题:①不顾地形地物,整条道路均采用规范中的最小值;②采用《公路曲线测设用表》中的缓和曲线长度;③采用过长的缓和曲线(缓和曲线长大于400m)。

在缓和曲线的长度及其参数的确定时需要考虑下述问题:

①控制离心加速度 a 的变化率 a_s,避免乘车时的不舒适感。汽车行驶在缓和曲线上,其离心加速度将随着缓和曲线曲率的变化而变化,若变化过快,将会使旅客产生不舒适的感觉。

②超高渐变率 P 适中。在超高过渡段上,路面外侧逐渐抬高,从而形成一个"附加坡度"。这个附加坡度的变化,即超高渐变率 P 要适中。《城市道路工程设计规范(2016年版)》(CJJ 37—2012)中规定了适中的 P 值,由此可导出计算超高缓和段最小长度和参数的公式。

③行驶时间的要求。汽车在缓和曲线上的行驶时间至少应有3s;以保证驾驶员从容操作。《公路工程技术标准》(JTG B01—2014)和《城市道路工程设计规范(2016年版)》(CJJ 37—2012)制定了最小缓和曲线长度。

④视觉条件的要求。回旋线切线角 β 应在3°~29°范围内。这是因为,若回旋曲线过短,且 $\beta \leq 3°$ 时,曲线极不明显,在视觉上容易被忽略;若回旋曲线过长,且 $\beta > 29°$ 时,回旋曲线后段曲率急剧变化,圆曲线与回旋曲线不能很好协调。

缓和曲线的长度应全部满足以上的要求。我国《城市道路工程设计规范(2016 年版)》(CJJ 37—2012)规定了城市各级道路的缓和曲线最小长度,见表 7-9。

城市道路缓和曲线最小长度　　表 7-9

设计速度(km/h)	100	80	60	50	40	30	20
缓和曲线最小长度(m)	85	70	50	45	35	25	20

(4)缓和曲线的省略

当直线与圆曲线,或者圆曲线与圆曲线的曲率无限接近时,就没有必要设置缓和曲线了。当城市道路满足以下两个条件时,曲线可以不设置缓和曲线:

①当设计速度小于 40km/h 时,缓和曲线可采用直线代替。

②当圆曲线半径大于表 7-9 不设缓和曲线的最小圆曲线半径时,直线与圆曲线可直接连接。

4. 行车视距及其保证

为了保证行车安全,驾驶员应能看到汽车前方一定的距离,这一必需的最短距离称为行车视距。在道路平面上的暗弯(处于挖方路段的弯道和内侧有障碍物的弯道)处、交叉点附近等处都需要考虑并保证行车视距。除了道路平面线形之外,纵断面上的凸形竖曲线以及下穿式立体交叉的凹形竖曲线上都有可能存在视距不足的问题。

行车视距的类型包括:

停车视距,即汽车行驶时,自驾驶员看到障碍物时起,至到达障碍物前安全停止,所需的最短距离。

会车视距,即在同一车道上两对向汽车相遇,从相互发现时起,到同时采取制动措施使两车安全停止,所需的最短距离。

超车视距,即在双车道公路上,后车超越前车时,从开始驶离原车道之处起,至可见逆行车并能超车后安全驶回原车道所需的最短距离。

在视距的计算中,需要明确“目高”和“物高”。“目高”以小客车为基准,对凸形竖曲线规定为 1. 2m,对凹形竖曲线规定为 1. 9m;货车停车视距的“目高”规定为 2. 0m;“物高”规定为 0. 10m。

1)停车视距

停车视距 S_T可分解为反应距离、制动距离和安全距离三个部分来研究。当驾驶员发现前方有障碍物时,需要有一个知觉反应的时间 t,然后才会踩制动踏板进行制动,对应的距离分别为反应距离 S_1和制动距离 S_2,这两个距离均与行车速度有关。安全距离是汽车完全停止时与障碍物之间的距离,一般取 5 ~ 10m。因此,停车视距为反应距离、制动距离和安全距离之和。在潮湿状态下,制动距离会大大增加,因此此时的停车视距 S_T也应加大。

2)会车视距

会车视距一般由双方驾驶员反应时间所行驶的距离、双方汽车制动的距离、两车之间的安全距离三个部分组成。如果两车速度基本相等并且在同一纵坡上行驶时,可近似地认为会车视距是停车视距的 2 倍。

3)超车视距

在双向双车道的道路上,超车时需要借用对向车道。此时的超车视距 S_C 的全程可划分为四个阶段进行分析。

图7-7为超车视距示意图，当一辆汽车需要超车时，需要经过如下过程：①加速行驶距离S_1；②超车汽车在对向车道上行驶的距离S_2；③超车完成时，超车汽车与对向汽车之间的安全距离S_3；④超车汽车从开始加速到超车完成时对向汽车的行驶距离S_4。

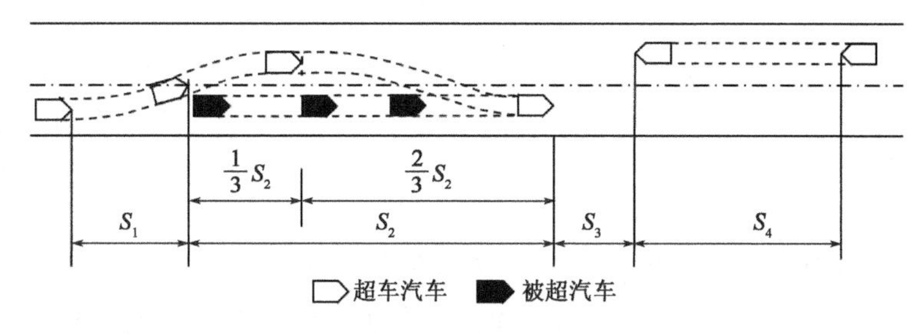

图7-7　超车视距示意图

此时，最小必要超车视距如下：

$$S = S_1 + S_2 + S_3 + S_4 \tag{7-11}$$

4）行车视距的保证

我国现行规范对行车视距的规定如下：

（1）停车视距应大于或等于表7-10规定值，积雪或冰冻地区的停车视距宜适当增长。

（2）当车行道上对向行驶的车辆有会车可能时，应采用会车视距，其值应为表7-10中停车视距的2倍。

停车视距　　表7-10

设计速度(km/h)	100	80	60	50	40	30	20
停车视距(m)	160	110	70	60	40	30	20

5. 平面线形设计

进行平面线形设计时，需要注意平面线形设计的一般原则和平面线形要素的组合类型。

1）平面线形设计的一般原则

（1）平面线形应简洁、连续、顺畅、舒适，并与地形、地物相适应，与周围环境相协调。

（2）城市道路平面位置应按城市总体规划道路网布设，合理地设置交叉路口、沿线建筑物出入口、分隔带断口、公交停靠站等。

（3）设计速度$v>60$km/h的道路，应满足视觉和心理对道路的要求，注重立体线形设计，前后线形要素相互协调，使之构成连续均衡的平面线形。

（4）紧接大中桥、隧道两端一定长度L内的平面线形，应与桥隧保持一致。当设计车速为100km/h、80km/h、60km/h、40km/h时，L值分别为80m、60m、40m、20m。

2）平面线形要素的组合类型

（1）基本型

按照“直线-回旋线-圆曲线-回旋线-直线”的顺序组合。从线形的协调性看，宜将回旋线、圆曲线、回旋线之长度比设计成1:1:1。

(2)S形

两个反向圆曲线用两个回旋线连接的组合,S形相邻两个回旋线参数 A_1 与 A_2 宜相等。当 A_1、A_2 不同时,其比值应小于2.0,有条件时小于1.5为宜。S形曲线上,两个反向回旋线之间应该不设直线。S形两圆曲线半径之比不宜过大,宜为 $R_1/R_2=1\sim1/3$。

(3)卵形

卵形是用一个回旋线连接两个同向圆曲线的组合。半径为 R_1 的较大的圆应能包住半径为 R_2 的较小的圆,且两圆不能为同心圆。卵形上的回旋线不是从原点开始,曲率图是从 $1/R_1\sim1/R_2$,参数 A 宜满足 $R_2/2\leqslant A\leqslant R_1$。两圆曲线半径之比,间距 D 都有适合的范围。

(4)凸形

在两个同向回旋线间不插入圆曲线而直接径向衔接的组合。凸形回旋线的参数及其连接点的曲率半径,应分别符合容许最小回旋线参数和圆曲线一般最小半径的规定。只有在路线严格地受地形、地物限制处方可采用凸形。

(5)C形

同向曲线的两回旋曲线在曲率为零处径向衔接的形式。其连接处的曲率为零。C形曲线会对行车产生不利影响,只有在特殊地形条件下方可采用。

(6)复合型

两个以上同向回旋线间在曲率相等处相互连接的形式。复合型的两个回旋线参数之比宜小于1:1.5。复合型一般在受到地形或其他特殊因素限制才采用,多用于互通式立体交叉的匝道设计中。

第四节　道路纵断面设计

本节介绍道路纵断面几何线形设计。纵断面几何线形包括直坡线和竖曲线。纵坡度及其长度影响着汽车行驶的速度以及运输的经济、舒适和安全。

纵断面设计依据是设计车型及其行驶性能。现代的小型汽车性能良好,受坡度影响较小;大型车辆,特别是载重车由于自重较大,爬坡能力受到一定影响,需要在设计中重点关注。因此,汽车行驶理论对于道路设计人员来说,应该有所了解。

1.纵坡与坡长

1)最大纵坡

最大纵坡是指在纵坡设计时各级道路采用的最大坡度值。最大纵坡是道路线形设计的重要指标,它关系到路线的长短、使用性质、行车安全、运输成本和工程造价。各级道路允许的最大纵坡应根据汽车的爬坡能力、道路等级、自然条件以及工程、运营经济等因素,通过综合分析、全面考虑,合理确定。

(1)汽车的爬坡能力

汽车的爬坡能力是指汽车在良好路面上等速行驶时克服了其他行驶阻力后所能爬上的纵坡度。最大爬坡能力是用最大爬坡度评定的。最大爬坡度是指汽车在坚硬路面上用最低挡作等速行驶时所能克服的最大坡度。

(2)动力上坡

等速上坡仅利用了汽车的后备驱动力,汽车实际行驶时,常在上坡前加速,利用上坡时减速所产生的惯性力以提高上坡能力,称为动力上坡。制定最大纵坡时不仅要关注设计车型的爬坡能力,还要考虑汽车在纵坡上行驶时能否快速、安全以及行车经济性等。

(3)制定最大纵坡的依据

①设计车型以及动力特性。小汽车的爬坡性能和行驶速度很少受纵坡的影响,而载重汽车随纵坡的增加车速显著下降,这对于正常的高速行驶的车流会造成影响。使快车受阻影响到道路的通行能力和安全,所以在确定最大纵坡时,应选定某种载重车作为设计车型。

②平衡速度 V_p ($D=\Psi=f+i$ 相应等速行驶的速度)。小客车约为平均速度,载重车约为设计车速的一半。其中,D 为动力因数;Ψ 为道路阻力系数;i 为纵坡;f 为滚动阻力系数。

③自然条件和设计速度。道路的设计速度越快,道路等级越高,行车交通量越大,就要求纵断面的坡度越平缓。

(4)最大纵坡的规定

我国主要是按调查的方法确定最大纵坡。确定最大纵坡不仅要考虑汽车的爬坡性能,还要看汽车在纵坡上行驶时能否快速、安全、经济等。

表 7-11 为我国《城市道路工程设计规范(2016 年版)》(CJJ 37—2012)对城市道路机动车道最大坡度的规定。除此之外,还应符合以下规定:

①新建道路应采用小于或等于最大纵坡一般值;改建道路、受地形条件或其他特殊情况限制时,可采用最大纵坡极限值。

②除快速路外的其他等级道路,受地形条件或其他特殊情况限制时,经技术经济论证后最大纵坡极限值可增加 1.0%。

③积雪或冰冻地区的快速路最大纵坡不应大于 3.5%,其他等级道路最大纵坡不应大于 6.0%。

城市道路机动车最大纵坡 表 7-11

设计速度(km/h)		100	80	60	50	40	30	20
最大纵坡(%)	一般值	3	4	5	5.5	6	7	8
	极限值	4	5	6		7	8	

2)高原纵坡折减

高原地区由于缺氧导致汽车发动机燃烧不充分,功率有所下降,因此纵坡需要折减,需要将《公路工程技术标准》(JTG B01—2014)中的最大纵坡值相应减少 1% ~3%,见表 7-12。

高原纵坡折减值 表 7-12

海拔高度(m)	3000 ~4000	>4000 ~5000	>5000
折减值(%)	1	2	3

3)最小纵坡

在横向排水不畅通的路段,为防止积水渗入路基而影响其稳定性,均应设置不少于 0.3% 的纵坡,一般情况下以不少于 0.5% 为宜。

干旱地区,以及横向排水良好、不产生路面积水的路段,设计时可不考虑最小纵坡的限制。

4）坡长限制与缓和坡段

（1）理想的最大纵坡和不限长度的最大纵坡

理想的最大纵坡 i_1 是指设计车型（载重车）在油门全开的情况下，持续以 v_1 等速行驶所能克服的坡度。大于此值的坡度为陡坡，小于此值的为缓坡。

（2）速度 v 与坡长 S 的函数关系

汽车的行驶速度与坡长有一定的函数关系。爬坡时，坡度越长，速度会下降，越来越慢；下坡时，如果不采取制动，在重力作用下，坡度越长，速度会越快。因此，在设计中会对坡长有所限制。

（3）最大坡长的限制

最大坡长限制是控制汽车车速下降到最低允许速度 v_2 时所行驶的距离。

城市道路的非机动车纵坡宜小于2.5%，否则应进行最大坡长限制。

公路纵坡坡度限制见表7-13，城市道路机动车最大坡长限制见表7-14。

公路纵坡坡度限制

表7-13

设计速度(km/h)		120	100	80	60	40	30	20
纵坡坡度(%)	3	900	1000	1100	1200	—	—	—
	4	700	800	900	1000	1100	1100	1200
	5	—	600	700	800	900	900	1000
	6	—	—	500	600	700	700	800
	7	—	—	—	—	500	500	600
	8	—	—	—	—	300	300	400
	9	—	—	—	—	—	200	300
	10	—	—	—	—	—	—	200

城市道路机动车最大坡长限制

表7-14

设计速度(km/h)	100	80	60		50			40		
纵坡(%)	4	5	6	6.5	7	6	6.5	7	6.5	7	8
最大坡长(m)	700	600	400	350	300	350	300	250	300	250	200

（4）最短坡长限制

最短坡长限制主要是从汽车行驶平顺性的要求考虑的。如果坡长过短，使变坡点增多，行驶中导致乘客不舒适。同时，转坡太多，也会造成纵向线形呈锯齿状，路容也不美观。车速越高，最短坡长要求越长。最小坡长限制见表7-15。

最小坡长限制

表7-15

设计速度(km/h)	120	100	80	60	50	40	30	20
公路最小坡长(m)	300	230	200	150	—	120	100	60
城市道路最小坡长(m)	—	250	200	150	130	110	85	60

（5）缓和坡段

当陡坡的长度达到限制坡长时，应设置一段缓坡用以加速，恢复在陡坡上降低的速度。从下坡安全考虑，缓坡也是需要的。缓和坡段的纵坡应不大于3%，其长度应不小于最短坡长。

5)平均纵坡

平均纵坡是指一定长度的路段纵向所克服的高差与路线长度之比,是为了合理运用最大纵坡、坡长与缓和坡长的规定,以保证车辆安全顺利行驶的限制性指标。

《公路工程技术标准》(JTG B01—2014)规定:二、三、四级公路越岭线的平均纵坡,一般以接近5.5%(相对高差为200~500m)和5%(相对高差大于500m)为宜,并注意任何相连3km路段的平均纵坡不宜大于5.5%。城市道路的平均纵坡按上述规定减少1.0%。

6)合成纵坡

合成纵坡 I 是指由路线纵坡 i 与弯道超高横坡或路拱横坡 i_h 组合而成的坡度,其计算公式如下:

$$I = \sqrt{i_h^2 + i^2} \tag{7-12}$$

相关规范中对于合成坡度均有规定。对于最大允许合成坡度,《公路工程技术标准》(JTG B01—2014)和《城市道路工程设计规范(2016年版)》(CJJ 37—2012)都对纵坡予以折减,并考虑实际使用经验后规定。表7-16为我国《城市道路工程设计规范(2016年版)》(CJJ 37—2012)对于城市道路机动车最大允许合成坡度 I 的规定。

城市道路机动车最大允许合成坡度 表7-16

设计速度(km/h)	100,80	60,50	40,30	20
合成坡度(%)	7.0	6.5	7.0	8.0

7)变坡点位置

变坡点是两条相邻纵坡设计线的交点,两变坡点之间的水平距离为坡长。变坡点的设置应考虑以下因素:纵坡设计有关要求,坡长设计标准值,平、纵配合原则,工程量或工程造价与几何计算方便。

2. 竖曲线

变坡点是纵断面上两相邻纵坡设计线的交点。竖曲线是为保证行车安全、舒适及视距的需要,在变坡点处用一段曲线来缓和。设计中将竖曲线与平曲线适当组合,有利于路面排水和改善行车的视线诱导与舒适感。竖曲线的形式可采用抛物线或圆曲线,设计上圆曲线比抛物线方便,计算上抛物线比圆曲线更简便。经计算比较,圆曲线与抛物线计算值基本相同,因此城市道路纵断面竖曲线采用圆曲线。

1)竖曲线要素

竖曲线要素包括竖曲线的长度 L、半径 R、切线长 T、外距 E 和竖曲线上任意一点的竖距 h。

竖曲线长度 L 和竖曲线半径 R 的关系如下:

$$L = R\omega \tag{7-13}$$

两个纵坡坡度差 $\omega = i_1 - i_2$,其中 i_1 和 i_2 分别为变坡点相邻两侧纵坡坡度,当 ω 为"+"时,表示凹形曲线;当 ω 为"-"时,表示凸形曲线。

竖曲线切线长 T:

$$T = \frac{L}{2} = \frac{R\omega}{2} \tag{7-14}$$

竖曲线外距 E:

$$E = \frac{T\omega}{4} \tag{7-15}$$

2)竖曲线设计限制要素

决定竖曲线的最小半径或最小长度的有以下三个限制因素。

(1)缓和冲击

当汽车行驶在竖曲线上时,产生径向离心力。凹曲线上增重,凸曲线上减重;由于超过某种程度会使乘车人感到不舒适,因此需要通过调整竖曲线半径 R 来控制离心加速度。

(2)行程时间

最短应满足 3s 行程,确保驾驶员能够从容操作。

(3)满足视距的要求

若竖曲线的半径太小则会阻挡驾驶员的视线。

缓和冲击、行程时间和视距分别是确定凹形竖曲线极限最小半径、竖曲线极限最小长度和凸形竖曲线极限最小半径的控制指标。

3)竖曲线最小半径和最小长度

《城市道路工程设计规范(2016 年版)》(CJJ 37—2012)指出,竖曲线最小半径与最小长度应满足表 7-17的要求。设计中应采用一般最小半径和长度,极限最小半径和长度在受地形等特殊情况限制情况下使用。

竖曲线最小半径与最小长度 表 7-17

设计速度(km/h)		100	80	60	50	40	30	20
凸形竖曲线(m)	一般值	10000	4500	1800	1350	600	400	150
	极限值	6500	3000	1200	900	400	250	100
凹形竖曲线(m)	一般值	4500	2700	1500	1050	700	400	150
	极限值	3000	1800	1000	700	450	250	100
竖曲线长度(m)	一般值	210	170	120	100	90	60	50
	极限值	85	70	50	40	35	25	20

3. 爬坡车道和避险车道

山地在我国的国土面积中所占比例将近 70%,很多公路都地处山区,上下坡频繁。城市一般多地处平地,但也有不少山区城市,如重庆。当道路处在山地,车道数较少且具有较长的上坡时,则需要为重载车辆设置爬坡车道;反之,长下坡路段则需要为防止重载车辆制动失灵而设置避险车道。

1)设置爬坡车道的条件

爬坡车道是陡坡路段正线车道外侧增设的供载重车行驶的专用车道。最理想的路线是纵断面本身就按不需设置爬坡车道来设计纵坡。《公路工程技术标准》(JTG B01—2014)规定高速公路和一级公路,在纵坡大于 4% 时,可沿上坡设爬坡车道。实际应用中要考虑大型车的混合率等的影响。

设置爬坡车道的条件如下:

(1)沿上坡方向载重汽车的行驶速度降低到允许最低速度以下时,可设置爬坡车道。

(2)上坡路段的设计通行能力小于设计小时交通量时,应设置爬坡车道。

(3)纵坡大于4%。

2)爬坡车道的设计

(1)横断面组成。爬坡车道的宽度为3.5m。

(2)超高坡度,应与本线相同。

(3)爬坡车道的平面布置(图7-8)与附加长度还需要满足表7-18的相关规定。

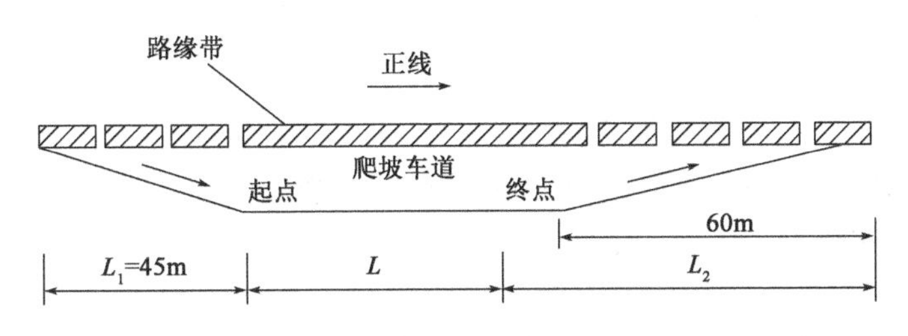

图7-8 爬坡车道的平面布置

爬坡车道的附加长度 表7-18

附加段的纵坡(%)	下坡	平坡	上坡			
			0.5	1.0	1.5	2.0
附加长度(m)	150	200	250	300	350	400

3)避险车道

连续下坡需设避险车道。避险车道是指在长陡下坡路段行车道外侧增设的供速度失控(制动失灵)车辆驶离正线安全减速的专用车道。避险车道主要由引道、制动车道、服务车道及辅助设施(包括路侧护栏、防撞设施、施救锚栓、呼救电话、照明等)等组成。避险车道主要有上坡道型、水平坡道型、下坡道型和砂堆型四种,上坡道型最为常见。

4.立体线形设计

1)视觉分析

道路设计除应考虑自然条件、汽车行驶力学的要求外,还应满足驾驶员视觉心理上的舒顺,并与周围景观相协调。视觉是连接道路与汽车的重要媒介。

从视觉心理的角度出发,对道路的空间线形及其与周围自然景观和沿线建筑的协调等进行研究分析,以保持视觉的连续性,使行车具有足够的舒适感和安全感的综合设计称为视觉分析。道路的立体线形设计中需要进行视觉分析,对于复杂的道路可以制作计算机图像等用于视觉分析。

视觉与车速具有一定的动态规律,车速与视角成反比。

(1)当v=60km/h时,视角为75°,视野距离为400m。

(2)当v=80km/h时,视角为60°,视野距离为450m。

(3)当v=95km/h时,视角为40°,视野距离为550m。

视觉评价方法有很多,通常利用视觉印象随时间变化的道路透视图来评价线形的视觉反映。现在多采用计算机图像,也可以制作3D视频来检验设计效果。

2)平、纵线形组合设计

道路线形设计包括选线、平面线形设计、纵面线形设计和平、纵线形组合设计。驾驶员所选择的实际行驶速度,是由其对立体线形的判断作出的。平、纵线形组合设计是指在满足汽车运动学和力学要求前提下,研究如何满足视觉和心理方面的连续、舒适,以及与周围环境的协调和良好的排水。

(1)平纵组合的设计原则

①在视觉上应能自然地引导驾驶员的视线,并保持视觉的连续性。

②注意保持平、纵线形的技术指标大小均衡。

③选择组合得当的合成坡度,以利于路面排水和行程安全。

④注意与道路周围环境的配合。

(2)平曲线与竖曲线的组合(图7-9)

①平曲线应与竖曲线相互重合,且平曲线应稍长于竖曲线。

②平曲线与竖曲线大小应保持平衡。

③平、竖曲线应避免的组合。

④注意:小半径竖曲线不宜与缓和曲线相重叠。设计速度 $v \leqslant 40\text{km/h}$ 的道路,应避免在凸形竖曲线顶部或凹形竖曲线底部插入小半径的平曲线。在长平曲线内,如必须设置几个起伏的纵坡时,须用透视图检验,避免出现视线中断线形,如驼峰、暗凹、跳跃等。

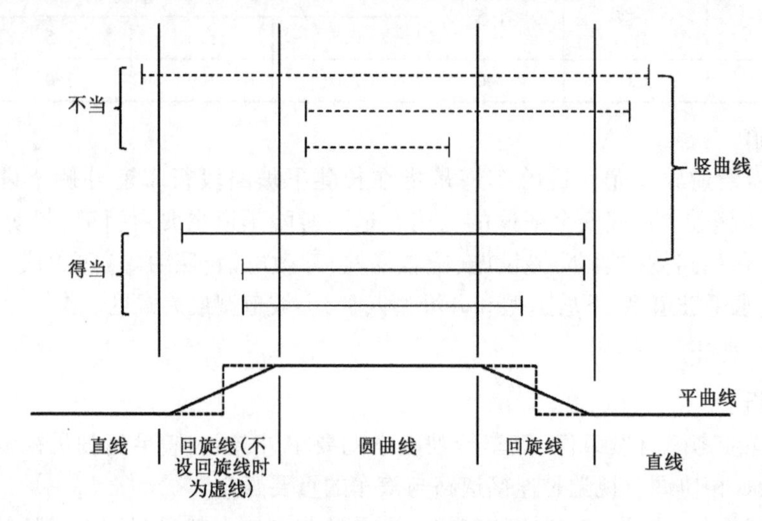

图7-9 平曲线与竖曲线的组合

3)直线与纵断面的组合以及坡度差与竖曲线的关系

长直线与纵断面的直坡线组合,超车方便,在平坦地区易与地形相适应;但行车单调乏味,易疲劳。当路线有起伏时,不应采用长直线。坡度差与竖曲线的关系可用透视图检验。

4)平、纵线形组合与景观的协调配合

(1)内部协调:平纵线形视觉的连续性和立体协调性。

(2)外部协调:道路与其两侧坡面、路肩、中央分隔带、沿线设施等的协调以及道路的宏观位置。

5. 纵断面设计方法

1)纵断面图

纵断面上应有里程桩号、地面高程、地质描述、桥涵分布、平面交叉和立体交叉的分布,图下标有直线平曲线图(中线的平面曲率图)和超高方式图。

纵断面图和平面曲率图反映了空间曲线的几何形状。

2)纵坡设计

纵坡设计的主要内容是根据道路等级、当地气候、海拔高度、沿线地形、地质土壤、水文以及排水等状况,具体确定路线纵坡的大小、变坡点位置的高程和竖曲线半径等。

3)纵断面设计方法与步骤

(1)绘出地面线:通常横坐标比例为1:2000(城市道路为1:500~1:1000),纵坐标比例为1:200(城市道路为1:50~1:100),注明平曲线、地质说明。

(2)标注控制点:需标注好影响纵坡设计的控制点。

(3)试坡:在标有“控制点”“经济点”的图上试定出若干直坡线。

(4)核对:选择有控制意义的重点横断面进行检验,并且核对纵坡是否满足规范要求,平纵组合是否恰当。

(5)定坡:逐段把直线坡的坡度值、变坡点桩号和高程确定下来。

(6)设置竖曲线:根据技术标准、平纵组合均衡等确定竖曲线半径,计算竖曲线要素。

(7)进行高程计算。

第五节 道路横断面设计

道路横断面是指道路中线上各点的法向切面。它由横断面设计线和地面线所构成。路线设计中所讨论的横断面设计也称为路幅设计。道路横断面的组成及各部分尺寸要根据道路等级、设计交通量、交通组成、设计车速和地形等因素综合确定。为了便于对比,本节将同时介绍公路断面和城市道路断面。

1.横断面组成

道路的横断面由横断面设计线和地面线所构成。横断面设计线包括行车道、人行道、路肩、中央分隔带、边沟边坡、截水沟、护坡道以及取土坑、弃土坑、环境保护设施带等,高速公路和一级公路以及变速车道、爬坡车道等。地面线是表征地面在横断面方向的起伏变化的线,可以通过现场实测、大比例尺地形图、航测图和数字地面模型等途径获得。

1)公路横断面组成

路幅是指公路路基顶面两路肩外侧边缘之间的部分。按照分割的方式分类,断面可以分为整体式断面和分离式断面。其中,整体式断面包括行车道、中间带、路肩以及错车道等组成部分。城郊道路整体式横断面还应包括人行道和自行车道。

路幅的布置形式有以下三种。

(1)单幅双车道

我国公路总里程中大部分是单幅双车道,二、三级道路以及四级道路的一部分属于此类。若混合交通比例大时,可专设非机动车道和人行道,做到机非分离。

(2)多车道

4车道以上道路中间一般都设中央分隔带而构成整体式断面。高速公路和一级公路属于此类。

(3)单车道

对交通量小、地形复杂、工程艰巨的山区公路或地方性道路,可采用单车道。

《公路工程技术标准》(JTG B01—2014)中规定四级公路采用单车道路基时,应设置错车道。错车道的间距应根据错车时间、视距、交通量等情况决定。国外有的规定最大错车时间为30s左右,其最大间距应不大于300m。我国标准对设置间距未做硬性规定,可结合地形等情况,在适当距离内设置错车道。错车位置至少可以看到相邻两个错车道的情况。

2)城市道路横断面组成

城市道路路线设计中的横断面设计是矛盾的主要方面,一般都比平面和纵断面设计更为复杂。横断面设计中需要考虑步车分离以及机动车与非机动车的分离。

城市道路的横断面可以分为单幅路、双幅路、三幅路和四幅路,如图7-10所示。城市道路横断面路幅布设形式及配套设施规定见表7-19。

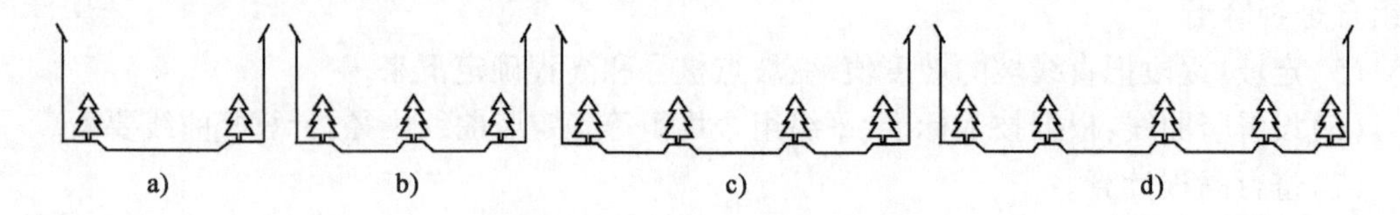

图7-10　城市道路横断面布置形式

a)单幅路;b)双幅路;c)三幅路;d)四幅路

城市道路横断面路幅布设形式及配套设施规定　　表7-19

路幅	适应条件	红线宽度 W_r(m)	道路等级	车道数 n	交通条件	交通安全	照明绿化
单幅路	小城市占地少,旧城改造	≤30	支路	≤4	非机动车少,行车速度低	不利	不利
双幅路	郊区道路	30~40	次干路,高差大有平行铺道的快速路	4~6	可减少机动车对向干扰	不能解决机、非机动车混合行驶矛盾	一般
三幅路	中、小城市	40~50	主干道	4~6	机、非机动车交通量均大	有利	有利
四幅路	大城市	≥50	快速路主干道	6~8	同上	理想	有利

2.行车道宽度

1)行车道宽度的确定

行车道是道路上供各种车辆行驶部分的总称,包括机动车道和非机动车道。机动车道是指城市道路中供汽车、无轨电车、摩托车等机动车行驶的部分;非机动车道是指供自行车、三轮车等非机动车道行驶的部分。

高速公路、一级公路供汽车行驶;二、三、四级道路的行车道提供各种车辆混合行驶。行车道的宽度要根据车辆宽度、设计车速、设计交通量、车辆或车辆与路肩之间的安全距离和汽车行驶速度来决定。

(1)有中央分隔带的行车道宽度

根据实际观测,需要考虑的因素包括:①外侧宽度 Y 与车速的关系;②超车与被超车的间隔 D 和车速的关系;③内侧宽度 M_1 与车速的关系(图7-11),可以得到计算行车道宽度的关系式:

$$B = y + C_1 + D + C_2 + M_1 \tag{7-16}$$

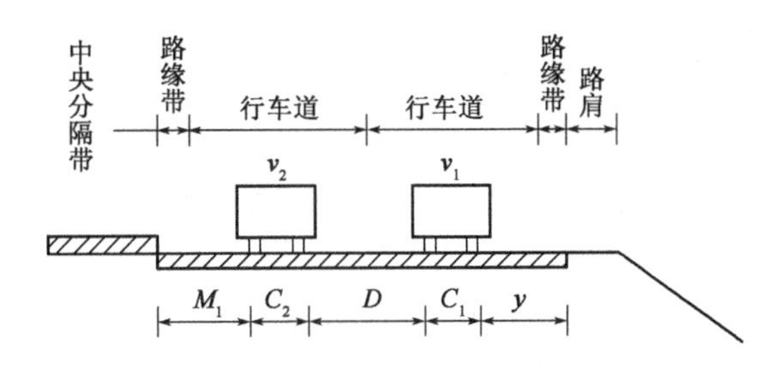

图 7-11　有中央分隔带的行车道宽度

(2)一般双车道公路行车道宽度

双车道公路有两条车道,行车道宽度包括设计车辆宽度和富余宽度。计算时以《城市道路工程设计规范(2016 年版)》(CJJ 37—2012)给出的小客车为设计车辆,车厢总宽 2.5m。富余宽度是指对向行驶时两车厢之间的安全间隙 $2x$,汽车轮胎至路面边缘的安全距离 y。

根据大量试验观测,得到计算 x、y 的经验公式:

$$x = y = 0.50 + 0.005v \tag{7-17}$$

除车速外,富余宽度还与路侧环境、驾驶员心理、车辆状况等因素有关。

城市道路的车道宽度在规范中有具体规定,一条机动车车道最小宽度见表 7-20,一条非机动车车道宽度见表 7-21。

一条机动车车道最小宽度　　表 7-20

车型及车辆类型	设计速度(km/h)	
	>60	≤60
大型车或混行车道(m)	3.75	3.50
小客车专用车道(m)	3.50	3.25

一条非机动车车道宽度　　表 7-21

车辆种类	自行车	三轮车
非机动车道宽度(m)	1.0	2.0

2)平曲线加宽及其过渡

由于汽车转弯时内轮差的存在,图 7-12 所示汽车行驶所划出的轨迹要宽于车辆的宽度,因而在平曲线设计中道路的弯道部分一般需要对断面进行加宽,从直线到弯道的加宽值还需要有一个过渡。城市道路中由于路网密集,转弯半径更小,所以加宽值会更大。

(1)加宽值的计算

后轮差导致需要对曲线内侧进行加宽。式(7-18)为一条车道的加宽,多车道加宽值只需单车道加宽值乘以车道数即得。

$$b_{w1} = \frac{A^2}{2R} \tag{7-18}$$

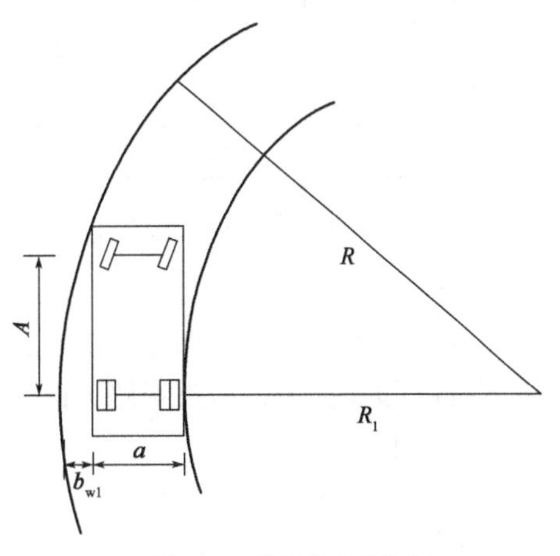

图 7-12　普通汽车的加宽

式中：R——圆曲线半径；

A——汽车后轴至前保险杠的距离。

（2）加宽的过渡

加宽的过渡是指由直线向圆曲线过渡时需设置过渡缓和段。加宽的过渡设置可根据道路性质和等级采用不同的方法，具体包括如下。

①比例过渡。在加宽缓和段全长范围内按其长度成比例逐渐加宽，简单易操作，但加宽过程中路面内侧与行车轨迹不符，加宽缓和段的起讫点出现波折，而且路容也不美观。此法适用于二、三、四级公路和一般城市道路。加宽缓和段内任意一点的加宽值如下：

$$b_x = \frac{L_x}{L}b \tag{7-19}$$

式中：L_x——加宽缓和段任意一点到缓和段起点的距离，m；

L——加宽缓和段全长，m；

b——圆曲线上全加宽值，m。

②高次抛物线过渡。在加宽缓和段上插入一条高次抛物线，抛物线上任意点的加宽值。此法适用于高速公路、一级公路和城市道路。此外，还有回旋线过渡法等多种方法。加宽缓和段内任意一点的加宽值如下：

$$b_x = (4k^3 - 3k^4)b \tag{7-20}$$

$$k = \frac{L_x}{L} \tag{7-21}$$

③加宽缓和段的长度。对于不同等级的公路，有以下三类加宽值：Ⅰ类加宽值适用于四级以及山岭、重丘区的三级公路；Ⅱ类加宽值适用于不经常通行集装箱半挂车的公路；Ⅲ类加宽值适用于其他公路。对于 $R > 250$m 的圆曲线，可以不加宽。此外，三车道以上道路加宽值另行计算。公路路基也应随之加宽。

对于城市道路，我国《城市道路工程设计规范（2016年版）》（CJJ 37—2012）规定，当圆曲线半径 $R \leqslant 250$m 时，曲线应设置加宽，加宽值见表7-22。

城市道路单车道路面加宽值（单位：m）　　表7-22

车型	$200 < R \leqslant 250$	$150 < R \leqslant 200$	$100 < R \leqslant 150$	$60 < R \leqslant 100$	$50 < R \leqslant 60$	$40 < R \leqslant 50$	$30 < R \leqslant 40$	$20 < R \leqslant 30$	$15 < R \leqslant 20$
小型汽车	0.28	0.30	0.32	0.35	0.39	0.40	0.45	0.60	0.70
普通汽车	0.40	0.45	0.60	0.70	0.90	1.00	1.30	1.80	2.40
铰接车	0.45	0.55	0.75	0.95	1.25	1.50	1.90	2.80	3.50

3. 路肩、中央分隔带与人行道

1）路肩

路肩是指行车道外缘到路基边缘，具有一定宽度的带状部分。路肩是我国公路特有的，各级公路都要设置路肩。城市道路上由于设置了人行道，因此不存在路肩。

（1）作用

路肩具有以下作用：

①保护和支撑路面结构。

②用于发生故障的车辆临时停放，防止交通事故和避免交通紊乱。

③作为侧向余宽的一部分,能增进驾驶的安全和舒适感,尤其在挖方路段,还可以增加弯道视距,减少行车事故。

④提供道路养护作业、埋设地下管线的场地。

⑤精心养护的路肩,能增加公路的美观。

(2)分类

路肩按构造可分为两类:

①硬路肩。硬路肩是指进行了铺装的路肩,可以承受汽车荷载的作用力。

②土路肩。土路肩是指不加铺装的土质路肩,由于排水性差,通常横坡度较路面宜增大1% ~2%。

2)中间带(图7-13)

中间带是指高速公路、一级公路及城市两幅路或四幅路中间设置的分隔上下行驶的交通设施。中间带由两条左侧路缘带和中央分隔带组成。

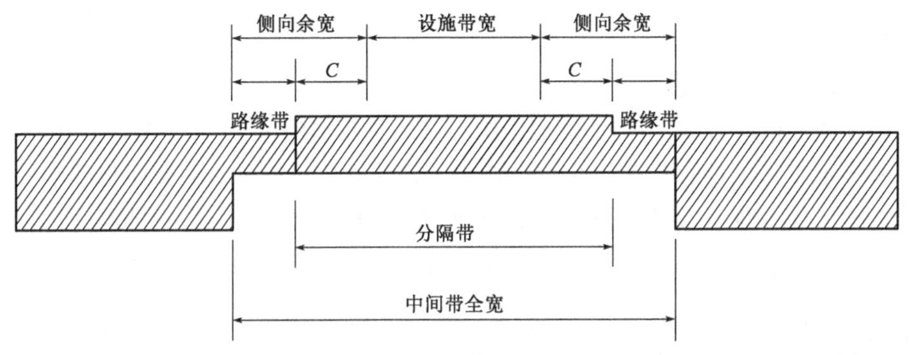

图7-13 中间带组成示意图

中间带的作用如下:

(1)将上下行车流分开,防止交通事故,提高通行能力。

(2)可作为设置公路标志牌及其他交通管理设施的场地,也可作为行人安全岛使用。

(3)设置一定宽度的中间带并种植花木或设置防眩网,起到防眩与美化路容和环境的作用。

(4)设于中央分隔带两侧的路缘带,既可引导驾驶员视线,又可增加侧向余宽,从而提高行车的安全性和舒适性。

中间带宽窄的确定应该综合考虑土地利用与使用效果。《公路工程技术标准》(JTG B01—2014)规定的最小中间带宽度随公路等级、地形条件变化在2.50 ~4.50m范围内,特殊情况下可减至2.00m。

城市道路规定与公路大致相同,用地允许可采用8 ~16m宽的中间带。通常采用如此宽的中间带,是为了给未来的轨道交通建设预留土地,这之前可以用作绿化。中间带应保持等宽。当宽度发生变化时,应设置过渡段。

左侧路缘带采用的宽度为0.50m或0.75m。

高速公路上的中央分隔带应按一定距离(通常2km)设置开口部。但是,除紧急情况外,高速道路上通常情况下严禁掉头。

3)人行道

城市道路行车道两侧一般需设置人行道。人行道宽度可根据高峰小时行人流量(人/h)和单位宽度人行道的设计行人通行能力来确定。城市道路人行道可能通行能力[人/(h·m)]和人行道最小宽度见表7-23和表7-24。

城市道路人行道可能通行能力　表7-23

类别	人行道	人行横道	人行天桥、人行地道	车站、码头的人行天桥、人行地道
可能通行能力[人/(h·m)]	2400	2700	2400	1850

城市道路人行道最小宽度　表7-24

项　目	人行道最小宽度(m)	
	一般值	最小值
各级道路	3	2
商业或公共场所集中路段	5	3
火车站、码头附近路段	5	4
长途汽车站	4	4

4. 路拱与超高

1)路拱及路肩的横坡度

为了利于路面横向排水,将路面做成由中央向两侧倾斜的拱状,称为路拱。路拱倾斜的大小以百分率表示。路拱对行车有着不利影响。由于不同类型路面的平整度与透水性不同,路拱一般取1.5%~3.0%。高速道路一般采用2%的路拱横坡。土路肩的排水性远低于路面,其横坡度较路面宜增大0.5%~2.0%。人行道横坡宜采用单面坡,坡度为1%~2%,向雨水井方向倾斜。

2)曲线超高

为抵消车辆在曲线路段上行驶时产生的离心力,需要设置超高。圆曲线上为全超高;缓和曲线上是逐渐变化的超高。

(1)超高过渡

如图7-14所示,道路超高主要有两种过渡方式,分别是无中间带道路的超高过渡和有中间带道路的超高过渡。

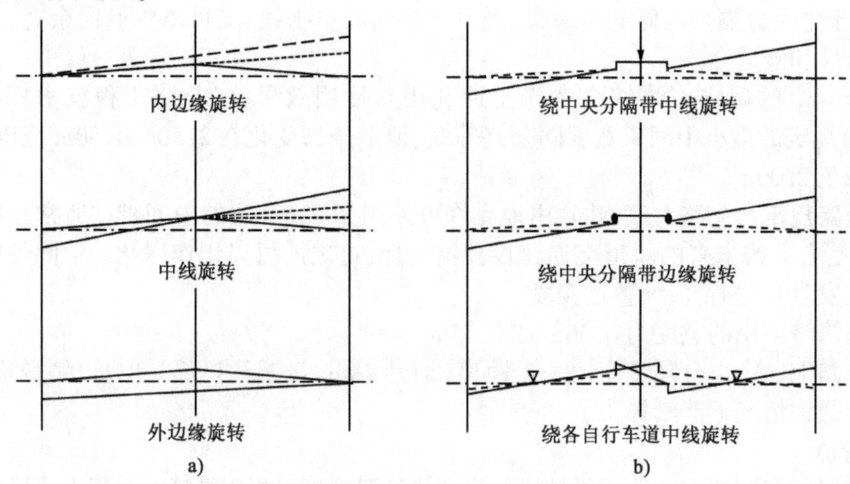

图7-14　超高过渡方式

a)无中间带道路;b)有中间带道路

(2)超高缓和段长度计算

为了行车的舒适、路容的美观和排水的畅通,必须设置一定长度的超高缓和段 L_c,其计算公式如下:

$$L_c = \frac{b\Delta i}{p} \tag{7-22}$$

式中:b——行车道宽度(含路缘带);

Δi——超高坡度与路拱坡度的代数差;

p——超高渐变率,即旋转轴线与行车道(设行车道时为路缘带)外侧边缘线之间的相对坡度;

L_c——应取 5m 的整倍数。

5. 横断面设计方法

1)道路建筑限界和道路用地

道路建筑限界,又称净空,是为保证道路上各种车辆、人群的正常通行与安全,在一定的高度和宽度范围内不允许有任何障碍物侵入的空间限界。道路净空由净高和净宽两部分组成。三、四级道路的净空高度为 4.5m(装载高度 3.5m + 1.0m 的富余高度),高速道路、一级公路和二级公路的净空高度为 5.0m。

城市道路的最小净高规定为:各种汽车为 4.5m,无轨电车为 5.0m,有轨电车为 5.5m,自行车和行人为 2.5m,其他非机动车为 3.5m。

净宽是指在上述规定的净高范围内应保证的宽度,它包括行车带宽度和路肩宽度。人行道、自行车道与行车道分开设置时,其净高一般为 2.5m。

各级道路的建筑限界在《公路工程技术标准》(JTG B01—2014)和《城市道路工程设计规范(2016 年版)》(CJJ 37—2012)中都有详细规定。

公路用地范围包括:

(1)路堤两侧排水沟边缘以外或路堑坡顶截水沟外边缘以外不少于 1m 的土地为公路用地范围。

(2)有条件的地段、高速公路、一级公路不少于 3m,其他公路不少于 2m 的土地均为公路用地范围。

城市道路的用地范围是指建筑红线以内的范围,也称规划路幅。

2)道路横断面

对于路基横断面形式和尺寸,在确定路线平纵面位置时已有考虑;对于横断面设计,需要在施工图设计阶段具体化(绘制设计图、计算土石方量)。设计横断面时,先确定路基的标准横断面,对于高填、深挖、特殊地质、浸水路堤等应单独设计,其他应按照《公路路基设计规范》(JTG D30—2015)《城市道路工程设计规范(2016 年版)》(CJJ 37—2012)等的规定。

横断面设计步骤如下:

(1)在计算纸上绘制横断面的地面线。横断面图的比例尺一般是 1:200。

(2)从"路基设计表"中抄入路基中心填挖高度;对于有超高和加宽的曲线路段,还应抄入左右高差、左右路基宽度等数据。

(3)根据现场调查所得来的"土壤、地质、水文资料",参照"标准横断面图",画出路幅宽度,填或挖的边坡坡线,在需要设置各种支挡工程和防护工程的地方画出该工程结构的断面示意图。

城市道路标准横断面图上应绘上红线宽度、行车道、人行道、绿化带、照明、新建或改建的地下管道、通道等各组成部分的位置和宽度。

第六节 路基与路面

为了让读者对道路设计有较为全面的了解，本节对路基与路面的性能、结构等做简单的介绍。

1. 路基与路面的性能及结构

路基与路面是道路的主要工程结构物。路基是在天然地表面按照道路的设计线形（位置）和设计横断面（几何尺寸）的要求开挖或堆填而成的岩土结构物。路面是在路基顶面的行车部分用各种混合料铺筑而成的层状结构物。

路基与路面具有如下的基本性能：

(1)承载能力：包括强度与刚度。足够的强度能抵抗车轮荷载引起的各个部位的各种应力。刚度保证不发生车辙、沉陷或波浪等各种过量的变形。

(2)稳定性：保持工程设计所要求的几何形态及物理力学性质。填挖筑路会导致路基失稳，而降水、大气温度的周期性变化均对路基有影响。

(3)耐久性：道路至少要使用20年以上。因此，精心设计、精心施工、精选材料十分重要，长年的养护、维修可以恢复路用性能。

(4)表面平整度：影响行车安全、行车舒适性以及运输效益的重要使用性能。

(5)表面抗滑性能：车轮与路面之间缺乏足够的附着力和摩擦力，会造成交通安全隐患。

路基是道路的承重主体。路基承受行车荷载作用，主要是在应力作用区，其深度一般在路基顶面以下0.8m范围内。此部分路基可视为路面结构的路床，其强度与稳定性要求，应根据路基路面综合设计的原则确定。

2. 沥青路面的性能及破坏类型

沥青路面是用沥青材料作结合料黏结矿料修筑面层与各类基层和垫层所组成的路面结构。世界各国高等级道路大多采用沥青路面。

沥青路面具有以下主要性能：

(1)足够的力学强度，能承受车辆荷载施加到路面上的各种作用力。

(2)一定的弹性和塑性变形能力，能承受应变而不破坏。

(3)与汽车轮胎的附着力较好，可保证行车安全。

(4)有高度的减震性，可使汽车快速行驶，平稳而低噪声。

(5)不扬尘，而且容易清扫和冲洗。

(6)维修工作比较简单，而且沥青路面可再生使用。

沥青路面的破坏类型包括：

(1)裂缝。裂缝是指横向、纵向及网状裂缝。面层裂缝多发生冬季。

(2)车辙。车辙是指高温季节，车辆反复碾压下产生塑性流动而形成的。防治措施：应从提高沥青面层材料的高温稳定性着手防治。

(3)松散剥落。松散剥落主要是由于沥青与矿料之间的黏附性较差,在水或冰冻的作用下,沥青从矿料表面剥离所致。另外,由于施工中混合料加热温度过高,也会致使沥青老化而失去黏性。

(4)表面磨光。原因是集料质地软弱,缺少棱角,或矿料级配不当,粗集料尺寸偏小,细料偏多,或沥青用量偏多等。

3. 水泥混凝土路面及其优缺点

水泥混凝土路面是另一种常见的路面,水泥混凝土路面是由包括普通混凝土、钢筋混凝土、连续配筋混凝土、预应力混凝土、装配式混凝土和钢纤维混凝土等面层板和基(垫)层等所组成的路面。普通混凝土路面是指除接缝区和局部范围(边缘和角隅)外,不配置钢筋的混凝土路面。

水泥混凝土路面的优点如下:

(1)强度高。水泥混凝土路面具有很高的抗压强度和较高的抗弯拉强度以及抗磨耗能力。

(2)稳定性好。水泥混凝土路面的水稳性、热稳性均较好,特别是它的强度能随着时间的延长而逐渐提高,不存在沥青路面的那种"老化"现象。

(3)耐久性好,由于强度和稳定性好,所以水泥混凝土路面经久耐用,一般能使用20~40年,而且它能通行包括履带式车辆等在内的各种交通工具。

(4)有利于夜间行车,混凝土路面色彩鲜明,能见度好,对夜间行车有利。

水泥混凝土路面的缺点如下:

(1)对水泥和水的需要量大。

(2)有接缝。一般混凝土路面要建造许多接缝,这些接缝不但会增加施工和养护的复杂性,而且会容易引起行车跳动,影响行车的舒适性,接缝是路面的薄弱点,如果处理不当将导致路面板边和板角处破坏。

(3)开放交通较迟。一般混凝土路面完工后,要经过28d的潮湿养生,才能开放交通,如需提早开放交通,则需采取特殊措施。

(4)修复困难。水泥混凝土路面损坏后,开挖很困难,修补工作量大,且影响交通。

第八章

干线路网规划和城市快速路规划设计

干线道路是指在一定范围内地区的道路网中占据主干地位,负责运用大交通量的道路;是联系主要的人口聚居地区,连接各大经济、行政、文化或军事中心的道路。为了实现城市中各个功能区的良好的地区交通环境,干线道路的建设必不可少。机动车专用道路是干线道路网中的骨干道路。我国现行的道路体系由城市道路体系和公路体系这两种相互独立的体系构成。因此,我国干线道路实际上包括了干线公路和干线城市道路两大类。按照现行规范,干线公路包括高速公路、一级公路和二级公路;干线城市道路则包括快速路和主干路。

干线路网是城市道路交通的基盘。本章在对干线路网的主要组成部分机动车专用道路进行简单介绍的基础上,重点介绍干线路网规划和城市快速路设计的方法。

第一节　机动车专用道路

1. 各国的机动车专用道路

机动车专用道路在世界上有着不同的名称,如在德国叫作 Autobahn,在英国叫作 Motorway,

在法国叫作 Autoroute,在意大利叫作 Autostrada。在美国把绕城高速公路称为 Highway,城市之间的高速公路称为 Freeway。在日本,把高规格的机动车专用道路称为高速道路,城市中由专门的公团负责建设的高架形式的机动车专用道路称为城市高速道路。我国把道路划分为公路和城市道路,城市间的机动车专用道路叫作高速公路,城市内的机动车专用道路叫作城市快速路。

高速公路是社会经济和汽车化高度发展的产物,到目前为止,已经有 90 多年的历史。截至 2014 年,有 28 个国家的高速公路总里程超过 1000km。世界上高速公路最完备的国家是美国和德国。世界上最早修建高速公路的国家是德国,1933—1937 年建造的“柏林—汉堡高速公路”是世界第一条高速公路。1942 年由于第二次世界大战,德国 Autobahn 的建设终止,Autobahn 的通车里程已经达到了 3860km。美国几十年间耗资 7000 多亿美元建成了超过 8 万 km 的高速公路,包括建有 1 万余座立交桥,形成了庞大的高速公路网络。其中,纽约至洛杉矶高速公路全长 4556km,是世界上最长的高速公路。美国从 20 世纪 20 年代末期开始建设纽约的城市高速道路网,1939 年建成了近代高速道路的先驱 Pencilbenia Turn Park。日本的城市高速道路十分发达,目前在东京、大阪、名古屋、福冈等多个城市区有完整的城市高速路网。

尽管我国高速公路建设起步较晚,但几十年来发展飞速。从 1988 年沪嘉高速公路建成通车,到 2013 年高速公路总里程超过 10 万 km,稳居世界首位;截止到 2020 年底,高速公路总里程增至 16.1 万 km,覆盖 99% 的城区超过 20 万人的城市和地级行政中心。我国已经构建起横连东西、纵贯南北的高速公路网络,形成了资源互通、机遇共享、优势互补的发展网,为促进区域协调发展、畅通国内大循环提供了交通基础。

快速道路在我国城市中的发展也十分迅猛。北京是较早建设快速路的城市。北京市的快速路则采用了与日本完全不同的道路模式,即平面路段加立交的道路模式。这是由于北京的快速路是逐步由干线道路升级改造建成的。这种模式建设费用相对少,对城市景观影响小,但是占地面积较大。由于立交只在主要道路相交处设置,道路分断城市区域的影响也比较大,有时为了穿越道路需要绕行很长距离,加大了出行者的出行距离。

2. 我国机动车专用道路的种类

以快速、大量处理机动车交通为目的的机动车专用道路,具有如下特点:

(1)机动车专用。

(2)进出受到限制,即沿线的出入受到出入口(Interchange)的限制。

(3)与道路或铁路的交叉,原则上是立体交叉。

除了满足上述条件外,原则上上下行道路是分离的,即上下行方向之间有中间隔离带。

机动车专用道路包括城市间高速公路和建在大城市内的快速路两类。

尽管我国公路与城市道路有着不同的规范和设计标准,但是,随着公路建设的快速发展,高速公路穿越或进入市区的现象时有出现。也许在不久的将来公路与城市道路的规划设计标准会得到统一。现阶段,城市道路与公路以城市规划区的边线分界。城市与卫星城等规划区以外的进出口道路可参照《城市道路工程设计规范(2016 年版)》(CJJ 37—2012)与公路等有关规范选用适当标准进行设计。进出口道路以外部分应按公路等有关规范执行。

1)高速公路

高速公路的出现是汽车化发展的产物,也是经济发展水平的象征。我国《公路工程技术标准》(JTG B01—2014)完成了从以交通量为技术等级选用决定性要素,到以明确公路功能为确定技术等级和主要技术指标的主要依据的理念转变,弱化了交通量指标,回归公路特点。《公路工程技术标准》指出,公路技术等级选用应根据路网规划、公路功能,并结合交通量论证确定。主要干线公路应选用高速公路。这样的改变不仅有利于连接线的建设,还有利于路网的完善。

《公路工程技术标准》不仅给出的定义"高速公路为专供汽车分向、分车道行驶,全部控制出入的多车道公路",还对高速公路的车道数做了规定:各路段车道数应根据设计交通量、设计通行能力确定,高速公路的年平均日设计交通量宜在15000 辆小客车以上,车道数应大于或等于4 条,车道数应按双数增加;同时规定,新建和改扩建公路项目的设计交通量预测应符合"高速公路和一级公路设计交通量预测年限为20 年,设计交通量预测年限的起算年为该项目可行性研究报告中的计划通车年"。

《公路工程技术标准》进一步明确了公路改扩建原则:高速公路改扩建时机的确定,是建设中的重要宏观决策问题,如果高速公路改扩建时机滞后时,高速公路通行能力不足、服务水平下降,将影响交通安全和经济发展;如果高速公路改扩建时机过于超前,就会出现交通量不足,高速公路通行能力利用不充分,造成资源限制和浪费。因此,公路改扩建时机应根据实际服务水平论证确定,高速公路、一级公路服务水平宜在降低到三级公路服务水平下限之前;高速公路改扩建应在进行交通组织设计、交通安全评价等基础上做出具体实施方案设计。在工程实施中,应减少对既有公路的干扰,并应有保证通行安全的措施。此外,高速道路、一级公路、二级公路和有特殊要求的公路建设项目应做环境影响评价和水土保持方案评价。

由于《公路工程技术标准》2003 版规定的各级公路的适应交通量范围大,重叠范围多,准确性差,而且适应交通量在使用中存在歧义,因此《公路工程技术标准》2014 版对高速公路、一级公路适应交通量进行了调整。在2014 版的标准中适应交通量更名为年平均日设计交通量,即本书的规划交通量AADT。2014 版修订还增加了服务水平分级,公路服务水平由4 级调整为6 级,以体现依据公路功能和地区差异选取设计服务水平的灵活设计思想。现在公路规划中,按照公路功能决定技术等级的原则,采用双车道二级公路上限交通量15000 辆/d,作为高速公路和一级公路的设计交通量下限值,不再给出上限值。具体的高速公路、一级公路远景年不同服务水平下的AADT,按式(7-1)计算:

$$\mathrm{AADT} = C_{\mathrm{D}} \frac{N}{KD} \tag{8-1}$$

式中:AADT——预测年的年平均日设计交通量,pcu/d;

C_{D}——设计服务水平下单车道服务交通量;

N——单方向车道数;

K——设计小时交通量系数,由当地交通量观测数据确定;

D——方向不均匀系数。

《公路工程技术标准》采用 v/C 值来衡量拥堵程度,作为评价服务水平的主要指标,同时采用小客车实际行驶速度与自由流速度之差作为次要评价指标,将服务水平分为6 级,分别代表一定运行条件下驾驶员的感受。高速公路路段服务水平分级见表8-1。各级公路设计服务水平应不低于表8-2 的规定,其中高速公路设计服务水平应不低于三级。

高速公路路段服务水平分级 表 8-1

服务水平等级	v/C 值	设计速度(km/h)		
		120	100	80
		最大服务交通量[pcu/(h·ln)]	最大服务交通量[pcu/(h·ln)]	最大服务交通量[pcu/(h·ln)]
一	$v/C \leq 0.35$	750	730	700
二	$0.35 < v/C \leq 0.55$	1200	1150	1100
三	$0.55 < v/C \leq 0.75$	1650	1600	1500
四	$0.75 < v/C \leq 0.90$	1980	1850	1800
五	$0.90 < v/C \leq 1.00$	2200	2100	2000
六	$v/C > 1.00$	0 ~ 2200	0 ~ 2100	0 ~ 2000

注:v/C 值是在基准条件下,最大服务交通量与基准通行能力之比。基准通行能力是五级服务水平条件下对应的最大小时交通量。

各级公路设计服务水平 表 8-2

公路等级	高速公路	一级公路	二级公路	三级公路	四级公路
服务水平	三级	三级	四级	四级	—

2)城市快速路

城市道路的规划设计,以中华人民共和国行业标准《城市道路工程设计规范(2016 年版)》(CJJ 37—2012)为基准。按照道路在道路网中的地位、交通功能以及对沿线的服务功能等,城市道路分为快速路、主干路、次干路和支路四类。

快速路应为城市中长距离机动车出行提供快速、高效的交通服务。快速路应中央分隔、全部控制出入、控制出入口间距及形式,应实现交通连续通行,单向设置不应少于两条车道,并应设有配套的交通安全与管理设施。快速路两侧不应设置吸引大量车流、人流的公共建筑物的进出口。

快速路的设计速度为 100km/h、80km/h、60km/h。快速路交通量达到饱和状态时的设计年限应为 20 年。

快速路的路段、分合流区、交织区段及互通式立体交叉的匝道,应分别进行通行能力分析,使其全线服务水平均衡一致。《城市道路工程设计规范(2016 年版)》(CJJ 37—2012)从规划设计的角度,把通行能力分为基本通行能力和设计通行能力两种。快速路基本路段一条车道的通行能力见表 8-3。

快速路基本路段一条车道的通行能力 表 8-3

设计速度(km/h)	100	80	60
基本通行能力(pcu/h)	2200	2100	1800
设计通行能力(pcu/h)	2000	1750	1400

与高速公路不同,城市道路中的快速路规定了最大服务交通量这一指标,折合成当量小汽车应符合表 8-4 的规定。

快速路设计时采用的最大服务交通量　　表8-4

车　道　数	AADT(pcu)	车　道　数	AADT(pcu)
双向四车道	40000～80000	双向八车道	100000～160000
双向六车道	60000～120000	—	—

快速路与其他道路相交均应选择立体交叉。快速路与快速路相交,应采用枢纽立交(全互通);快速路与主干路相交,应采用一般立交,也可选用枢纽式立交(全互通)或分离式立交;快速路与次干路相交,应选用分离式立交,也可选用一般立交。

快速路在空间形态上有平面与立体两种形式,各有其优缺点,应视具体情况而定。北京市采用的是平面道路加立体交叉的方式,而上海市则主要采用高架道路的形式。在日本,城市高速道路(相当于我国的快速路)十分发达,均采用了高架道路的形式。

城市快速路在我国的历史不长,也曾经历过多次的变迁。早期的规范中并没有要求城市快速路一定是全封闭的,进出口也可以"采用部分控制"。现实中,我们也的确可以看到不少城市的快速路随意开口,快速路上有包括农用车、非机动车的各种车辆在行驶,这不仅造成了交通效率低下,也带来了交通安全隐患。现行规范对快速路的各项技术指标做了严格的规定,相信各种现存的问题会随之逐步得到解,快速路会发挥更大的作用。

关于城市快速路的规划设计将在第三节进一步讨论。

第二节　干线道路网规划

1.道路网的形式

城市中干线道路网的形式,不仅影响着城市的发展空间和发展方向,而且对于塑造城市的形象有着重要的意义。实际的城市道路网在形成过程中受到了地形以及历史、文化的影响,其类型可以大致分为格子形、梯子形、放射环状形、斜线形、复合型等(表8-5和图8-1)。

城市内干线道路网的特点　　表8-5

形　　状	事　　例	特　　点
格子形	北京旧城、西安、京都	古代以及中世纪封建社会的城市多数属于此类,现代的大城市的中心部也多为这种形式。这种形式简单明了,但是可能会出现道路的功能不明确等问题
梯子形	神户、兰州	城市沿着线状或是带状发展,除了受到地形等的制约之外,还适合于相邻城市共同发展的情况
放射环状形	东京、大阪、巴黎、伦敦、柏林	历史上先有了放射方向的道路,当城市规模变大,向市中心的交通聚集成为交通问题时,大多进行环状道路的建设,大城市多属于这种类型
斜线形	底特律、华盛顿	为了缩短距离,在格子形路网上增加斜线形的道路,但是,交叉点变得复杂,因此应该说不适合机动车交通量大的现代城市
复合形	大多城市,如北京市	上述4种形式的复合型,大城市多数属于此类。在大城市,有很多属于市中心为格子形、周围为放射环状形的例子

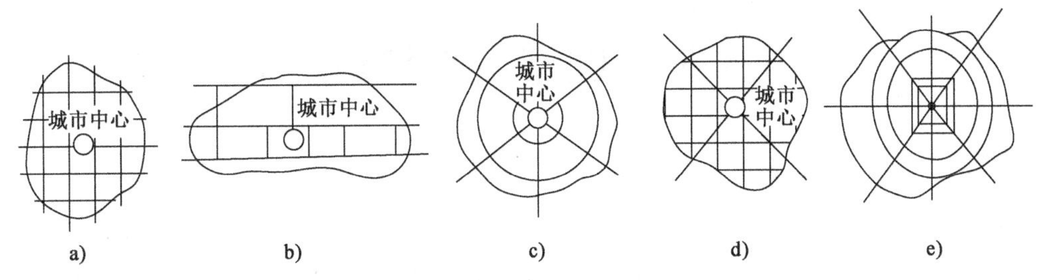

图 8-1 城市内干线道路网的形式

a)格子形;b)梯子形;c)放射环状形;d)斜线形;e)复合形(大都市)

2. 道路网密度

本节所说的干线道路规划,按照道路的功能等级分类,实际上包括了《城市道路工程设计规范(2016 年版)》(CJJ 37—2012)中的快速路、主干路、次干路。

城市道路中主干路、次干路以及支路的合适的配置密度也是一个重要的课题。2016 年 2 月,中共中央、国务院印发的《关于进一步加强城市规划建设管理工作的若干意见》在提出"窄道路、密路网"建设理念的同时,对城市建成区道路基础设施发展也提出了非常明确的指标要求:"到 2020 年,城市建成区道路面积率达到 15%"。2020 年,国务院新闻办公室发布的《中国交通的可持续发展》白皮书指出,截至 2019 年底,全国城市道路总长度 45.9 万 km,人均道路面积 17.36m^2,建成区路网密度达到 6.65 km/km^2,道路面积率达到 13.19%,城市交通基础设施体系化建设稳步推进。

《城市综合交通体系规划标准》(GB/T 51328—2018)对整个干线道路系统进行了规定,不同规划人口规模城市的干线道路网络密度可按照表 8-6 规划。城市建设用地内部的城市干线道路的间距不宜超过 1.5km。

不同规模城市的干线道路网络密度 表 8-6

规划人口规模(万人)	干线道路网密度(km/km^2)	规划人口规模(万人)	干线道路网密度(km/km^2)
≥200	1.5 ~ 1.9	20 ~ 50	1.3 ~ 1.7
100 ~ 200	1.4 ~ 1.9	≤20	1.5 ~ 2.2
50 ~ 100	1.3 ~ 1.8	—	—

各个国家对于道路网密度的规定都是根据国情来制定的。日本,在考虑土地利用的同时,把市区平均每 1km^2的市区面积上建设 3.5km 的干线道路作为目标。进一步考虑到平衡关系,干线道路与辅助干线道路同等水平,主要干线道路大致为干线道路的一半到四分之一。

在美国,道路配置的间隔为,机动车专用道路(Freeway)大约为 4 ~6 英里(1 英里≈1.61km)(出入口设置间隔应大于 1 英里),干线道路(Arterial)为大约 1 英里,集散道路(Collector)约为 0.5 英里。

可以看到,在干线道路规划中,既可以考虑按照路网密度,也可以考虑按照间隔来设置干线道路,但都需要考虑土地利用形态、交通需求以及结合道路的面积率等指标。原则上要避免道路网过疏,但道路过宽的情况发生。道路过宽会形成过大的路口,过长的人行横道;道路网过疏会造成车辆的过度集中,这些都不利于城市综合交通体系的形成的。

第三节　城市快速路规划设计

1. 城市快速路的规划

《城市道路交通工程项目规范》(GB 55011—2021)中明确规定道路应按其在道路网中的地位、交通功能以及对沿线的服务功能，分为快速路、主干路、次干路和支路四个等级。但是应该注意，不同规模的城市对交通方式的需求不同，出行者的乘车次数和乘车距离有很大的差异，反映在道路上的交通量也很不同。上述等级划分适用于大城市，四级道路均会得到使用。中等城市可使用三级，即主干路、次干路和支路；而小城市中人们的出行活动主要是步行和骑自行车，对于道路交通和道路网的要求也不同于大城市。小城市宜使用干路与支路两级。

快速路相当于城市中的高速公路，为机动车专用。它在城市道路网络中发挥着交通功能，用于服务高速、大量、长距离的机动车出行。城市中的快速路应与其他干路构成系统，与城市对外公路有便捷的联系。快速路通常需要采用高架或全立交的方式以保证其通行功能，但造价高，需要有足够的机动车交通需求时才适合建设。对于人口为50万以下的城市，其用地面积一般在7km×8km以下，市民活动基本上在骑自行车30min以内的范围内，缺乏足够的交通需求，因此一般没有必要设置快速路；对于人口在200万以上的城市，用地的长边通常在20km以上，尤其在用地向外延伸的交通发展轴上，十分需要有快速路以"井"字形等形状切入城市，将市区各主要组团与郊区的卫星城镇、机场、工业区、仓库区和货物流通中心快速联系起来，缩短其间的时空距离；对于人口在50万~200万范围内的大城市，可根据城市用地的形状和交通需求确定是否建造快速路，一般快速路可呈十字形在城市中心区的外围切过，或是以口字形环绕中心区再利用连接线向城市外延伸。另外，长度超过30km的带状城市应设置快速路。

图8-2为北京城市总体规划(2016—2035年)中心城区道路网系统规划图。北京是一座具有800多年建都历史的古城，城市道路属于市中心的棋盘状路网与外围的环线以及通向郊区的放射线状路网相结合的复合路网结构。其中，二环至五环属于城市快速路，六环、机场高速道路以及放射线状道路则属于收费的高速公路。北京市2020年底总人口为2189余万人，北京市机动车保有量为636.5万辆，其中民用汽车为590.8万辆。北京市道路里程达6144.7km，其中城市快速路达到390km。北京的快速道路的特点是地面道路与立交相结合的构造，属于不收费道路。环状道路承担着北京市区机动车交通的大部分。

考虑到快速路在城市道路交通网络中承担的功能，《北京城市总体规划(2016—2035年)》指出，在建立分圈层交通发展模式，打造一小时交通圈时，半径为25~30km的第一圈层便以地铁(含普线、快线等)和城市快速路为主导。此外，要求完善城市快速路和主干路系统，到2020年新建地区城市快速路网规划实施率达到100%。

《城市综合交通体系规划标准》(GB/T 51328—2018)中指出，规划人口大于或等于200万的大城市宜选用Ⅰ级快速路(为城市长距离机动车出行提供快速、高效的交通服务)或Ⅱ级快速路(为城市长距离机动车出行提供快速交通服务)作为最高等级干线道路，不推荐在中小城市规划建设快速道路。

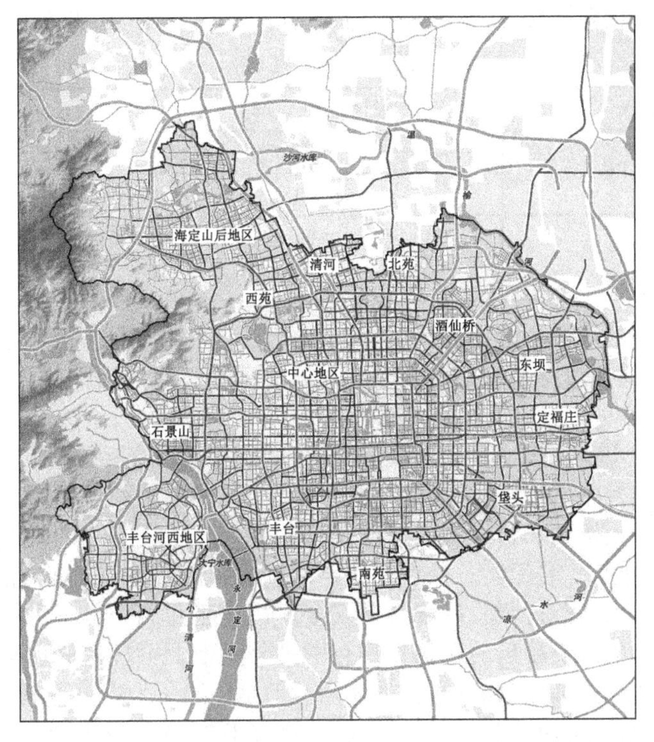

图 8-2　北京城市总体规划(2016—2035 年)中心城区道路网系统规划图

快速路可以为收费道路,也可以为不收费道路,主要取决于建设资金的性质。收费道路会增加使用者的交通抵抗,如北京五环路是按照收费道路规划建设的,但是长期以来交通需求远远达不到规划时的预测值,既无法达到收通行费还贷的目的,也无法使道路发挥其快速路的功能,市人民政府经过多次论证取消了收费,之后交通量得到增长,但是庞大的投资只能由政府埋单。日本的城市高速道路都是收费道路,由专门的城市高速道路公团负责规划建设与经营。经营中也存在着交通量与收费的平衡关系问题,为了达到最佳收入,每过几年就会对通行费进行合理的调整。

总之,快速路是否需要建设,是否需要作为收费道路建设,取决于其交通需求。因此,需要在道路交通规划阶段认真细致地进行需求预测、财务分析,乃至社会经济效益评价,然后做出决策。

2. 车道幅宽与全封闭原则

快速道路的基本功能是通行功能,为了确保快速交通的安全和功能的发挥,需要严格限制非机动车和行人的进入。在国外,快速路多以高架道路的形式建设,如日本阪神地区的阪神高速道路、名古屋市的名古屋高速均为高架形式的城市快速路。我国上海也采用了此种形式。高架形式可以减少快速路带来的分断地域社会的不良影响,高架的地面部分可以用作普通道路。由于道路被立体化,空间得到有效利用,因此高架形式适合于道路红线较窄的城市地区。

高架形式的快速路的工程造价较高,为了节省造价可以采用比地面道路稍小的车道宽度,如 3.5m 或 3.25m。这是因为过去的研究以及实践表明,3.25m 以上的车道宽度对于实际通行能力没有影响,无须修正。但是,目前我国的相关规范中没有对高架形式和路面形式的快速路标准加以区分,只规定了车道与设计速度之间的关系,因此快速路车道宽度可做成 3.75m 或

3.50m。《城市道路工程设计规范(2016 年版)》(CJJ 37—2012)中规定的机动车道宽度见表 8-7。

机动车道宽度　　表 8-7

车型及车道类型	设计速度(km/h)	车道宽度(m)
大型汽车或混行车道	>60	3.75
	≤60	3.50
小客车专用车道	>60	3.50
	≤60	3.25

为了保证快速路的通行功能,需要确保其汽车专用的性质,做到全封闭。当快速路采用路面形式时,则需在与其他道路相交的路口采用立体交叉形式,横穿道路的行人必须使用人行天桥或地下通道。

目前国内许多城市在规划或建设干线道路时,严格控制了交叉路口间的距离,但是对沿路的建筑或用地的性质控制不严。有的城市在快速机动车专用路两侧设置慢速的非机动车道,非机动车可以随意进入机动车道。有的地方任意在道路上开口,任由车辆左转出入,行人任意横穿道路,结果使快速路有名无实。城市快速路两侧成行种植乔木和高大灌木后,会产生晃眼的树影,也会把交通标志牌遮挡住,有碍交通安全。快速路两侧一般不种树,使得快速路在城市救灾中可以起到隔离火灾蔓延的作用。只有中央分隔带上可种植修剪整齐的矮灌木丛,屏蔽对向车辆的车头灯光,可以起到遮光板的作用。但是以绿化为中央分隔带时,需要定期对植物进行修剪。近年来,由于快速路交通量增大,北京市于 2005 年发出通知规定,为减少植物修剪对交通造成的妨碍,今后不再利用绿化作为分隔设施。

总之,在快速路的规划设计中必须做到全封闭的原则,采用高架形式或是在交叉路口处采用立交形式,以保证快速路上交通的高速通行;上下行之间设立隔离设施,防止左转或是掉头的发生,保证交通的畅通和安全;行人横穿道路设施也必须完善。

3. 出入口的规划设计

城市快速路出入口是城市快速路网的重要组成部分,它有着连接城市快速路网和其他等级的城市道路网的功能,实现道路等级的过渡。出入口设置合理与否直接影响快速路网功能的发挥。

城市快速路的进出路口应该为全控制才能使快速路上运行的交通流成为连续交通流;如果仅对出入口做部分控制,则必然产生间断交通流。我国《城市道路工程设计规范(2016 年版)》(CJJ 37—2012)中规定城市道路等级分为 4 类,城市快速路为城市道路最高等级。该规范中对于快速路的定义是:“快速路应中央分隔、全部控制出入、控制出入口间距及形式,应实现交通连续通行。快速路两侧不应设置吸引大量车流、人流的公共建筑物的出入口。”

城市快速路具有高速公路的特征。与高速公路相同,城市快速路的出入口可以分为两种:①与普通道路连接的进出口;②与其他机动车专用道路,包括快速路或是高速道路连接的交叉路口。但是与公路网相比,城市道路网密度大,相交道路多,短距离交通流所占比例较高。城市快速路与其他等级道路之间交通转换极为频繁,使得其出入口间距明显小于高速公路。

出入口的设置合理与否直接影响着快速路的服务水平。北京市北三环某处出入口附近示意图如图 8-3 所示。北京市三环路与四环路的某些出入口处进出主路的交通流交汇引起了交通堵塞的情景。其主要原因是出入口设置顺序的不合理,以及间隔过短。机动车先进、后出快速路主路,加速与减速车辆需要在极短的距离内完成交织,不高的交通需求就会引起交通堵塞,剐蹭事故时有发生。

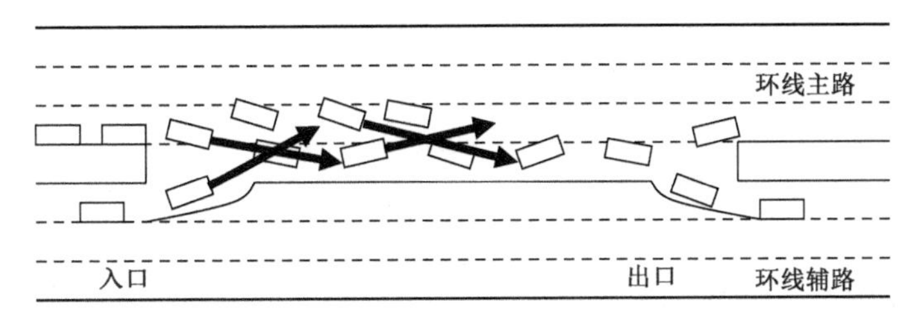

图 8-3 北京市北三环某处出入口附近示意图

按照快速路主路与辅路之间出入口的不同组合,可以将出入口分为四类,即入口-出口、出口-入口、入口-入口、出口-出口。为了保证快速路的高速、安全、通畅行驶,原则上不建议设置连续的出口或连续的入口,即入口-入口、出口-出口组合。在此仅讨论入口-出口、出口-入口两种类型。当出入口间距足够大时,不会发生进出交通流相互干扰,但是当出入口相互的间距不够大时则很容易造成拥堵现象。

《城市快速路设计规程》(CJJ 129—2009)及《城市道路交叉路口设计规程》(CJJ 152—2010)中对于出入口的最小间距均有明确规定,见表 8-8。城市道路控制条件较多,设计中经常会遇到不能满足出入口间距的要求,在这种情况下,需设置集散车道,调整出入口的位置,以满足间距需要。

出入口的最小间距(单位:m) 表 8-8

主线设计车速(km/h)	出入口形式			
	L	L	L	L
100	760	260	760	1270
80	610	210	610	1020
60	460	160	460	760

注:根据交通流流入、流出主路的交通特征,车辆通过出入口时,要经过加速、减速、交织等过程。整个过程中将产生紊流,根据美国《通行能力手册》,以及上海市的研究结果,以紊流交通不重叠要求确定各类型出入口的最小间距。

北京市早期的环状线上的出入口的设置相对距离都很短,这可能与以往规范规定的数值的影响有直接的关系,而《城市道路设计规范》(CJJ 37—1990)中规定的数值显然是过短的。从对北京市二、三环交通调查研究中可以看到,二、三环路改造前出入口间距过近是形成交通拥堵的主要原因之一。出入口间距过近,交织段短,进出的车辆一多便形成拥堵。针对这一情况,二、三环改造中的主要措施就是减少快速环线主路的进出口数量。

多年来,不少学者对于快速路出入口的设置进行了研究。比如,朱胜跃(各类出、入口的最小间距计算的详细内容可以参见朱胜跃的《城市快速路出入口设置探讨》)在上述问题的基础上,提出城市快速路出入口最小间距应根据不同的组合类型,采用如下公式计算。

入口-出口:

$$L = L_a + L_t + L_w + L_b + L_d \tag{8-2}$$

入口-入口:

$$L = L_a + L_t + L_b \tag{8-3}$$

出口-出口：

$$L = L_a + L_t + L_b \tag{8-4}$$

出口-入口：

$$L = L_b \tag{8-5}$$

上述式中：L——出入口最小间距；

L_a——加速车道长度；

L_w——交织运行所需长度；

L_b——识别交通标志所需距离；

L_d——减速车道长度；

L_t——加、减速车道过渡段长度。

根据上述计算公式计算所得的出入口最小间距见表 8-9。加减速车道长度以及过渡段长度在《城市道路工程设计规范(2016 年版)》(CJJ 37—2012)中已经给出。交织长度可以根据美国《通行能力手册》计算交织长度的公式，计算出不同类型不同车速情况下的交织长度值。

各类出入口最小间距

表 8-9

出入口相互关系	主线计算行车速度(km/h)	计算值(m)						建议采用值 L (m)
		L_a	L_w	L_b	L_d	L_t	L	
入口-出口	60	180	210	120	70	50	680	700
	80	210	230	150	90	60	800	800
	100	240	250	200	120	70	950	950
入口-入口	60	180	—	120	—	50	350	350
	80	210	—	150	—	60	420	450
	100	240	—	200	—	70	510	550
出口-出口	60	—	—	120	70	50	240	250
	80	—	—	150	90	60	300	300
	100	—	—	200	120	70	390	400
出口-入口	60	—	—	120	—	—	120	150
	80	—	—	150	—	—	150	150
	100	—	—	200	—	—	200	200

合理的出入口设置是保证城市快速路正常运转的关键。关于出入口的设置应该遵循下列原则：①车道数的连续性与平衡；②先出后入；③出入口以立交为主、以路段为辅的原则；④出入口形式应该单纯统一的原则。

但是必须注意，先出后入形式虽然是合理的，但是如果出口-入口间距过小，则会造成机动车在辅路上的短距离交织，当机动车流量大时，辅路拥堵严重，主路上机动车难以驶出，出口同样会造成主路拥堵。因此，无论是何种组合，都建议把出口与入口间距尽可能做大。

出入口设置过多会吸引短途交通流流入快速路，加剧城市快速路的运行压力，降低其通行功能。出入口设置过少则会造成出入口间距扩大、快速路上车流减少，增加快速路外的绕行距离，加大辅道压力，形成出入口处的排队现象，导致城市快速路整体的运输效益的低下。

据国外统计高速道路交通堵塞的 30% 发生在出入口附近。快速路正常运行的关键是确保出口畅通。对于交通量较大的路段,特别是立交部分,应该按照先出后入的原则设置转向匝道。为避免车流交织影响主线行驶,有必要设置与主线分离的集散车道。

为合理控制城市快速路出入口间距,减少车流交织紊流对快速路的影响,尽量将快速路转向安排在互通式立交处解决,减少在路段上设置出入口。在路段上设置出入口时,应在保证出入口最小间距的前提下,采取必要的措施,减少与辅道交通相互干扰。

在北京行车的大多数驾驶员可能都有过迷路的经历,有时在立交桥上转几个圈子仍然找不到出口。出入口形式复杂且种类繁多是造成行车困难的一个主要原因。因此,城市快速路设计中要尽可能保证出入口形式的单纯统一,以保证运行中的车流能够及时、准确地找到通往目的地的出入口,保证车辆运行安全、有序、畅通。城市快速路出入口原则上应设置在道路右侧(外侧),尽量避免左右并设。对于高速行驶的车辆,在复杂的大型立交处,尤其是在有很多桥梁构筑物干扰视线的情况下,驾驶员寻找出口的难度比正常路段要大得多。如果出入口设置有左有右,没有规律,驾驶员会感到混乱,从而降低车速或是短距离内穿越多条车道,扰乱正常行驶的交通流,由此产生的延误直接影响路段的通行能力,诱发交通事故。

4. 收费站的规划设计

1)收费站的一般形式

城市快速路无论是高架形式还是地面形式,均具有较高的造价。而且由于属于机动车专用道路,很多城市中都按照收费道路的标准来规划建设。城市快速路作为收费道路进行规划设计时,必须设置收费站。收费站一般包括了收费广场和收费亭。

高速道路的收费站设置与收费制式直接相关。通常有以下四种收费制式:全线均等收费制(简称均一制)、按路段收费制(简称开放式)、按实际行驶里程收费制(简称封闭式)以及混合式收费制。均一制是最简单的一种收费制式,其收费站一般均设置在高速公路的各个入口处(包括主线两端入口和各互通立交入口),而主线和匝道的出口都不再设收费站。每辆车在利用高速公路时只在一个收费站停车交费即可。开放式收费系统又可称为栅栏式收费系统或路障式收费系统。这种收费系统的收费站建在高速公路主线上,距离较长的高速公路可以建多个收费站,间距一般为 40 ~ 60km 不等。各个互通立交的进出口不再设收费站,这样车辆可以从互通立交自由进出,不受控制,高速公路对外界呈"开放"状态。封闭式收费系统是在高速公路的起、终点建主线收费站,在所有互通立交的出入口建匝道收费站。一般来说,封闭式收费系统适用于道路距离较长、互通立交较多、车辆里程差距较大的场合。出入口处均需停车,入口处由于只取卡,因此处理效率较高,每辆车平均服务时间 6 ~ 8s。但出口需验卡收费,平均服务时间在 14s 以上,对交通影响较大。混合式收费系统也是一种常用的方式,是取开放式和封闭式两者之长,又能做到基本合理收费的一种比较实用的收费制式。这种制式在主线上设一定数量的收费站,间距大于 40km,在两主线站之间的部分匝道设收费站。四种收费制式收费站布置如图 8-4 所示。

城市快速道路由于受到城市空间的约束,一般设计标准(如车道宽度)低于高速公路,道路空间较小,匝道设置较窄、较短,收费站设置位置需要精心考虑。

为了保证主线行车的畅通无阻,尽可能不将收费站设在主线上面。为了减少收费站的数量和减少收费时间,通常城市快速路宜采用均一制收费,因而只需在入口处设置收费站即可。为了遵循先出后入的原则,通常不将收费站设在出口,这样可以避免交费车辆排队长度过长,影响主线上的交通正常通行。

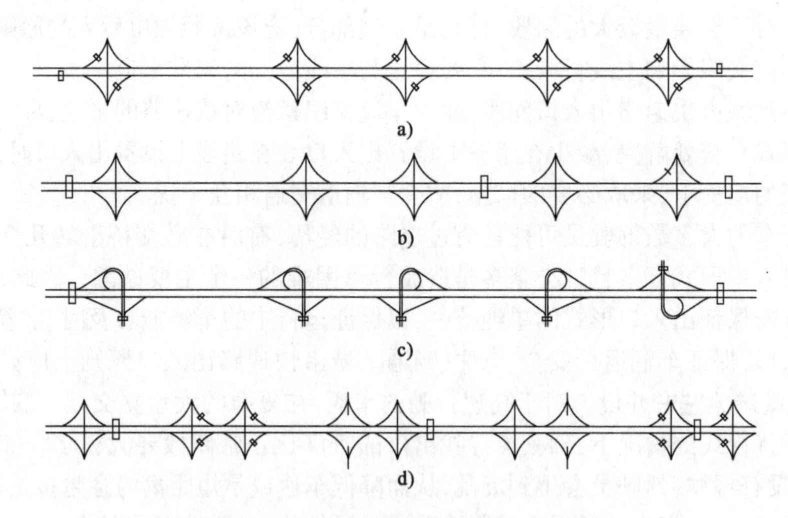

图 8-4　四种收费制式收费站布置示意图

a)均一制收费;b)开放式收费;c)封闭式收费;d)混合式收费

由于空间的限制,城市快速路上的收费广场不可能有很大面积,收费站中窗口数量也不可能很多。交通量多时则不可避免地会产生交通拥堵。为了减少收费站处的交通堵塞,需要在有限的空间增加收费窗口数。纵向排列收费站示例如图 8-5 所示。将服务窗口纵向排列,充分利用纵向空间设置更多的服务窗口。有研究表明,在路宽受到限制的城市高速公路上采用纵向排列的两个收费窗口,可以提高效率 1.6 倍。虽然无法达到 2 倍的效果,纵向排列的两个收费口的效率可为原来单个收费口的 1.6 倍,从节省空间的角度看是合适的。

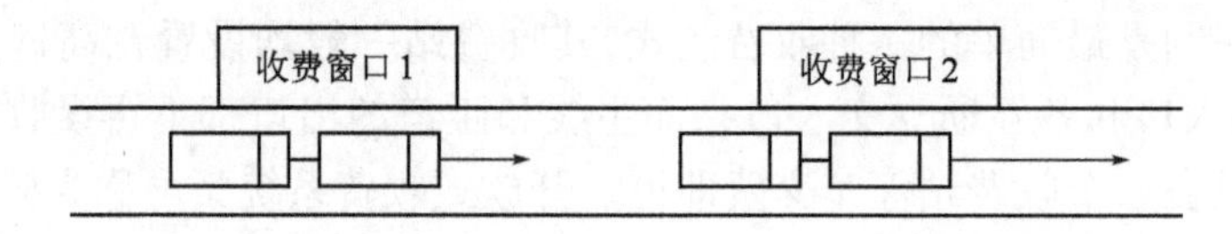

图 8-5　纵向排列收费站示例

2)ETC 车道的设计

电子不停车收费系统(Electronic Toll Collection,ETC)是指通过路侧天线与车载电子设备之间的专用短程通信,在不需要驾驶员停车和其他收费人员采取任何操作的情况下,自动完成收费处理全过程,是国际上正在努力开发并推广普及的一种用于收费的道路、桥梁和隧道的电子自动收费系统。通行车辆不必在收费站停车交费即可通过,从而增大了收费站的处理能力。ETC 收费是智慧交通发展的需求,也是解决收费广场拥堵的有效手段。

收费口的 ETC 车道具有较高的通行能力。据初步估计,在我国 1 条 ETC 车道的通行能力相当于 3 ~ 5 条人工半自动收费车道(Manual Toll Collection,MTC)车道的通行能力,在发达国家甚至更高。从造价上来看,ETC 车道将降低建设成本。一般来说,道路的设计中 2 条 ETC 车道 +6 条 MTC 车道的规模就相当于 14 条 MTC 车道的通行能力。

ETC 车道的类型主要分为 ETC 专用车道与混合车道两类,而 ETC 专用车道在各国的限速情况不同而分为高速车道与低速车道两种,如图 8-6 所示。

我国高速公路 ETC 收费已经实现全国联网。随着我国 ETC 普及率的不断上升,我国高速公路的 ETC 使用率也不断提升。截至 2020 年 10 月,我国高速公路 ETC 使用率超过了 65.98%。

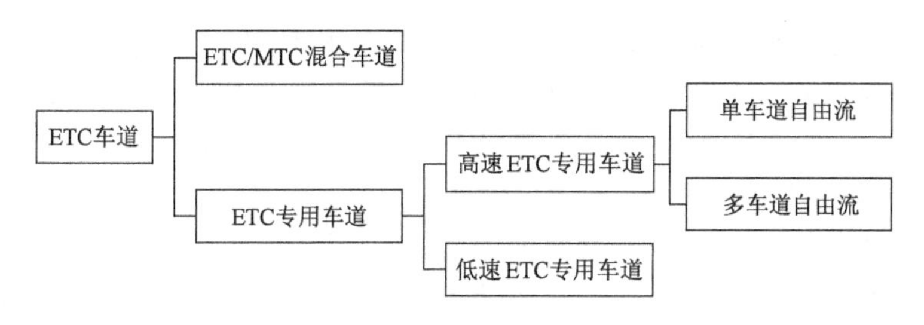

图 8-6 ETC 车道的分类

在 ETC 没有完全普及的阶段,且部分入口收费站和出口收费站的总的交通量小,车道数量少,这时单独辟出一条 ETC 专用车道在规划上既困难,在利用率上又不经济。在现有的收费站设置 ETC 车道,形成 MTC 和 ETC 相结合的混合式收费模式不失为是一种比较适合我国国情的做法。

我国 ETC 系统正处于发展与过渡时期,可以设计如图 8-7 所示的带有人工收费站的 ETC 车道。

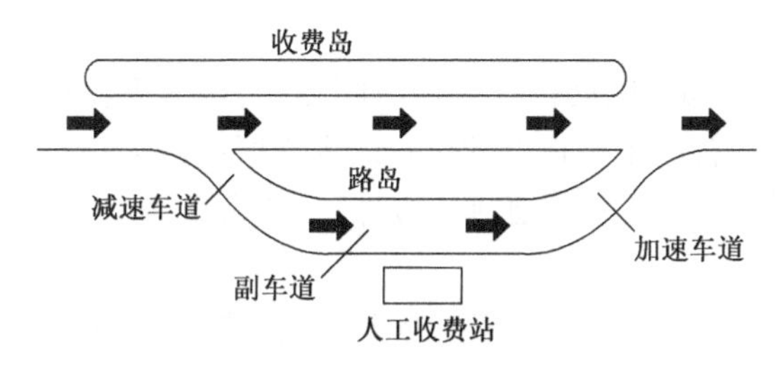

图 8-7 带有人工收费站的 ETC 车道

比较合理的出口车道收费处理流程如下:

(1)车辆驶入车道,车辆检测器 1 检测车辆到来(进入通信区域),引发天线进行通信,识别电子标签。

(2)如果判断电子标签合法,并且该车不在黑名单内,则进行通行费计算和扣除金额的交易处理(写入出口信息),同时在路侧显示器中显示金额和余额,开启自动栏杆,放行车辆。若该车在黑名单内或卡内金额不足,则进入违章处理。

(3)车辆通过检测器 3,系统进行车辆计数,并清除路侧显示器的提示。此时,若车辆检测器 2 检测到有后续车辆跟进并完成交易,则自动栏杆保持开启状态;否则,自动栏杆关闭。一辆车收费处理完毕。

(4)违章处理:声光报警器产生报警,栏杆维持关闭状态(维持原状态),进行违章处理,栏杆打开,车辆放行。

ETC 车道长度指从车辆检测器 1 安装处至减速车道入口的距离,主要由以下 5 个因素决定:

(1)车辆过站时允许的最高速度。建议我国 ETC 车道车速不宜过高,主要是由于我国 ETC 系统发展还处于一定过渡时期,宜采用最低限速。另外,根据通行能力与车速的关系来看,基本通行能力最大值分布在行车速度为 30 ~ 50km/h。从节能的角度考虑,这个速度也较接近各种车辆的经济速度。根据中国《公路路线设计规范》(JTG D20—2017),建议匝道车速为主线的 30% ~50%,而一般 ETC 专用车道都为高速公路或一级公路,设计行车速度为 60 ~ 120km/h,所以试取收费匝道的设计行车速度为 35 ~45km/h,限速 45km/h 时实际行车速度为 35 ~40km/h 为宜。

(2)ETC 系统对一辆车的收费处理时间。为计算方便,取 ETC 车道的行驶车速为 36km/h,即 10m/s。ETC 对一辆车的收费处理时间通常要求不超过 0.5s,根据有关资料显示,一般在 30ms 左右。那么,在收费处理时间内,车辆行驶距离仅为 10×0.03 =0.3(m),所以收费处理车辆行驶的距离可以忽略不计。

(3)驾驶员对路边信息标志牌显示的有关信息的识读时间。驾驶员对路边信息标志牌显示的有关信息的识读时间与其动视力和视觉反应时间有关。所谓视觉反应时间,就是人从视觉产生认识后,将信息传入大脑知觉中枢,通过大脑分析判断,再由运动中枢传达给四肢等运动器官产生动作的时间。人的视觉反应时间一般为 0.15~2.00s。由于驾驶员对路边信息标志牌显示的信息不仅是视觉反应,还要进行信息辨识,如车牌号是多少、收费额是多少等。因此,我们认为驾驶员对这些信息的识读时间应取最大视觉反应时间的两倍左右,即 4s。那么,在识读信息时间内,车辆行驶距离约为 40m。参照美国各州公路工作者协会的规定,判断时间为 1.5s,作用时间为 1s,因此,从感知、判断、开始制动到制动发生效力全部时间通常按 2.5~3.0s,这样确定的距离为 25~30m。我们就可确定车道从识别区的中点至路边信息标志牌的距离为 40m 或 30m。

(4)电动栏杆的动作时间。电动栏杆动作时间越长,车道也就越长。有关资料显示,电动栏杆的动作时间在 1.5s 左右。车辆在电动栏杆的动作时间内大约可行驶 15m。

(5)违章车辆驾驶员从进入主车道到知道自己违章而减速至副车道入口所需的反应时间。

关于车道长度的计算,可以参照《城市道路工程设计规范(2016 年版)》(CJJ 37—2012)中道路交通标志中警告标志的视认距离的设计方法和停车视距的计算方法来确定再进行相应修正。

$$S_S = L_1 + S_T + L_0 = \frac{vT}{3.6} + \frac{Kv^2}{254(\varphi \pm i)} + L_0 \tag{8-6}$$

式中:L_1——制动反应时间的行走距离(空驶距离);

S_T——制动距离;

L_0——安全距离(规范中规定为 5~10 m);

v——计算行车速度;

T——反应时间,一般取 2.5s;

K——安全系数(1.2 或 1.4);

φ——轮胎与路面之间的附着系数,根据各地区天气及路面状况决定,在此取 0.4;

i——道路纵坡,对于公路出入口的匝道,一般要求坡道平稳,取 $i=0$。

取 $L_0=5$m,$v=35$km/h、40km/h、45km/h,$K=1.4$,进行一次计算,得到车道长度计算结果见表 8-10。

车道长度计算结果 表 8-10

v(km/h)	L_1(m)	S_T(m)	S_S(m)
35	24.30	16.88	46.19
40	27.78	22.05	49.83
5	31.25	27.90	59.15

按照完全制动为比较保守的算法,考虑误入 ETC 车道的车辆无须完全制动,只需减速进入副车道进行人工缴费和罚款,所以对上面的计算结果进行修正。主要针对 S_T 部分进行修正,乘以修正系数 α(α 为 0.4 或 0.6)即允许车辆减速至原有速度的 63.2% ~77.5% 再驶入副车道,在一定程度上减缓了驾驶员的紧张程度,也比较符合实际收费的过程。修正公式如下:

$$S_S = L_1 + \alpha S_T + L_0 = \frac{vT}{3.6} + \frac{\alpha K v^2}{254\varphi} + L_0 \tag{8-7}$$

取 $\alpha = 0.5$,修正后的车道长度见表 8-11。

修正后的车道长度 表 8-11

v(km/h)	L_1(m)	S_T(m)	S_S(m)
35	24.31	8.44	37.75
40	27.78	11.02	38.80
45	31.25	13.95	45.20

第九章

城市功能区交通规划

城市功能区是城市中能实现相关社会资源空间聚集、有效发挥某种特定城市功能的地域空间，是实现城市经济社会职能的重要空间载体，集中地反映了城市的特性，是现代城市发展出的一种城市空间形式。城市功能区交通规划，是指以居住区、学区、商业地区或市中心区等城市内特定的功能区为对象的交通规划，规划的目标、内容与作为规划对象的城市功能区的性质相关。本章重点讨论城市功能区的规划设计方法。

第一节　城市功能区交通规划的基本概念

1. 城市功能区交通规划需要考虑其功能特点

以城市功能区为对象的交通规划规模一般比较小，城市功能区交通规划的特点就是规划内容依存于规划对象的地方功能性。这与以干线道路交通为主的城市交通规划有着本质的区别。也就是说，以干线道路为中心的一般的交通规划的目标是交通的通畅性和安全性等具有普遍性的内容。相对地，城市功能区交通规划有着与规划对象密切相关的目标，应根据城市不同空间功能提供分区差异化的交通服务，如居住区的交通规划中要考虑安静的住宅环境，市中心要考虑商业活动等。

关于城市功能区交通规划,英国一个研究小组最早把它与城市交通规划全体的关联明确化,综合进行研究并于1963年出版了《城市的机动车交通》(*Traffic in Town*)一书。这本书以环境分区与道路网的关系及街道环境承载力为切入点,以布坎南环境哲学观为理论基础,开创性地探索了城市功能区道路与交通的长期发展及其对环境的影响,探讨如何能够排除机动车的可移动性与保护居住环境这两个目标的相互之间的矛盾,指出让两个目标和谐共存是一个应该追求的更高的目标。然后,提出了抑制交通功能优先保护居住环境的区域,即排除了通过交通的居住环境地区(Environmental Area)。作为其前提,应该是建设环绕居住环境地区周边的干线道路。为了实现良好的地区交通环境,干线道路的建设必不可少,这一点也十分重要。在这本书中,干线道路被比喻为"城市的走廊",居住环境被比喻为"城市的房间"。

作为城市功能区交通规划对象的道路是以功能区内部道路(如居住区道路、街坊道路等)以及形成地区骨骼的道路(支路)为中心的。对于城市功能区道路交通规划,以及地区内部道路(如街坊内道路),我国的规定尚未完善,这是一个需要今后深入研究的课题。

在日本,城市功能区道路相当于《道路构造令》中的第4种第4级以及第3级道路,其中第4种第4级为设计速度不高于40km/h的1车道的市道。在德国、英国等国家,关于相当于城市功能区的道路,也都根据其功能详细分类确定了设计标准。这对于保证城市功能区的可达性和安全性产生了巨大的效果。

2. 城市功能区交通规划的依据

城市功能区交通规划与城市交通规划有着很大的区别,主要表现在目的和方法的不同。城市交通规划设计中以《城市道路工程设计规范(2016年版)》(CJJ 37—2012)为依据,而我国的规范体系中没有明确的标准与规范,实际工作中需要参照多个相关标准、规范,这给实际工作带来了不便。

《城市综合交通体系规划标准》(GB/T 51328—2018)中按照城市道路所承担的城市活动特征,把城市道路划分为干线道路、支线道路以及联系两者的集散道路三个大类,对应了城市快速路、主干路、次干路和支路四个中类和八个小类。《城市综合交通体系规则标准》将街坊内道路也根据其组织步行与非机动车交通的功能列入支路系统,作为Ⅱ级支路,包括为短距离地方性活动组织服务的街坊内道路、步行、非机动车专用路等。同时,由于集散道路与支线道路网络的密度在不同功能区千差万别,因此《城市综合交通体系规则标准》还对集散道路与支线道路的街区尺度与密度进行了详细的规定,不同城市功能区的街区尺度推荐值见表9-1。

不同城市功能区的街区尺度推荐值 表9-1

类别	街区尺度(m)		路网密度(km/km²)
	长	宽	
居住区	≤300	≤300	≥8
商业区与就业集中的中心区	100~200	100~200	10~20
工业区、物流园区	≤600	≤600	≥4

此外,《城市道路照明设计标准》(CJJ 45—2015)将城市道路照明分为机动车照明和交会区照明以及人行道照明。商业步行街和机动车与行人混合使用、与城市机动车道路连接的居住区出入道路,遵循人行及非机动车照明标准值。对于居住区道路照明,根据道路使用者的不同划分为人行道路的照明和人车混行道路的照明。人车混行道路的照明又可根据实际情况分

为两类：一类是与城市道路相连的居住区道路宜按机动车道路要求提供照明，兼顾行人交通需求；另一类是居住区内连接各建筑的道路宜按人行道路要求提供照明，兼顾机动车交通需求。

《城市道路交通设计指南》（杨晓光等著）一书在“道路断面形式规划”这一节中，把我国各级城市道路按功能定位划分为“快速路”“主干道”“次干道”“支路”“生活区道路”五级。

《城市交通与道路系统规划》（文国玮著）一书中，把道路分为“快速路”“主干路”“次干路”“支路”四类，对于支路的解释是“支路（又称城市一般道路或地方性道路）是城市一般街坊道路，在交通上起汇集性作用，是直接为用地服务以生活性服务功能为主的道路（包括商业区步行街等）”。但是，《城市道路工程设计规范（2016年版）》（CJJ 37—2012）中规定：“支路宜与次干路和居住区、工业区、交通设施等内部道路相连接，应解决局部地区交通，以服务功能为主。”

可以看到，对于支路及以下道路，尽管我国还没有统一的规定，但《城市综合交通体系规划标准》（GB/T 51328—2018）中已经给出了相对明确的分类。对于居住区、商业地区或是市中心区等特定的地区的道路也在标准和规范中逐渐加以区分，但并未形成成熟体系。近年来，随着“窄道路、密路网”和“完整街道”理念的深入，根据城市不同空间功能提供的分区差异化的交通服务将会逐渐完善、细致。

第二节　居住区的交通规划

1.规划的原则

居住区的交通规划的课题是如何处理可移动性与安全、环境之间的平衡关系。这就意味着要遵循以下4条规划的原则：

（1）排除与该地区无关的通过交通。

（2）确保与地区有关的交通尽可能连续、顺畅，如地区居民自身的机动车，消防、救护、搬家、清运垃圾等机动车辆的通达。

（3）抑制在地区内行驶的车辆的行车速度，保持安全、安静的居住环境。

（4）当需要把地区内一般车辆屏蔽于地区之外时，需要采取在地区周围提供足够的停车位等措施。

在城市功能区交通规划领域，除以城市干路为居住区的外围道路外，居住区内部道路按照习惯可以划分为四级布置：

（1）居住区级道路，相当于城市支路等级，是划分小区的道路。红线宽度为20～40m，路面宽为9～16m。

（2）小区级道路，相当于城市支路等级，是划分并联系小区内各居住生活单元的道路。红线宽度为15～20m，路面宽为7～10m。

（3）居住生活单元级道路，是居住生活单元内的主要道路，路面宽为4～6m。

（4）宅前小路，是通向各户（院）各单元的门前小路，路面铺装2～3m。

近年来，由于城市拥堵愈发严重，出现了居住小区是否应该封闭的讨论。2016年，中共中央、国务院印发的《关于进一步加强城市规划建设管理工作的若干意见》指出：新建住宅要推广街区制，原则上不再建设封闭住宅小区。之所以有这样的讨论，是因为很多城市确实存在断头路过多、城市路网系统微循环不好等问题。针对小区是否应该封闭、如何封闭，我们通过研究认为,小区开放制,准确来说应当是将住宅小区的尺度控制到合理范围之内,关键应当回答封闭范围大小、封闭与开放的衔接问题,并提出了在现阶段居住小区宜封闭,但应限制封闭范围,封闭小区及组团的尺度不宜超过200m 的观点。这样不仅符合上述居住区的规划原则,可以保障居民安静、安全的居住生活环境,而且不会对交通产生显著的影响。

总之,居住区的交通规划中,应该遵循对于居住区道路进行分级配置的原则,注重其服务功能,努力做到行人与机动车的分离,保证居住区的良好环境和交通安全。近年来,我国的《城市综合交通体系规划标准》(GB/T 51328—2018)和《城市居住区规划设计标准》(GB 50180—2018)中,开始对城市中支路进行细分,并做出了具体指标规定,包含居住区内部道路在内的为短距离地方性活动组织服务的街坊内道路、步行机、非机动车专用道等,被纳入支线道路。同时规定,居住区内部的居住区道路,其功能作为城市支路,其道路面积计入居住用地面积,且城市道路用地占居住区用地构成的15% ~20%,城市道路用地的比例只和居住区在城市中的区位有关,靠近城市中心的地区,道路用地控制指标偏向高值;可供公众使用的非市政权属的街坊内道路,根据路权情况计入步行与非机动车路网密度统计,但不计入城市道路面积统计。因此,在规划中要根据具体情况具体分析,规划对象的地方性及其特点,准确进行居住区各级道路的功能定位,确保道路用地,制定居住区交通规划。

2. 近邻住宅区论

把居住区的地区交通规划的原则具体地用规划图纸表现出来的是1927 年美国学者佩利提出的近邻住宅区论(Neighborhood Unit)。这一理论包含以下内容:

(1)规模为一个小学校区。综合考虑儿童数、家庭数、住宅的占地规模等,把近邻住宅区的大小定为半径400m 左右。

(2)过境交通利用周围的干线道路,把近邻地区的边界同时作为外围道路。

(3)通过对地区内道路的线形的控制,以达到抑制地区内机动车速度的目的。

(4)商业街的区位设置在外围道路交叉点附近,把各个近邻地区的商业街集中起来等。

近邻住宅区论虽然在汽车化高度发展、城市社会发生变化当中受到了批判,被认为是落后于时代的理论,但是,在实际的居住区开发当中,还未出现能够代替它的规划理论出现,可以说这一理论仍未失去其存在价值。

近邻住宅区论后来在美国得到发展,结合美国的住居情况增加了下列一些规划原则:

(1)将住宅区划分为若干个大块,每个大块都排除过境交通。

(2)将步行与机动车从空间上完全分离开来。

(3)在住宅前后,分别配置机动车的通路,以及步行者专用道路。

(4)为了彻底分离行人与机动车,各个住户设有汽车使用者用的门和行人专用的门。

需要指出的是,上述理论适合于人口密度较低的以独体私人住宅为主的住宅区,而在人口密集的住宅区则难以直接应用,但是其指导思想是值得参考的。

3. 道路网的形式

在抑制过境交通流入的同时,还要兼顾必要的进出功能,这是居住区交通规划的原则。为了实现这一原则,出现了许多提案。

1)居住区的骨骼道路

居住区的骨骼道路的基本形式如图9-1 所示。它通常由支路构成,其基本规划原则是尽可能阻止汽车穿越街区。

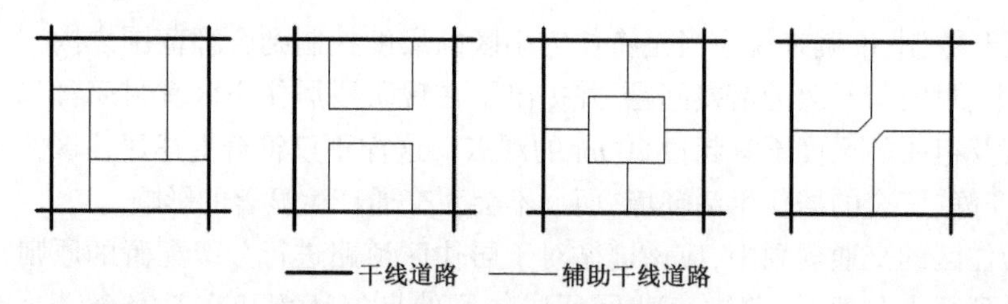

图 9-1　居住区的骨骼道路的基本形式

在发生了过境交通问题的城市地区,可以把已有的道路网改造为与基本形式相接近的形式,如图 9-2 所示;可以把街区外侧的一些路口进行封闭,或是做窄形成屏障;可以把街区内道路做成封闭环状,或是设置一些路障;采取单向通行等交通管理措施等。

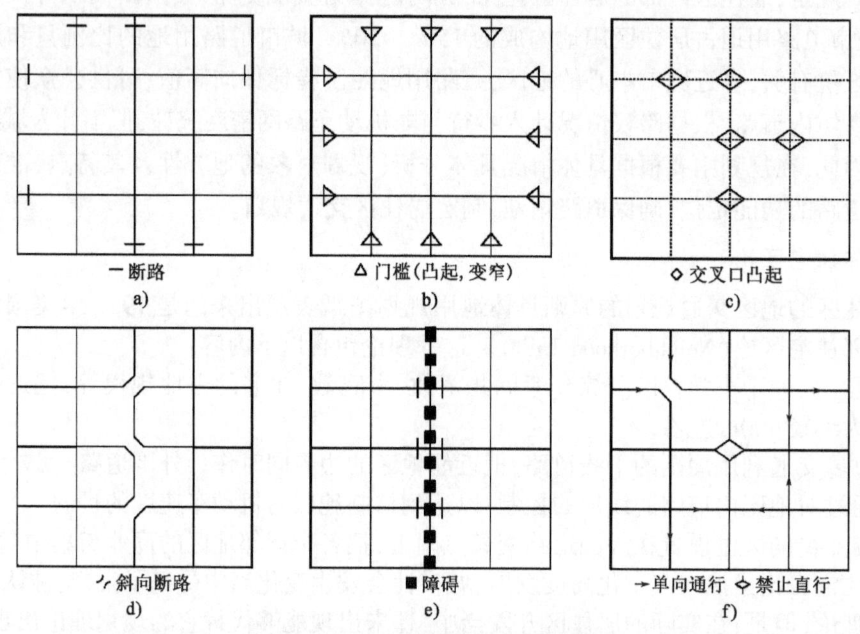

图 9-2　为抑制过境交通的街路网构成形式

a)阻断型;b)门槛型;c)小区控制型;d)环型;e)障碍型;f)迷路型

2)街区内部道路

街区内部道路是指居住区内部的最末端的道路。街区内部道路有可掉头断头、封闭环状、T 字形交叉、网格等基本形式(图 9-3)。街区内部道路的具体形式可以根据居住区的地形和交通状况来选择。前两种几乎可以彻底排除过境交通,确保居住空间的安静、安全。

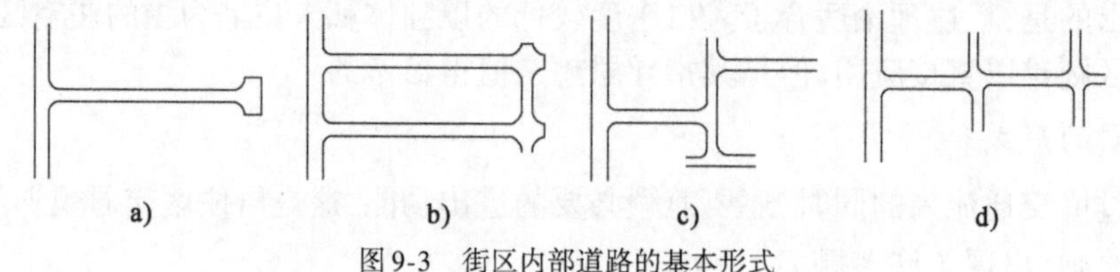

图 9-3　街区内部道路的基本形式

a)可掉头断头;b)封闭环状;c)T 字形交叉;d)网格

4. 步车共存道路与交通平稳化

在地区道路上进行步车共存化的尝试,也就是通过改变线形来抑制机动车的速度以及步行环境的改善的尝试,从世界范围看大约是从 20 世纪 70 年代开始的。

根据断面形态,步车共存道路可以划分为融合型共存道路(路面共有型)和分离型共存道路(软分离型)。

步车共存道路的种类见表 9-2。抑制汽车速度的有关措施示意图如图 9-4 所示。

步车共存道路的种类　　表 9-2

设　施	内　　容	目　　的					
		抑制汽车行车速度	引起驾驶员的注意	抑制地区通过交通的流入	控制地区内的交通路径	路上停车	改善步行环境、景观
路面凸起	路面上部分凸起的铺装(可起到降低车速的作用)	○	○	△	△		
交叉点凸起	交叉点内凸起的铺装(可起到降低车速的作用)	○	○	○	△		
连续凹凸	小规模凹凸的连续带(利用感觉引起驾驶员注意)	△	○	△			
视觉凸起	铺装的部分的变更(利用视觉引起驾驶员注意)	△	○	△			
蛇形车道	蛇形的车道(抑制车速)	○	○	△	△		△
局部变窄	车道的部分变窄(引起注意,限制车速)	○	○	○	○		△
断路	遮断交叉点,斜向遮断(排除过境交通)			○	○		△
步道加宽	车道缩小,结合种植植物(降低汽车道路的标准)	○	○			○	○
分隔柱	离散的防止停车立柱(便于步行者横穿道路)					○	○
路上的停车	根据切入人行道等设定限定的停车位置	△				○	△

注:"△"表示效果一般,"○"表示效果良好。

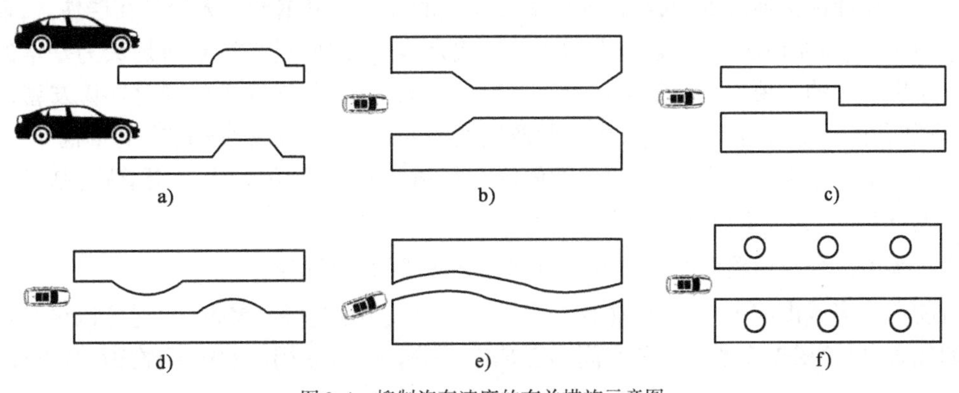

图 9-4　抑制汽车速度的有关措施示意图

a)路面凸起,可分为弧形凸起和梯形凸起,起到降低车速的作用;b)局部变窄,使车道部分变窄,起到降低车速、方便行人过街的作用;c)道路弯折,在前方道路上设置弯折,起到降低车速的作用;d)弧形局部变窄,使车道部分变窄,弧形处可布置绿化,起到降低车速、美观的作用;e)蛇形车道,将道路设置成 S 形,起到降低车速的作用;f)分隔柱,离散的防止停车立柱,便于步行者横穿道路

第三节　市中心的交通规划

市中心是文化和商业的聚集区,是人和车辆集中的地方,其交通规划既要保证有魅力的步行空间,又要保证非机动车的可达性。为了达到这两个相互矛盾的需求之间的平衡,需要在多方面下功夫。市中心的交通规划通常要遵循以下原则:

(1)通过建设环状道路抑制与市中心无关的机动车的驶入。

(2)在市中心形成步行空间的路网,保证行人在市中心行走。

(3)当市中心规模大时,可以考虑导入公交系统以支援步行。

(4)在市中心周围建设充分数量的停车场,从而确保机动车的可达性。

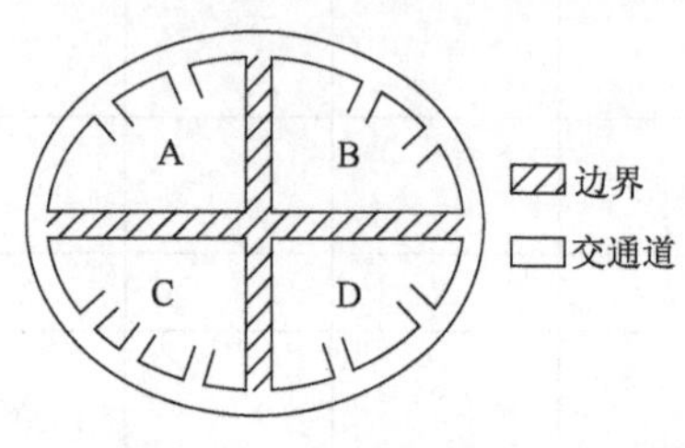

图9-5　交通单元方式

为了达到上述四个目的,通常采用的是交通单元方式(图9-5)。这种方式就是把市中心分成若干个单元,在单元之间的边界上设置步行专用道路,限制机动车的穿越。这样单元内可以行驶的只是与该单元有关的车辆,单元间的移动以及穿越车辆全部由环状道路担负。

交通单元方式从20世纪60年代开始得到普及。这种方式在欧洲各国得到普及的背景是,欧洲许多城市的周围有城墙或是护城河,而现在的环状道路多是在过去的城墙或是护城河的废墟上建造的。这种道路形式为形成交通单元方式的市中心道路布局提供了便利。

第四节　行人与非机动车的空间

在城市功能区交通规划中,给行人创造出良好的环境十分重要。无论是在居住区,还是在市中心的文化、商业地区,人们最基本的活动形式是步行,因此说步行空间是最为基本的户外空间。非机动车的主要方式就是自行车。自行车是无噪声、无尾气排放的对环境友善的交通手段,行驶和停车都占地少,是城市中短距离交通的主要方式,应该受到应有的重视。

步行者空间通常有以下几类:道路两侧的人行道,独立设置的行人专用道路,基于交通管制的行人道路(全天或有时间限制车辆通行)。

自行车可以分为道路两侧的自行车道和独立设置的自行车道。

目前在许多城市的市中心、商业街都设置了行人专用购物街(Mall)。它可以说是步行者空间的代表,可以根据交通形态和空间形态加以区分。行人专用(优先)购物街(Mall)的种类见表9-3。

自行车空间的网络化也是一个发展趋势。欧美国家及地区在新建、扩建和改建自行车道方面已经做了不少工作,也有不少网络化的尝试。近些年日本在推进绿色交通的过程中,一直鼓励自行车的使用,但由于日本的道路体系中一开始就没有设置自行车的空间,在使用中出现了事故高发的现象,之后不得不采取专项行动来消除自行车使用引发的交通事故。但由于没有设计自行车专用空间,自行车在行人空间和汽车的车行空间之间转换,处在一个比较尴尬的境地。自行车如果在行车环境较好的情况下,可以担负较长距离的出行。我国一直是自行车大国,调查表明,我国城市中自行车的出行距离较长,与公交的转换距离大约为6km。城市中自行车的合理利用应该加以引导,在汽车化、机动化快速发展的今天,应该综合考虑道路空间的合理分配,目前特别应该注意避免自行车道大量被机动车道侵占的问题发生。

行人专用(优先)购物街(Mall)的种类 表9-3

分类方法	购物街(Mall)的种类	定义
根据交通形态分类	全购物街(Full Mall)	禁止紧急车辆以外的车辆入内。对于沿线装卸货物的车辆只允许在规定的时间段内进入
	交通购物街(Transit Mall)	在Full mall中允许公共交通(如公交车、有轨电车等)通行
	半购物街(Semi-Mall)	不限制一般车辆的进入。但是通常把人行道设计得很宽,提高步行的环境,多作为城市的标志性道路
根据空间形态划分	开放式购物街(Open Mall)	与通常的道路相通,街上没有屋顶,是最为普通的一种
	半封闭式购物街(Semi-Closed Mall)	道路的两侧或是单侧有遮盖设施
	封闭式购物街(Closed Mall)	道路全体加上屋顶。近来这种完全室内化的商业街逐渐增多

近些年电动自行车如潮水般涌来,占据了大量的道路空间,在方便出行的同时,造成交通秩序混乱,而大量事故的发生,也无形中压缩了自行车的生存空间。因此,对电动自行车的定位以及有效的管理方法需要认真研讨,理性处理。

笔者正在承担的全国人大常委会法制工作委员会交办的国家高端智库课题《道路通行规则实证研究》,拟解决的关键政策问题是道路交通领域政策过程中的公共问题和社会问题,即路权分配缺乏公平性,各参与主体需求复杂,相互间冲突严重等问题。该课题的目的是通过实证研究为交通管理部门公平分配路权、化解道路交通参与各主体对道路交通需求间的冲突提供依据,以完善《道路交通安全法》。其中最受关注的问题就是电动自行车的问题。

电动自行车具有动力,且无须脚蹬即可输出功率,基本上为纯电动模式,但设计最高速度为25km/h,实际上可能更高。因此,电动自行车具备了机动车的基本特征。在非机动车空间与自行车混行时,由于具有较大的速度差,且机动灵活,便于穿插超越,在给自行车造成压迫的同时,极易导致事故发生。从我们的研究中发现,交通安全教育对使用电动自行车的外卖员的安全态度几乎没有产生正面影响,这可能是因为,将电动自行车作为非机动车来对待,可能导致了交通安全教育的缺失和无效。在德国、日本、新加坡等国家则均将电动自行车定位为机动车或轻型摩托车,需要上牌照,有驾照,且需要有强制险。

综上所述,我们认为,电动自行车的定位应该为机动车,行驶空间应为机动车的空间。同时应该完善车牌、驾照、保险等相关措施,加强交通安全教育,给予电动自行车合理的通行空间,让各个交通主体公平地享有路权,是化解道路交通参与各主体对道路交通需求间的冲突的有效途径。

第五节　学区的道路交通

在汽车化发展的初期,学龄儿童的交通事故频发,成了汽车化的受害者。为了维护学龄儿童的交通安全,欧美国家创立了学区制度,从交通运用和管理的角度保障了学生的交通安全。学区制度的基本思想就是让机动车远离学生集中的地区。具体地,学区制度就是把学校周围1km半径的范围指定为学区,限制在这一范围内的道路上机动车的行驶速度,保证行人和自行车的优先通行权,从而达到保证交通安全的目的。

在日本,这一制度得到了很好的应用,并得到发展。人们不仅把学校周围指定为学区,而且把主要住宅区附近也指定为学区,确保了学生的交通安全。在学区内,人们不仅限制机动车的行车速度、行车时间,还视具体情况开设了行人、非机动车专用道路,在道路上设置警告标志及标有"通学路"的辅助标志(图9-6),转弯处加装反光镜(图9-7)、防护栏以及按钮式过街人行信号(图9-8)等。其中,"通学路"作为辅助标志,在城市地区需要每100~200m设一处,在非城市化地区每200~300m设一处。此外,民间还自发地利用漫画等形式提醒驾驶员注意交通安全(图9-6b)。

a)

b)

图9-6　"通学路"上设置的指示标志及标有"通学路"的辅助标志

a)"通学路"上步行标志;b)居民自发设置的提示驾驶员慢行的辅助标志(图中文字的意思是"因为是通学道路,请注意,徐行"。日本道路交通法中规定的徐行,是指随时可以立即停止的速度,为10km/h以下的速度)

图9-7　转弯处加装反光镜

图9-8　防护栏及按钮式过街人行信号

第十章
平面交叉的规划设计与运用

城市道路网络中的节点处存在着相互交叉的交通,在路网上表现为交叉路口。交叉路口处的通行能力比路段要低,成为路网上的瓶颈。大量数据表明,由于存在着多个冲突点,交叉路口也是事故多发区。处理好道路的交叉,提高交叉路口处的通行能力,改善交通安全状况,需要从交叉路口的规划、设计、交通运用与管理等多方面综合考虑加以解决。本章将集中讨论平面交叉路口的规划、交通设计及其交通运用的方法。

第一节　平面交叉规划设计的基本概念

在平面交叉路口,由于不同方向的包括机动车、非机动车和行人在内的多种交通方式利用同一个平面,冲突点很多,因此容易使通行能力降低,产生交通拥堵。所谓冲突点,是指交通流轨迹线上的冲突,也是指道路交通事故的潜在碰撞点。这样的冲突通常依靠加装信号灯从时间上加以消除。总的来说,平面交叉路口通行能力低下,交通事故多发,是道路网络中的瓶颈。平面交叉路口的合理的规划、设计以及运用,对于保证道路交通的畅通和安全意义十分重大。

交叉路口作为路网的节点,把一条条道路连接起来,在道路网的形成以及道路交通中交叉路口都发挥着巨大的作用。国内外的实践经验表明,通过对现有的平面交叉路口的构造以及交通管理方法进行适当的改善,可以达到减少交通事故、提高通行能力、保证整个路网畅通的目的。

立体交叉路口在大多数情况下可以缓解通行能力上的问题,但是建设费用庞大,不仅受到用地的限制,还有可能带来影响日照、造成电波障碍等问题。因此,城市中不可能大量建设立体交叉路口。交叉路口规划设计的主要任务集中在平面交叉路口的规划设计和改良,其难度远大于立体交叉路口的规划设计。

1. 交叉路口的交通特性

当两股不同流向的交通流同时通过平面上某点时,就会产生交通冲突,该点则称为冲突点。各个方向行驶的交通汇集到交叉路口,形成许多冲突点。按照冲突方式的不同,可以将冲突点分类为交叉冲突点、合流冲突点和分流冲突点。来自不同方向的交通流以较大的角度(大于45°)相交称为交叉,其冲突点称为交叉冲突点;来自不同行驶方向的交通流以较小角度(小于45°),向同一方向会合行驶称为合流,其冲突点称为合流冲突点;同一行驶方向的交通流向不同方向分离行驶称为分流,其冲突点称为分流冲突点。上述的三种冲突点中以交叉冲突点对交通的干扰和行车安全的影响最大,其次是合流冲突点,分流冲突点的干扰最小。因此,在交叉路口的规划设计中应尽量采取措施减少或消除交叉冲突点。

在无交通管制的普通丁字路口(三岔路口)和十字路口(四岔路口),在没有单行单车道,即各方向均为双向两车道以上道路的情况下,冲突点分布如图 10-1 所示。各类交叉路口的冲突点数量见表 10-1。

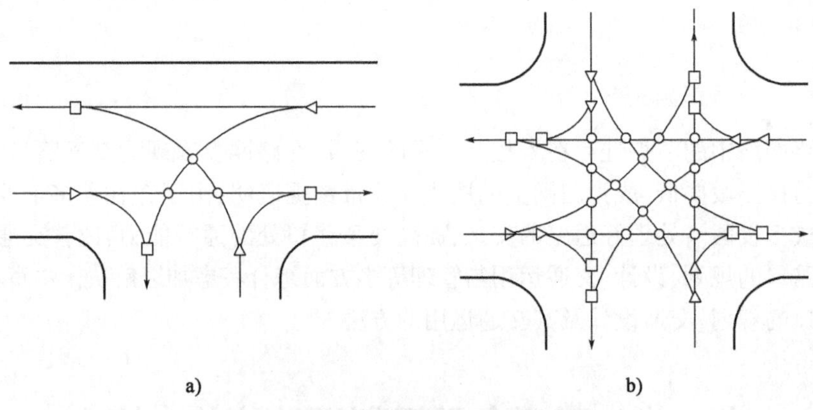

图 10-1 无信号控制平面交叉路口的冲突点

a)丁字路口;b)十字路口

注:图中符号的意义见表 10-1。

各类交叉路口的冲突点数量 表 10-1

交叉路口类型	冲突点数量(个)			
	交叉点○	合流点□	分流点△	总计
三岔路口	3	3	3	9
四岔路口	16	8	8	32
五岔路口	50	15	15	80
六岔路口	124	24	24	172

从上述图表中可以看到,在无交通管制的交叉路口,存在各种冲突点。其数量随着相交道路条数的增加而显著增加,其中交叉冲突点数量的增加最快。因此,在规划设计中应避免多条道路相交的情况。

左转弯车辆是产生冲突点最多的因素,如十字路口,如果没有左转弯车辆,则冲突点大为减少,由 16 个减为 4 个。因此,在交叉路口的规划设计与运用中如何处理和组织左转弯交通,是保证交叉路口交通安全和通畅的关键。

减少或消除冲突点可以在空间和时间两个方面采取措施。具体可采用以下三种措施:①实行交通管制,即在交叉路口设置交通信号灯或由交通警察指挥,使发生冲突的车流从通行时间上错开。例如,十字路口实行信号控制后,交叉冲突点由 16 个减少为 2 个,分、合流冲突点由 8 个减至 4 个。若实行禁止左转的交通管理措施,则可以完全消除交叉冲突点。②采用渠化交通,即在交叉路口内合理布置交通岛、交通标志和标线,或增设车道灯,引导各方向车流沿一定路径行驶,减少车辆之间的相互干扰,如环形平面交叉可消除交叉冲突点。③修建立体交叉,将相互冲突的车流从通行空间上分开,使其互不干扰。当交叉路口的交通需求超过一定标准时可以考虑修建立体交叉。

2. 平面交叉路口规划设计的基础知识

1)平面交叉路口的通行能力

如图 10-1 所示,在平面交叉路口由于纵横交叉的交通存在,会出现许多冲突点。这些冲突的交通使平面交叉路口成为路网中的瓶颈。为了安全处理这些冲突的交通流,最简单有效的方法就是利用交通信号机,对通行时间进行分割,从时间上减少冲突点。由于时间被分割了,所以与简单路段或立体交叉设施相比,平面交叉路口的通行能力会降低。由于平面交叉路口处的通行权受到时间分割,同时存在着交叉冲突和分、合流冲突,所以与简单路段、立体交叉设施相比较,平面交叉路口的通行能力要小(表 10-2)。因此,在平面交叉路口的规划、设计、运用管理中,应该在避免引起堵车上下功夫。

通行能力的比较 表 10-2

项　目	简单路段	立体交叉	平面交叉
通行权	不受限	不受限	时间分割
交通冲突	无	分、合流,交织*	交叉,分、合流
通行能力	大	大	小

注:* 交织交通是立体交叉中特有的一种交通冲突。严格地说,交织包含了分、合流冲突。

平面交叉路口的通行能力,可以通过利用饱和交通流率针对各个流入口分别算出。所谓饱和交通流率,是指绿灯时间连续的情况下,单位时间内某个断面可以通过的最大交通量,其单位是"辆/绿灯小时"。交叉路口的进口道的通行能力可以通过饱和交通流率乘以绿灯时间的比率来计算,即交叉路口流入口的通行能力 = 饱和交通流率 × 进口道绿灯时间的比率。

2)平面交叉的交通需求

交叉路口信号设置时,需要根据各个进口道的交通需求确定信号的相位,因此有必要搞清平面交叉路口的交通需求。在路段上,实际观测到的交通流量通常就是该路段的交通需求。那么,在交叉路口停止线观测计量到的交通量是交通需求还是通行能力?在没有交通拥堵的情况下，在停止线计量到的交通量，尽管略有时间上的差异，仍大致等于交通需求。但是应该注意，一旦发生了交通拥堵，停止线上的交通量就不再是交通需求，而是变成了通行能力。

交通拥堵发生时的交通需求的计量方法有下列几种：

(1)在不受交通拥堵队列长度影响的上游计量交通量，将其作为交通需求的方法(图10-2)。

(2)从停止线上可以处理的车辆数与等待队列长的增减量，来推算交通需求。

(3)求出停止线通过车辆的延误时间，通过把延误时间(从计量的旅行时间中减去行车时间)向左移动来推算交通需求的方法。使用此计量方法无须观测全体车辆，使用信号周期中的样本即可获得。图10-3为交通需求的推测方法。

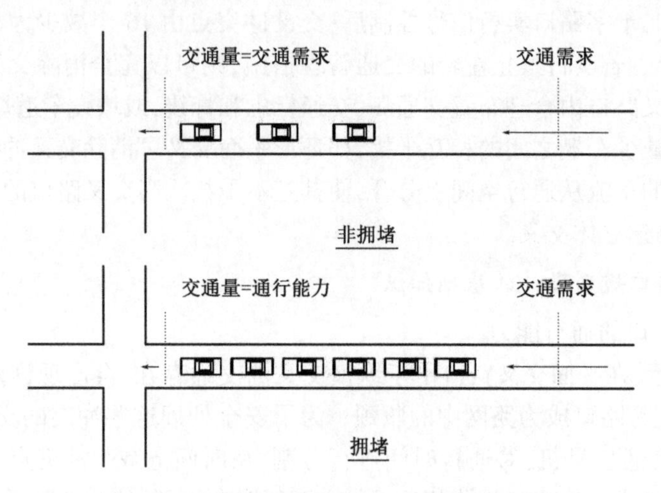

图10-2　平面交叉路口的路口交通需求的计量方法

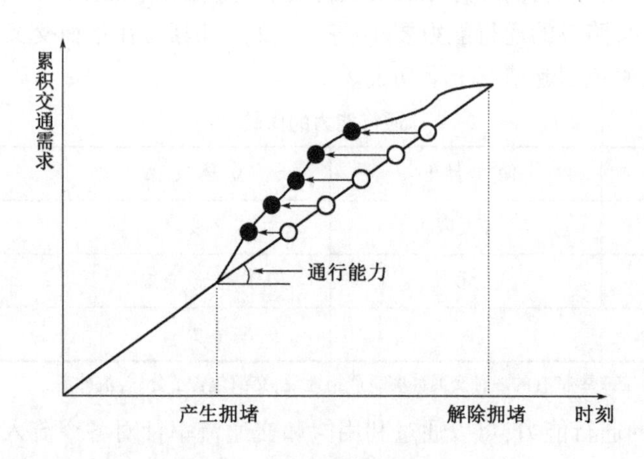

图10-3　交通需求的推测方法

3)通行能力与交通需求的关系

在进行平面交叉路口的规划设计时，首先应该正确理解通行能力和交通需求的关系。通行能力是指某个地点可能通过的交通量的最大值。交通需求是准备通过的交通量。两者的单位都是“辆/h”。

当交通需求小于通行能力时，不会发生交通拥堵；当交通需求超过通行能力时，交通拥堵就会发生。交通拥堵通常会在通行能力较低的地点(瓶颈处)发生。平面交叉路口就是很有代表性的瓶颈地点。另外,铁路道口以及合流地点等都会成为瓶颈处。图10-4所示为某地点交通需求与通行能力的关系,当某一时刻交通需求超过通行能力时,会发生交通拥堵,其直接表现为排队长度加长,延误时间加长。

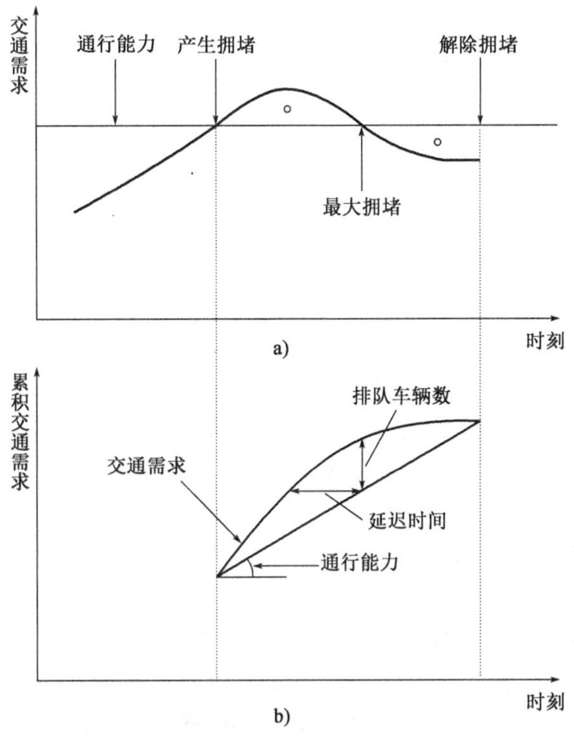

图10-4 某地点交通需求与通行能力的关系

a)交通需求;b)累积交通需求

3.信号控制的基本知识

1)信号控制的目的与目标

交通信号机通过红、黄、绿三种不同颜色的表示给予平面上相互交叉的交通以通行权。交通信号机的设置与运用从时间上将相互冲突的交通予以分离,保证了安全通畅的交通秩序。通过确保交通流的通畅,可以减少空气污染以及噪声等交通公害,保护城市的生活环境。

确保交通安全是信号控制的目的之一,因此信号控制应该注意以下事项:

(1)将交叉路口交通流的冲突点变为最少。

(2)确保沿线地区横穿道路的安全。

(3)适当控制车辆的行车速度。

信号控制的最优化标准是延误。延误是车辆实际的旅行时间与不受信号控制影响时旅行时间的差值。使通过信号交叉路口的所有车辆的延误总和最小化是信号控制最优化的目标。作为附加基准,信号控制还考虑需要下述三点:

(1)通过信号交叉路口为止的停车次数。

(2)通过信号交叉路口为止的通行方向红色信号的出现次数,即等待信号的次数。

(3)各个进口道上的车辆的平均延迟之差(考虑到均衡性,应该保证各条进口道上车辆的平均延迟之差不宜过大)。

2)信号控制参数的种类与功能

在城市中,交叉路口的交通信号控制十分普遍。信号控制的方式有多种。信号控制参数大致可以归纳为信号的相位、周期长、绿信比和相位差(Offset)等几类。

(1)信号的相位

信号的相位是指在一个交叉路口,对于某个或某组交通流同时给予的通行权,或是给该通行权分配的时间段。

在交叉路口内的交通事故中涉及左右转弯的事故最多,因此需要在对其相关因素(如交通状况,特别是横穿道路的步行者交通量、年龄段、交通行为、横穿距离以及左右转弯交通量、与对向车道的间隔、视野的良好程度)进行分析的基础上,研究左右转弯车辆与横穿道路步行者以及直行车分离的相位构成。

通常相位数越多,交通流的组合越少,安全性会得到提高,同时交通处理的效率就会降低。这是因为随着相位切换频度的增加,实际用于处理交通的有效时间减少,时间损失增加。

在我国城市中,非机动车以及行人的交通量比例较大,信号设置中应该予以特别的考虑。因此在相位设置过程中要根据具体情况,综合考虑交通处理的效率性以及非机动车和行人的安全性,决定是否有必要设置非机动车、行人的专用相位。

(2)周期长

周期长是指一个信号灯的表示由红、黄、绿一系列变化所需要的时间,通常用“s”来表示。

(3)绿信比

绿信比表示了分配给各个相位的时间比例。通常以一个信号周期内绿灯时间的长度(秒)对于周期长的百分率来表示。绿信比按照对应于各个相位的交通需求占通行能力的比例来分配,或者说,绿信比对应于各个信号的相位的控制流量在组成周期的全部信号相位的控制流量比之和中的所占比例。

(4)相位差

相位差是把复数个信号机连接起来进行控制时使用的参数。比如,在一连串的相邻信号交叉路口,为了保证某一方向行驶的交通无须停止地顺利通过各个交叉路口,需要把绿色信号的开始按照行车方向从上游到下游逐渐推迟。这一延迟的时间称为相位差。相邻信号机群与共同的基准交叉路口之间的差值为绝对相位差,相邻信号机之间的差值称为相对相位差。两者都以秒数或是对于周期长的百分率来表示。

3)平面交叉路口信号机的设置要点

信号机设置与否主要取决于车辆交通量。交通量在一定程度以下时无须设置信号机,采用停车让行或减速让行等交通管理措施就可以处理,但是当交通量超过一定范围时将无法通畅地处理交通,而且容易发生事故。

无信号交叉路口的通行能力可以通过交通流理论中可接受间隙(Gap Acceptance)理论来推导。具体可参见有关交通流理论的研究成果,本文不再详细介绍。间隙的临界值受到行车速度、横穿道路行为的影响,随着道路的种类、地区的特性不同而不同。一般在主要干线道路上为6s,在市区街路上大约为5s。但是应该指出,在中国由于驾驶员普遍还没有形成良好的驾驶习惯,这一时间更短,很多情况下横穿车辆会影响到正常行驶的车辆,迫使其减速甚至停车。

我国《道路交通信号灯与安装规范》(GB 14886—2016)中对交叉路口信号机的设置作了

具体规定。当进入同一交叉路口高峰小时或任意连续 8h 交通流量超过表 10-3 和表 10-4 所列数值，或交通事故发生次数超过一定限制及有特别要求的路口可设置机动车道信号灯。设置机动车道信号灯的路口，当非机动车驾驶员在路口距停车线 25m 范围内不能清晰视认用于指导机动车通行的信号灯的显示状态时，应设置非机动车信号灯；对于机动车单行线上的路口，在与机动车交通流相对的进口应设置非机动车信号灯；非机动车交通流与机动车交通流通行权冲突，可设置非机动车信号灯。另外，在采用信号控制的路口，已施划人行横道标线的，应设置人行横道信号灯；行人与车辆交通流通行权冲突，可设置人行横道信号灯。

参照高峰小时流量路口设置信号灯的交通流量标准表 表 10-3

主要道路单向车道数（条）	次要道路单向车道数（条）	主要道路双向高峰小时流量（pcu/h）	流量较大次要道路单向高峰小时流量（pcu/h）
1	1	750	300
		900	230
		1200	140
1	≥2	750	400
		900	340
		1200	220
≥2	1	900	340
		1050	280
		1400	160
≥2	≥2	900	420
		1050	350
		1400	200

注：1. 表中交通流量单位为小客车当量交通量。
2. 车道数以路口 50m 以上的渠化段或路段数计。
3. 主要道路为两条相交道路中流量较大的道路，次要道路为两条相交道路中流量较小的道路。

参照任意连续 8h 流量路口设置信号灯的交通流量标准表 表 10-4

主要道路单向车道数（条）	次要道路单向车道数（条）	主要道路双向任意连续 8h 平均小时流量（pcu/h）	流量较大次要道路单向高峰小时流量（pcu/h）
1	1	750	75
		500	150
1	≥2	750	100
		500	200
≥2	1	900	75
		600	150
≥2	≥2	900	100
		600	200

4. 平面交叉路口的几何构造与交通控制的协调

平面交叉路口的畅通与安全，与交通信号、停车让行、单向通行、禁左通行等交通管理的方式及其内容密切相关,另外与公交站点的设置位置等交通运用(交通管理)方面的措施有很大关系。当然,平面交叉路口的几何构造随着交通控制方式以及管理措施的不同也会发生变化。

平面交叉路口的交通控制与作为道路构造的交叉路口本身一样具有同等的重要性。两者如同软件与硬件的关系,只有两者形成有机的一体,才形成了交叉路口。交叉路口交通控制的好坏,很大程度上影响着通行能力、延误时间、事故发生率等表示交叉路口好坏的指标。

通常交叉路口越是大型、复杂,道路构造同交通控制的相互关联就越紧密,需要对两者同时进行一体化、整合的规划设计。

平面交叉路口的规划设计中需要假设并探讨交通运用,然后确定与之对应的几何构造。换句话说,在没有假设交通运用方法的情况下,无法进行平面交叉路口的规划、设计。相反,无视平面交叉路口的几何构造的交通运用,其效果甚微,有时甚至会降低安全性,还会增加延迟。也就是说,平面交叉路口的几何构造与交通控制有着紧密的相互制约、相互依存的关系,无法单独处理其中之一。例如,从安全的角度出发,当需要设置左转弯专用相位时,必然需要左转弯车道。还有,同一个方向有两个车道的道路上采用停车让行或减速让行的管理措施通常是危险的,因此次要方向道路如需加宽路幅时,就必须设置信号机进行控制。有时,相邻的交叉路口的设置、交叉角度、多枝交叉的枝数的设置,需要与单行或是指定方向通行外禁止通行等交通管制措施相结合,通过研究如何对其综合处理,最终从保证安全以及提高通行能力角度加以确定。另外,使用停车让行或减速让行措施的路口达到通行能力极限值时,可以选择改为信号机控制或在主道路上设置中央分隔带,把交通需求转移到其他交叉路口。

因此,设计平面交叉路口时,无论是新建还是改建,必须同时考虑平面交叉路口的几何构造与交通控制。这一点尽管十分重要,但是目前我国城市道路的建设由市政部门负责,交通管理与控制由交警部门负责,这样就需要两个行政部门的管理者加强沟通与合作,解决好关于交叉路口的问题。

5. 平面交叉路口规划设计要点与原则

1)服务水平与设计交通量

(1)服务水平与规划水平

平面交叉路口的服务水平表示利用该交叉路口的人们所能得到的服务质量的高低,可以使用通过所需时间、延误时间、停止时间、停车次数或是停车概率、焦躁程度等指标进行衡量。

服务水平,顾名思义,就是衡量和评价使用中的交叉路口的服务质量的尺度,通常把交叉路口的服务水平分为若干个等级。除此之外,服务质量的高低在新建或是改建时作为设计条件使用。日本的《道路构造令》中根据信号的周期长度对规划水平进行了划分(表10-5)。在用于规划设计时,"服务水平"被称为"规划水平"。用规划水平1来进行设计,就是说交叉路口的规划、设计,应该满足服务水平1。

《道路构造令》中平面交叉的规划水平　　表10-5

规划水平	信号周期长(s)	规划水平	信号周期长(s)
1	70以下	3	100以上
2	70~100	—	—

对于无信号控制的交叉路口,上述的以周期长度为指标的服务水平则无法适用。因此,可以认为无信号控制的交叉路口的服务水平为1。

作为规划水平使用时,规划水平3原则上不适用于新设时的规划设计。规划水平2只适用于城市干线道路相互间的平面交叉。其他情况宜使用规划水平1。如果能够恰当地选择信号周期长度,整体的服务水平应该能得到提高。

美国的HCM2000以每辆车平均延误时间为指标,把信号交叉路口的服务水平分为A~F 6级,见表10-6。HCM2000中还给出了每辆车平均延误时间的计算公式,详细内容可以参考HCM2000。

HCM2000中信号交叉路口的服务水平 表10-6

服务水平	平均延误时间(s/辆)	服务水平	平均延误时间(s/辆)
A	10以下	D	35~55
B	10~20	E	55~80
C	20~35	F	80以上

在很长一段时间内,我国几乎没有在有关规范中规定交叉路口的服务水平计算方法,交通工程师常常参照美国HCM2000或者由此衍生的国内交通方面的教材进行交叉路口通行能力的计算,直到2010年住房和城乡建设部批准通过《城市道路交叉路口规划规范》(GB 50647—2011),在附录A对各类交叉路口的通行能力计算方法进行了规定。信号交叉路口通行能力可按式(10-1)计算。信号交叉路口基本饱和流量S_b符合表10-7的规定。

$$CAP = \sum_i CAP_i = \sum_i S_i \lambda_i \tag{10-1}$$

式中:CAP——信号控制交叉路口进口道通行能力,pcu/h;

CAP_i——第i条进口车道的通行能力,pcu/h;

S_i——第i条进口车道的规划饱和流量,pcu/h;

λ_i——第i条进口车道所属于信号相位的绿信比。

信号交叉路口基本饱和流量 表10-7

车道	基本饱和流量S_b(支路、次干路、主干路)
直行车道(S_{bt})	1500、1650、1750
左转车道(S_{bl})	1450、1550、1650
右转车道(S_{br})	1350、1450、1550

(2)设计交通量

平面交叉路口有两条以上的道路相交叉,各自有随着时间变动的交通量朝着各自的方向行进,设计交通量的取值与简单路段相比更为复杂。

作为平面交叉路口的设计交通量,使用各个方向(直行、左右转向)、各个车种的小时交通量。除了特殊情况,一般使用大型车和其他车辆(分为两类),有时加上摩托车(分为三类)。步行者与非机动车的交通量可以用来确定非机动车道、人行横道的宽度。对于行人交通量较大的路口可以按照《城市道路交叉路口规划规范》的规定,通过设置人行天桥或地下通道来处理。对于自行车大量存在的路口,可以在根据机动车进行信号配时的基础上,对信号控制交叉路口配时流程进行修正。

设定设计交通量时,已有交叉路口的改良,与规划道路上新设交叉路口的情况不同,需要采用完全不同的方法。

已有交叉路口改建的时候,通常使用观测交通量。但是,当需要实施立体交叉,交通形式发生很大变化时,有时使用推定交通量。

新建道路时,有时交通量很难把握,对于推定的设计交通量应留一些富余进行规划设计,在投入使用后适当的时期进行调查,有必要时予以修正。

2)设计车辆与通行方法以及设计速度

在平面交叉路口的规划、设计,特别是几何构造设计中,首先应该确定有什么样的车辆、以什么样的速度、如何左右转弯等基本条件,然后加以对应。

(1)设计车辆

《城市道路工程设计规范(2016 年版)》(CJJ 37—2012)对机动车、非机动车设计车辆及其外廓尺寸有如下规定(表 10-8、表 10-9)。在道路设计中所使用的机动车的车辆为小客车、大型车和铰接车三种。在交叉路口规划设计中需要把这三种车辆作为设计车辆。

机动车设计车辆及其外廓尺寸(单位:m)　　表 10-8

车辆类型	总长	总宽	总高	前悬	轴距	后悬
小客车	6	1.8	2.0	0.8	3.8	1.4
大型车	12	2.5	4.0	1.5	6.5	4.0
铰接车	18	2.5	4.0	1.7	5.8 +6.7	3.8

非机动车设计车辆及其外廓尺寸(单位:m)　　表 10-9

车 辆 类 型	总　长	总　宽	总　高
自行车	1.93	0.6	2.25
三轮车	3.40	1.25	2.25

设计车辆的选择应该结合在交叉路口处车辆的通行方式加以选择。所谓交叉路口的规划、设计阶段车辆的通行方式的选择,是指确定车辆在左右转弯时需要占用车行道的哪些部分。比如,小客车右转弯时,可以从最右侧的车道右转直接进入最右侧的车道,普通汽车尤其是铰接车可能会占用道路的右侧或占用整个道路才能够右转。由于通行方式的选择很大程度上影响着交叉路口的安全性和通行能力,因此原则上应该按照无须侵占其他车道即可左右转的原则进行设计。把交叉路口设计成铰接车也无须侵占其他车道左右转是可行的,但是这不一定是最好的选择。因为这样在设计中需要加大转弯半径和车道宽度,不仅不经济,而且会造成右转车辆速度过大,威胁行人的安全。另外,过宽的转弯车道会导致车辆并行进入,诱发侧面接触事故以及其他事故的增加。

因此,确定设计车辆与通行方式的组合时,应该在综合考虑道路的特点、功能、地区特性、沿线状况、行人等的基础上,做出适当的决定。

(2)设计速度

交叉路口处的设计速度原则上应该与各自方向的路段的设计速度一致。但是,当主道路与次道路的优先关系十分明确时,次道路一侧连接交叉路口部分的速度宜比路段低一些。特别是当交叉角度很小时,与以较高的设计速度交叉相比,把连接部速度降低,插入一段曲线段,使交叉角度接近直角的做法更为合理。

在平面交叉路口,左右转车道等附加的车道通常都需要加宽路面宽度,为此,在可能的条件下需要压缩中央隔离带以及绿化带。但是,如果仍然没有足够的空间时,就需要考虑把车道宽度变窄。这时,包括左右转交通,平面交叉路口全体的通行能力有所提高,但是,随着车道变窄,车辆之间侧向剐蹭事故可能会增加。以往研究表明,即使交叉路口处的车道很窄,交叉路口处的车速与前后路段的速度相比,其差值超不过10km/h。因此,减小车道宽度的渠化措施应在对其优缺点进行分析的前提下慎重考虑。

在交叉路口连接处采用低于路段的速度时,过大的速度差将会在连接部产生剧烈的速度变动,使交通流紊乱,对交通安全造成威胁。因此,这一速度差值应该控制在20km/h左右,同时在交叉路口连接部与路段之间(幅宽变化的衔接、曲线部的缓和曲线,以及视距等)的设计中,应该注意让驾驶员能够做到自然减速。

3)规划阶段的一些原则事项

确定平面交叉路口的形状,枝数、交叉角度、间隔以及连接部的基本形态是在交叉路口规划设计阶段之前进行的。

这些基本的交叉路口形态,对于交叉路口的安全性与交通处理能力有着决定性的影响。在这个阶段如果留下错误或是缺陷,在设计以及改造的阶段几乎难以弥补,会出现交通处理能力降低、事故发生等让使用者和管理者双方头疼的事情。

因此,在新建规划阶段必须对交叉路口形态做出合理恰当的规划,如果规划中有缺陷需要及时变更规划加以修正。

(1)平面交叉路口的枝数

平面交叉路口原则上不能为5枝及以上。

平面交叉路口的交通流的交叉、合流、分流冲突点的数量随着枝数的增加迅速增加(表10-1),驾驶员需要很高的注意力和判断力,否则危险大为增加。另外,为了应对复杂的交通流,需要把信号的相位加以细分,由于各个相位的绿灯时间减少,交通处理能力也随之迅速下降。

注意事项如下:

①不能把新建道路连接到已有的平面交叉路口上。即使已有平面交叉路口属于中小道路相互交叉的交叉路口,也不建议如此连接(图10-5)。

②选线时由于其他原因不得不在已有的平面交叉路口上设置新设道路时,需要同时对已有道路的替换、整理规划。

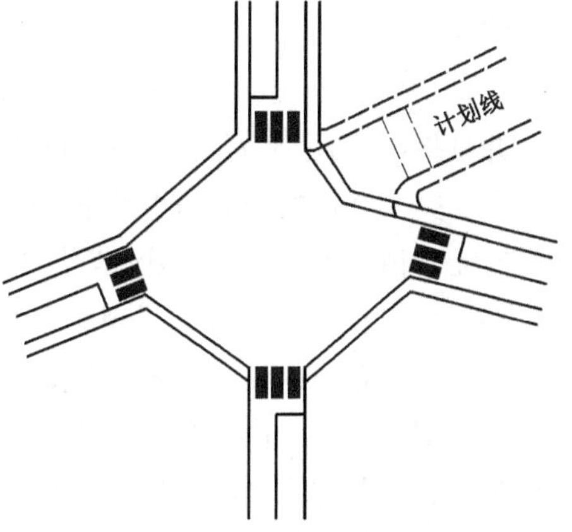

图10-5 规划道路不宜连接到已有交叉路口上

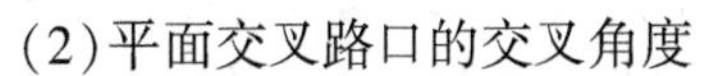

(2)平面交叉路口的交叉角度

规划时必须把相互交叉的交通流做成直角或是接近角度,一般为75°以上,不得已的时候其角度也应为60°以上。交通流直角相交的目的是尽可能减小交叉面积,以使驾驶员易于判断车辆的相对位置及速度。

在直角或者接近直角的交叉路口,相互交叉车行道的横断距离最短,交叉部分的面积也最小。当锐角交叉的时候,存在视野盲区,不易于驾驶员把握车辆的相对位置及速度,进而做出正确判断。

当不能满足交叉角度的要求时，在保证主路优先通行的前提下，需要改造次路的交叉角度。交叉角的改善方法示例如图10-6所示。

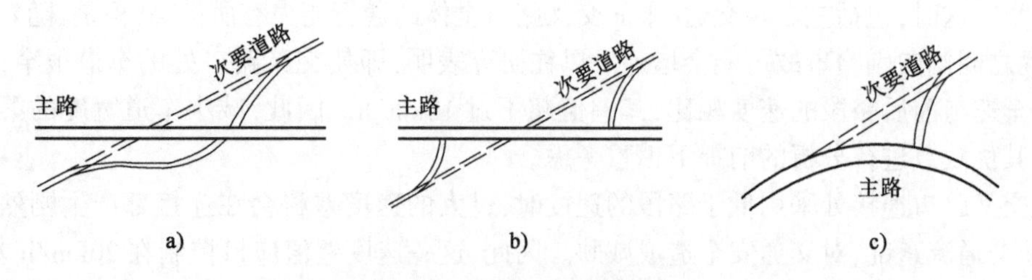

图10-6 交叉角度改善示例

a)斜交改正交；b)斜交改为两个正交；c)丁字路口斜交改正交

交叉路口改良时应该注意以下几点与交通的安全性和交通处理能力有关的事项：

①修正交叉角度要以次要道路为对象进行。优先一方的交通应该尽可能保持平缓流畅的线形。

②担负小范围交通的次要道路与主要干线道路相交，采用停车让行或减速让行的控制措施时，必须把交叉角做成直角或是与之相近的角度。

③但是应该注意，当让交通流合流时，则需要把交叉角度做小，尽可能使两个交通流之间不产生大的速度差。

(3)平面交叉路口的间隔

平面交叉路口的间隔理想上应该是充分大，但由于有土地利用状态以及与其对应的道路网密度的约束，有时必须在近距离配置交叉路口。

在日本，平面交叉路口设计方法中给出了依照交织段交通量的平面交叉路口间隔的近似计算的经验公式：

$$\text{平面交叉路口间隔} = \text{计算行车速度}\ v(\text{km/h}) \times \text{单侧车道数} \times 2 \tag{10-2}$$

并且指出，两个平面交叉路口行程时间应大于5s，最小间距为150m。

平面交叉路口的间隔与事故率之间有着一定的关系。日本的统计数字表明：在不考虑信号灯有无的情况下，在城市地区信号间隔到250m为止事故率在增加，到800m附近事故率大致保持不变，当超过800m时呈现减少的倾向。

平面交叉路口的最小间隔主要受以下几个因素的制约。

①交织段长度。由交织段长度造成的对于交叉路口间隔的制约，几乎在产生交织的任何场合都存在。相邻交叉路口的交织如图10-7所示。交织交通量比较少的情况下事实上不会出现问题，但是交织交通成为主要交通流时，现实当中从安全性以及处理能力方面都出现问题的事例很多。在上游交叉路口(交织区间起点)如果利用信号控制虽然可以去除交织现象，但是可能带来追尾事故以及延误增加等不良后果，难于彻底解决。

交织所需要的区间长度可以认为随着速度、交织交通量以及车道数的不同而变化。当交织段较短时，有人认为增加车道数把交通流分开即可，但是在图10-7a)中平面交叉路口间的交织现象的场合，增加车道数反而使情况恶化。

目前由于还没有确立相邻交叉路口间的交织段所需区间长度的计算方法，尚无法以具体数值的形式给出所需交叉路口间隔。具体的场合中,不得不依靠规划人员的经验做判断。尽可能大地估算交织交通量,从安全的角度得到的大致的交叉路口间距值,可以以“设计速度(km/h)×单侧车道数×2=所要交叉路口间隔(m)”来估算。但是实践研究过程中发现,交织交通量不是那么大,比上述基于安全考虑确定的数值偏低的间隔,大多数的情况下也不会发生问题。因此,上述的数值意味着无须再对交织段长度进行检验的足够的间隔。

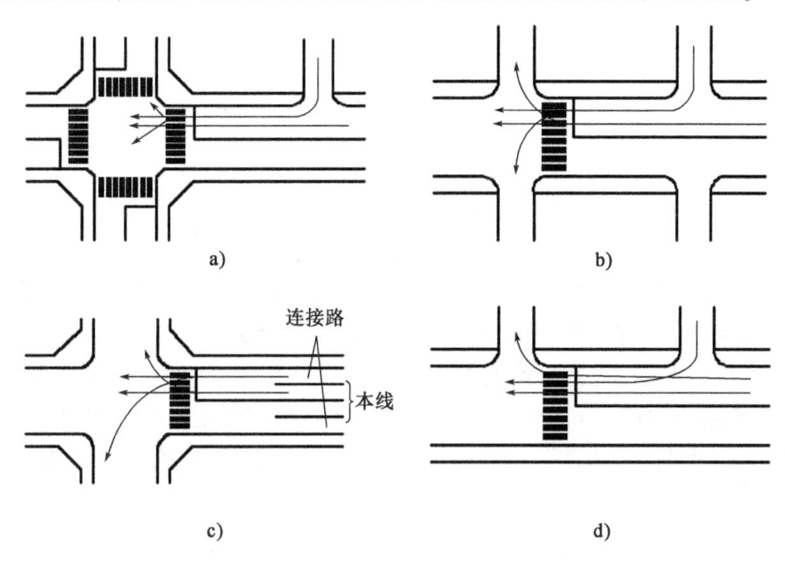

图 10-7 相邻交叉路口的交织

a)十字路口与近距离丁字路口的交织;b)主辅路之间的交织;c)相邻十字路口的交织;d)相邻丁字路口的交织

②信号控制的滞留长度。平面交叉路口的间隔需要考虑由于信号控制的滞留车辆不能使相邻交叉路口堵塞。通常两个相邻交叉路口的信号可以采用系统控制,此时主要流向很少产生由于滞留长度对于交叉路口间距发生制约的事例。但是与主流合流的左右转交通在多数情况下会对交叉路口的间隔产生制约。

③左转车道长以及减速车道长。相邻交叉路口的距离有时会受到左转车道长的制约,最小交叉路口间距可以根据每一个周期的左转设计交通量来确定。

④驾驶员注意力的界限。在相邻的交叉路口,通过一个交叉路口后,当注意力下降时又进入了下一个路口,或者是没有足够的时间对下一个路口进行观察以及获得信息的情况下就会进入路口。路口越大,这种影响越为复杂。但是对于这些方面的研究很少,还无法据此定量地给出相关规定。

作为参考,表 10-10 给出了英国的城市道路交叉路口间隔最小值的有关指标。

英国的城市道路交叉路口间隔最小值 表 10-10

道路的种类	交叉路口间隔的最小值(m)	道路的种类	交叉路口间隔的最小值(m)
主要干线道路	550	干线道路	275
辅助干线道路	210	区划街路等	90

(4)平面交叉路口以及连接部的形态

平面在交叉路口的设计中,必须避免出现让主线交通左右转弯的不规则或是异形交叉路口。比如,T 形交叉路口正交方向成为主线交通时,应该如图 10-8a)所示,避免折角,将主流方向做成直行道路;四支交叉路口正交方向成为主流方向时,也应同样处理,如图 10-8b)所示。

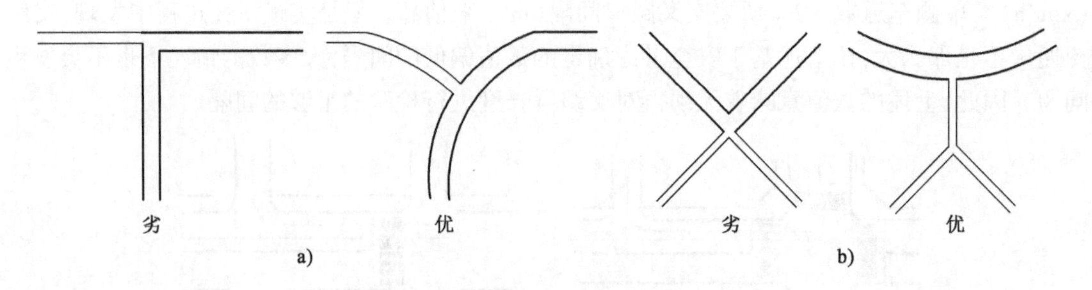

图 10-8　回避不规则交叉路口的方法示例

a)T 形交叉路口的情况;b)四支交叉路口的情况

错位交叉路口等异型交叉路口应该尽量避免。错位交叉路口可以认为是两个非常接近的 T 形交叉路口(图 10-9)。这样的平面交叉路口的交叉区域变得非常大,各个交通流的行走路径复杂,而且大多数情况下,需要配置人行横道信号和交叉信号灯器,安全性和交通处理能力都很低。错位交叉路口的错位间距在 40m 以下时,需要按照图 10-9b)、图 10-9c)所示进行改造;当间距为 40m 以上时,主次道路车道数不多,且交通量都不大,交叉以及左转交通量少时,不一定进行改造。

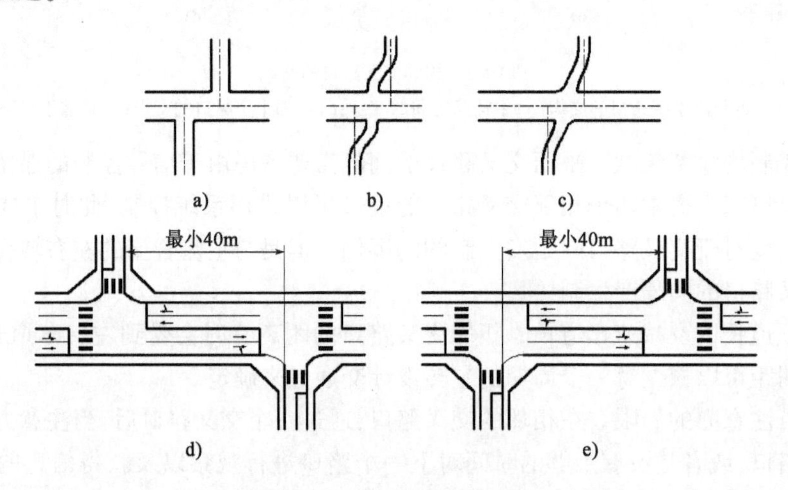

图 10-9　错位交叉路口的修正示例

a)错位交叉路口;b)错位调整为直交;c)错位调整为斜交;d)错位交叉路口设计示例(正);e)错位交叉路口设计示例(反)

当修正或改造困难时,可以作为两个 T 形交叉路口进行设计,确保平面交叉路口之间具有普通平面交叉路口所必需的距离,适当拓宽路口,进行渠化,如图 10-10a)、图 10-10b)所示;当道路中间有高架设施形成的中央隔离带时,可以在中央隔离带的适当位置设置开口,通过掉头的方式满足左转弯的需要,如图 10-10c)所示。

平面交叉路口的连接部,平面线形和纵断线形必须尽可能保持平缓。

平面交叉路口附近的线形对于信号以及交叉路口的视距、制动停止距离、交叉道路的视野都有影响,容易使安全性与交通处理能力降低有关联。

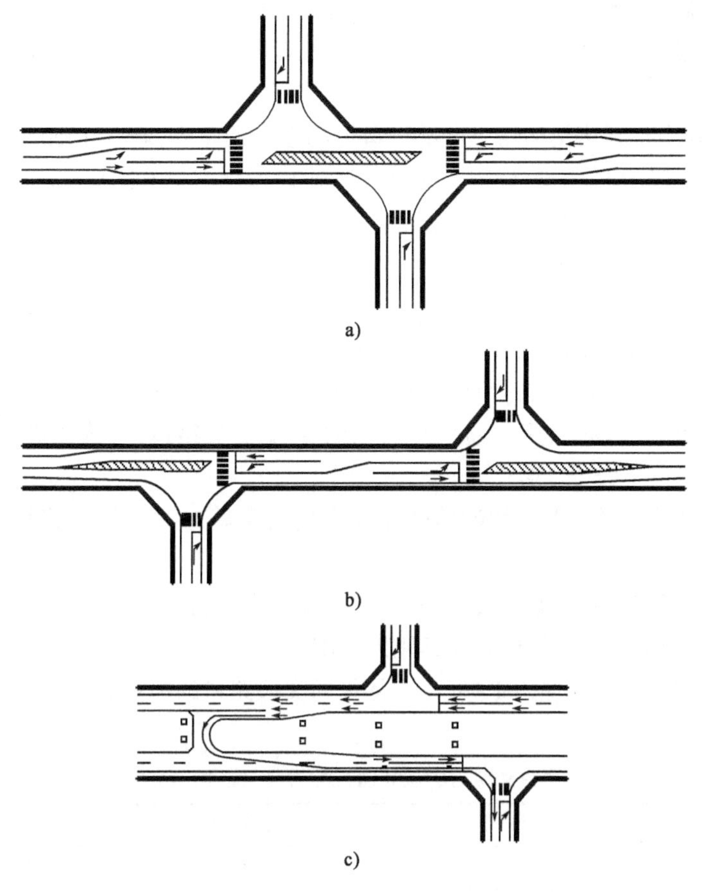

图 10-10 错位交叉路口的设计示例

a)左错位交叉路口;b)右错位交叉路口;c)掉头左转设置

第二节 规划设计的步骤与具体方法

1. 相关标准与规范

在我国,作为城市道路的规划设计的标准,主要有《城市道路交叉路口规划规范》(GB 50647—2011)、《城市综合交通体系规划标准》(GBT 51328—2018)和《城市道路工程设计规范(2016 年版)》(GJJ 37—2012)。城市道路规划设计必须符合有关的规定。此外,不同地区可能还有各自的规划设计标准,应予参照。

《城市道路交叉路口规划规范》(GB 50647—2011)为强制性国家标准。在"3.2 城市道路交叉路口分类、功能及选型"中规定,交叉路口选型,在总体规划阶段,受到规划条件限制,只能按相交道路类型的分类选择平面交叉路口或立体交叉路口,并视条件可初步选择立体交叉形式;在控制性详细规划阶段,有条件的可根据交叉路口相交道路类型的分类及其功能与基本要求的不同,选定合适的交叉路口类型。当有多种类型可选、难作抉择时,可按如下交通量大小参考选型:

(1)预测高峰小时到达交叉路口全部进口道的总交通量不超过800pcu/h的住宅区或工业区内部、相交道路地位相当、无安全隐患支-支交叉路口,可选择全无管制交叉路口(平B3类)或环形交叉路口(平C类)形式。

(2)预测高峰小时到达交叉路口全部进口道的总交通量在800~1000pcu/h范围内,需要明确规定主次通车权的次-支交叉路口,可选择减速让行标志交叉路口(平B2类)形式。若视距受限,按减速让行通车规则不够安全的次-支交叉路口,应选择停车让行标志交叉路口(平B2类)形式。

(3)预测高峰小时到达交叉路口全部进口道的总交通量大于1000pcu/h,且到达支路全部进口道总交通量大于400pcu/h的次-支交叉路口和主、次干路与主、次干路交叉路口,应选择进、出口道展宽的信号控制交叉路口(平A1类)形式。

(4)某些有特殊原因必须用交通信号控制的支-支交叉路口,可选择进、出口道不展宽的信号控制交叉路口(平A2类)形式。

(5)主-支交叉路口及支路与快速路辅路相交的交叉路口可选择支路只准右转通行交叉路口(平B1类)形式。

城市道路交叉路口,应根据相交道路的等级、分向流量、公共交通站点的设置、交叉路口周围用地的性质,确定交叉路口的形式及其用地范围。

无信号灯和有信号灯管理的T形、十字形平面交叉路口的规划通行能力,可按表10-11的规定采用。

平面交叉路口的规划通行能力(单位:10^3pcu/h)　　表10-11

相交道路等级	交叉路口形式			
	T形		十字形	
	无信号灯管理	有信号灯管理	无信号灯管理	有信号灯管理
主干路与次干路	—	3.3~3.7	—	4.4~5.0
主干路与次干路	—	2.8~3.3	—	3.5~4.4
主干路与次干路	1.9~2.2	2.2~2.7	2.5~2.8	2.8~3.4
主干路与支路	1.5~1.7	1.7~2.2	1.7~2.0	2.0~2.6
支路与支路	0.8~1.0	—	1.0~1.2	—

注:1.表中相交道路的进口道车道条数:主干路为3~4条车道,次干路为2~3条车道,支路为2条车道。
2.交叉路口的规划设计中,必须对行人和自行车等非机动车加以充分考虑。

2.步骤与方法

平面交叉路口的规划设计可以分为以下5个步骤。

步骤1:掌握规划设计地点的状况。掌握和整理规划设计地点的道路状况、交通状况以及周围状况。

步骤2:平面交叉路口的概略设计。在掌握各种基本状况的前提下,设定对象交叉路口的横断构成。在掌握交通状况的基础上,设定一组绿灯表示同时能够处理的交通流的组合(相位)以及各个组合的处理顺序。

步骤3:平面交叉路口内几何构造设计。设定左右转车的行走轨迹,以确定平面交叉路口的大小。在行走轨迹中反映出车辆的旋回特性,确定交叉路口转角的细部。进行人行横道以及路面标志的设计。

步骤4:研究交通处理(信号配时)。设定清空时间和计算损失时间,由交叉路口进口部的接近速度以及从进口部的停车线到对向车道停止线的设定黄色信号表示的时间和所有信号变红时的时间。假定周期长和绿灯的时间长。设定饱和交通流率以及计算交叉路口的饱和度:由各个进口部的交通处理能力(饱和交通流率)和流入交通量求出路信号表示的时间比率(正规化交通量),求出各个相位最大的正规化交通量(相位的饱和度)。由这个合计值(交叉路口的饱和度)来判断交叉路口能否处理所有的交通。如果不能处理,则需重新调整信号相位的组合。校核并确定规划方案:设定周期长度,利用绿灯时间校核交叉路口处理能力。

步骤5:进行平面交叉路口进口部的几何设计。确定左右转车道长度;采用信号交叉路口时利用周期长度计算滞留所必要的长度;确定交叉路口进口部的路面标志。

第三节 交通安全与交通组织设计

1. 交叉路口的交通事故与交通安全

据日本相关统计,道路交通事故的58%发生在平面交叉路口,城市中交通事故占所有事故的比例为62%,非城市化地区为38%。而且各个国家都有同样的倾向,这种倾向长期以来几乎没有发生变化。因此,平面交叉路口应该是道路网络中事故防止对策中最应该注意的地方。

从事故的发生状况看,车辆之间的事故大约为90%,人与车之间的事故为8%,车辆单独事故最少,只有2%。

在车辆之间的事故中,正面碰头事故最多为42%,接下来是追尾事故大约占21%,右转弯(相当于中国的左转弯)时侧面相撞为13%,左转弯时侧面相撞约为6%。在人与车的事故中,横穿道路时的事故最多,约占全体的6%。

在中国,交通事故的类型与机动化程度高、历史长的发达国家有很大不同。2016年公安部交通管理局的统计结果表明,与交叉路口相关交通事故的比例为22.98%,其中各类平面交叉路口的事故率为22.11%,立体交叉为0.87%。这一结果可能是由于公路交通事故比例较大(54.2%),城市道路事故比例较小(45.8%)造成的。

2. 交通安全措施

1)平面交叉路口的安全对策

(1)事故的原因与要因

为了制定合理的安全对策,应该首先搞清楚交通事故的原因。交通事故的原因可以列举出“无视信号”“违规转弯”“没有让行”“违反优先通行规定”等很多违反交通法规事项。但是应该指出,交通事故是多种条件叠加在一起而发生的,上述的违法行为本身不足以导致事故的发生。交通事故的要因大致包括:

①道路构造以及交通控制等的道路、交通及其沿线条件。

②与通行车辆相关的条件。

③与驾驶员、步行者等通行者相关的条件。

④天气以及明暗等环境条件。

交通事故是上述这些要因中的几个重合在一起时才会发生的。

(2)对策的综合性

安全对策有很强的综合性，无法把上述事故要因中的某一项简单当作事故原因，需要从教育、法规和工程三个方面进行努力。

(3)交通的安全性和通畅性

从工程方面考虑的平面交叉路口的安全对策主要有交通管制、信号控制、道路构造等方面的正确运用与改善。也就是说，平面交叉路口的规划、设计中的原则性的各种事项，以及成为其背景的一些基本考虑是安全对策的基本。提高交通的安全性与促进交通的通畅性本质上是不矛盾的。

2)防止交通事故对策的基本事项

防止交通事故对策的基本事项主要包括：

(1)发现易发生事故的地点。

(2)对问题地点进行分析和诊断。

(3)确立对策与实施。

(4)对对策效果进行评价与跟踪。

根据不同情况，有时需要反复重复上述步骤。

3. 交叉路口的交通设计

交叉路口的交通设计包括几何构造的设计和交通组织设计。交叉路口的交通组织设计包括了对车辆和对行人两部分。车辆交通组织的目的是保证交叉路口车辆行驶安全，提高交叉路口的通行能力以保证路口畅通。行人交通组织的任务是确保行人安全、便捷地通过交叉路口。交通组织的设计与几何构造设计多是无法分割的。

平面交叉路口的事故防止措施应该在掌握各个交叉路口的事故要因的基础上分别研究其解决方案。但是通常首先探讨基本事项中是否存在应该改善的内容即可：

(1)交叉路口占地面积的合理化(是否过大?)。

(2)交通流的整理(交通组织设计是否能减少交叉?)。

上述两点条件与各种事故要因相关，也是减少事故发生机会方面的基本内容。

与交叉路口面积的合理化相关的具体的对策包括：①路口交通渠化(如拓宽路口、增加左右转弯车道等)；②设置导流线明确表示通行位置；③改善停车线(缩短停车线之间距离)、人行横道(包括自行车横道)的位置；④黄灯信号以及全红信号表示时间的合理化(为了在信号切换时清空交叉路口内的车辆以及行人)。

关于交通流的整理主要可以具体考虑以下几项内容：①单向通行、指定方向外通行禁止(如禁左等)、禁止车辆通行等的交通管制措施；②通过导入左转信号的相位从时间上分离交通流，改良信号的相位；③通过导流措施对交通流进行整理、渠化；④通过设置行人专用的相位、立体人行过街设施对行人和车辆进行分离。

交通事故防止对策必须根据事故的内容采取适当合理的对策。遗憾的是，在现状中具有各自特性的平面交叉路口的交通事故防止对策的效果还没有被定量地掌握。

下面分别对一些个别交通事故防止对策进行简单的说明。但是应该注意，个别交通事故防止对策会产生波及效果，当若干的对策组合实施时，可能会产生相互抵消的效果。

1)让行措施

让行在我国包括停车让行和减速让行。图10-11为《道路交通标志和标线实用手册》中的停车让行和减速让行禁令标志以及干路先行的指示标志。让行措施的效果虽然没有定量地被证实,但是这一措施明确了交通的优先关系,一般来说对于防止正面冲突是有效果的。但是这一措施受到通行者的意识、行为(是否遵守让行规定)等的影响。

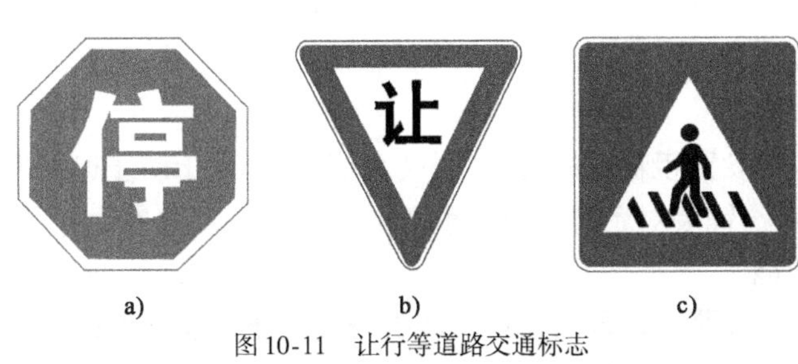

图10-11 让行等道路交通标志

a)停车让行;b)减速让行;c)人行横道

2)架设信号机

现在较大的干线道路相互的平面交叉几乎都是信号控制。信号机的设置主要集中在新建道路,新建学校、住宅区、工厂,以及事故多发地点的平面交叉路口。

信号机的设置对于防止正面碰撞以及过街行人的事故非常有效。但是其副作用是可能会导致追尾事故发生概率的加大,需要引起注意。

3)增设信号灯器

在十字路口设置双面信号灯时,无论道路宽窄,对于防止正面碰撞以及追尾事故的发生都有很好的效果。但是对于其他的机动车之间的事故,以及行人、自行车事故的效果没有得到证实。

4)改良信号相位

平面交叉路口的交通处理上,信号相位发挥着极其巨大的作用,在事故防止方面要特别注意以下内容:

(1)对于事故多发的交通流,即使该交通流的交通量很少,也应把相位进行分离让其独立,在很多情况下可以减少交通的交叉,防止事故的发生,对此有必要进行研讨。

(2)信号的相位应该易于被通行者所理解。同一个相位中流动的交通流中一个方向的交通量多的时候,或是一对左转弯交通中只有一侧交通量多时,可以采用时差式信号,即把交通量少的一方的绿灯提前结束。这个方法除了会给提前结束绿灯一方的左转弯带来问题,也会导致机动车、行人闯红灯,造成左转弯时发生侧面冲突的事故,需要注意。

(3)调整黄灯信号以及全红信号时间(清空时间),避免发生由于行人过早进入路口和车辆(横穿)残留导致的行人事故以及侧面冲突事故。黄灯信号以及全红信号时间过短或过长都是危险的,一般根据交叉路口的大小和车辆的行车速度取4~7s为宜。

5)设定左转专用相位

设置左转专用相位时,对于防止左转时的侧面冲突,以及左转车辆与行人事故的发生有很大的效果。这种情况下,由于绿色箭头信号不易看清,有时会发生追尾等事故。

原则上左转专用相位必须配合左转车道一同设置。

6）左转车处理

左转车道的设置，对于防止与等待左转引起的追尾事故的发生发挥很大的效果。即使由于现场的种种制约无法保证作为左转车道的幅宽的情况，分离左转车辆在交叉路口的处理上也发挥着重要的作用。当左转车辆对后续车辆造成阻碍时，可以考虑通过渠化，做出 1.5m 宽的相当于左转车道的空间供左转车辆使用。但是为了增加左转车道，原来的行车道宽度无法保证时，大型车交通量多的地点以及左转车辆多的地点很可能会引起侧面接触事故，或者路边的自行车事故，需要加以考虑。

7）防滑铺装

在交叉路口直行部设置粗颗粒的铺装，提高摩擦系数，对于防止追尾事故有效果。国外的调查结果表明，设置防滑铺装对于防止行人事故的发生有一定效果。

8）设置道路反光镜

在视野不良的小交叉路口设置反光镜来改善视野对于防止正面碰头事故有效果。但是无法期待其对于防止自行车与行人的事故发生的效果。另外，道路反光镜难于掌握方向和距离感，因此可能会引发事故，需要引起注意。

9）道路照明

道路照明对于防止夜间事故发生的效果显著，特别是防止行人事故发生的效果更好。

10）立体过街设施（人行天桥、地下通道）

随着立体过街设施的设置，行人事故确实会减少，但是还应该考虑以下几方面：①自行车的过街问题；②在狭窄的道路上或是交通量少的道路上设置立体过街设施时，还易造成行人故意横穿车道，反而会导致重大交通事故发生；③需要考虑上下台阶有困难的老年人、残疾人。近年来，国内外许多地方铺设了电梯和扶梯等无障碍设施。

11）考虑周围景观环境

当道路沿线五花八门的广告板杂乱林立时，驾驶员的视线受到影响，注意力分散，疲劳增加，还可能造成识别错误。因此，交叉路口周围的视觉环境应该整洁明了，标志、标线应妥当设置，广告板以及店铺的照明等应该与周围相关方面协商调整。

第四节　交叉路口的左转车流变流向措施

交叉路口左转车流在交叉路口中产生冲突点最多，是对交叉路口通行能力与安全影响最大的一个流向。合理组织交叉路口的左转车流，是交叉路口交通组织中保障交叉路口交通安全与提高交叉路口交通效率的关键环节。

交叉路口左转车流的合理组织，通常首先考虑采取交通渠化措施。在交叉路口展宽进口道，设计左转专用车道，以及设置左转专用相位，制定合理分配左转车流在交叉路口中的通行空间与时间等交通组织方案。但是，在旧城区难以改、扩建的地方或即使已改、扩建仍不足以处理交通混乱与拥堵的交叉路口，可采取与周围建设条件适应的改变左转车流流向的交通组织措施，以简化交叉路口的交通组织形式，缓解交叉路口交通拥堵与混乱秩序。常用的改变左转车流流向的交通组织措施有禁止左转、立交平做、远引式左转等。

1. 禁止左转

在交叉路口左转车流处理中,对单向、对向或多向(通常宜采用对向配对)左转车流采用直接禁止左转的交通管理措施,可简化本交叉路口的交通组织形式,改善行人过街条件,提高交通安全水平与通车效益。禁止左转示意图如图 10-12 所示。

禁止左转是一种可以不改变交叉路口现状,却对禁左交叉路口的交通状况有较显著改善的一种治理措施。但必须注意,在本交叉路口直接禁止左转后,左转车流必须改到上、下游相邻交叉路口。在采取禁止左转措施前必须分析其对邻近交叉路口的交通影响,并应为被禁止的左转车辆提供合适的替代行车路线。

禁止左转的适用条件如下:

(1)对象交叉路口直行交通量很大,左转交通量不大,但左转交通量却对直行车的通行产生很大影响,在这种情况下,可考虑该交叉路口禁止左转。

(2)由于城市结构、路网结构等原因,对象交叉路口左转交通量很大,在该交叉路口难于处理如此大的左转交通量的情况下,可考虑该交叉路口禁止左转,通过其他有条件的交叉路口来分解该交叉路口的左转交通量。

(3)在对象交叉路口上、下游相邻或附近具有可安排左转车流且不致引起上、下游交叉路口的拥堵时,可考虑该交叉路口禁止左转。

(4)在支路接入主干路的交叉路口,可考虑禁止支路车辆左转。

2. 立交平做

立交平做,也称为平面立交,是利用路口周边路网条件解决路口问题的一种交通组织形式。立交平做实质上是个平面的苜蓿叶式立交,它和苜蓿叶式立交一样有 4 条"互通式匝道",不同的是相交道路是一个平面路口,而不是分成上下两层。立交平做利用路口周边的 4 条匝道来完成各方向上的左右转向,其中每个方向上的左转弯车辆变左转为两次直行通过该路口。因此,路口处的车道只包括直行和右转,信号相位设置比较简单,两相位即可满足要求。立交平做把左转的交叉冲突点转化为路口外的分、合流冲突,改善了路口的秩序。图 10-13 为立交平做示意图。

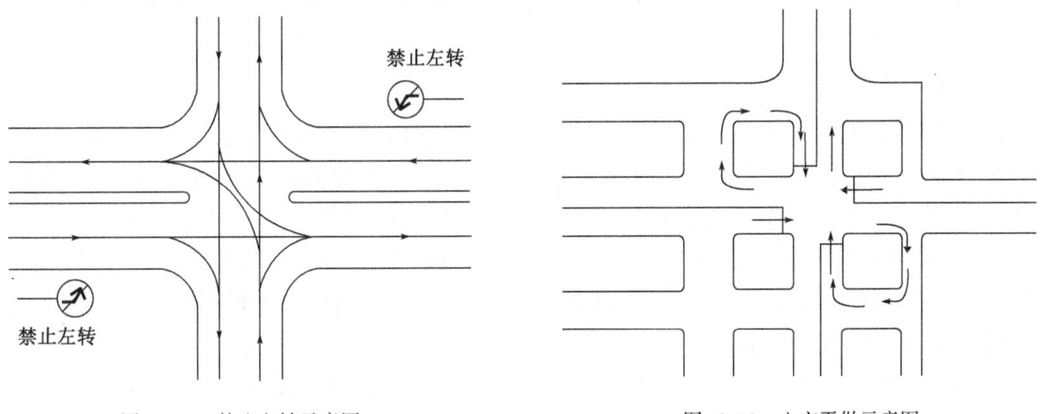

图 10-12 禁止左转示意图

图 10-13 立交平做示意图

经过对交通特性的研究,以及在两上两下道路系统上的仿真模拟,研究人员发现:如果一个路口的通行能力达到饱和,且有条件进行立交平做方式的交通组织时,采用立交平做,能增大该交叉路口的通行能力,增幅为15% ~25% 。此外,实施立交平做后,路网内的行车速度得到提高,交叉路口的行车秩序和服务水平也有很大改善。

采用立交平做进行交通组织时,应注意以下几点:

(1)立交平做时路口的通行能力虽然能得到比较大的提高,但是左转车辆绕行距离比较大,行车延误也增大了很多。在此给出了不同左转比例下绕行街区长度的推荐值,见表10-12。其依据主要有两点:一是立交平做前后全体车辆的总行程增幅在20%以内;二是在常规路口达到其通行能力时的交通需求下,改为立交平做后,其总的行程时间基本不增长,即由于绕行产生的行车延误由路网平均车速的提高抵消。

街区长度推荐值 表10-12

左转比例(%)	10	20	30	40
街区边长(m)	500以内	250以内	150以内	100以内

(2)从公平性的角度考虑,立交平做时左转车流的牺牲比较大。当左转比例很高时,除非街区长度比较小,符合上述推荐值,否则应采取其他措施,不宜采取立交平做这一交通组织方式。

(3)当普通的信号交叉路口达到饱和、过饱和状态,产生交通拥堵时,采用立交平做的效果比较好,能使得路网变得顺畅;当交通量低于饱和状态时,采用立交平做会同时增加总的行程和总的行驶时间,这是不可取的。所以,对于交通需求随时间变化比较大的交叉路口,如上下班高峰特别明显的路口,可在特定的时段实施立交平做。

(4)进行立交平做交通组织方式时,还应考虑在特定交通需求下周围路网的承受能力,以及该交通需求下,街区长度是否大于红灯相位时的车辆排队长度、匝道上是否会产生拥堵等。这些都和实际情况密切相关,所以采用立交平做这一交通组织形式时,应根据实际情况预先进行周密的分析,尽早排除可能遇到的问题,提高其运行效率。

总之,在采用立交平做时要注意其本身的交通特性。由于立交平做时左转车辆有较大的延误,所以除非路网很适合"立交平做"这样的交通组织形式,或者当前状况交通需求超过路口通行能力,且没有其他更合理的措施进行处理,一般来说,不轻易采用这种方式。如果路网不适合立交平做,那么立交平做只能作为一种暂时的措施,一旦条件允许,就应考虑从道路设施本身来改造路网。

3.远引式左转

远引式左转,可以是在主要道路的禁左进口道上,左转车辆先直行通过交叉路口,沿较宽的中央分隔带或高架桥下的开口处作180°回转,反向直行并切换到最外边车道右转,实现其左转全程的左转交通组织方式;也可以是在次要道路禁左进口道上,左转车辆先右转并切换至中间车道,沿较宽的中央分隔带或高架桥下的开口处做180°回转,反向直行穿过交叉路口,实现其左转全程的左转交通组织方式。采用远引式左转的交叉路口称为远引式交叉路口。远引式左转示意图如图10-14所示。

远引式左转将交叉路口的交叉冲突变为路段的分、合流冲突,改善了交叉路口的秩序,提高了交叉路口的通行能力,但必须注意会引发以下交通问题:

(1)左转车辆绕中央分隔带或高架桥下回转,增加了左转车辆的行程。

(2)主要道路左转车辆在绕中央分隔带或高架桥下反向直行时需切换车道才能右转;次

要道路左转车辆在右转进入主要道路后的直行过程中也必须换车道至中间车道才能绕中央分隔带或高架桥下回转。

以上两种情况均产生交织交通,对主要道路上直行车都有影响。当直行车交通量较大时,左转车辆切换车道会发生困难,如强行换道,容易引起交通混乱甚至发生交通事故,对大型车辆或公交车辆更为不便。

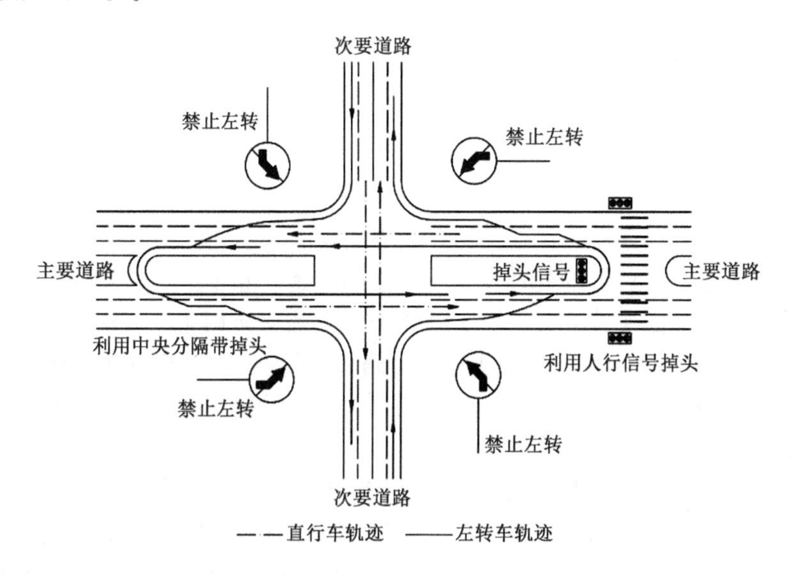

图 10-14 远引式左转示意图

(3)左转车辆绕中央分隔带或高架桥下的空间回转,必须有相当宽的中央分隔带或高架桥下的空间,适用的条件不易满足。

远引式左转的适用条件如下:

(1)有中央分隔带的主要道路或高架桥地面道路的双向车道数在不大于 6 条车道时,可考虑该交叉路口采取远引式左转。

(2)主要道路需有较宽的中央分隔带或高架桥桥下的空间,中央分隔带宽度或高架桥下的空间须满足回转车辆最小回转半径的要求:大型客车、公共汽车为 8 ~ 10m,小型客车为 6 ~ 7m,小汽车为 4 ~ 6m。中央分隔带宽度或高架桥下的空间在满足对象车辆转弯半径以上时,可考虑该交叉路口采取远引式左转。

(3)当中央分隔带宽度等条件无法满足时,可以通过设置信号灯阻止直行车辆行驶,以供车辆掉头的措施。

(4)远引式左转也可应用于具有足够宽度中央分隔带的 T 形交叉路口,即采用右进右出管理措施支路接主路的交叉路口,但主路中央分隔带中间不开口,把支路拦断。

运用远引式左转措施的关键的一点就是确定中央分隔带或高架桥下开口离交叉路口中心的距离。这个距离主要决定于主要道路的交通量及汽车转弯的条件。可用下式估算:

$$X = \frac{F}{2} + X_2 + (M - 2)L_d + R_c \tag{10-3}$$

$$X_2 = \frac{L_V H_Z q_1 q_2}{M - M_t} \tag{10-4}$$

式中:X——中央分隔带开口离交叉路口中心的距离,m;

F——相交道路宽度(中心线到停车线距离),m;

X_2——直行车道排队长度,m;

M——主要道路单向车道数;

L_d——转换一条车道所需长度,m;

R_c——中央分隔带端部最小回转半径,m;

L_V——当量小汽车长度,m;

H_Z——每信号周期直行车到达车数,pcu/周;

q_1——每周期车辆到达不均系数,一般取1.25;

q_2——车道分布不均系数,一般取1.1~1.2;

M_t——转弯车道数。

中央分隔带或高架桥下开口离交叉路口中心的距离,一般情况下至少需100m。

远引式左转是一种比较好的处理左转交通流的措施。除了上面讨论的远引式平交之外,在工程设计中还出现了远引式立交。远引式立交与传统立交相比占地小,造价仅为传统立交的10%~20%。车辆以连续流的形式通过交叉路口,虽速度比大型立体交低,但并不影响快速路、主干路的行车质量。这种牺牲局部路段的高车速而换得立交造价大幅降低的做法具有很大的现实意义和经济意义。

昆明市根据自身城市道路和交通的特点,从2005年6月起在几个交通拥堵严重的道路交叉路口试行远引式左转的交通组织措施,利用路段上人行横道设置掉头路口,克服了没有较宽中央分隔带的问题。实践表明,虽然车辆绕行距离加长了,但交叉路口的交通拥堵有所缓解,收到了较好的效果。

第十一章
立体交叉的规划设计

立体交叉（简称立交）是利用跨线构造物使道路与道路或道路与铁路在不同高程相互交叉的连接方式。当平面交叉无法满足路口的交通需求时，则需要导入立交形式。通常立交由跨线构造物、正线、匝道、出入口、变速车道以及集散车道组成，如图11-1所示。

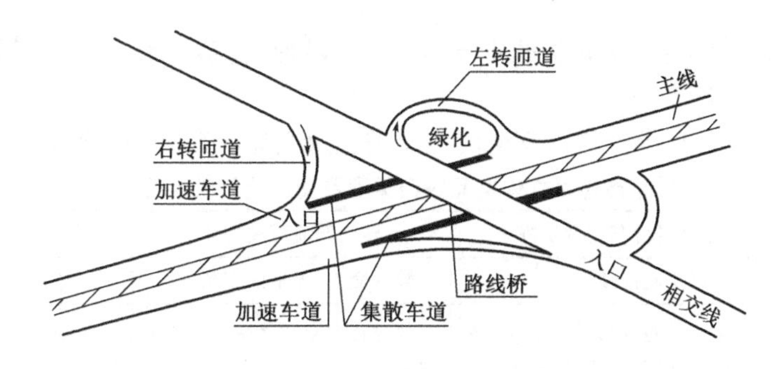

图11-1　立体交叉的组成示意图

跨线构造物是立交实现车流空间分离的主体构造物，包括设于地面以上的跨线桥或是设于地面以下的地道。正线是指相交道路的直行车道，主要包括主线车行道和相交线车行道。匝道是指供上、下相交道路转弯车辆行驶的连接道。立交上面，由主线驶出进入匝道的道口为出口，由匝道驶入主线的道口为入口。为适应车辆变速行驶的需要，而在主线右侧的出入口附近设置的附加车道称为变速车道。变速车道包括加速车道和减速车道。出口端为减速车道，入口端为加速车道。当交织运行干扰主线直行车流而明显降低公路服务水平或危及交通安全时,通常在主线外侧增加设置集散车道,把大多数的交通紊乱转移到集散车道上。快速路通过互通式立交区应设置集散车道,当出入口间距满足最小间距规定时,可不设置集散车道。集散车道应通过变速车道与直行干道相连,集散车道的设计速度应与匝道设计速度一致。立体交叉范围内集散车道与直行车道之间应采用中间带设施或标线分隔。

立体交叉的范围一般是指相交道路出入口端变速车道渐变段顶点以内包含的正线和匝道的全部区域。

城市立交规划、设计的主要内容包括正确选择立交的类型和适用条件、立交方案的比较、匝道设计以及出入口细部设计。立体交叉的规划设计应该符合《城市道路工程设计规范(2016年版)》(CJJ 37—2012)的有关要求。

需要指出的是,在建成区建设立体交叉需要慎重,这一点与在建成区建设高架快速路是同样的道理。立交建设带来的问题主要体现在需要占用大量土地;建成后的立体高架设施会带来景观、光照、电波障碍等一系列问题;立交会增加道路的坡度,不利于行人和自行车行走等。本书第十七章中介绍的美国波士顿将高架道路埋入地下的大开挖(Big Dig)工程,以及韩国首尔拆除高架道路恢复清溪川自然风貌的例子,都可以从侧面佐证这一观点。

第一节　立体交叉的类型

我国的城市道路建设经历了一个高峰期,在这期间出现了多种形式的立交,并且正在逐步走向规范化。《城市道路工程设计规范(2016年版)》(CJJ 37—2012)根据相交道路等级、直行及转向(主要是左转)车流行驶特征、非机动车对机动车干扰情况,将城市立交分为枢纽立交、一般立交和分离式立交三大类。

枢纽立交属于立A类。立A类又分为立A1类和立A2类。立A1类的主要形式为全定向、喇叭形、组合式全互通立交。立A2类的主要形式为喇叭形、苜蓿叶形、半定向、组合式全互通立交。

一般立交属于立B类。立B类的主要形式为喇叭形、苜蓿叶形、环形、菱形、迂回式、组合式全互通或半互通立交。

分离式立交属于立C类。城市立交的主要类型及交通流行驶特征见表11-1。

城市道路立体交叉路口类型及交通流行驶特征　　表11-1

立交类型	主路直行车流行驶特征	转向车流行驶特征	非机动车及行人干扰情况
枢纽立交(立A类)	连续快速行驶	较少交织、无平面交叉	机非分行,无干扰
一般立交(立B类)	主要道路连续快速行驶,次要道路存在交织或平面交叉	部分转向交通存在交织或平面交叉	主要道路机非分行,无干扰;次要道路机非混行,有干扰
分离式立交(立C类)	连续行驶	不提供转向功能	—

除《城市道路工程设计规范(2016年版)》(CJJ 37—2012)中规定的立交分类外,在实际的规划和设计中,还可按照结构物布置、交通功能和匝道布置方式等分类标准对立交进行分类。

1. 按照结构物布置分类

按照结构物布置分类,立交分为上跨式立交、下穿式立交、半上跨半下穿式立交三类。上跨式立交是用跨线桥从相交道路上方跨过的交叉方式。这种立交的特点是施工方便，造价较低，排水易处理，但占地大，引道较长，高架桥影响视线和景观，通常适用于非城市化的地方。下穿式立交是用地道或隧道从相交道路下方穿过的交叉方式。这种立交的特点是占地较少，立面易处理，对视线和景观影响小，但施工期较长，造价较高，排水困难，多用于城市化地区。半上跨半下穿式立交则适用于城市道路三层式立交，即上层上跨、下层下穿、中层与原街道齐平，有利于非机动车、人行交通。

2. 按照交通功能和匝道布置方式分类

根据交通功能和匝道布置方式，立交可分为分离式立交和互通式立交两类。其中，互通式立交按照交通流线的交叉情况和道路互通的完善程度又可分为完全互通式立交、不完全互通式立交和环形立交三种。互通式立交按照机动车与非机动车是否分行又可分为分行立交和混行立交两种。立交的分类及基本形式见表 11-2。

立交的分类及基本形式 表 11-2

分类		基本形式
分离式立交		分离式立交
互通式立交	不完全互通式立交	菱形立交
		部分苜蓿叶形立交
		部分定向式立交
	完全互通式立交	苜蓿叶形立交
		喇叭形立交
		定向式或部分定向式立交
	环形立交	环形立交

1) 分离式立交

分离式立交为只设跨线构造物一座，使相交道路空间分离，上、下道路无匝道连接的交叉方式（图 11-2）。分离式立交主要是为了保障主线方向交通的通畅行驶而设立，同时可以减少原有平面交叉路口的压力。分离式立交的特点是结构简单，占地少，施工容易，造价低，但相交道路的车辆不能转弯行驶，适用于城市快速路与铁路或次要道路之间的交叉。

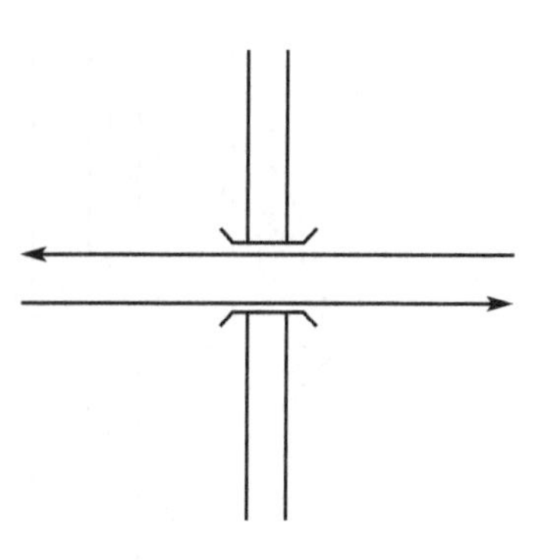

图 11-2 分离式立交

2) 互通式立交

互通式立交不仅设跨线桥构造物使相交道路空间分离，而且上、下道路有匝道连接，以供转弯车辆行驶的交叉方式。互通式立交的特点是车辆可转弯行驶，全部或部分消除冲突点，各方向行车干扰较小，但立交结构复杂，占地多，造价高。

(1) 不完全互通式立交

不完全互通式立交是指相交道路的车流轨迹线之间至少有一个平面冲突点的交叉。当个别方向的交通量很小或分期修建时，高速道路与次要道路相交或用地和地形等受限制时可采用这种类型立交。不完全互通式立交的形式有菱形立交、部分苜蓿叶式立交和部分定向式立交。

①菱形立交(图11-3)。菱形立交具有以下优点:能保证主线直行车辆快速通畅;转弯车辆绕行距离较短;主线上具有高标准的单一进出口,交通标志简单;主线下穿时匝道坡度便于驶出车辆减速和驶入车辆加速;形式简单,仅需一座桥,用地和工程费用小。菱形立交的缺点是次线与匝道连接处为平面交叉,影响了通行能力和行车安全。由于匝道不足,4条直线匝道与次线都是平面交叉,有6个冲突点,一般可在此线上设置小环岛。

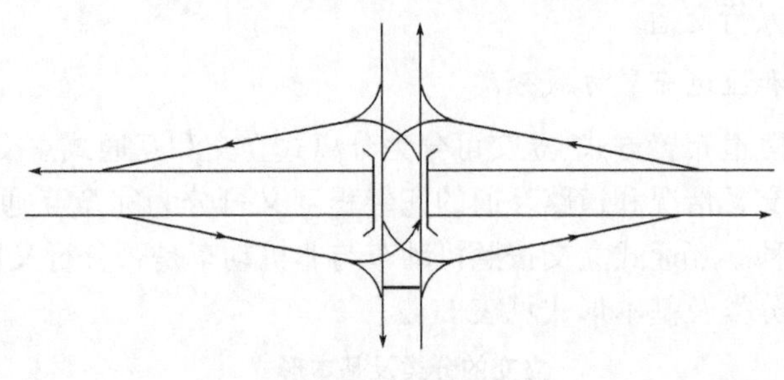

图11-3　菱形立交

②部分苜蓿叶形立交(图11-4)。部分苜蓿叶形立交是指可根据转弯交通量的大小或场地的限制,只在部分方向采用苜蓿叶式匝道。这种形式立交的主线直行车快速通畅,单一驶出方式简化了主线上的标志,仅需一座桥,用地和建设安装费少,远期可扩建为全苜蓿叶形立交。但此线上存在平面交叉。部分苜蓿叶形立交(图11-4)可保证主要道路直行交通畅通,在次要道路上可采用平面交叉或限制部分转弯车辆通行,适用于主要道路与次要道路相交的交叉路口。

③部分定向式立交(图11-5)。部分定向式立交最大的优点是可以通过一条转弯半径较大的定向式匝道保证一个交通量较大的方向车速不会降低很多,通行能力不会有很大下降。类似的定向式立交在北京的四环、五环等快速路上有较多使用。需要补充说明的是,图11-5实际上是一个使用了定向式匝道的完全互通式立交。

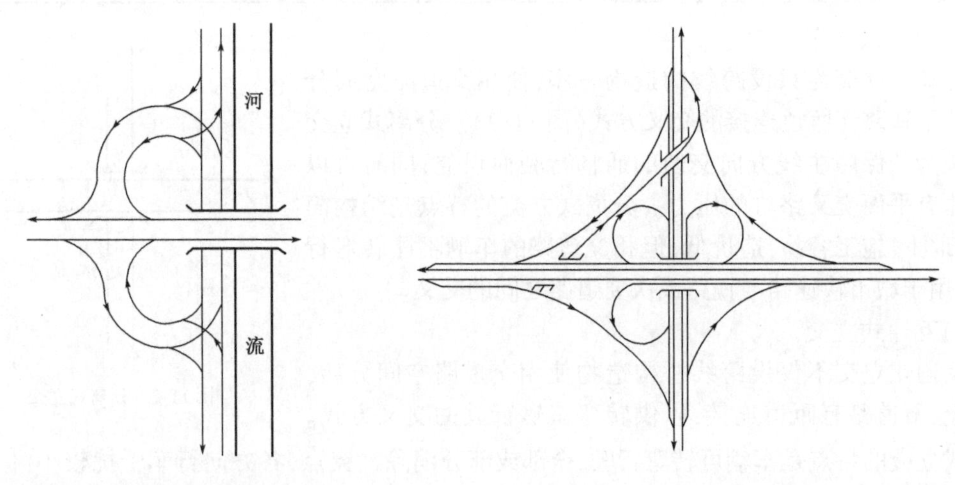

图11-4　部分苜蓿叶形立交

图11-5　部分定向式立交

(2)完全互通式立交

完全互通式立交指相交道路的车流轨迹线全部在空间分离的立体交叉。完全互通式立交是一种高等级的立交形式,匝道数与转弯方向数相等,各转向都有专用匝道,适用于快速路之间及快速路与其他高等级道路相交。其代表形式有苜蓿叶形立交、喇叭形立交、定向式或部分定向式立交。

①苜蓿叶形立交。苜蓿叶形立交是立交的典型形式之一。由于平面形状形似苜蓿叶,所以称为苜蓿叶形立交(图11-6和图11-7)。苜蓿叶形立交的交通运行连续而自然,无冲突点,可分期修建,仅需一座构造物。但是苜蓿叶形立交占地面积大,左转绕行距离较长,环圈式匝道适应车速较低,且桥上、下存在交织,多用于快速路之间的立交,而在城市内受用地限制较难采用。因其形式美观,适合在城市周围的环路上采用。

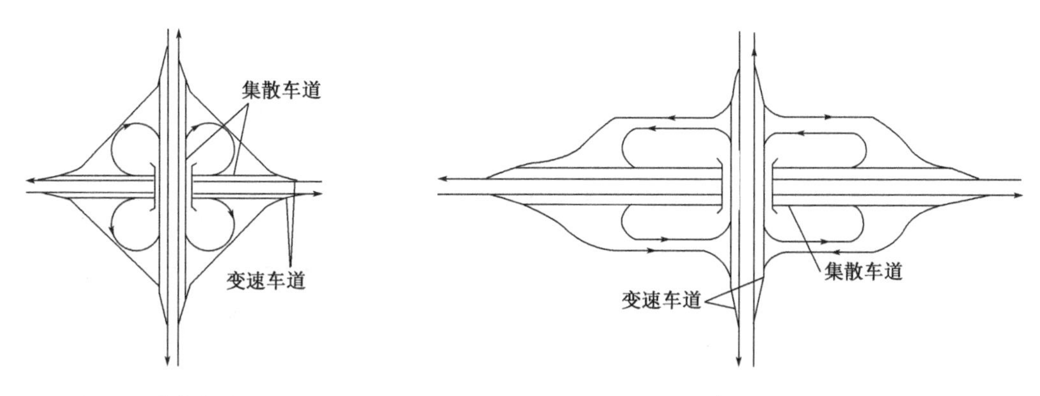

图11-6 苜蓿叶形立交　　图11-7 长条苜蓿叶形立交

根据匝道的形式全苜蓿叶形可分为单向匝道式、双向匝道式和设集散道式三类。单向匝道全苜蓿叶形用4个内环匝道连通所有左转弯车流,4个外环连通所有右转弯车流,各匝道相互独立。受地形限制必须缩小占地范围时,可把8条单向匝道改为4条双向匝道,内环适当压扁。匝道上对向车道间设简单分隔设施或画双黄线,组成双向匝道全为苜蓿叶形。由于内外环匝道不能各自独立,纵坡更陡,匝道半径受到限制。由于左转弯匝道出入主线的出入口之间构成一段紧挨主线且与主线并行的交织路段,进出主线的车辆因相互交织干扰而降低了车速影响通行能力,而且有碍交通安全。为此,当内环匝道的交通量较大时,需要设置集散道。集散道最少有两条车道,通过交织使交通离开直行车道,在尽量减少出、入口的同时,提供充足的通行能力。集散道的端部应设计成出口匝道或入口匝道,设计应符合车道数平衡的原则,集散道路分流匝道可像普通匝道一样设于快速路(高速公路)楔形端部后方200m处。

互通式立交按照机动车与非机动车是否分行,分为分行立交和混行立交两种。机动车与非机动车分行的长条苜蓿叶形分行立交(三层),如图11-8所示。

图11-9所示的喇叭形立交是丁字交叉立交的代表形式,可分为经环圈式左转匝道驶入主线或是驶出主线两种不同形式。

②喇叭形立交。除环圈式匝道设计车速较低外,喇叭形立交的其他匝道都能为转弯车辆提供较高速度的半定向或定向运行。其优点是只需一座构造物,投资较省,无冲突点和交织,转弯车辆一律从主线右侧出入,方向明确。立交内只有一座跨线桥,工程量和占地均较小。其缺点在于内环半径较小,左转弯匝道绕行距离长。

一般情况下,布设时以次线下穿主线为好。因为主线在上,行车视野开阔,视距较好。应尽量使内环靠近入口,便于驾驶员控制车速,与主线交通合流。外环靠近出口有利于车辆逐渐减速,交叉角以70°~90°为宜。当然,还应考虑地形地物,全面综合判断,合理布设。

③定向式立交。适合于丁字交叉的立交形式还有图11-10所示的定向式立交。

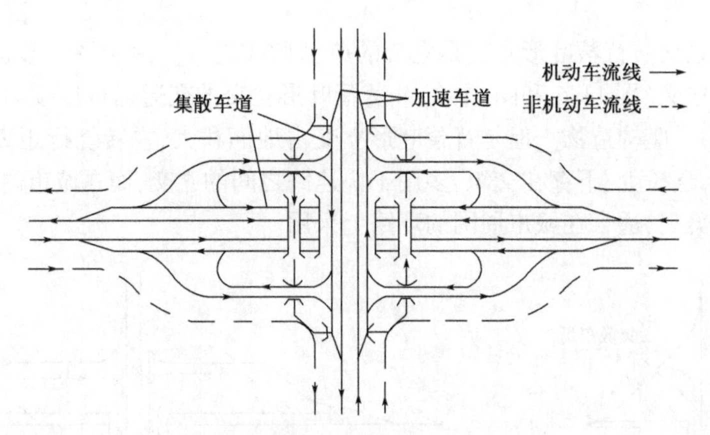

图 11-8　长条苜蓿叶形分行立交(三层)

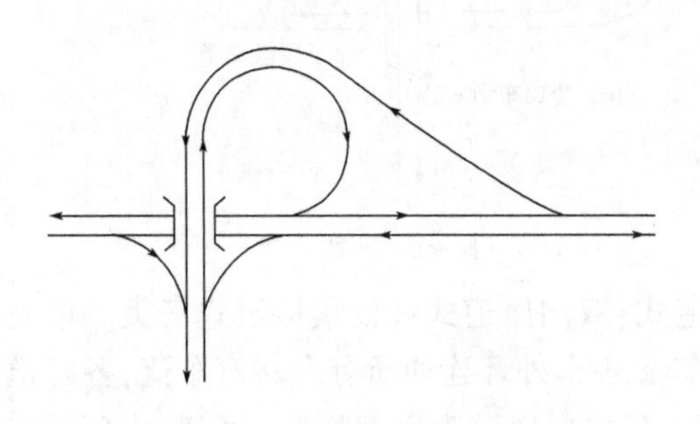

图 11-9　喇叭形立交

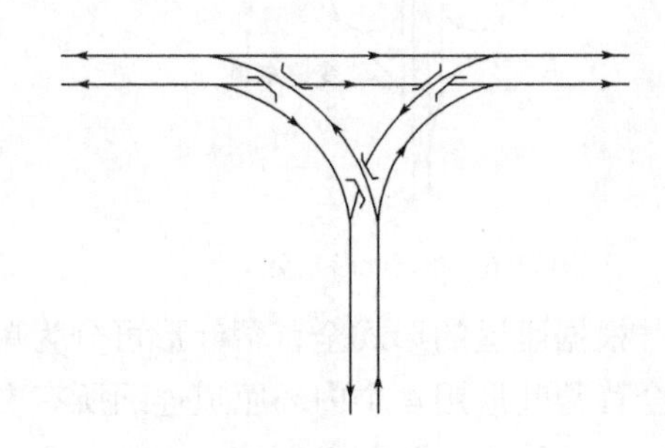

图 11-10　定向式立交

④其他。除了规范列出的上述立交形式外,还有上述基本形式的变形,包括 Y 形立交、叶式立交、蝶式立交(图 11-11 ~ 图 11-13)。Y 形立交和叶式立交只适用于丁字路口。Y 形立交与定向式立交相同,适合于不分主次的三岔路口。但是必须注意,立交形式越复杂,工程造价越高,对于使用者来说就越难于理解,容易导致违章以及交通事故的发生。因此,在选型中应注意结合地形,选择简单明了且易于使用的立交形式。

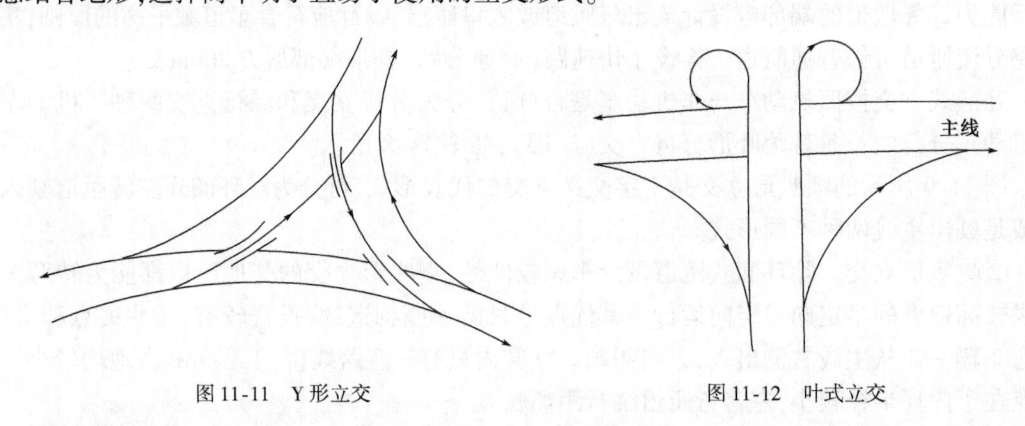

图 11-11　Y 形立交

图 11-12　叶式立交

(3) 环形立交

环形立交是相交道路的车流轨迹因匝道数不足而共同使用,且有交织路段的立交,一般为两层或三层,个别情况下为考虑非机动车交通,会设计为四层。

环形立交适用于主要道路与一般道路交叉,宜用于 4 条以上道路相交。环形立交能保证主线直通,交通组织方便,占地较少。但次要道路的通行能力受到环道交织能力的限制,车速受到中心岛直径的影响,构造物较多,左转车辆绕行距离长。

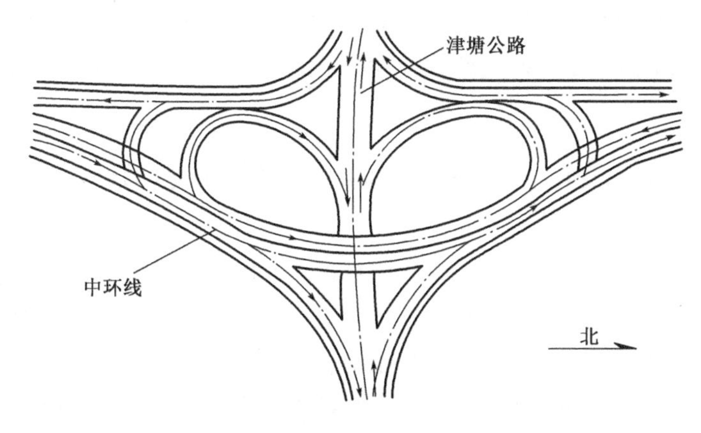

图 11-13 蝶式立交

如图 11-14 所示为三层环形立交,图 11-15 所示为考虑了非机动车交通的四层环形立交。

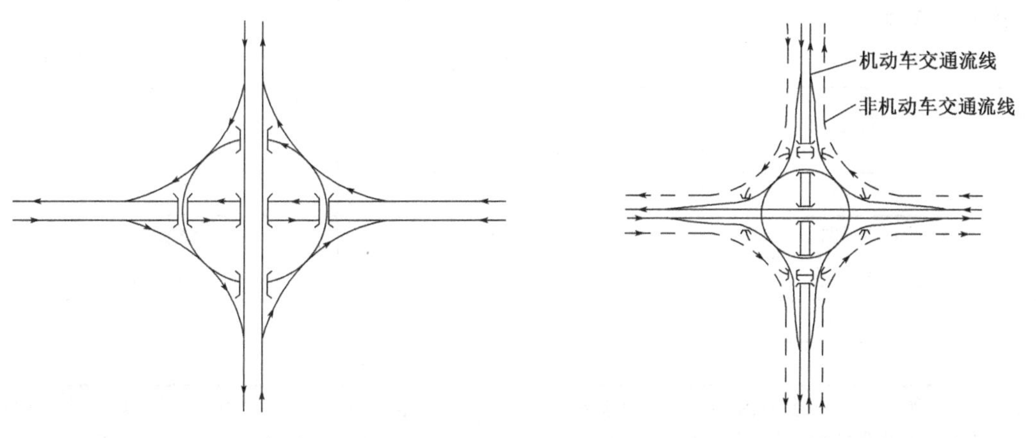

图 11-14 环形立交(三层)

图 11-15 环形分行立交(四层)

当采用环形立交时,必须根据相交道路的性质进行比较研究,看环道的最大通行能力和所采用的中心岛是否满足远期交通量和车速的要求。设计时应让主线直通,中心岛可采用圆形、长圆形或椭圆形等,有双层、三层和四层式。环形立交多用于城市道路,因为城市道路车速较低,场地狭窄,拆迁工程较大。双层环形立交是由 4 条外环匝道、一个内环组成的较为简单的一种环形立交。环形立交的优点是多向互通,无冲突点,但有四处交织段;环形立交的主要缺点是非机动车和机动车混行,使通行能力降低,易发生交通事故。环形立交的主要设计要素是正确选定环形和曲线半径,同时注意交织段长度是否满足通行能力要求。

当相交两条道路都是高等级道路且交通量都较大时,一般采用三层式立交,即相交主线直行车流分别走上下两层,转弯车流及非机动车、行人一律经中层环道进入外环道离去。它的特点是保证两主线车流毫无干扰,且能高速行驶。中层转弯机动车流仍有四处交织段,机非仍然混行。

环形立交早期在北京的二、三环路得到了较多的应用。但是随着机动车交通量的增加,环岛上的通行能力明显不足,经常发生拥堵,交警后期采取了加装信号灯等进行控制的方法来管理交通,环形立交实质上失去了立交的作用。因此,在城市道路上使用环形立交时需要慎重。不仅如此,以北京为例,最早建设的复兴门立交等标准的苜蓿叶形立交随着交通量的增加,由于匝道口之间距离有限,也逐渐失去了立交本来的作用,后期对匝道的使用也进行了限制和改造。从结论上讲,在市中心区建设立交需要慎重,需要在可行性研究阶段做好细致的交通分析。

第二节　立体交叉的选型和适用条件

本节内容实际上是立交的规划,立交使用与否在路网规划阶段就确定了的,而立交的选型则是在立交的方案阶段确定的。《城市道路工程设计规范(2016 年版)》(CJJ 37—2012)规定,立交选型应根据交叉口在道路网中的地位、作用、相交道路的等级,结合交通需求和控制条件确定,并应符合表 11-3 的规定,其中包括推荐形式和可选形式。实际工作中,不仅需要考虑土地利用的限制进行立交的选型,有时候还需要对立交的形式进行变化,以适应土地利用的要求。例如,城市中标准的苜蓿叶立交就很少出现,更多使用的是长条苜蓿叶形立交,甚至变形的苜蓿叶立交形式。

城市道路立交选型　　表 11-3

立交类型	选型	
	推荐形式	可选形式
快速路-快速路	立 A1 类	—
快速路-主干路	立 B 类	立 A2 类、立 C 类
快速路-次干路	立 C 类	立 B 类
快速路-支路	—	立 C 类
主干路-主干路	—	立 B 类

注:当城市道路与公路相交时,高速公路按快速路、一级公路按主干路、二级公路和三级公路按次干路、四级公路按支路,确定与公路相交的城市道路交叉路口类型。

本节将围绕立交的形式选择的原则,立交基本形式的交通特点及适用条件,以及立交设计的相关问题展开讨论。

1. 立交的形式选择的原则

立交形式和位置选择的目的是为提供行车效率高,适应设计交通量和保证设计速度,满足车辆转弯需要,并与环境相协调的立交形式。选型是否合理,不仅影响本身的功能,如通行能力、行车安全和工程造价等,而且与功能区规划、当地交通的功能及景观环境等都有密切关系,并对其产生影响。城市中立交的选型,受到许多因素的限制,需要综合、全面地考虑。此外,在满足交通功能等的前提下,应该尽可能选择形式简单、通行者易于理解、便于行车的立交形式。立交的形式选择应该遵循以下原则:

(1)立交的选型应根据交叉路口设计小时交通量、流向、地形、地质和地下管线等具体情况的综合分析,进行技术、经济和环境效益的比较后确定。

(2)立交应保证主要方向交通顺畅。对于交通量小的次要方向交通,可保留部分平面交叉或限制某些方向交通。当交叉路口转弯流量较小,附近有可供转弯车辆绕行的道路时,可采用分离式立交。

(3)立交匝道口处机动车与非机动车的设计小时交通量较大,互相干扰造成交通阻塞影响正常运行时,可采用机动车与非机动车分行的立交。

(4)立交设计应根据对交叉路口交通流的分析,结合地形,因地制宜地布置匝道,不应单纯强调对称。

(5)一条路上建造多处立交时,宜采用行车方式相近的立体交叉形式,使驾驶员容易识别行车方向。

《城市道路工程设计规范(2016 年版)》(CJJ 37—2012)中规定,快速路与快速路相交推荐选用枢纽立交;快速路与主干路相交推荐选用一般立交,也可选用枢纽立交和分离式立交;快速路与次干路相交推荐选用分离式立交,也可选用一般立交;快速路与支路相交可选择分离式立交;主干路与主干路相交可选用一般立交。现实中,在城市中心区建设立交也需要慎重,因为立交对解决交通问题的作用也是有限的,而立交的设置对景观、电波、日照等造成的负面影响是不可避免的。

立交的选型首先取决于交叉路口在道路网中的地位、作用、相交道路的等级、任务和远景交通量等,确保行车安全通畅和车流连续。相交道路等级高时应采用完全互通式立交;交通量大、计算行车速度高的行车方向要求线形标准高、路线短捷、纵坡平缓;交通组成复杂时要考虑个别交通特性的需要。

选定的立交形式应与周边的自然环境条件相适应,要充分考虑区域规划、地形地质条件、可能提供的用地范围、周围建筑物及设施分布现状等。

选型应注意全面考虑近远期结合,既要考虑近期交通需求,又要考虑远期交通发展需要改建提高的可能性,追求生涯成本的最低化。

选型应从实际出发,有利施工、养护和排水,力求造型美观、结构合理。选型和总体布置要全面安排,分清主次。城市立交应以非机动车道不变或少变,有利于行人及自行车的通行为原则。

选型要考虑全路立交出口形式的一致性。如一条道路上设计有一系列互通立交,应使出、入口的布局保持一致,互通式立交只应采用右侧出入口。左侧出口会造成运行、标志和安全方面的诸多麻烦。设计时应注意两点:①在所有互通式立交引道上采用单出口,因为一个出口比两个出口容易设标志,不易造成混乱;②所有出口都设置在构造物的引道一侧,不能有的在桥前出口,有的在桥后出口。

选型要与定位相结合,一般先定位后选型,但选型应与定位综合考虑。

2. 立交基本形式的交通特点及适用条件

在确定立交的基本形式时,首先要选择立交的总体布局,如上跨式或下穿式、完全互通式、不完全互通式、两层或是多层、机非分行或混行、是否考虑行人交通、是否收费等,在此基础上进一步选择立交的基本形式,如菱形、苜蓿叶形等。

各种形式的立交具有如下的特点和适用条件:

(1)分离式立交适用于直行交通为主且附近有可供转弯车辆使用的道路。

(2)菱形立交可保证主要道路直行交通畅通,在次要道路上设置平面交叉路口,供转弯车辆行驶,适用于主要道路与次要道路相交的交叉路口。

(3)部分苜蓿叶形立交可保证主要道路直行交通畅通,在次要道路上可采用平面交叉或限制部分转弯车辆通行,适用于主要道路与次要道路相交的交叉路口。

(4)苜蓿叶形立交与喇叭形立交适用于快速路与主干路交叉处。苜蓿叶形立交适用于十字形交叉路口,喇叭形立交适用于T形交叉路口。

(5)定向式立交的左转弯方向交通设有直接通行的专用匝道,行驶路线简捷、方便、安全,适用于左转弯交通为主要流向的交叉路口。根据交通情况,可做成完全定向式立交或部分定向式立交。

(6)双层式环形立交可保证主要道路直行交通畅通,次要道路的直行车辆与所有转弯车辆在环道上通过,适用于主要道路与次要道路相交和多路交叉。

(7)三层式环形立交可保证相交道路直行交通畅通,转弯车辆在环道上通过,适用于两条主要干路相交的交叉路口。当一条主干路近期交通量较小时,可分期修建,以双层式环形立交作为三层式的过渡形式。

第三节　立体交叉的设计

在设计立体交叉之前,应该收集各种所需资料,包括周边自然资料、道路资料、交通资料、排水资料以及其他资料。

周边自然资料包括测绘立交范围的比例尺为1:500~1:2000的地形图,详细标注建筑物的建筑红线、种类、层高、地上及地下各种杆柱和管线,用地发展规划,水文、地质、土壤、气候资料,附近的国家控制点和水准点,等等。

道路资料包括相交道路的等级、平纵面线形、横断面形式和尺寸,相交角度、控制坐标和高程,路面类型及厚度,确定净空高度、设计荷载、计算行车速度及平纵横坐标等。

交通资料包括交叉路口各个方向的现状和未来机动车交通量,以及非机动车和行人交通量。

其他资料中包括设计任务书和上级主管部门的具体要求、意见及有关文件等。

1. 立交的设计步骤

(1)制定方案。根据交通量和地形条件,在地形图上勾绘出各种可能的立交方案。对初拟方案进行分析,选择2~4个比较方案。比较时应考虑:线形是否顺畅,半径是否满足行车要求,各层间的连接、拆迁是否合理。

(2)确定推荐方案。在地形图上按比例绘出各比较方案,完成初步平纵设计、跨桥方案和概略工程量计算,做出各方案比较表,全面比较后确定推荐方案。推荐时应考虑:交通是否通畅安全,各匝道的平纵横及相互配合是否合适,立交桥的结构、布置(特别是桩柱等下部结构的布置)是否合理,设计和施工难易程度,整体工程的估价,运营养护条件以及立交的造型和绿化等。

(3)初步设计。完成初步设计文件和工程概算。

(4)详细测量。对采用方案实地放线并详细测量,进一步收集设计所需的全部资料。

(5)施工图设计。完成全部施工图和工程预算。

2. 立交的设计速度

1)立交直行方向和定向方向设计速度

(1)分离式立交、苜蓿叶形立交、环形立交的直行方向和定向式立交的定向方向的设计速度应采用与路段相应等级道路的设计速度。

(2)在菱形立交中通过其平面交叉路口直行车流的设计速度可采用与路段相应等级道路的设计速度的0.7倍。

2)匝道设计速度

匝道设计速度受匝道线形的影响,低于正线道路的设计速度。具体地,根据我国《城市道路交叉路口规划规范》(GB 50647—2011),定向匝道、半定向匝道及辅路的交叉路口设计车速应为道路设计车速的0.6~0.7倍,一般匝道、集散车道的设计车速应为道路设计车速的0.5~0.6倍。同时,我国《公路路线设计规范》(JTG D20—2017)中规定匝道设计车速一般为所连接的公路设计车速的50%~70%。

3)环形立交环道的设计速度

环形立交的各项规定与平面环形交叉相同。中心岛的形状应根据交通流特性采用圆形、椭圆形或卵形等,其尺寸应该满足最小交织长度和环道设计速度的要求。最小交织长度 l_w 不应小于以设计速度行驶4s的运行距离。环形交叉最小交织长度和中心岛最小半径见表11-4。

环形交叉最小交织长度和中心岛最小半径 表11-4

环道设计速度(km/h)	35	30	25	20
横向力系数 μ	0.18	0.18	0.16	0.14
最小交织长度 l_w(m)	40~45	35~40	30	25
中心岛最小半径(m)	50	35	25	20

注:中心岛最小半径按照路面横坡度 $I=1.5\%$ 计算。

3. 立交的平面线形

1)引道平面设计各项设计标准

立交正线是组成立交的主体,指相交道路(含被相交道路)的直行车行道,主要包括连接跨线构造物两端到地坪高层的引道和立交范围内引道以外的直行路段。引道平面设计的各项设计标准应符合道路平面设计的各项规定。首先应符合与地形、地质、水文相结合,其次应符合各级道路的技术指标等原则。引道应与桥梁轴线保持相同的线形,直线、平曲线的布设与连接等应符合《城市道路工程设计规范(2016年版)》(CJJ 37—2012)第六章中关于平面与纵断面的有关规定。

2)匝道圆曲线

(1)匝道圆曲线超高

匝道圆曲线超高宜采用2%,最大不得超过6%。

匝道圆曲线最小半径指未加宽前内侧机动车道中线的半径,规定见表11-5。匝道圆曲线宜采用大于或等于表列超高 $i_s=2\%$ 的最小半径,有条件的地方可采用不设超高的最小半径。

匝道圆曲线最小半径及平曲线最小长度　　表 11-5

匝道设计速度(km/h)	60	50	45	40	35	30	25	20
横向力系数 μ	0.18						0.16	0.14
超高 $i_s=6\%$ 的最小半径(m)	120	80	65	50	40	30	20	15
超高 $i_s=4\%$ 的最小半径(m)	130	90	75	60	45	35	25	20
超高 $i_s=2\%$ 的最小半径(m)	145	100	80	65	50	40	30	20
不设超高的最小半径(m)	180	125	100	80	60	45	35	30
平曲线最小长度(m)	100	85	75	65	60	50	40	35

(2)匝道圆曲线加宽值

为满足行车要求，匝道在曲线弯道处应设置加宽，加宽值与采用的设计车辆有关，具体见表 11-6。曲线加宽的过渡应按主线加宽的方式执行。

匝道圆曲线每条车道的加宽值(单位:m)　　表 11-6

圆曲线半径	$200<R\leq250$	$150<R\leq200$	$100<R\leq150$	$60<R\leq100$	$50<R\leq60$	$40<R\leq50$	$30<R\leq40$	$20<R\leq30$	$15<R\leq20$
小型汽车	0.28	0.30	0.32	0.35	0.39	0.40	0.45	0.60	0.70
普通汽车	0.40	0.45	0.60	0.70	0.90	1.00	1.30	1.80	2.40
铰接车	0.45	0.55	0.75	0.95	1.25	1.50	1.90	2.80	3.50

3)匝道缓和段的规定

当匝道圆曲线半径小于不设缓和曲线的最小圆曲线半径时，需要设置匝道缓和段。缓和曲线采用回旋线，缓和曲线的最小长度应大于或等于表 11-7 的规定值。当设计速度小于 40km/h 时，缓和曲线可用直线代替。直线缓和段一端应与圆曲线相切，另一端与直线相接，相接处予以圆顺。

匝道缓和曲线最小长度及回旋参数　　表 11-7

设计速度(km/h)	80	70	60	50	40	35	30
缓和曲线最小长度(m)	70	60	50	40	35	30	25
回旋参数 A(m)	140	100	70	50	35	30	20

4. 立交引道和匝道的最大纵坡度

立交引道和匝道的最大纵坡度不应大于表 11-8 的规定。

立交引道和匝道的最大纵坡度(单位:%)　　表 11-8

匝道设计速度(km/h)	80	70	60	50	≤40
一般地区	5	5.5	6	7	8
积雪冰冻地区	4		4	4	4

机动车与非机动车在同一坡道上行驶时，最大纵坡度按非机动车车行道的规定。

立交范围内的回头曲线处的纵坡度宜小于或等于 2%。立交范围的平面交叉路口处的纵坡度宜小于或等于 2%，困难情况下应小于或等于 3%。

立交范围内竖曲线设计采用圆曲线。竖曲线最小半径及最小长度见表 11-9。

竖曲线最小半径和最小长度　　表 11-9

匝道设计速度(km/h)			80	70	60	50	40	35	30	25	20
竖曲线最小半径(m)	凸形	一般值	4500	3000	1800	1200	600	450	400	250	150
		极限值	3000	2000	1200	800	400	300	250	150	100
	凹形	一般值	2700	2025	1500	1050	675	525	375	255	165
		极限值	1800	1350	1000	700	450	350	250	170	110
竖曲线最小长度(m)		一般值	105	90	75	60	55	45	40	30	30
		极限值	70	60	50	40	35	30	25	20	20

注:按竖曲线半径计算竖曲线长度小于表列数值时,应采用本表最小长度。

5. 立交的横断面设计

立交的横断面设计应符合下列规定:

(1)立交范围内干道横断面布置应与衔接的道路路段协调,并根据交通情况设置集散车道与变速车道。车道宽度等应符合规范中关于道路横断面设计的要求见表 11-10。

立交的横断面设计要求　　表 11-10

分车带类别	中间带			两侧带		
设计速度(km/h)	80 ~ 70	60 ~ 50	≤40	80 ~ 70	60 ~ 50	≤40
中央分隔带最小宽度(m)	1.5	1.5	1.5	1.5	1.5	1.5
路缘带最小宽度(m)	0.5	0.5	0.25	0.5	0.5	0.25
安全带最小宽度(m)	0.5	0.25	0.25	0.25	0.25	0.25
最小侧向净宽(m)	1	0.75	0.5	0.75	0.75	0.5
分车带最小宽度(m)	2.5	2.5	2	—	—	—

(2)立交匝道应设计为单向行驶。有困难时可采用双向行驶,但应予以分隔。单向行驶匝道的道路宽度不应小于 7m。在匝道范围内,路、桥同宽,中央分隔带困难路段可采用分隔设施(钢护栏和混凝土护栏)。

(3)机非混行匝道车行道宽应增加非机动车车道宽度,非机动车车行道宽度应根据交通量确定。一般机动车道与非机动车道应采用物理分隔。

6. 立交范围内的视距

立交范围内的视距除应符合表 11-11 的停车视距外,尚应对不设集散车道的立交匝道出入口处平面及竖向视距进行验算,并应避免立交桥的栏板遮挡驾驶员视线。

匝道的停车视距　　表 11-11

匝道设计速度(km/h)	80	70	60	50	40	35	30	25	20
停车视距(m)	110	90	70	55	40	35	30	25	20

7. 两个相邻互通式立交之间最小净距

为了保证交通流不受干扰,需要限制两个相邻互通式立交之间的最小净距,以及立交范围内相邻匝道口之间的最小净距。互通式立交净距(Interchanges Net Distance)是指加速车道渐变段终点至下一减速车道渐变段起点之间的距离。考虑到交织段的交通安全和效率,相邻互通式立交之间的最小净距,应该满足一定的距离。早期的规范中给出了表 11-12 的要求，但是随着城市交通量的增加，通常最小净距采用1000m。因路网结构和其他特殊情况限制，当相邻互通式立交净距小于1000m时，经论证两互通式立交均须设置时，形成复合式互通式立交。

互通式立交之间最小净距　　表11-12

干道设计速度(km/h)	80	60	50	40
最小净距(m)	1000	900	800	700

在早期的规范当中，也给出了表11-13所示的立交范围内相邻匝道口之间的最小净距。表中规范规定的匝道口最小净距偏小，使用中易在出入口附近发生拥堵，这也是造成我国城市快速路上经常发生拥堵的原因之一。后期，北京等城市对这些匝道口之间距离过短的立交进行了改造，尽可能降低交通拥堵程度。关于出、入口之间的合理间距，在下一章"快速路规划设计"中结合快速路的出入口间距加以讨论。

匝道口最小净距　　表11-13

干道设计速度(km/h)	80	60	50	40
进口-出口、进口-进口、出口-出口(m)	110	80	70	60
出口-进口(m)	55	40	35	30

注：匝道口净距如图11-16所示，还应计算交织长度，并与表列数值比较，取其大者。

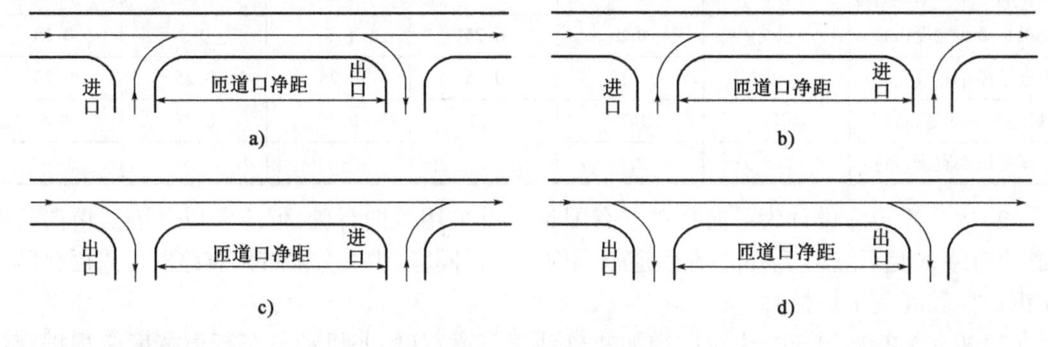

图11-16　匝道口净距

8. 变速车道的设计

1）变速车道的布置

当立交的直行方向交通量较小时，可采用直接式变速车道，如图11-17所示。当立交的直行方向交通量较大时，可采用平行式变速车道，如图11-18所示。

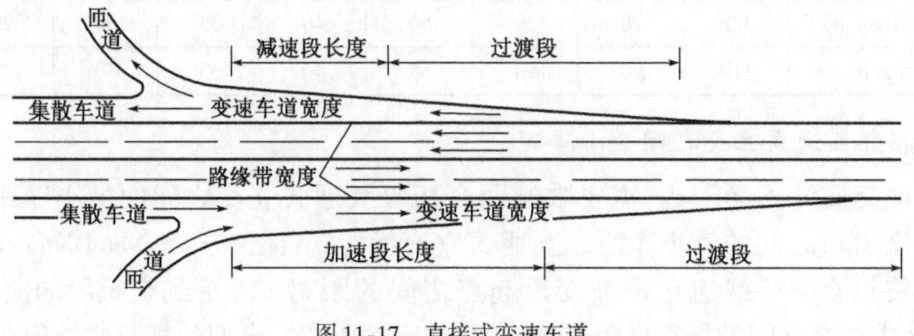

图11-17　直接式变速车道

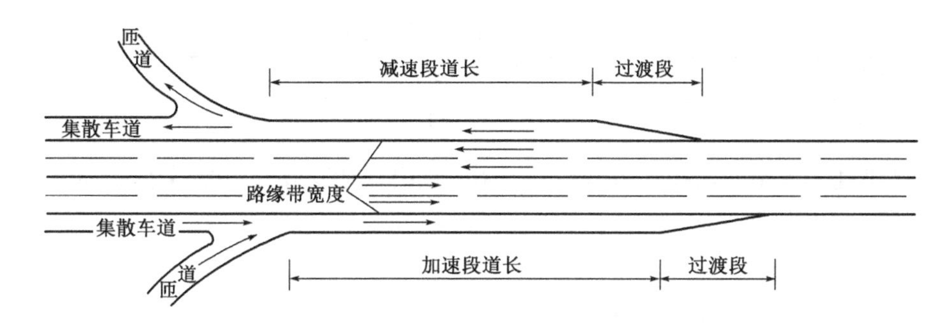

图 11-18 平行式变速车道

减速车道驶出端应使驾驶员易于辨认。变速车道可采用不同颜色的路面或标线与干道区别,并加设交通标志。

变速车道宜设一条车道,宽度可与直行方向干道的车道宽度相同,其位置自干道的路缘带外侧算起。变速车道外侧应另加路缘带。

在使用中,平行式变速车道虽然增加了用地,但有利于减少匝道进口处的交通拥堵。

2)变速车道长度

变速车道长度不应小于表 11-14、表 11-15 所列数值,当坡度大于 2% 时,对于减速车道下坡和加速车道上坡两种情况,需要根据道路纵坡度大小对变速车道长度进行修正,加大变速车道长度,见表 11-16。

减速车道长度(单位:m) 表 11-14

主线设计车速(km/h)	匝道设计车速(km/h)						
	30	35	40	45	50	60	70
100	—	—	—	—	130	110	80
80	—	90	85	80	70	—	—
70	80	75	70	65	60	—	—
60	70	65	60	50	—	—	—

加速车道长度(单位:m) 表 11-15

主线设计车速(km/h)	匝道设计车速(km/h)						
	30	35	40	45	50	60	70
100	—	—	—	300	270	240	200
80	—	220	210	200	180	—	—
70	210	200	190	180	170	—	—
60	200	190	180	150	—	—	—

变速车道长度修正系数 表 11-16

主线的平均纵坡度(%)	$0 < j \leq 2$	$2 < j \leq 3$	$3 < j \leq 4$	$4 < j \leq 5$
减速车道下坡长度修正系数	1.0	1.1	1.2	1.3
加速车道上坡长度修正系数	1.0	1.2	1.3	1.4

3)变速车道的渐变段

平行式变速车道渐变段长度见表 11-17。

平行式变速车道渐变段长度　　表11-17

主线设计速度(km/h)	100	80	70	60
过渡段长度(m)	80	60	55	50

直接式变速车道渐变段按外边缘斜率控制。驶出端渐变段外边缘斜率为1/15~1/20(驶出角接近3°~4°);驶入端渐变段外边缘斜率为1/30(驶入角接近2°)。

9. 集散车道的设计

集散车道的设计车速应按匝道设计车速确定。

集散车道应通过变速车道与主线车道相接。集散车道应布设在主线右侧,与主线车行道间应设置中央分隔带。中央分隔带宽度应满足设置必要交通设施的要求,且不应小于1.5m;当用地方面有特殊困难时,中央分隔带宽度不得小于0.5m。中央分隔带内必须设置安全分隔设施。

第四节　道路与铁路交叉

铁路路口立交的意义重大。例如,日本的城市化地区铁路发达,道路建设滞后于铁路,存在着许多铁路、道路平面交叉路口。这些路口成了城市中道路交通的瓶颈,每年都造成巨大的社会费用。政府把铁路道口的立交化作为解决城市交通拥堵问题的一项重要内容来抓,近年来取得了很大成效。

作为城市化地区道路建设事业的一环,把铁道高架或是放入地下,去除平面交叉路口,对被铁路分隔开来的城市进行一体化的城市规划建设。

随着我国经济的迅速发展,城市化水平的不断提高,大、中型城市中轨道交通系统建设成为必不可少,这样很可能出现道路与铁路相交的情况。尽管下埋式的地下铁路或是高架的城市铁路造价较高,还是应该尽可能采用下埋式或高架式,避免城市中出现铁路、道路的平面交叉路口。

道路与铁路交叉的规划设计,应该符合《城市道路工程设计规范(2016年版)》(CJJ 37—2012)的有关规定。

1. 设计原则与规定

道路与铁路交叉的位置应符合城市总体规划。若需要调整时,应报有关部门确定。具体应遵循下列原则:

(1)快速路和重要的主干路与铁路交叉时,必须设置立交。

(2)主干路、次干路、支路与铁路交叉,当道口交通量大或铁路调车作业繁忙时,应设置立交。

(3)各级道路与旅客列车设计行车速度大于或等于120km/h的铁路交叉,应设置立交。

(4)对行驶有轨电车或无轨电车的道路与铁路交叉,必须设置立交。

(5)道路与铁路交叉,机动车交通量不大,但非机动车和行人流量较大时,可设置人行立交或非机动车与行人合用的立交。

(6)当受地形等条件限制,采用平面交叉危及行车安全时,应设置立交。

各级道路与城市轨道交通线路交叉时，必须设置立交。

2. 道路与铁路立交设计

道路与铁路立交的形式主要有道路上跨和下穿两种。

立交的位置与形式应根据城市总体规划的要求，并考虑道路与铁路等级及性质、交通量、交通组成、地形、地下设施、铁路行车瞭望条件、地质、水文、环境要求、城市景观、施工管理等因素综合比较确定。

按照具体情况，也可采用机动车车行道上跨铁路、非机动车车行道下穿铁路相组合的立交形式。

立交干道与引道的平面线形设计应符合道路平面与纵断面设计的有关规定。

引道范围内不应设平面交叉路口。引道以外设平面交叉路口时，应有大于或等于50m的平面交叉路口缓坡段，其坡度宜小于或等于2%，在困难情况下应小于或等于3%。

立交干道与引道的纵断面线形设计中应注意最大纵坡度不超过上文中表11-16的规值。

道路上跨铁路时，立交桥桥面车行道宽度不应减窄，桥上人行道的宽度可根据人流量计算确定，但每侧人行道的宽度不应小于1.5m。引道部分应设置过渡段。

引道平面线形应与桥梁轴线保持一致的最小长度，见表11-18。

引道平面线形应与桥梁轴线线形保持一致的最小长度 表11-18

设计速度(km/h)	80	60	50	40	30	20
最小长度(m)	60	40	30	20	15	10

道路上跨铁路时，桥下净空应符合现行铁路和城市轨道交通建筑限界标准的要求。道路下穿铁路时，最小桥下净空见表11-19。

最小桥下净空 表11-19

车行道类型	机动车			非机动车	
行驶车辆种类	各种汽车	无轨电车	有轨电车	自行车、行人	其他非机动车
最小净高(m)	4.5	5.0	5.5	2.5	3.5

第十二章

路面公共交通设施

我国城市的普遍特点:一方面是人口多,城市用地少,道路网密度低,人均拥有道路面积少;另一方面,随着我国国民经济的高速持续增长,城市居民的收入相应地大幅度增加,人们的购买力也日益增强,小汽车等私人机动车发展迅速。近年来,尽管城市道路建设取得了长足的进步,但与世界上发达国家,甚至很多发展中国家相比,我国在道路交通发展和道路交通运用方面依然存在不足。汽车保有率迅速增加,道路建设难以在短期内与车辆的迅速发展相匹配,使得道路交通日益拥堵,其结果直接制约着城市的健全发展。许多发达国家在经历了由私家车自由无限制地膨胀发展而带来大量的社会问题、经济问题和环境问题的痛苦之后,最终选择了优先发展公共交通的战略。我国在城市交通政策上应该吸取这些国家的经验教训,建立以公共交通为主体的城市综合交通体系,因此,道路基础设施的规划设计中应该充分考虑配合路面公共交通设施的规划设计。

第一节　路面公交的必要性和公交优先政策

1. 路面公交的必要性

随着经济的快速发展,私人车辆保有率在迅速增长。我国公路与车辆增长状况见表12-1,整体上,道路增长率远远低于车辆增长率,再加上我国城市人口密集等特点,造成城市交通拥挤、车速降低、交通事故增多,这些都严重地制约着国民经济的发展。

我国公路与车辆增长状况 表 12-1

年份(年)	全国公路里程(万 km)	对 1990 年的增长率(%)	民用汽车总量(万辆)	对 1990 年的增长率(%)
1990	102.83	—	551	—
2000	140.27	36.4	1609	192.0
2001	169.80	65.1	1802	227.0
2002	176.52	71.7	2053	272.6
2003	180.98	76.0	2383	332.5
2020	519.81	405.5	28087	4997.5

注:数据来自国家统计局国民经济和社会发展统计公报、交通运输部交通运输行业发展统计公报。

公共交通在英文中通常写作 Public Transportation,为了强调其运量很大的特点,也称为 Mass Transit 或是 Mass Transportation。在这个意义上,表 12-2 所示的轨道交通、普通公交均属于群体型的大运量公共交通方式,其特点是人均占有道路面积少,载客量大,相同运量的小汽车对城市的环境污染和对居民生活的负面影响远高于公共交通,实际上,很多地方的私家车平均载客量还达不到表 12-3 中假定的 1.5 人/辆,只能达到 1.3 人/辆,而公共交通的平均载客量则高很多。所以,在城市交通建设中要优先发展公共交通。私家车无节制地膨胀发展,将会把过多的社会外部费用强加给城市社会。这些社会外部费用具体表现在道路行车速度缓慢、拥堵现象严重、道路沿线环境污染严重、交通事故多发等方面。其结果就是城市道路交通状况每况愈下,导致与汽车共用道路设施的普通公共交通服务水平降低,效用减低,乘车人员减少,运营企业严重萎缩。

城市中几种主要公共交通方式的运能比较 表 12-2

运 输 能 力	交 通 方 式	单向高峰小时客运量(万人次/h)	平均运营速度(km/h)
大运量快速轨道交通	地下铁道	3~6.5	30~45
中运量快速轨道交通	轻轨交通:钢轮钢轨系列、跨座式单轨交通、新交通系统空中客车、磁悬浮机车	1~3	20~30
低运量客运交通	公共汽车和无轨电车	0.4~1	10~20

几种常见交通方式的性能比较 表 12-3

交 通 方 式	平均速度(km/h)	平均载客人数(人/辆)	车辆行驶的动态占道面积(m^2/车)	每位乘客的平均占道面积(m^2/人)	运输范围(km^2)
公交客运	25.0	25	125.42	5.01	300
小汽车客运	45.0	1.5	152.25	101.5	1300
自行车	12.0	1.0	7.0	7.0	100
步行	5.0	1.0	1.0	1.0	20

国务院办公厅于 2005 年 10 月转发了《建设部关于优先发展城市公共交通的意见》,要求各地区和有关部门进一步提高认识,确立公共交通在城市交通中的优先地位,明确指导思想和目标任务,采取有力措施加快发展。2012 年 12 月,《国务院关于城市优先发展公共交通的指

导意见》(国发〔2012〕64号)发布,指出随着我国城镇化加速发展,城市交通发展面临的新挑战,为实施城市公共交通优先发展战略提出树立优先发展理念、把握科学发展原则、明确总体发展目标、实施加快发展政策和建立持续发展机制的指导意见。

城市公共交通是与人民群众生产生活息息相关的重要基础设施。我国土地资源稀缺,城市人口密集,低收入群体依然存在,优先发展公共交通是符合中国实际的城市发展和交通发展的正确战略思想。

提供和保障公共交通服务,可以为交通弱势群体提供更远的出行机会,有利于就业,因此可以说公交优先是交通基础设施公平性的体现。

2. 公交优先政策

鉴于公交方式具有运量大、价格低等优点,有必要在城市中实施公共交通优先的政策和措施。公交优先的目的是在不限制个体出行方式的前提下,通过提高公共交通的效用,吸引更多出行者选择公共交通方式,减少个体交通方式过多给城市道路系统造成的压力。人们对于交通方式的选择,取决于该种交通方式的效用,也就是人们对它的满意程度。公交优先具体表现为提高公共交通在整个城市交通体系中的地位,使得公共交通尽量不受其他交通方式的影响,能够有一个比较畅顺的运作环境、运行方式和一个良好的服务水平。公交优先的目的在于城市的交通总量不变的前提下,减少个体交通方式所占的出行比例,缓解道路交通拥堵,改善城市交通问题。

公共交通优先政策与措施包含了众多方面的内容,可概括如下。

1)财政扶持政策

公共交通优先涉及的财政政策包括投资、运营亏损补贴、税收减免等诸多方面,它一般通过立法的形式加以确立与实施。

2)公交市场开放政策

近年来,有些城市特别是发达国家的城市公交乘客数量大幅度减少,公交企业不堪重负,濒临破产。为了提高公交市场的活力,政府采用了放宽规制、准许私营企业等参与市场的灵活政策。多种经营可以给公交运营带来活力。

3)城市用地优先政策

城市道路的使用面积是有限的,一般公交优先在城市规划用地上通过行政或法律手段来确保公交场站用地及空间分布上的合理性。

4)公交空间优先的道路运用政策

开辟公交专用车道、专用路,即在该车道上全天或部分时间禁止其他车辆使用,只允许公交车辆行驶,排除干扰,提高其运行速度。公交专用道管理既可采用硬质设施强行隔离,也可通过设置摄像监控设备加强管理。

5)公交时间优先的交通管理政策措施

(1)优先通过路口的措施包括路口转弯优先,公交车辆进、出站优先,单行线或禁止其他车辆行驶等。

(2)优先通过路口的措施是通过电子控制与无线电感应装置使公交车辆在接近路口时,自动控制信号灯变化;或者是不改变信号灯原配制,但在路口附近50~100m范围内划定公交专用待灯车道(不许其他车辆驶入),以便绿灯时,公交车辆能迅速通过路口。

6)限制小汽车使用的相关政策

(1)限制小汽车进入市中心区。

(2)人为地减少市中心区小汽车停车场。

(3)制订严格的噪声与排放标准。

(4)市区采用区域驾驶证制度等。

各国多年来的实践表明,实行公交优先政策与措施为有效解决城市交通问题发挥了巨大作用,特别是道路运用与交通管理等方面的优先措施,由于投资少、见效快而得到广泛应用。

我国实施公共交通优先的策略应是:通过教育和宣传在道路使用者的思想中牢固树立公共交通优先的意识,制定优先发展公共交通的政策和法律,改革公共交通机构管理体制。在严格遵循城市总体规划、交通规划和交通战略研究原则的基础上,充分分析城市居民出行特征和土地利用形态,分析公交需求和预测客流分布。根据各个区域和各条道路的特点,分析造成公交延误的原因,以多种多样的公共交通优先措施,形成以轨道交通为骨干,以路面公共交通为主体,以个体交通为辅助的点、线、面有机结合的城市公共交通优先网络体系。

3. 公交优先措施分析

与道路的规划设计(包括运用管理)相关的公交优先措施包括如下。

1)公交专用路

公交专用路是指除了公交车辆外,不准其他机动车辆使用的道路。在公交专用路上,公交车辆享有全部的通行权。但是自行车根据实际情况有时可允许通行。

采用公交专用路措施的条件包括:

(1)该路段公交车线网密度大,公交客流量大,单向公交车流一般应超过 90 辆/小时。

(2)该路段为非主要交通功能的次干道。

(3)与该路段衔接的道路足够多,且有相同走向的平行道路供其他车辆使用。

在公交专用路上,由于仅有公交车辆行走,阻止了其他车辆对公交车辆的干扰,保障了公交车辆的行驶速度和准时性。但是,公交专用路由于大量占用道路资源,对其他车辆影响较大,因此使用不是十分广泛。采用这类公交优先方式与措施时,一定要仔细调查研究该路段上的公交实际运行情况,以免使得该路的利用率不高。在公交专用路的出入口要注意与其相交道路上的其他车辆的转向问题,做好交通渠化,减少与公交车的冲突点,以免公交车辆难以进出公交专用路,形成严重的交通堵塞,达不到公交优先的目的。公交车辆的站点要求分布合理,位置适当,避免因为公交车到站停靠及乘客上、下车,阻碍后面公交车辆的通行。

2)公交专用车道

公交专用车道是指在道路路面条件允许的情况下,专门开辟一条或多条车道供公交车辆行驶,其他机动车辆在规定时间内不准进入该车道行驶。

采用公交专用车道措施的条件包括:

(1)通过该路段的公交车辆及客流量足够多。

(2)路段较长而平面交叉路口较少。

(3)路段两边建筑物进出车辆较少。

(4)车道数足够,并且在设立公交专用车道之后,不会严重影响到整条道路的通行能力,造成交通堵塞。

(5)公交停靠站尽量建成港湾式结构。

公交专用车道有路侧设置和路中设置两种基本形式，如图12-1所示。路侧设置形式的特点是乘客上下车方便，但是公交车容易受到其他车辆的干扰。路中设置形式的特点是公交车不易受到其他车辆干扰，但上下车乘客需要通过人行横道穿越道路上下车。一般认为在公交主干线上路中设置方式更为合适，在国内外有很多成功的案例。图12-1b）所示为日本名古屋市市内设置的基干公交系统，该系统采用了路中设置公交专用车道方式，车道涂为砖红色以示其公交专用道的地位。由于基本不受社会车辆的干扰，且采用了高密度发车频率，因此，该系统自1986年投入使用以来，充分发挥了干线公交的作用，受到市民欢迎，乘车率很高。

a)

b)

图12-1　公交专用道案例

a）"山城"重庆设置于单形线外侧的公交优先系统；b）日本名古屋市内于1986年开始使用的公交优先系统（基干公交系统）

公交专用车道可以减少公交车与其他车辆的相互干扰，保障公交车辆的畅行，但是如果路段平面交叉路口分布很近；或者该路段自身容量已经达到饱和状态，附近又没有起到分流作用的道路；或者该路段上有大量的商业活动，有许多车辆进出路段周围的建筑物时，公交专用道，特别是路侧设置形式就起不到有效的作用。

公交专用道在城市中运用相当广泛，将在下一节进一步讨论其规划设计方法。

3）公交优先车道

所谓公交优先车道，就是规定路段上某一车道为公交优先使用，当没有公交车辆行驶时，其他车辆也可以使用。其适用条件与公交专用车道近似。当公交车辆不是很多，或是车道数不是很多时，可以考虑设置公交优先车道。但是，许多城市的实践证明，公交优先车道通常会被社会车辆占据，如果没有严格、有效的交通管理措施，将难以达到预期的效果。

4）公交优先插队

公交优先插队是指在公交车大量通过的灯控路口或者一些路面条件允许的路段、桥隧，通过拓宽路口进口车道，允许公交车辆优先插入车流中或者优先在路口排队，等待通过。

采取公交优先插队措施应具备的条件包括：

（1）道路条件许可，通过该路段或者路口的车流量大，公交车辆多。

（2）路口附近的出入车辆少，不会干扰公交车辆插队。

（3）配合以严格管理其他车辆阻碍公交车插队的管理措施。

公交优先插队的选点非常重要，如果选点不当，不仅会引起交通混乱，而且会妨碍其他车辆的安全畅顺，降低道路和路口的通行能力。在插队位置的设计要充分考虑安全标准，严格实施交通管制。

5)路口公交优先

路口公交优先是指在路口让公交车优于其他车辆通过或者转弯,采取交通工程设计和交通信号控制措施,进行公交优先。

采取路口公交优先措施的条件包括:

(1)有交通信号控制的范围较大的路口。

(2)公交车辆较繁忙的路口。

路口公交优先的具体方法包括:

(1)设置专用进口道和专用相位以供公交车转弯。拓宽路口的进口车道,让公交车辆能够行驶到停车线的位置,其他车辆不准左转或者右转,而允许公交车辆转弯。

(2)采用感应式信号灯,给予公交车优先通行权。在路口附近埋设感应线圈或者其他探测设备,在公交车上安装信号发射装置,当有公交车辆通过信号控制路口,就可以采用延迟或提前绿灯放行,减少路口延误时间。对于公交车辆转弯优先比较容易实施,而通过延迟或者提前绿灯优先放行公交车辆穿过路口的方式则需要仔细研究。另外,采取何种检测设备也要进行评估,避免因各种故障引起作用不大。

不论采用哪种公交优先措施,公交车站位置的确定都十分重要。在道路条件允许的情况下,公交专用路和设立公交专用车道的道路都应该设置港湾式停靠站。

实施公交优先不仅要在某些点线进行,更重要的是将整个公交网络形成公交优先网络,提高公交车辆整体服务水平和公交车辆出行比例。

4.公交优先的集成——快速公交

快速公交近年来在我国受到极大关注,国内一些城市建设了快速公交线路,开始了试运行。快速公交是一种现代化的公共交通工具,快速公交具有集各种优先措施于一身,拥有独立路权,具有容量大、耗资低、建设周期短、速度快、准点性好、安全性高、对乘客友好、污染小、耗能少等优点,单向小时断面流量可达 1 万 ~ 2 万人甚至更高,平均速度可达 20 ~ 25km/h。图 12-2所示为巴西库里提巴市快速公交系统大容量的车辆与人性化设计的站台。

a)

b)

图 12-2　巴西库里提巴市的快速公交系统大容量的车辆与人性化设计的站台

a)运营车辆；b)中途站(左侧为快速公交专用道)

2004 年 12 月 25 日,从北京前门到木樨园的南中轴路大容量快速公交一期线路正式运营。虽然此次运营的快速公交线路里程全长仅约 5km,但它预示着一个新的公共交通发展理念开始正式进入中国。它的运营时速快,比一般公交车要快一倍;长达 18m 的铰接式空调客车,有 200 人的载客量;有用栅栏隔离的 2.5km 的公交专用车道等。

快速公交是具体落实“公交优先”的一个制度载体。它通常把一条路两条车道专门封闭起来,供公交车来回运行,接近于轨道交通的模式。快速公交改变了以往的公交优先很难落实的状况,它独成系统,无论城市交通如何拥堵,全封闭的运行环境保证公交车畅通无阻。快速公交体现了路权分配的公平精神,同一道路上快速公交车道畅通无阻,普通车道拥堵严重,这对车辆是不公平的,但对人却是公平的。在道路资源有限的情况下保证大多数人的畅通,是道路公平性的最好体现。随着公交效率的大幅度提高,可以期待过去自己开车出行的人也可能改乘公交车,使得路面上的车辆减少,交通拥堵得到缓解。

第二节　公交车专用车道的规划设计

1. 公共交通专用车道系统的基本概念

1)干线公交专用车道系统的布局

公交专用车道的设置需要合适的道路条件,因此一般多适用于干线公交线路。应根据交通规划阶段的研究结果,选取客流 OD 较为集中的两大区域间的干线性道路或可全部提供使用的一般道路系统,作为公交专用道(路),于其两端的集散区域内选定适当的地点(具有良好的集散道路网和自行车等车辆停车的空间)作为干线公交专用道(路)的起讫点。

图 12-3 中概念性地给出干线公交专用车道(路)的网络构成。由图 12-3 可知,干线公交专用道(路)适用于运送发生、吸引量较大的区域之间交通需求。图中字符 O、D 分别表示交通的发生地和吸引地。

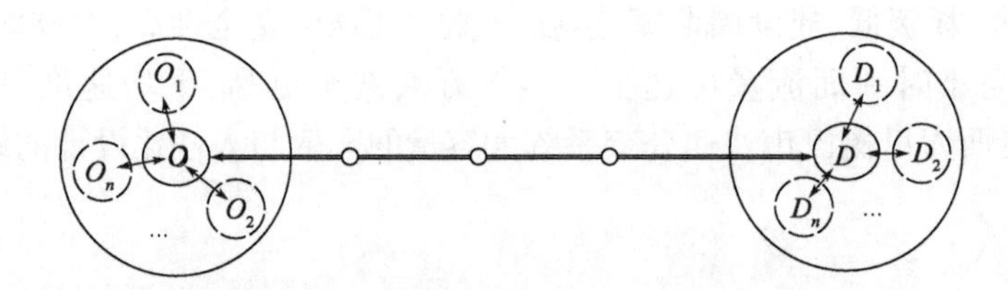

图 12-3　干线公交专用车道(路)的网络构成

2)公交专用车道与公交停靠站的设置形式

(1)公交专用车道的形式

公交专用车道根据其形式可进一步进行区别:

①沿中央车道设置的内侧式公交专用道。图 12-4a)中给出的公交专用车道形式适用于道路中间设有中央分隔带,或高架道路下面的干线道路条件。

②沿路侧车道设置的外侧式公交专用道。图 12-4b)中的公交专用车道形式是以往常用的。

有关公交专用车道的使用时间有两种情况:①在城市的客流高峰期间使用,其他时间为公交优先;②全天性使用。为了最大限度地减少公共交通专用车道系统对其他交通的影响,一般常采用前者。

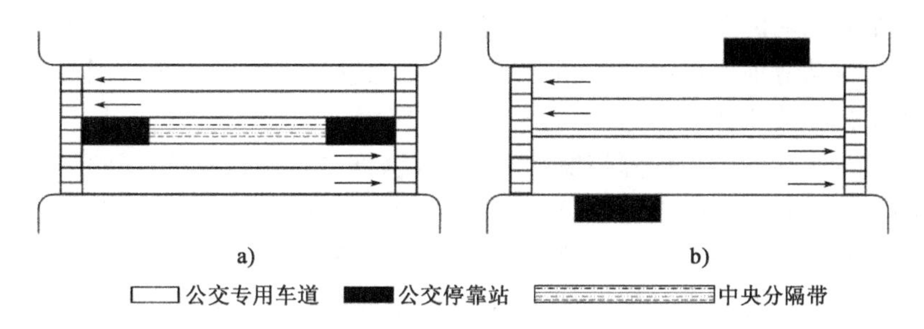

图 12-4　公交专用车道的形式

a) 内侧式；b) 外侧式

(2) 公交停靠站的设置形式

针对公交专用车道的两种设置形式，中途停靠站也分为内侧式与外侧式两种形式。通常的公交停靠站是沿行人道，或机动车与非机动车道的隔离带设置的，对于乘客虽具有一定的便利性，但是当远离人行横道时，存在着上下公交车的乘客直接在公交停靠站附近穿越道路的问题。因此，采用图 12-4a) 所示公交专用车道形式的话，公交停靠站可以设置于靠近人行横道的中央分隔带上，这样上下公共汽车的乘客可以利用行人过街信号穿越道路，不仅在安全上可以得到保障，而且不会对其他交通流产生影响。

我国车辆都是靠右侧行驶，因此，路内侧公交停靠站无法直接设置在中央分隔带上，除非将公交车辆的乘客门改在车辆左侧或公交车辆逆向行驶。为此，需要通过渠化道路来设置公交停靠站。路内侧公交停靠站可以根据中央分隔带的宽度分为无公交停车区和有公交停车区两种方式。

①无公交停车区。若无中央分隔带或中央分隔带宽度较窄（小于 1m）时，可以将公交停靠站的机动车道向外侧弯曲，以挤占其他机动车道为代价设置公交停靠站的站台。内侧式公交停靠站设置示例 1（中央隔离带较窄或没有时）如图 12-5 所示。

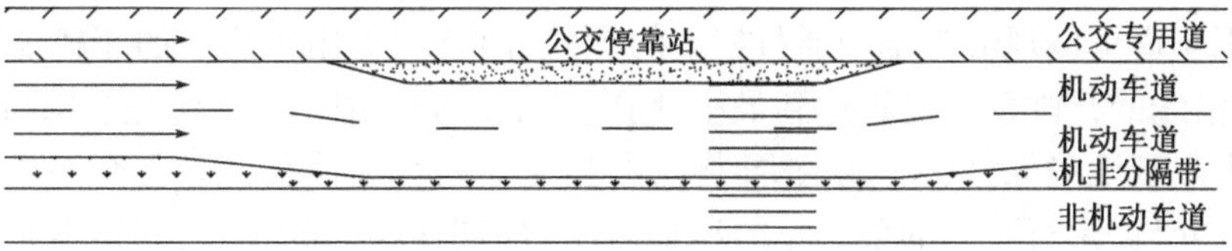

图 12-5　内侧式公交停靠站设置示例 1（中央隔离带较窄或没有时）

若中央分隔带宽度不够，小于 3m 但大于 1m 时，可以在公交停靠站位置压缩中央分隔带，使机动车道向内侧弯曲以设置公交停靠站站台。内侧式公交停靠站设置示例 2（中央隔离带较宽时）如图 12-6 所示。

图 12-6　内侧式公交停靠站设置示例 2（中央隔离带较宽时）

无公交停车区的路内侧公交停靠站没有公交车辆的超车道，前面的公交车辆停靠时，后面的公交车辆必须排队等前面的公交车辆出站以后才能进站或继续行驶。因此，此类公交停靠站一般仅适用于公交线路较少，公交车辆不密集的路段。

②有公交停车区。若中央分隔带宽度有富余（大于3m）时，可以在公交停靠处通过压缩中央分隔带的方式设置公交停车区。公交停靠站设置示例3（中央隔离足够宽时）如图12-7所示。这样公交车辆停靠时进入公交停车区，不会给后续公交车辆的继续运行造成影响，是一种比较完善的路内侧公交停靠站设置方式，但这种设置对中央分隔带的宽度有较高的要求。

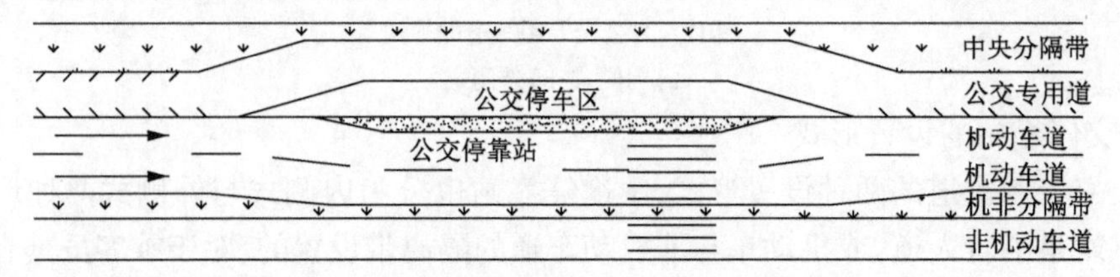

图12-7　公交停靠站设置示例3（中央隔离足够宽时）

另外，当中央分隔带宽度富余更大（大于4m）时，可以将公交停靠站设置在公交专用车道一侧，不再挤占其他机动车道，但公交专用车道在公交停靠处要避开停靠站和公交停车区，会向中央分隔带一侧弯曲得更严重。实际进行设置时要根据不同的情况合理选择，设计时要注意采用合理的线形。

公交乘客下车后需要穿越机动车道才能到达或离开公交站台，这不仅会影响乘客的人身安全，还会影响车辆的正常行驶。因此，需要在乘客过街道处安装信号灯，这样可以保障乘客的安全，但会增加车辆的延误，有条件的地方可以考虑设置地下人行通道或人行过街天桥。

2. 公交专用车道的优先控制与管理

公共汽车交通优先的概念应包括两个方面，即空间和时间上的优先通行权。公交专用车道的优先控制与管理系统，是确保其确保时间上的优先权，获得交通效益的关键所在，具有必要性。

公交专用车道可以理解为空间通行权上的优先，而公交专用车道上的车辆能否顺利地通过交叉路口，沿线的行驶延误能否达到最小，则决定于公交专用车道的优先控制与管理。

若能最大限度地确保公交车辆的准时性，在公交专用车道沿线的各公交停靠站上提供到站时刻表，并同时提供行驶中的公交车的动态信息（如现在所处的位置，到达本站所需要的时间等），则可以提高公交专用系统的效用以及乘客对此系统的信赖性。因此，ITS在公交运营与管理中的应用变得十分必要。

近年来，ITS取得了迅速的发展，其中，改善公共交通系统的服务水平是ITS的主要目标之一。公交专用车道智能化控制管理的概念及其相关技术随着当代电子、通信和计算机技术的进步，也在不断进步。反映在公交专用车道（路）的智能化控制管理方面，其基本概念包括有关（专用车道和相邻道路上）交通信息的采集和提供、优化控制与管理。

公交专用车道及其优先控制管理系统的实施，将带来整个公共交通系统运行效益的变化，主要的影响反映在系统内客运量的增加、公交行驶速度的提高、个体交通方式向公共交通方式的转移、个体交通方式交通量和服务水平的降低等方面。

在道路规划设计中，应该对公共交通系统的优先控制与管理系统所需设备的设置予以考虑。

3. 公交专用车道设置条件

关于公交专用车道设置,可以按照《公交专用车道设置》(GA/T 507—2004)的相关规定进行。

公交专用车道的设置条件应该采取定量与定性相结合的方法。讨论公交专用车道的设置条件通常限于定性分析,缺乏定量的计算与说明,难以清晰地阐明设置公交专用车道的最佳设置条件。为此,从道路条件和交通条件入手,研究确定公交专用车道的设置条件具有重要意义。

1)公交专用车道的基本设置条件

为了使设置公交专用车道成为可能,同时有效地利用道路空间资源,一般认为,设置公交专用车道的道路,单向应具备3条以上的机动车道,一条作为公交专用车道,其余车道供其他机动车使用。

设置公交专用车道的道路,公交车流量应达到一定的标准,既要使公交专用车道绿灯信号能得到较为充分的利用,又要保证公交车在交叉路口前能避免二次排队现象发生。

《公交专用车道设置》中对公交专用车道有详细规定,具体包括了应设置与宜设置两类。

(1)应设置公交专用车道

城市主干道路满足下列全部条件时,应设置公交专用车道:

①路段单向机动车道3车道以上(含3车道),或单向机动车道路幅总宽不小于11m。

②路段单向公交客运量大于6000人次/高峰小时,或公交车流量大于150辆/高峰小时。

③路段平均每车道断面流量大于500辆/高峰小时。

(2)宜设置公交专用车道

城市主干道路满足下列条件之一时,宜设置公交专用车道:

①路段单向机动车道4车道以上(含4车道),断面单向公交车流量大于90辆/高峰小时。

②路段单向机动车道3车道,单向公交客运量大于4000人次/高峰小时、公交车流量大于100辆/高峰小时。

③路段单向机动车道2车道,单向公交客运量大于6000人次/高峰小时、公交车流量大于150辆/高峰小时。

2)设置效果分析

(1)设置公交专用车道后路段条件改善产生的效果

道路上开辟公交专用车道后,公交车在路段上的运行条件得以改善,受其他机动车的干扰大大减少,产生的直接效果就是车速提高、行驶时间减少、公交乘客出行时间减少。利用已有的成果,可以对设置公交专用车道前后公交车的行驶时间进行对比分析,从而得到由此产生的效益。

设置公交专用车道后,由于道路通行权的改变,公交车与非公交机动车的平均行驶时间均发生了变化。设置公交专用车道后,一般情况下,公交车的平均行驶时间将减少,非公交机动车的行驶时间将增大;路段机动车出行总时耗(车·小时)总量将增加,路段居民出行总时耗(人·小时)总量会减少。城市客运交通是一个以人的出行为核心的系统。在设置公交专用车道时,可以设定以通过路段的所有出行者的平均时耗最小为目标函数,然后采用数值解法可以求得相应的最佳公交车流量比例。

(2)设置公交专用车道前后交叉路口延误变化

采用平均延误计算公式,可以计算得到公交车和非公交机动车的交叉路口延误。公交专用车道的开辟,将使交叉路口交通运行状况发生变化。开辟公交专用车道后,一般情况下,公交车的平均延误将明显减少,公交车的运行状况有明显改善,非公交机动车的平均延误将有所增加,即机动车交叉路口总延误(车·小时)总量将增加,出行者交叉路口总延误(人·小时)总量会减少。以通过交叉路口的所有出行者人均延误最小为目标,对应着一个最佳的公交车流量比例。采用数值解法,可以求得相应的最佳的公交车流量比例。

第三节 公交车优先信号

1. 公共交通信号优先策略

公共交通信号优先策略的目的是减少公交车辆在信号交叉路口的延误。如果交叉路口的延误用经过交叉路口的全部出行者的总延误来表示的话,由于乘客数量不同,那么一辆满载乘客的公共汽车在交叉路口的延误和一辆小汽车在交叉路口的同样时间的延误是不等价的。因此,让公共交通在交叉路口具有优先通行权,将会极大地减小交叉路口的总人均延误。而这一优先通行权是通过信号控制来实现的。

1)公共交通信号优先的物理结构

单个交叉路口公共交通信号优先控制的物理结构图如图12-8所示。公共交通信号优先控制的系统主要由以下三部分组成。

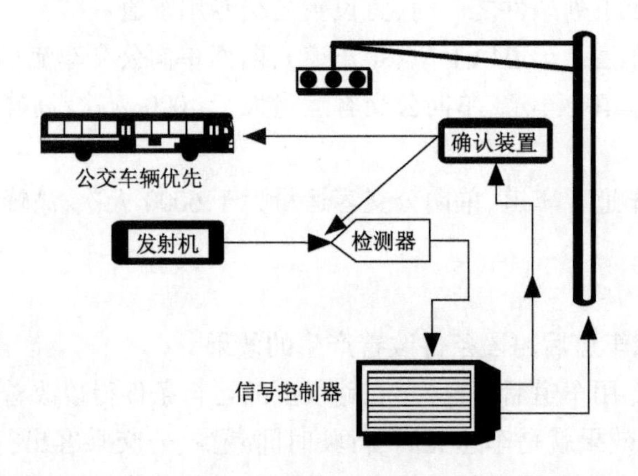

图12-8 单个交叉路口公共交通信号优先控制的物理结构图

(1)公交车辆检测系统

优先请求系统车辆检测包括公交车辆检测和普通车辆检测。在公交优先路口,公交车辆的检测过程如下:在公交车辆上安装专用信号发射器,公交优先信号交叉路口上、下游分别设置相应频率的信号检入、检出检测器,信号检测器与交通信号控制器相连;当检入检测器检测到有公交车辆到达时,将到达信息迅速传递到信号机控制系统,由信号控制系统决定优先策略,然后发出指令给信号机,以便实现公交车辆无阻滞、优先通过交叉路口。设置检出检测器的目的是让信号控制系统知道何时公交车辆离开交叉路口,不再需要优先权。

(2)通信系统

公交优先控制通信系统将检测器的输出信号传输到本地交叉路口的信号控制系统或地区的交通管理中心,作为信号控制决策的输入参数;同时将控制策略从本地或交通管理中心传输给信号控制器,来控制信号灯的显示。

(3)交通信号控制系统

公交优先信号控制系统应该具有系统控制、协调控制、感应控制、优先控制、紧急情况控制、手动控制等工作方式,具有灯泡损坏监测、检测器错误监测、绿灯冲突监测等自检功能。通常情况下,设在交叉路口的信号机包含一个电源单元、一块 CPU 板和若干块相位驱动板。

2)公交优先路口信号控制策略

为了有效地在路口信号控制系统中体现公交优先策略,在控制过程中要采用实时算法,不能采用预案控制策略。在对交叉路口公交优先信号控制设计的时候,需要定义信号阶段和确定信号显示的逻辑。所谓信号阶段,是指信号灯不会改变的信号配时的间隔。交叉路口的信号控制器依照逻辑控制不同阶段的开关。

公交优先路口信号控制策略包括如下。

(1)通过延长绿灯时间来实现公交优先

如果车辆检测器检测到在信号相位的绿灯即将结束时有公交车辆到达交叉路口,这时采用的公交优先策略是延长原有的绿灯时间,以使公交车辆有足够的时间通过交叉路口。公交车辆通过交叉路口后,控制系统将恢复原有信号配时。

(2)通过缩短目前相位来实现公交优先

如果公交车辆在信号灯为红灯时到达交叉路口,这时可以通过缩短目前的相位使下一个绿灯相位提前的方式来实施公交车辆优先。

(3)通过插入公交专用相位来实现公交优先

如果公交车辆在信号灯为红灯时到达交叉路口,并且下一个相位仍然不允许公交车辆放行,这时要实现公交优先必须在目前相位和下一个相位之间插入一个公交专用相位。

(4)通过绿灯重启来实现公交优先

如果公交车辆在信号灯绿灯已经结束后到达交叉路口,这时要采用绿灯重启让公交车辆通过交叉路口而不用等到下一个相位才允许通过交叉路口。

2. 交叉路口公交优先技术研究的发展方向

如何在提高交叉路口公交优先通行能力的同时,减小因交叉路口公交优先措施而造成的其他社会车辆交通效益的损失是交叉路口公交优先技术研究的重点。具体包括如下:①交叉路口公交优先通行措施的设置方法与使用条件;②基于公交优先通行的信号交叉路口延误计算方法;③基于公交优先通行的信号交叉路口相位设计与配时设计方法;④交叉路口公交优先通行方案评价方法。

随着 ITS 技术在中国的迅速发展和应用,基于 ITS 的交叉路口公交优先技术亟待研究。交叉路口公交优先技术的实施,必将对整个路网产生潜在的影响。因此,关于公交优先通行措施下的出行交通方式划分预测方法有待进一步研究。交叉路口公交优先通行措施是交通管理的重要手段之一,关于公交优先通行措施下的交通分配算法及其公交优先通行措施的数字化处理等还有待研究。

第四节　公交枢纽站与停车保养厂

近年来,国内许多城市的公共交通事业得到了迅猛发展,车辆拥有量、公交线路、客运量等指标均达到历史最高水平。但是,公交车站的规划建设水平滞后,用地严重不足,严重影响着公交的正常运营和进一步发展。

1.公交枢纽站的规划设计

1)公交枢纽站的规划原则

目前,国内的公交枢纽站的特点是形式简单,数量较少,结构单一,缺乏系统性的规划布局,给市民的出行和换乘带来了不便,主要体现在衔接不良和换乘不便两方面。

公交枢纽站的布局原则应新旧兼容、远近结合、合理分布。公交场站规划既要充分考虑现有公交场站用地、设施,以节省投资、易于实施,又要根据城市土地的开发逐步完善,正确处理好现状与远景的关系。

公交场站规划过程中,用地和需求之间可能会出现矛盾,尤其是城市中心区。在规划时,必须根据用地的允许条件,因地制宜地制订可行的场站规划方案。

城市不同区域、不同功能的公交场站,其布局方法也应有所区别。在公交场站规划布局时,必须采用不同的规划模式,体现规划的控制性和可操作性的协调结合。

对公交场站的规模进行定量的预测,并对其发展趋势、用地的布局进行定性的分析,可以保证公交场站的规划合理可信。

2)公交枢纽站的类型

公交枢纽站可以划分为以下4种类型。

(1)衔接城市交通与对外交通的综合客运枢纽

综合客运枢纽站是集多种交通工具和多种服务于一体的综合型、多功能客运站,是多种交通方式相互衔接所形成的大型客流集散换乘点,是多种对外交通方式与市内交通的衔接点。综合客运枢纽有两类:一类是大型综合性客运枢纽,包括火车站、汽车站、港口、飞机场等对外交通设施;另一类是作为公路主枢纽组成部分的公路客运站。综合客运枢纽的特征是衔接城市与对外交通,为旅客提供方便、快捷的换乘条件。这类枢纽中,公交通常起着轨道交通方式等的辅助作用。

(2)城市中心区的换乘枢纽

城市中心区的换乘枢纽主要是城市内部轨道交通线路交叉形成的大型公交换乘站,其交通方式主要是轨道交通、公共交通以及自行车。城市中心区的换乘客流枢纽的特征是以市民或旅客的娱乐、休闲、购物、上班、办事为主,且以城市居民为主。这类枢纽的客流量特别大,尤其是在上下班高峰期间。

(3)城市边缘的大型换乘枢纽

城市边缘的大型换乘枢纽主要是城市边缘的大型停车换乘站,截流外围城镇、郊区、远郊区进入主城区的小汽车,换乘轨道交通和普通公交进入主城各区域。随着城市向外拓展以及私家车的发展,此类枢纽显得越来越重要。城市边缘的大型换乘枢纽的客流以进入市区上班、娱乐、休闲、购物等居住在郊区的居民或外围城镇人口为主。

(4)公共交通首末站

公共交通首末站通常汇集了多条线路的公交车,因此也可以将它当作一种公交枢纽来处理。公共交通首末站除应满足车辆停放及掉头所需的场地外,还应考虑工作人员工作与休息设施所需面积。占用回车场应设在客流集散的主流方向同侧,其出入口不应直接与快速路、主干路相连。回车场的最小宽度应该满足公共交通车辆最小转弯半径需要,公共汽车为25~30m,无轨电车为30~40m。

2. 车辆保养场布局规划

车辆保养场是公共交通场站设施之一。场站设施应该与公交发展规模相匹配,用地有保证。场站布局应该根据公共交通的车种车辆数、服务半径和所在地区的用地条件设置。公交运营车辆数,可用下式确定:

$$W_{运营} = \frac{M \cdot L \cdot P \cdot \beta \cdot \gamma}{365 \cdot m \cdot v \cdot k \cdot \eta} \tag{12-1}$$

式中:M——公共汽车的全年客运量,可根据预测的公交出行量(扣除了地铁的分担量)以及公交换乘系数而得到;

L——公共汽车的平均运距;

P——高峰小时客运量占全日客运量比重;

β——客流方向不均衡系数;

γ——客流季节不均衡系数;

m——车辆平均定员;

v——平均运营速度;

k——高峰小时运营速度修正系数;

η——高峰小时车辆平均满载系数。

车辆保养场布局应使高级保养集中、低级保养分散,并与公共交通停车场相结合。车辆保养场用地面积应满足表12-4所列设计规范给出的指标。

车辆保养场用地面积指标 表12-4

保养场规模(辆)	每辆车的保养场用地面积(m^2/辆)		
	单节公共汽车和电车	链接式公共汽车和电车	出租小汽车
50	220	280	44
100	210	270	42
200	200	260	40
300	190	250	38
400	180	230	36

第五节 公交中途站的规划设计

城市中需要更多的公交中途停靠站。公交中途站的服务水平的高低,直接影响着公交的服务水平。公交中途站通常有直接式公交中途站与港湾式公交中途站两种方式。直接式公交中途站方式简单，不做专门讨论。港湾式公交中途站与传统的直接式公交中途站相比有许多优点，减少对相邻交通的干扰，避免影响道路通行能力；在一定程度上规范驾驶员的进站行为，增加安全性；可有效控制乘客的候车范围，间接地减少车辆延误时间。尽管港湾公交中途站有许多优点，但如果设计不当，也会引发延误、安全等一系列问题。

港湾式公交中途站设计时应注意以下问题：

(1)平面几何外形。港湾式公交中途站从几何外形上可分为梯形、抛物线形、流线形三类。梯形适用范围广，设计简单，但与车辆行驶轨迹不符，造成面积浪费；抛物线形适用于中央分隔带较窄，或用地紧张时；流线形采用复曲线形式，线条流畅，符合车辆的行驶轨迹，但设计较复杂。

(2)车站长度。车站长度包括站台长度和加减速段长度。站台长度是港湾式中途设计的核心。若站台长度过长，则造成车辆停放无目的，增加行人走向待驶车辆的时间，因而增加车辆的延误时间。如果车站长度过长，则会导致车辆乱停、乘客交错赶车的混乱局面，安全性也存在严重问题。但如果车站长度过短，则易引起站外排队，后至车辆的偏头驶出对相邻交通影响较大。

(3)站台停车位宽度。从减少对相邻交通影响的角度考虑，站台缩进尺寸最好为一个车宽。但由于实际用地常受到限制，此宽度往往不能满足。为保证其确定车站范围以及限制停车范围的功能，建议缩进尺寸大于1m。

(4)安全措施。公交车站内事故的发生，主要是由于现场混乱造成的。所以设计上应该让车站尽可能为乘客提供方便，引导乘客遵守交通规则，消除安全隐患。具体安全措施包括：

①确保通视区域。为避免事故发生，停车道上不应有乘客。除了做好相关的管理工作外，还要考虑车站设计对乘客的安全引导作用。当站内有不适当的树木、电线杆等物时，会阻碍乘客的视线，导致乘客站到车道上观望、候车，带来极大的安全隐患；同时，进站的驾驶员也不能看到站内的情况。

②降低路缘石高度。公交站台设置路缘石，易使上下车的乘客摔伤或绊倒而发生危险。随着低底盘公交车的不断普及，可以考虑不设路缘石，或是设置高度很低(如2cm)的路缘石，以保证乘客上下车时的安全。至于排水问题，可以通过增加站台的横坡，及增加雨水口的数量来解决。

③设置安全设施。在停车区域内应有标志标线，人流过大时在站台的一侧应设置护栏。

1. 公交中途站现状

1)公交中途站用地现状

近年来，城市中公交中途站的建设取得了较大的进展。但是，这几年也是公交运营线路猛增的时期，公交中途站建设远滞后于公交线路的发展，不能满足运营服务发展的需要。

中途站为公交车中途停靠的场所，供乘客上下车、候车、换乘。公交中途站的用地面积包括公交车停靠的泊位面积和乘客候车的站台面积。

公交车停靠站泊位面积主要取决于公交车高峰时期的车流量，但是公交中途站是在公交线路具体确定之前建设的。随着公交线路的发展，以前的预测已经不能适应现在的需要，经常出现停车泊位数不够用的现象。公交车停靠在停车泊位以外的部分，不仅增加了公交车停靠的时间，降低了运营效率，而且乘客候车需要更长的时间，给乘客也带来很大的不便。

站台面积主要取决于高峰时期乘客的候车人数。但是随着北京市人口的发展，候车人数也在不断增加,早晚上下班高峰时期总会出现乘客候车拥挤的混乱状况,主要的因素是因为站台面积较小,已不能适应现在的情况。另外,乘客的素质也有待进一步提高。

2)公交中途站拥挤现状

由于城市中公交中途站用地面积普遍较小,在使用过程中不可避免地会出现乘客上下车混乱拥挤的状况。对于公交线路比较多的中途站,经常会发生两辆车之间互相干扰的情况。图12-9是在北京市三环主路学院路站通勤早高峰时期公交车进站、出站互相干扰的情况。

对于停车泊位较多的公交中途站,公交车停靠没有固定位置。乘客乘车时只能尾随公交车停靠的位置上车,在上下班高峰时这种情况很常见,十分危险。公交中途站乘客乘车情况如图12-10所示。

图12-9 公交车进站、出站相互干扰

图12-10 公交中途站乘客乘车情况

图12-11 公交中途站乘客上、下车的拥挤情况

3)客流量大、乘客上车时相互拥挤

随着城市的快速发展,公交线路和公交车的数量都有了飞速发展,但是与乘客增加的数量相比还是相对落后,造成上下班高峰期乘客上下车相互拥挤的情况,如图12-11所示。

2. 解决公交中途站问题的相关对策

公交中途站虽然只占城市道路很短的一段,却是影响路段和交叉路口通行能力的重要因素。因此,公交中途站的设置应在保证公交乘客候车安全,方便乘客换乘、过街,有利于公交车辆停靠、顺利进出的基础上,尽量减少对路段和交叉路口通行能力的影响。现状下的公交中途站的设置存在许多不合理的地方,如北京市公交中途站存在的问题主要为公交中途站的用地面积不足,主要表现在两个方面:一是停车泊位不够用;二是站台面积窄小,不能满足乘客的需要。

关于公交中途站布局和设计方面,给出以下建议。

1)采用港湾式公交中途站

港湾式公交中途站在很大程度上可以缓解公交车停靠时公交车对尾随车辆的干扰,因此在道路用地条件允许的情况下,路段上应尽可能采用港湾式公交中途站。采用以下方法对路段上的公交中途站进行设置或改进，能够有效地在站点附近分流机动车流、自行车流，保证乘客安全，提高路段通行能力。

(1)机非混行道路上中途站的设置方法

对于机非混行，且非机动车的流量较小（小于1000辆/h），人行道宽度足够（≥6.5m）的情况，港湾式公交中途站可占用人行道设置（图12-12）。为了避免途经公交中途站的非机动车与公交车产生冲突，在站台两端做渐变段设计，并降低缘石高度，以便于非机动车在公交中途站范围内借用人行道行驶。

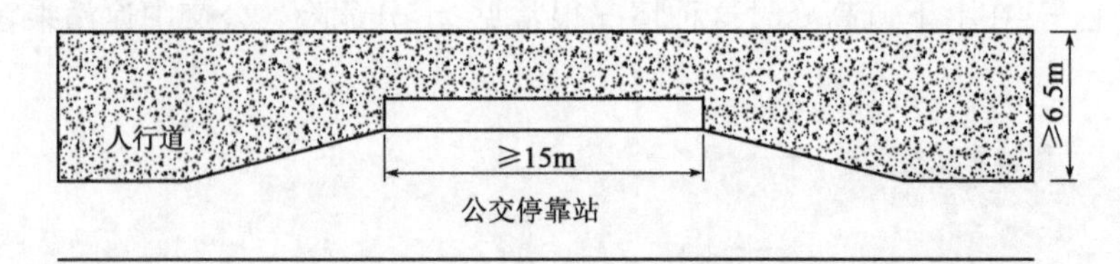

图12-12　沿人行道设置的港湾式公交中途站（无非机动车道）

对于非机动车流量大于1000辆/h的，且人行道宽度不小于6.5m时，由于非机动车流量大，不宜上人行道行驶，而采用非机动车道占用人行道，将公交中途站设置成如下的形式（图12-13）。

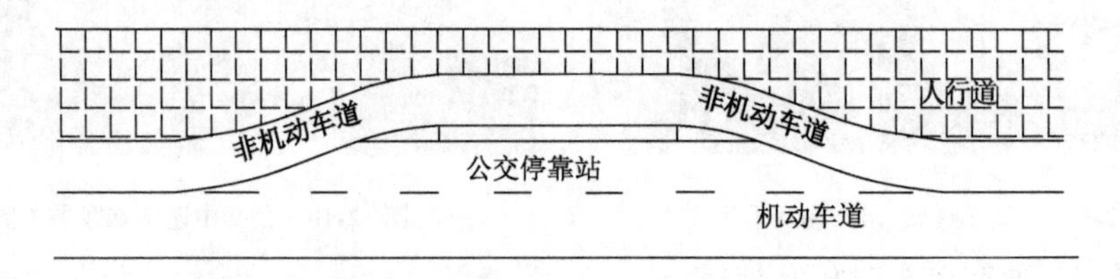

图12-13　沿人行道设置的港湾式公交中途站（有非机动车道）

(2)机非分行道路上中途站的设置方法

若机非分隔带宽度大于或等于4.0m，港湾式公交中途站可沿机非分隔带设置；若机非分隔带大于2.0m且小于4.0m，港湾式公交中途站可沿机非分隔带设置，但要压缩机动车道宽（图12-14）。

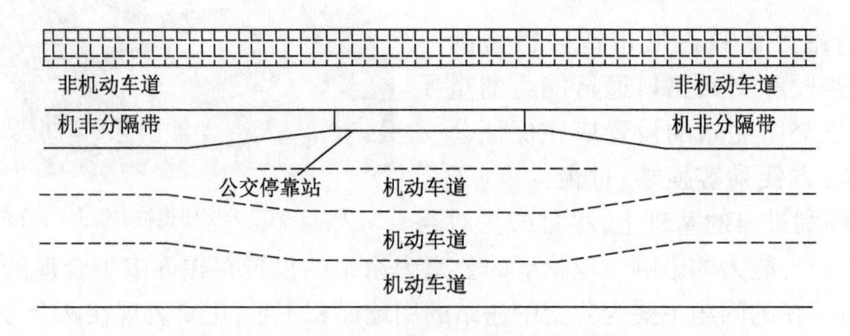

图12-14　沿机非分隔带设置的港湾式公交中途站

(3)港湾式公交中途站与交叉口渠化一体化设计

对于港湾式公交中途站与交叉口渠化一体化设计，常用方法是取消中间段，即公交中途站与右侧拓宽车道采用一体化设计（图12-15b），右转车与公交车同时使用右侧拓宽车道，也可实现冲突车流变汇流车流，且使改善后道路线形更加美观。

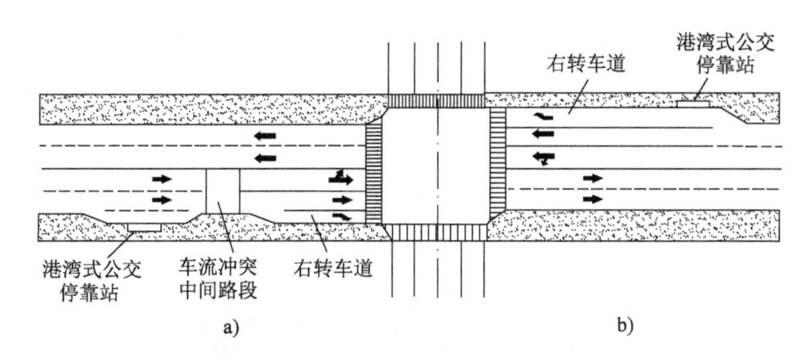

图 12-15 公交中途站与交叉口一体化设计
a)一体化设计前的依靠站;b)一体化设计后的依靠站

2)针对同一中途站停靠线路过多的对策

对于同一中途站停靠线路过多的问题,可采用设立辅站、拉疏站点和借用广场等方法解决。

(1)设立辅站

在停靠公交线路较多的情况下,可以在离开主站约 30m 处设立辅站,将发车频率较低或停靠时间较短的公交线路安排在主站前方的辅站上,以减少进站公交车较多时主站附近道路发生阻塞的可能性。当停靠线路太多时,也可以设立前后两个辅站。

(2)拉疏站点

拉疏站点的方法有纵向拉疏与横向拉疏两种。纵向拉疏是把较集中的公交线路布置到沿线辅站。横向拉疏是在机非分离道路上,让公交车的一部分利用非机动车道停靠,另一部分利用机非分隔带作中途站站台。

(3)借用广场

如果在中途站附近有比较大型的广场,也可以考虑借用广场的空间做中途站,以达到分散停靠的目的。

3)针对路段异向公交中途站间距过小的对策

为了不影响社会车道的车流量,又不增加乘客的换乘距离,可以通过增加站点将一个站点的几条路线分开设置,这样可以减少高峰时间在公交中途站处车辆拥堵造成的瓶颈。最直接的办法就是直接采取加大异向公交中途站设置间距的办法。但是为了方便异向换乘,错开间距不应大于 100m。

第十三章

城市道路交通关联设施

城市中与道路密切相关的设施有很多,如城市广场、公交枢纽、货运枢纽(物流中心)、停车场、公共加油站等。这些设施的好坏直接影响着道路功能的发挥。因此有必要对这些与城市道路密切相关的设施的规划设计与运用进行讨论。

第一节 城市广场

城市广场与道路密切关联。城市广场按照其性质、用途及其在道路网中的地位可以分为公共活动广场、集散广场、交通广场、纪念性广场与商业广场五类。有些城市广场兼具了多种功能。

公共活动广场主要供居民文化休憩活动。当公共活动广场有集会功能时,应按照集会的人数计算需用场地面积,并对大量人流迅速集散的交通组织以及相关的各类车辆停放场地进行合理规划和设计。

集散广场包括飞机场、港口码头、铁路车站与长途车站等交通枢纽的站前广场以及大型体育场馆、展览馆、博物馆、公园、大型影剧院等的门前广场。集散广场应根据高峰时间人流和车辆的多少以及公共建筑物主要出入口的位置,结合地形,合理地规划设计车辆与人群的进出通道、停车场地、步行活动地带等。站前广场应与市内公共电汽车、地下铁道的站点布置统一规划、进行交通组织,使人流、车流分离,行人活动区与车辆通行区分离,离站、到站的车流分离。站前广场根据需要可以设置人行天桥或是人行地下通道。门前广场应结合周围道路进出口,采取适当措施引导车辆、行人集散。

交通广场包括桥头广场、环形交通广场等,需要处理好交通广场与所衔接道路的交通,合理确定交通组织方式和广场平面布置,减少不同流向的人车的相互干扰,必要时设人行天桥或人行地下通道。

纪念性广场应以纪念性建筑物为主体,为保持安静的环境,需要另设停车场地,避免导入车流。

商业广场应以人行活动为主,合理布置商业贸易建筑、人流活动区。商业广场的人流进出口应与周围公交站点协调,合理解决人流与车流的干扰。商业广场应该按照人流、车流分离的原则,布置分隔、导流等交通管理设施,并结合采用交通标志与标线指示行车方向、停车场地、步行活动区。

在各种各样的城市广场中,从交通规划设计的角度看,站前广场最具典型性。站前广场是综合火车、公交车、长途客车、出租车、私人车辆及自行车等诸多交通工具的在换乘枢纽前供各种车辆停靠以及乘客利用的空间,实现了各种交通工具间客货流的流动。从环境、防灾、景观等角度看,站前广场作为城市设施也应该受到重视。长期以来,站前广场作为城市换乘枢纽的重要组成部分,承担着城市交通的巨大中转压力,对城市的流动性起着重要作用。然而,在使用过程中往往出现很多问题。

本节将针对城市中铁路站前广场的特点以及对站前广场出现的问题进行分析,对站前广场的规划设计进行讨论。

1. 站前广场的特点与问题

站前广场具有交通频繁、使用上的连续性和服务对象极为广泛等特点。图 13-1 所示为站前广场功能组成结构图。站前广场不仅承担着换乘枢纽的功能,有的还承担着某些商业功能,体现着一个城市的面貌。正是由于多种功能的交织,一旦考虑疏漏,往往会导致不合理的规划设计。目前,我国的站前广场大多仍然存在功能混乱、缺乏协调性的问题,主要包括:①公交站点与线路设置混乱;②社会车辆停车泊位不足;③出租车管理混乱;④行人组织混乱;⑤缺乏非机动车停车场;⑥与周围景观环境不协调等。如果站前广场的交通运用与管理水平不高,就会导致各种功能都不能很好地发挥。

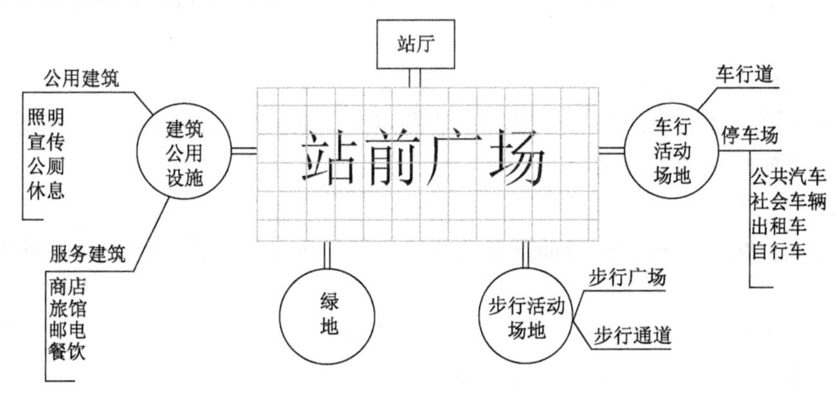

图 13-1 站前广场功能组成结构图

在出租车管理方面,以北京南站为例,其出租车使用一直被乘客所诟病,具体表现在,到达卸客区的空间严重不足,匝道数量、临时停车落客车道数量均无法满足到达需求。北京南站到达后乘出租车的需求也同样无法得到满足,其问题也是一样的,上客区由于没有足够的广场空间,出租车的等待区、匝道、上车均利用了地下停车场的空间,这些区域空间面积明显不足,造成等车时间长、环境混乱。另外,目前网约车不断发展,而过去的站前广场均没有考虑网约车的利用空间,供需矛盾突出,需要引起足够的重视并加以解决。

2. 站前广场交通

站前广场的功能是多方面的,最主要的功能是交通功能。站前广场设置的目的是有机地连接各种交通工具,顺畅而高效地处理人流和物流的中转。在规划和设计站前广场时,如何妥善处理集中在广场及其周围人和车的集散是一个重要问题。

为此,应特别考虑两个设计原则:

(1)公交优先的原则。公交优先的原则是指以最少的车辆交通量集散最大的客流的原则。大容量的人流集散需要大容量的公交换乘,因此要为旅客优先选择公交换乘提供方便。为此,遵循该原则需要做到以下几点:

①公交枢纽应该紧靠火车站出站口,降低换乘的阻抗,提高便捷性以吸引多数人换乘公交。

②公交线路配置完善,力争设置通往各个主要方向的公交车。同时合理配置出租车,为非主要方向的客运需求提供服务。

③机动车停车场可以选择在较远处。

④尽量减少私家车换乘数量,从而减少站前广场停车需求。

(2)人车分离减少冲突的原则。人车分离减少冲突的原则是指采取措施尽量排除阻碍流动的障碍,增强交通的便捷性和流动性。遵循该原则需要做到以下几点:

①行人流动线简单、明确,并且行人流动线尽量与车辆流动线分离,保证行人安全,必要时可采用立体设施。

②将不同换乘工具之间的冲突降至最低,同时完善诱导系统,快速分流。

③周边道路与内部道路相协调。

④场站地区开发的商业附属设施不能影响其换乘功能。

将这两个基本原则落实在具体的设计中,主要体现在静态和动态的交通组织与管理两个方面。

1)静态交通组织与管理

站前广场的静态交通组织中最主要的是各类停车场地的规划布局。停车场地布局是否合理关系到整个站前广场的交通秩序。

(1)公交站点布置

目前大多数公交站点布置一般都设在站前广场的外围地区。公交站点设在外围的优点主要包括:

①不需要掉头或者可利用周边道路掉头,节约用地。

②避免因深入站前广场内部而导致延误增加。

小城市的站前广场,因其配置的公交线路不多,可采用路边港湾式停靠站,减少建设的投资。

虽然将公交站点设置在站前广场外围有其优点,但是大、中城市的站前广场因其庞大的公交线网,对于人流很大的广场设计,需要充分考虑到换乘公交的便捷性,即把公交站点布置在广场内部。

当路边港湾式停靠站已远远满足不了要求的时候,需要配备专用的公交停车场地。为保证候车乘客的安全,公交停靠站应该有专用候车廊,宽度应满足行人通过与候车时站立等待的要求。带有候车廊的公交停车场场内的布置方式一般有垂直式和平行式两种。垂直式停靠在长途客车站比较常见,市区公交车站很少采用这种形式,垂直式停靠示意图如图13-2所示。

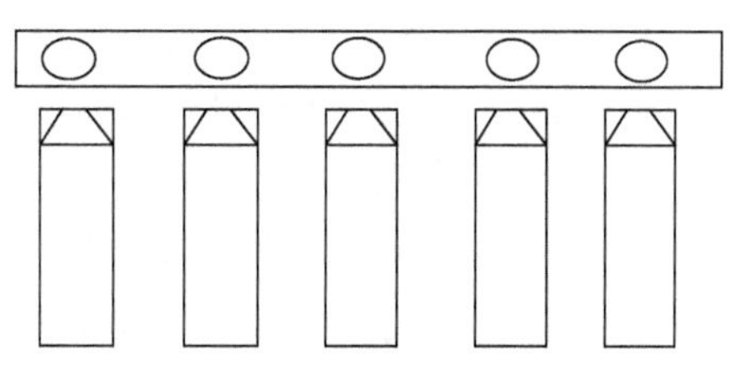

图13-2　垂直式停靠

平行式停靠站是最常用的形式,平行式又分为两种:一种是不带超车通道的,另一种是带有可超车通道的,具体形式。平行式停靠站示意图如图13-3所示。前者一条候车廊对应一条线路,前车要等后车走后才能上前接客;后者一条候车廊可对应多条线路。同样的面积,设置超车通道的公交站台布设的线路比不带超车通道的站台要多,但前者可停放车辆数不及后者。这两种方式的选择应该结合相关部门实际要求来定。

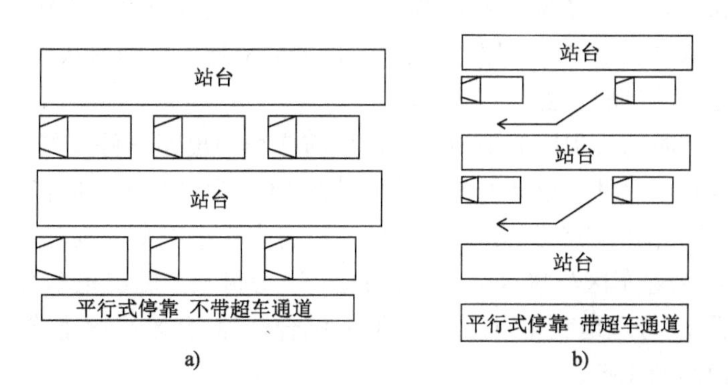

图13-3　平行式停靠站示意图

a)不带超车道的平行式停靠;b)带超车道的平行式停靠

由这两种形式还可演变出多种组合,设计时应针对具体情况采用最为合理的组合,并且可在此基础上对这两种形式根据需要做细部的改进。例如,可以把站台形式改进为锯齿形停靠站(图13-4),方便车辆进出站。

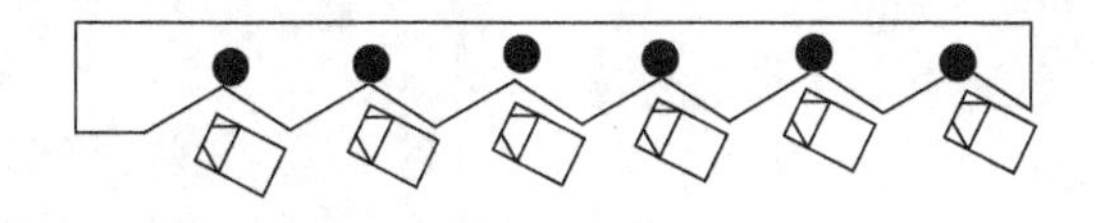

图13-4　锯齿形停靠站示意图

(2)社会车辆停车场布置

社会车辆停车场的泊位容量不仅要满足城市规划中大型公共建筑物的配建指标,更应该满足火车站实际的接送旅客的需求。考虑实际情况,停车场可以修建地下车库,地下停车库可以分多层。这样虽然造价比较大,但是效果是显著的,修建地下停车库后,广场上的拥挤状况会明显改善,广场上视野开阔,秩序井然。

关于停车场位的设置,从方便大多数出行者的角度出发,首先是公交车辆停车场应离站房最近,其次是出租车停车场,最后是社会车辆停车场。

(3)出租车停车场布置

出租车是比私家车更高效的运输工具,作为常规公交的补充,其发展应当受到支持。为出租车辆提供良好的运营空间是站前广场规划设计中关键的环节。

停车场布置形式:出租车辆在站前广场的布置形式可考虑采用停车场与接送站台相结合的方式。小型火车站没必要设置出租车专用停车场,甚至还可以采用接、送客合用站台。对于流量特别大或者站前用地宽松的火车站,一般将出租车停车场、接客区和送客区分开来设置。

关于接客区的位置布置,也应该引起注意。以北京某客运站为例,由于该站设有出租车的地面停靠站,并且出租车和公交车的停靠区设置于同一车道,且出租车停车点布置在行车方向的前方,于是来此排队候客的大量出租车沿广场一直排到了公交站台处,使得公交车无法靠站停车,乘客上下客时与出租车、公交车相互干扰,秩序混乱。

此外,出租车接客区的位置对于出租车驾驶员是否愿意自觉遵守站前广场的交通规则起到关键的作用。如果出租车接客区离出站口较远,停在场内的车辆几乎接不到客,这种状况将导致大批出租车违章停在站前的道路上拉客,使广场的交通陷入拥堵状态。因此,出租车接客区应设在尽量靠近出站口的位置。

笔者在日本工作时每天利用的某地方城市站前广场中出租车停车场与接客区布置案例,在有限空间的合理利用上具有很高的参考价值。图13-5为停车区与接客区分离式布置,由于接客区空间狭小,近距离内还有公交车接客区,所以将出租车停车区设置在绿化带之后的站前广场中间。图13-6为停车区与接客区不分离的例子(等待乘客的出租车有秩序地排队等待)。由这个例子可以看出,合理地利用有限的空间,并结合合理、有效的管理措施,是使得站前广场高效、有序、易于使用的关键。

a)

b)

图13-5　停车区与接客区分离

a)出租车接客区;b)停车区在绿化带之后的站前广场中间

(4)非机动车场和长途车场的布置

对于站前广场这类主要对外且交通复杂的换乘枢纽来说,自行车、电动自行车等非机动车交通通常是不被鼓励的。但是实际上各个城市站前广场或多或少都有一些非机动车换乘量,而站前广场周边的商业网点及上下班人群也带来不少非机动车停车量。因此,在站前广场按需要配置相应的大型非机动车停车场是必须的,非机动车停车场一般设在站前广场外围的左右两侧,泊位数量应该根据实际调查确定。对于非机动车也可以采用停车收费的办法,以调节停车场地不足情况下的自行车停车需求。

图 13-6　停车区与接客区不分离的例子(等待乘客的出租车有秩序地排队等候)

为铁路-公路换乘的方便,国内的城市在站前广场的外围基本上都配设了长途客车站,长途客车站作为换乘枢纽内的一种换乘方式,应该放在整个站前广场中来考虑。长途客车站内的泊位数量及尺寸应根据长途客车公司所提供的资料来定。考虑到旅客的方便,应设置相应的通道和指示牌,并且保证流动方向和机动车道不能交叉,必要时可以设置地下通道。

2)动态交通组织与管理

站前交通流组织除了应该配合停车场地的设计之外,还应该考虑到站前广场和相连的城市道路的关系。为此,动态交通组织的重点应包括:①排除过境交通;②交通线路简单、顺畅;③人、车流动线分离;④注意站前广场内部道路与周围道路的衔接。

从通向站前广场的道路的连接关系及与广场连接的角度来考虑,站前广场与相连道路关系可分为垂直型、平行型和复合型三种(图 13-7)。垂直型多适用于小规模站前广场,过境交通较少,但有时交通处理比较困难;平行型广场前的道路过境交通压力较大;复合型适用于大型的站前广场,如北京等大城市就主要采用这种形式。

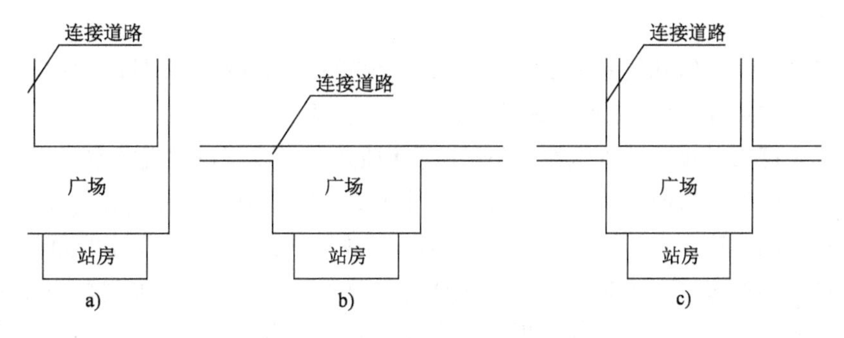

图 13-7　站前广场与道路的连接方式
a)垂直型;b)平行型;c)复合型

(1)行人组织

①人行空间。广场上的行人应该有明确的通行空间,由人行道砖铺砌的地面应该连续;跨越道路时应设有人行横道。广场上的行人流线应尽量直接简单;广场内不希望行人通行的地区建议采用绿地阻隔,不建议采用栅栏,除非在一些比较危险的地带,如地下通道入口附近。因为采用栅栏不仅降低了广场的整体性,而且给行人心理上带来压力,无助于广场的整体景观效果。

②诱导系统。广场上应设置完备齐全的标志牌，引导行人通向指定的目的地。

③无障碍人行系统。新建或者改造的广场应该设置齐全的无障碍行人通道。广场下设有地下通道时，在地下通道两侧开辟地下商业街的做法应慎重采用，这将导致地下通道复杂化，达不到安全快速疏导过街行人的目的。

(2)车辆组织

①控制过境车辆通过站前广场。相关道路连接形式为垂直型的站前广场最容易避开过境交通，复合型的站前广场要完全阻止过境交通通过广场前的道路几乎是不能的。但是完全可以禁止货车进入站前广场，行李房接送行李的小货车可以允许进入，有特殊需要的大货车应持许可证进入。

②社会车辆组织与管理。由于接送客的车辆来自城市的四面八方，每条相连的道路都可能有交通需求，因此原则上不对这些相连的道路作限制。但是对于那些连接道路很多、交通压力特别大的站前广场，就有必要对某些入口作限制，如采取单行措施，甚至封闭入口，将道路改为步行街。

③出租车组织与管理。对于垂直型或复合型广场，如果交通压力较大，针对出租车可考虑采取措施，但是不应该影响出租车接送客。具体措施包括：

a. 站前道路出租车单行。

b. 某一条或数条连接道路禁止出租车通行。

c. 严格禁止出租车在路边上、下乘客。

④长途客车行车路线组织。长途客车因其对外运输的特殊性质以及便于管理的特点，进出站前广场的路线完全可以固定在某一条或几条道路上，避开拥堵的入口，减少站前广场内的冲突点。

3. 景观功能设计

1)景观设计的必要性

站前广场的交通枢纽功能是最明确的，也是应该首要考虑的。但是随着社会的进步，随着人们对城市的理解加深，开始重视考虑设计方案的人性化。

城市广场是城市环境空间的缩影，是城市环境质量和景观特色再现的空间环境。

对站前广场的每一次改建或者重建都充分体现着当时的政治、经济、文化及人民生活水平的物质与精神文明程度，也体现着人们对城市环境美好的向往。设计改建的目的是要把这种城市中的公共空间通过城市中各种物资管理环境的改善，来维系市民的感情，以便创造出秩序井然、舒适方便、功能完善且能充分体现市民集体意志的城市环境。

2)景观设计的原则

站前广场景观设计十分重要。如果设计不当，就会带来阻碍交通流动的影响。

(1)景观设计必须与其交通枢纽功能结合起来，综合考虑。

(2)必须注意，站前广场不是休闲场所，它承担的是旅客的中转问题，旅客逗留的时间不会很长，但是却需要很好的服务，因此，站前广场的景观设计要给旅客开阔的感觉，做到舒适方便、功能完善。

(3)站前广场的景观设计应该与城市的整体环境相协调，体现城市的风貌。

4. 站前广场规划

1)规划步骤

通常站前广场规划的一般步骤如图 13-8 所示。首先,把已有的规划作为制约条件,进行预备调查,提出问题。其次,在已有调查数据和新的调查数据的基础上对将来状况进行预测,算出必要的设施数量和必要的面积。最后,进行配置规划包括细部设计。但是应该注意,有时站前广场的范围是给定的,还有其他的约束条件也需要在规划中加以考虑,在规划过程中需要多次进行反馈,以期获得最佳方案。

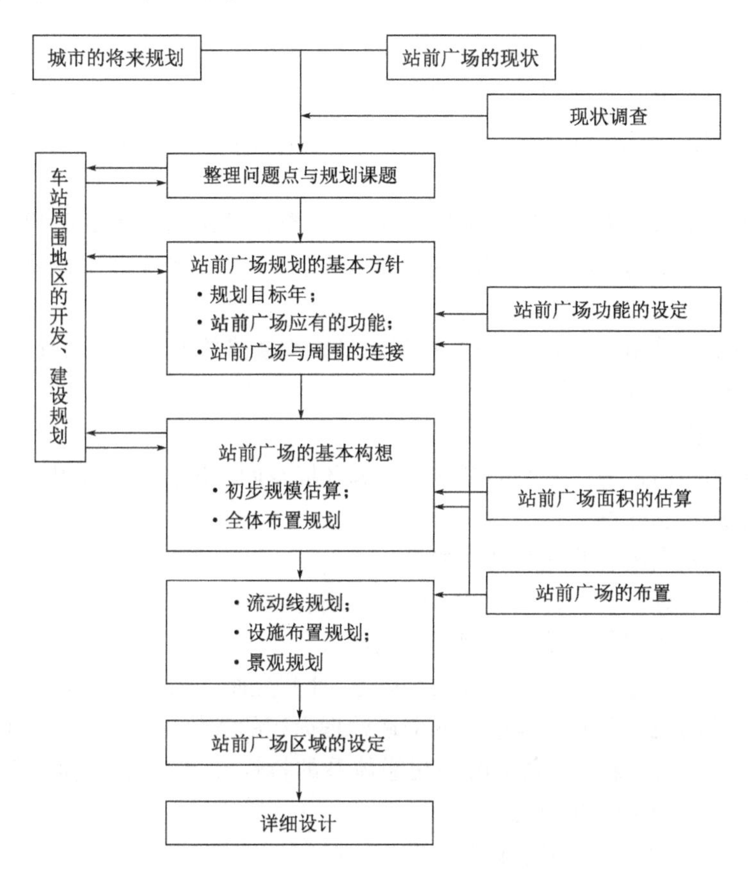

图 13-8 站前广场规划的一般步骤

2)规划所必需的调查

与其他交通设施规划一样,调查中首先要利用现有的资料,根据需要进行新的调查。站前广场规划所需要收集的资料如下所示。

(1)一般调查

一般调查包括城市人口、车站影响范围人口、城市以及车站影响范围内机动车保有数量。

(2)公共交通关联调查

①铁路:运行计划、运送能力、年(月)间日平均上下车人数,平日、特定日的小时上下车人数。

②公交车:各条线路的运行计划、运送能力,各条线路每个小时上下车人数,运行情况(如延误、缺欠等)。

(3)站前广场相关调查

站前广场相关调查包括广场的变迁,广场土地所有状况与土地价格,广场各个利用者的面积,广场内已有设施面积,设计内容,面向广场的建筑物的用途、规模、地下街、地下通道的构造、利用状况,广场外围一些地点的小时步行者交通量。

(4)道路交通调查

道路交通调查包括广场内连接道路的交通管制情况、交通事故记录,各出入口与周围道路的每个小时的交通量,广场内与周围道路上的各个小时的停车数量。

(5)其他

站前广场利用者以及相关人员的意见。

在上述调查的基础上,需要分别预测车站影响圈人口、铁路车站上下车乘客数、广场利用者数、车站周围的发生集中交通量等。通常使用原单位法作为上述预测的方法。

3)站前广场面积计算方法

在预测得到的将来利用者数等数据的基础上,需要计算站前广场的面积。计算方法可以划分为宏观计算总面积的方法和分别计算广场内各个交通设施然后汇总求和的方法。

(1)宏观方法

这种方法主要是采用回归公式形式,将年间日平均铁路的上下车人数作为自变量,用以表示总面积的标准值、上限值、下限值。

(2)分项计算累积方法

站前广场的基准面积为交通空间基准面积和环境空间基准面积的总和。交通空间的基准面积可以按照下述步骤计算。

①分别预测铁路利用与非铁路利用的人数。

②在①的基础上计算各个设施的站前广场利用者数。

③在②的基础上预测各个设施的规划交通量。

④利用③和各个设施的面积原单位的基础上,计算交通空间基准面积。

最后一项计算时还要受到确保最小的交通处理面积的条件约束。环境面积虽然没有具体的计算流程,但是应该注意在考虑城市和交通体系的特性和自然条件等的基础上予以保障。步行空间具有作为环境空间的功能。

(3)站前广场面积计算今后的课题

站前广场面积计算今后也面临着新的课题,如需要考虑自行车、电动自行车等通行,停车的空间,公交停靠设施的紧凑化,适合于 Kiss & Ride 等 TDM 措施的广场的新的利用形态。每天上下车利用人数不足 1 万人的小型站前广场,一般难于用上述两种方法计算,需要针对具体情况制订方案,进行具体的探讨。另外,广场正在逐渐向立体化发展,行人、机动车的上下移动所需要的楼梯、坡道、电梯、扶梯等所需的空间,采光、换气所需的空间,车辆的转弯所需的空间等都应作为广场面积计算的对象。

总之,站前广场作为一个城市的一个缩影,它是一个城市的窗口,反映了一个城市的现代化进程和精神文明发展的程度。然而,只有真正做到以人为本,为旅客提供最优质的服务,才能真正体现出一个城市的物质文化发展水平。因此,站前广场设计时要综合枢纽功能和景观功能,适当考虑商业及其他功能,创造出一个整体和谐的站前广场。

第二节 城市物流中心

城市货运交通系统作为城市交通系统的一个子系统,与客运交通系统共同组成了城市交通系统。随着社会经济的持续快速发展,人民生活水平的提高,人们对货运的需求也日益增加。城市货运交通系统在整个城市交通系统中的地位不断上升,其运行状况对城市交通的影响也越来越大。世界经济与合作组织(OECD)在2013年《配送:21世纪城市货运的挑战》报告指出,发达国家主要城市中货运交通占城市总交通量的10%~15%,货运车辆对城市环境污染则高达40%~50%。

我国的城市交通规划、建设,多年来一直处于重客运、轻货运的状况,城市货运交通中一直存在运输结构不合理、基础设施不配套(如物流中心)、管理水平落后等问题,城市货物运输尚未形成一个完整体系,难以实现运输环节一体化,造成运输效率低、车辆空驶率高,增加了在途货运车辆,使货运交通需求增加。北京市曾经有调查表明,货运交通量占总交通量的25%左右,其中一半以上的货车在做无效行驶。近年来虽有改善,但2018年的数据依然显示我国公路货车空驶率在40%左右。

为了实现城市交通的可持续发展,必须改造这种低效率的城市货运系统,借鉴发达国家经验,建立合理、高效的城市物流系统,开展广泛的社会化配送,实现物流共同化、合理化、科学化,降低无效的城市货运交通量。

城市物流中心是城市货运集散中心,承担着城市货物的集理、分理、称重、简单加工、仓储(尤其是对一些特殊的货物,如鲜活物品、易碎物品、危险品和要求保温、冷冻的物品等)及交通工具的停放、维护保养、加油、调度等功能,在城市货物运输及中转中起着重要的作用。

作为在综合运输和物流网络中起重要作用的物流节点,物流中心的功能作用可总结为如下几点:

(1)衔接功能。物流中心主要通过转换运输方式衔接不同运输手段,如通过加工衔接干线运输和物流配送,通过存储衔接不同时间的供应物流和需求物流,通过集装箱、托盘等集装处理衔接整个“门到门”运输并使之成为一体。

(2)信息功能。作为物流节点,物流中心是整个物流系统或与节点相接物流的信息传递、收集、处理、发送的集中地,这种信息作用是复杂物流单元能联结成有机整体的重要保证。在现代物流体系中,每一个节点都是物流信息的一个点,若干个这种类型的信息点和物流系统的信息中心结合起来,便形成了指挥、管理、调度整个物流系统的信息网络。

(3)管理功能。物流中心大都是集管理、指挥、调度、信息、衔接及货物处理为一体的物流综合设施,整个物流系统的运转有序化和正常化,整个物流系统的效率和水平取决于包括物流中心在内的物流节点的管理职能实现的情况。

如果在合理的地点建立物流中心,加之以有效的管理,可以减少货运交通流量,降低物流成本,节约能源,减少污染,缓减城市的交通压力。

1. 物流中心的选址

对于物流中心的选址问题,有很多专家进行了研究。例如,有依据增长极理论的选址方法,有基于遗传算法的双层规划模型,还有专家咨询型选址方法。

1)影响因素

一般来说,影响因素包括:

(1)经济环境因素,包括货流量的大小、货物的流向、城市的扩张和发展、交通便利、运输的方式。

(2)自然环境因素,包括地理因素、气候因素。

(3)政策环境因素。

2)规划布局原则

其规划布局原则包括:

(1)满足社会经济发展的需求。

(2)处于运输方便处,但又不适于在市区的交通要道。

(3)与城市规划相协调,确保物流与城市发展相互促进。

(4)考虑绿化、生态环境等因素,尽可能降低对城市生活的干扰。

2. 物流中心的规模

物流中心的规模受物流处理的总量、作业效率、对实效性的要求以及用地条件等四个因素的影响。

物流中心的规模与物流需求总量呈正相关,如果拟建的物流中心紧邻较大物流需求和消费企业及地区,则物流需求总量比较大,需要较大规模的物流中心。在相同物流作业总量的情况下,运输、装卸搬运、配送、通信等物流作业效率高,物资流通、资金流动、信息交换的速度快,则较小的物流中心规模就可以完成物流作业。物资周转时间越长,所需物流中心的规模越大。用地条件是决定物流园区规模的根本性客观条件,当用地条件允许时,即使近期内较小的物流需求总量决定物流园区规模不必很大,也可以为远期物流需求总量的发展提供预留用地。所以,物流园区的用地规模和等级序列并无严格统一的标准。

《城市道路交通规划设计规范》(GB 50220—1995)曾规定:城市货物流通中心用地总面积不宜大于城市规划用地总面积的2%。目前该规范已经废止,被《城市综合交通体系规划标准》(GB/T 51328—2018)替代,具体用地面积可以根据国土空间规划来确定。

3. 物流中心的平面布局

物流中心的内部设施布局是在选址、功能定位和规模确定等约束下,对所需物流相关设施在空间位置、相互关系、面积进行定位。

根据物流中心的基本作业流程(图13-9),可将其分为以下几个功能区:

(1)进货区。该区主要完成货物入库前的工作,主要有接货、卸货、检验、分类、入库准备等。进货区主要设施有进货火车专用线或卡车卸货站、卸货站台、分类验收区及暂存区。

(2)储存区。该区为静态区域,主要是保管有一定储存时间的货物,现代化物流中心大都采用自动化立体仓库。

(3)理货、备货区。该区面积相对物流中心的服务水平有较大差异,对于多用户、多品种、小批量、多批次的配送服务,需要进行复杂的分货、拣货、配货等工作,这部分作业区的面积比较大;流通加工区所占面积根据加工作业数量及加工类型来确定。

(4)分放、装配区。该区是根据用户的要求,按订单将货物配齐后暂存、待装、外运。货物堆放形式直接影响车辆配装,所以最好根据配装方案进行堆放。由于该区周转快,存期短,所占面积较小，一般根据用户多少进行设计。

(5)发货区。该区按订单配齐的货物装车运送，主要设施是站台、停车场等，很多物流中心不单独设置分放、配装区，将该作业区与发货区合在一起，分拣货物直接堆放在发货区，发货区面积按停靠配送车辆的数量及发货量来确定。

(6)管理中心。管理中心是整个物流中心进行控制的计算机终端，包括办公室、会议室及更衣室、食堂、厕所等。

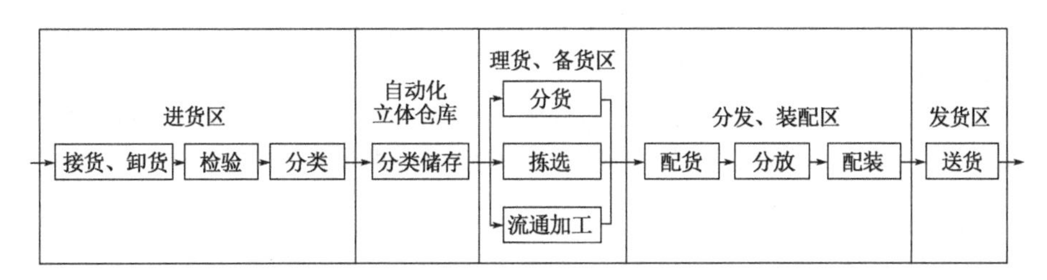

图13-9 物流中心的基本作业流程

物流中心内由进货到发货的流线是否顺畅，是决定物流中心能否正常运作的关键所在，主要影响因素有车位的多少、吨位的大小及其与交通流线的关系。进货和发货大厅一般可采用直线形、双直线形、锯齿形或S形、U形、分流式、集中式等动线，保证在整个物流中心范围内货车流动顺畅，人、财、物等不能发生阻断迂回、互相干扰等现象。在其他条件相同时，占地面积越小，平面布置越紧凑，各种道路与路线越短，生产联系就越方便。因此，可以确定其规划原则为：最小移动距离，直线前进，充分利用空间、场地，设置专用搬运物料和人员通道及平台。

4. 物流中心的交通组织

物流中心的交通组织设计是保障其物流运行效率和提高物流服务水平的基本环节，它主要包括以下两个方面：

(1)内部交通组织设计，这在设施布局中已涉及，但这里主要是在设施布局的基础上根据各设施间物流量的大小，规划设计相应的交通标志和设施。

(2)外部交通组织设计，主要指物流中心与外部交通网络连接处的交通组织管理和设计。由于物流中心作为大型的物流节点，具有很大的诱增交通量，这对整个交通网络产生一定的影响。因此，有必要对物流园区和物流中心进行交通影响分析，其中交通影响分析的程序和方法可借助城市大型商业设施交通影响分析方法。

第三节 城市停车设施

1. 城市停车问题

我国的机动化发展迅速，但交通基础设施滞后，道路建设受到较大重视，停车车位不足成为制约城市交通的一大障碍。遗憾的是，虽然有了《城市公共停车场工程项目建设标准》(建标128—2010)，但我国仍然缺乏停车设施相关的法律，城市中停车位严重不足的问题难以解决。

随着机动车保有量的增大与汽车利用的普及，道路上的违法停车问题十分严重，且难以解决，除了成为制约城市交通的障碍之外，停车场特别是中心商业区的停车车位是否充足，成为决定城市中心地区繁荣的关键。尤其是公共交通系统不够完善的地方，城市中的商业区由于停车场不够充足，驾驶汽车购物的人们不愿意来购物，路上装卸货物也十分困难。这些客源被建设在郊外的备有大型停车场的大型商店所吸引，城市中的既有商业区则趋于凋落。这种现象逐渐会招致城市中心部自身的衰落。许多国家已经经历了由于停车车位问题引起的城市衰落。为了增进城市商业地区的魅力，使之充满活力，需要重新认识停车场整备的重要性。

目前，我国城市因停车用地太少，停车泊位不能满足实际需求，占用车行道、人行道停车的现象十分普遍，已严重削弱了道路的通行能力，降低了车辆的行驶速度。城市车辆数和道路交通流量的发展趋势在不断增长，停车难的问题变得更严重，道路运转效益低下的状况不能长久持续下去。因此，应该结合旧城改造和城市规划布局调整的时机，使停车需求得到实际解决。

2. 停车设施的规划

1）停车设施建设规划的基本方针与内容

停车的特性以及停车场的建设状况随着行政区域大小或是地区的不同而不同。为了有计划地进行停车场的建设，各级行政单位应该制定关于停车设施整备的基本规划，并以此为依据推动停车设施的建设。基本规划是包括停车设施整备的基本方针和停车设施对策的一个完整的规划。具体则应该根据停车设施建设的目标量与对于停车问题的分析，确定与其对应的基本方针。

2）制定规划时的注意事项

（1）符合地域特性的停车设施

在进行停车设施建设时，需要充分考虑地区差异带来的停车需求的分布状况以及土地利用状况。也就是说，同一个城市中随着地区的不同停车问题也十分不同。例如，停车发生密度在 50 ~ 100 辆/ha（$1ha = 10000m^2$）的 CBD（中央商务区）以及市区的主要设施密集的地方，停车问题主要表现为路外停车场的不足，装卸货物车辆占用道路停车，短时间的路上停车。另外，停车发生密度不足 5 辆/ha 的住宅区又经常发生把道路当作停车场停车，以及来客等的停车车位不足的问题。另外，建设在郊外的购物中心经常发生停车排队入库以致影响干线道路的交通流、周围住宅区等处的通过交通以及混杂，甚至发生路上停车等问题，需要采取必要措施加以解决。

（2）建设公共停车场

我国由于土地所有制为公有，很难像日本等国家建设大量的私营停车场。因此，由地方人民政府主导建设公共停车场，以及鼓励单位停车场对社会开放则显得十分重要。

（3）必要的停车场数量

停车设施建设的原则是必须与停车需求的特性相对应，即需要根据停车时间的长短，货物搬运的有无，定期、不定期等停车需求特性建设易于使用的停车场。

停车场的影响范围的设定也是一个重要的内容。停车场的需求量由停车后的步行圈来决定。有研究认为，一般人们没有阻抗可以接受的步行距离是 400 ~ 500m。然后考虑到风雨、寒暑等气候条件，或是手提行李等阻抗因素，上述数值会随着各种影响因素分别减少 1/3 左右。于是，在下雨天，手提行李的条件下“没有阻抗可以行走的距离”也就是大约为 50m。另外，随着步道加宽，沿着购物橱窗或是步行设施的完备，绿化或是架设天棚等步行环境的改善，可以

在日本,停车车位的标准尺寸随着相关法律的不同略有差别。比如,附加义务条例计算停车场面积时使用的标准尺寸是:小型车为5.00m×2.30m,普通乘用车为6.00m×2.50m,伤残人的乘用车为6.00m×3.50m,装卸货的货车为7.70m×3.00m(高为3.00m)。《道路构造令》中规定停车区等停车设施的标准尺寸是:小型车为5.00m×2.25m,大型车(大客车、卡车等普通自动车)为13.00m×3.25m,特殊大型车(拖车)为17.00m×3.50m。《停车场设计施工指针》中关于地下停车场规定的标准尺寸是:轻型自动车(排气量小于1000mL的小汽车)为3.60m×2.00m,小型乘用车为5.00m×2.30m,普通乘用车为6.00m×2.50m,小型货车为7.70m×3.00m,大型货车以及大客车为13.00m×3.30m。车位尺寸的大小可以根据应用对象做适当调整。

图13-12所示为平面停车场的停车形式的比较。这一分类取决于停车场用地的形状、汽车出入停车车位的顺畅程度、停车场出入口的位置等条件。

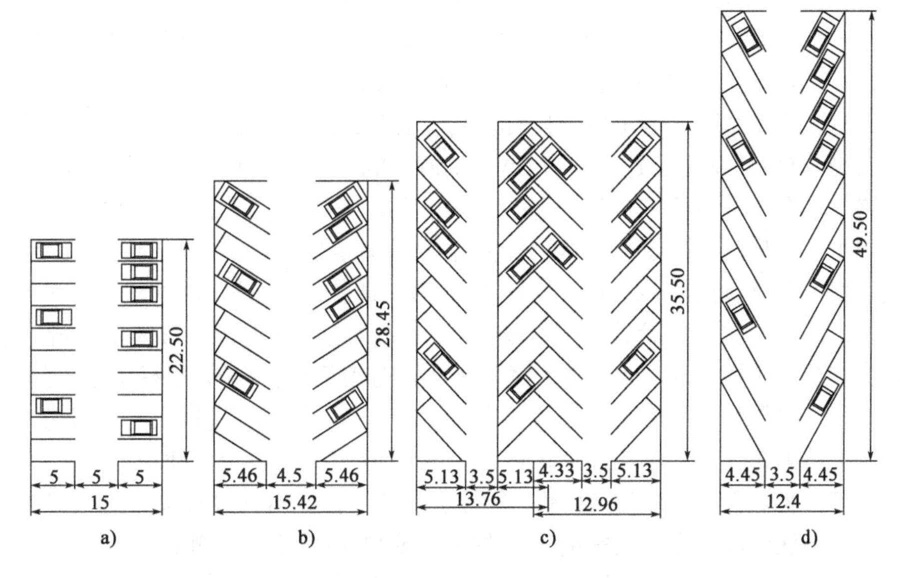

图13-12 平面停车场的停车形式的比较(尺寸单位:m)

a)直角停车;b)60°角停车;c)45°角停车;d)30°角停车

在我国关于停车场的规定不是很多。住房和城乡建设部发布的《城市停车设施规划导则》指出,城市的停车位应包括基本停车位和社会出行停车位。城市停车供给总量应在停车需求预测的基础上确定,并应符合以下规定:规划人口规模大于50万的城市,机动车停车位供给总量宜控制在机动车保有量的1.1~1.3倍;规划人口规模小于50万的城市,机动车停车位供给总量宜控制在机动车保有量的1.1~1.5倍。

《城市道路交通规划设计规范》(GB 50220—1995)比较超前地对城市公共停车场做了相关规定,把城市公共停车场分为外来机动车公共停车场、市内机动车公共停车场和自行车公共停车场三类,并且规定其用地总面积可按规划城市人口人均0.8~1.0m^{2}计算。其中,机动车停车场的用地宜为80%~90%,自行车停车场的用地宜为10%~20%。市区宜建设停车楼或地下停车场。

《城市道路交通规划设计规范》规定:外来机动车公共停车场,应设置在城市的外环路和城市出入口道路附近,主要停放货运车辆。市内公共停车场应靠近主要服务对象设置,其场址选择应符合城市环境和车辆出入又不妨碍道路畅通的要求。市内机动车公共停车场停车车位数的分布:在市中心和分区中心地区,应为停车车位数的50% ~70%;在城市对外道路的出入口地区,应为全部停车车位数的5% ~10%;在城市其他地区,应为全部停车车位数的25% ~40%。

机动车公共停车场的服务半径,在市中心地区不应大于200m,一般地区不应大于300m。计算市中心区公共停车场的停车位数时,机动车应乘以高峰日系数1.1 ~1.3。机动车停车场的用地面积,宜按当量小汽车停车位数计算。地面停车场用地面积,每个停车位宜为25 ~30m²;停车楼和地下停车库的建筑面积,每个停车位宜为30 ~35m²。

由于机动车增长迅速,我国几乎各个城市的停车对策都呈现出滞后的现象。具体表现在停车难、停车乱,停车治理、停车场的建设无法可依。事实上,停车问题也引起了广泛关注。比如,北京等大城市依据《中华人民共和国交通安全法》加大了违法停车的处罚力度,但在停车场建设的建设上,似乎还是缺乏有效的对策,除了规范路上停车位之外,依然缺乏实质性的进展。2016年中华人民共和国住房和城乡建设部正式批准实施《城市停车规划规范》(GB/T 51149—2016),本规范主要技术内容包括了总则、术语、基本规定、停车需求预测与停车位供给、停车场规划、建筑物配建停车位,对于指导、规范新建小区等建设停车场十分有意义。

《城市道路路内停车位设置规范》(GA/T 850—2021)于2021年开始实施,该规范适用于城市道路路内汽车停车泊位的设置,规定了城市道路路内汽车停车泊位设置的选址和设计。但目前城市中停车位的供需矛盾依然十分尖锐,特别是老旧小区停车位的建设依然无法可循。停车问题的根本解决,可能需要通过土地税收政策的调整、立体停车库的建设等多项措施共同作用来解决。停车场的规划设计应该与交通影响评价相结合进行。市区由于城市土地价格高、空地少,宜建停车楼或地下停车库。立体停车场分为两种:一种是机械提升式的,另一种是汽车自走式的。当停车场平面面积极为狭小时,由于无法设置上下坡道,只能考虑由机械提升车辆入库。立体停车场在我国已经比较普遍,新建小区基本上都会配建地下车库,商业设施有些也会配建停车楼。但是,老旧小区的停车问题依然没有得到有效解决。机械式停车场是我国城市中老旧小区解决停车难问题的可行办法。图13-13为北京苏州胡同立体停车库。

图13-13　北京苏州胡同立体停车库

城市外来机动车停车场,主要为过境的和到城市来装卸货物的机动车停车而设。

第四节　公共加油站与充电站

公共加油站是城市道路相关设施的一种。若城市中公共加油站的数量过少,则汽车加油不便,在加油站前等候加油,也影响城市道路交通。加油站除了加油之外,还有许多功能,如进行汽车轮胎充气、汽车清洁、简单的养护维修等作业,因此加油站要留有一定的面积。加油站的用地面积应该包括加油站建筑、加油站设施、车辆养护维修、车行道路、隔离绿地等。城市公共加油站的进出口宜设在次干路上,并附设车辆等候加油的停车道。

我国的汽车化发展起步时间不长,汽车数量预计还会增长,城市中对于汽车加油的需求也会增加。我国的相关规范中,也曾对加油站的具体指标作了一些规定。首先规定城市中公共加油站的服务半径宜为0.9~1.2km,并且给出了公共加油站的用地面积指标,见表13-1。加油站的用地面积与昼夜的加油车次数成正比。当加油站附设机械化洗车设备时,应增加用地面积160~200m^2。

公共加油站的用地面积　　表13-1

昼夜加油的车次数	300	500	800	1000
用地面积(万m^2)	0.12	0.18	0.25	0.30

近年来,新能源汽车在世界范围内,尤其是在我国得到了较快的发展。新能源汽车的定义因国家不同其提法也不相同,在日本通常将其称为“低公害汽车”,在美国通常将其称作“代用燃料汽车”。我国对于新能源汽车的解释,是指采用非常规的车用燃料作为动力来源或使用常规的车用燃料,但采用新型车载动力装置,综合车辆的动力控制和驱动方面的先进技术,形成的技术原理先进,具有新技术、新结构的汽车。目前我国新能源汽车中主要是包括纯电动汽车、插电混动汽车等。以充电为主要动力来源的电动汽车,对于充电的需求巨大,供需矛盾突出,因充电设施不完备,缺口很大。

电动汽车发展的大的背景是世界范围内对于环境保护和能源短缺问题的重视,在我国得力于汽车产业发展的相关产业政策,以及基于汽车限购、现行政策的电动车优先政策,在技术上得力于储能电池的进步。

在历史上,电动发动机的发明时期要比内燃机早,因此电动汽车的出现也比燃油汽车要早。迈克尔·法拉第在1821年发明了第一台电动机,实现了将电能向机械能的转化。1859年随着可支持电池重复充电的铅酸电池的发明,大量资本开始投入电动汽车的开发上。不久,在欧美国家出现了电动汽车的测试模型,电动汽车开始行走在街道上。在1890年代,电池容量显著增加,带来了电动汽车的黄金时代,各种型号电动汽车进入了批量生产中。在20世纪初期,美国的电动汽车是汽油汽车的1.73倍。但是,这些电动车的速度通常不超过35km/h,一次充电的续航里程约为70km。汽油车的首次批量生产始于1888年,19世纪末,几家汽车制造商开始生产第一批带有汽油发动机的汽车。之后,随着燃油汽车的不断完善,燃料成本的降低,电动汽车逐渐被燃油汽车替代,退出了历史。

20世纪90年代初开始,电动汽车进入了第二次发展期。进入21世纪后,车用电池、电机和控制系统等技术进步极大地推动了纯电动车的市场化。21世纪初,纯电动车产业进入第二次高速发展期。首先,纯电动车数量增速快。2011年,全球大约有将近50万辆纯电动车。截止到2018年底,全球范围内插电式电动汽车库存达到510万辆,纯电动汽车达到330万辆。另外,很多国家提出了禁售汽油车的时间表(以2025年到2050年不等)。

电动汽车虽然得到了发展,但是客观地说还不够成熟,纯电动车的三个缺点(续航里程、充电设施和成本)依然存在,给用户带来了“里程焦虑”,有充电不便且耗时长等问题。其中充电设施问题与道路密切相关。目前充电站可以分为集中式充换电站和分散式充电桩两种。前者包括了公交专用、出租专用、环卫物流专用、城市公共、城际快充,后者包括用户专用充电桩,和分散式公共充电桩。

关于新能源电动汽车充电站的规划建设,近年来我国各级政府陆续出台了相关规定。2015年发布的《国务院办公厅关于加快电动汽车充电基础设施建设的指导意见》中,提出要在2020年基本建成适度超前、车桩相随、智能高效的充电基础设施体系,形成可持续发展的“互联网+充电基础设施”产业生态体系。2020年发布的《新能源汽车产业发展规划(2021—2035年)》提出要“大力推动充换电网络建设”;提出“科学布局充换电基础设施,加强与城乡建设规划、电网规划及物业管理、城市停车等的统筹协调。依托‘互联网+’智慧能源,提升智能化水平,积极推广智能有序慢充为主、应急快充为辅的居民区充电服务模式,加快形成适度超前、快充为主、慢充为辅的高速公路和城乡公共充电网络,鼓励开展换电模式应用,加强智能有序充电、大功率充电、无线充电等新型充电技术研发,提高充电便利性和产品可靠性。”

2022年国家发展改革委等多部门联合印发了《国家发展改革委等部门关于进一步提升电动汽车充电基础设施服务保障能力的实施意见》中提到,在“十四五”末期要进一步提升我国电动汽车充电保障能力,形成适度超前、布局均衡、智能高效的充电基础设施体系,满足超过2000万辆电动汽车充电的需求。具体内容还包括:“完善居住社区充电设施建设推进机制,推进既有居住社区充电设施建设,建立充电车位分时共享机制,为用户充电创造条件。严格落实新建居住社区配建要求,新建居住社区要确保固定车位100% 建设充电设施或预留安装条件。优化城市公共充电网络建设布局,加强县城、乡镇充电网络布局,加快实现电动汽车充电站‘县县全覆盖’、充电桩‘乡乡全覆盖’。加快制定各省高速公路快充网络分阶段覆盖方案,力争到2025年,国家生态文明试验区、大气污染防治重点区域的高速公路服务区快充站覆盖率不低于80%,其他地区不低于60%。提升单位和园区内部充电保障。政府机构、企事业单位、工业园区等内部停车场加快配建相应比例充电设施或预留建设安装条件,鼓励单位和园区内部充电桩对外开放以提升公共充电供给能力。”

目前电动汽车充电站设计要求以《电动汽车充电站通用要求》(GB/T 29781—2013)和《电动汽车充电站设计规范》(GB 50966—2014)两个规范为主,地方政府可以根据需要进行充电站的专项规划,制定充电站设计、建设的地方标准。

综上所述,今后一个时期电动汽车充电站场的建设需求巨大。在规划建设中需要准确理解各级政府的相关政策、法规,准确把握电动汽车的需求状况,将其与停车设施结合起来。新建住宅配建停车位、大型公共建筑物配建停车场、社会公共停车场建设充电基础设施应达到一定的配合比,如河北、宁夏等地将该比例定为100%、10%、10%,其中公共充电站的建设应与社会电动汽车的存量相匹配。

从新能源技术发展的角度看,目前的纯电动汽车由于电池本身的特性、电能的来源等因素,很可能只是新能源的一个过渡形式,未来以氢能源为代表的燃料电池汽车很可能成为主流,并取代燃油汽车。因此,提早布局燃料电池车的加氢站规划将具有十分重大的意义。

第十四章
交通管理设施

道路的建成并不意味着任务已经结束。道路还必须按照建设道路的规划的意图正确地得到运用。道路运用就是通过灵活使用规则与方法等使道路最大限度地发挥其功能。因此,为了让道路交通保持畅通,防止交通事故的发生,需要根据具体状况对交通进行管理。而用于此目的的设施称为交通管理设施,包括交通信号机和道路标志、标线等。

第一节　交通信号机

1. 信号机的种类与效果

在交叉路口等处见到的交通信号机,在我国是由交通警察负责设置、运用的。但是交通信号与道路构造、交通状况密切相关。对于道路的建设方来说,应该与交通警察密切沟通,使其运用达到最佳的效果。

关于道路交通信号灯,我国有不少相关的标准可以参照。交通信号机可以分为单控、线控和面控三类。单控,也称为"点控制",即单点交叉路口交通信号控制。单控以单个交叉路口为控制对象,是交通信号灯控制的最基本形式。线控,也称为"线控制",即干道交通信号协调控制系统,是把一条主要干道上一连串相邻的交通信号灯联动起来,进行协调控制,以便提高整个干道的通行能力。面控,也称为"面控制",即区域交通信号控制系统。面控是把整个区域中所有信号交叉路口作为协调控制的对象。线控通常是面控的一种简化形式。协调性控制交通节点的信号，对提高城市道路的通行能力十分有效。

交通信号控制机是城市交通信号控制系统的基本组成单元，是解决城市交通问题的关键设备。目前，世界各国广泛使用的、最具代表性且有实效的城市交通控制系统有英国的TRANSYT(Traffic Network Study Tools)系统、SCOOT(Split Cycle Offset Optimization Technique)系统和澳大利亚的SCATS(Sydney Coordinated Adaptive Traffic Method)系统。这些系统已经在发达国家城市网络交通控制中获得了成功应用。TRANSYT 系统是由英国道路研究所花费近十年时间研制成功的交通控制系统，经过不断改进，已发展到 TRANSYT28 型，被世界上 400 多个城市采用。SCOOT 系统由英国道路研究所在 TRANSYT 系统的基础上采用自适应控制方式，经过 8 年的研究于 1980 年提出的动态交通控制系统。SCOOT 系统仍采用了 TRANSYT 系统的交通模型，吸收了 TRANSYT 系统各种优点，并因 SCOOT 系统的实时控制，获得了明显优于静态系统的效果，被很多国家采用。例如，北京市于 20 世纪 80 年代末期引进了TRANSYT 系统和 SCOOT 交通控制系统，以期改善北京的交通运行状况。SCATS 系统是澳大利亚于 20 世纪 70 年代末开发的，它呈分层阶梯形式，充分体现了计算机网络技术的突出特点，控制方案比较容易变换。

信号机类型的使用，是由系统的功能来确定的，在不同的控制方式下，可考虑使用不同类型的路口信号机。在实际应用中，对于城市交通路网交叉路口，其运行往往不是独立的，而是存在着一定关联性，一个交叉路口交通信号的调整或改变往往会影响相邻交叉路口的交通运行情况。因此，如何以区域内所有交叉路口为控制对象达到区域整体最优已成为城市交通控制的新要求。

近年来，随着 ITS 的发展，信号控制的智能化也得到了发展。智能化指信号机的控制是基于交通流信息的，即根据检测到的交通流数据来实时改变信号绿灯时间、动态调整周期和相位。但是也应该注意到，随着我国汽车化的快速发展，交通拥堵日常化，面控、线控均效果不佳，所谓的智能信号机效能也很低。因此，过饱和状态下的信号控制是一个亟待解决的研究课题。

2. 存在问题和改进措施

相比于国外，我国城市道路交通有着许多特有的特征，如机非混行问题十分显著。从我国一些城市的路口信号机的使用状况来看，或多或少都存在着一些问题，降低了路口的交通处理能力。根据存在的问题，可以提出一些适合我国国情的改进建议，具体如下。

1)精细化搞好路口渠化，完善交通组织

渠化交通组织工作是否完善，直接影响到路口信号机的使用效益。因此，应精细化做好人流渠化、车流渠化，做到道路交通标志标线合理、清晰。

2)不断完善信号控制

目前的信号控制多以两相位为主，存在一定的局限性。因此，可根据交叉路口的车流量，左转车、直行车所占比例等实际情况，适当采用多相位控制方式，以减少交叉路口的交通冲突，提高交通安全性，充分利用信息化技术获取实时交通流状态；根据交通需求动态优化配时，在早晚高峰的拥堵时段，通过减少抢行行为、适当设置长周期等手段，努力提高过饱和路口的效能。

3)合理解决混合交通问题

目前大多数路口虽安装过自行车专用信号灯,但并未很好地发挥作用。自行车信号灯一般均与机动车信号灯同时启亮绿灯。近年来,电动自行车快速发展,数量上超过了自行车。但无论是在道路空间使用,还是信号配置方面均未考虑到电动自行车的使用特点。事实上,电动自行车在很多方面接近摩托车,可以参照对摩托车的处理方法,如考虑使同相位自行车信号灯的绿灯比机动车信号灯的绿灯提前亮 3 ~ 5s,以及在路口进口道处把电动自行车停车线放到汽车之前,先放电动自行车等,以减少路口内的交通冲突。我国的城市道路普遍很宽,且由于拓宽路口造成了交叉过大,因此人行横道信号灯绿灯时间过短是普遍存在的问题。针对这样的交通现状,可以考虑设置行人多段式过街信号,同时通过加设路中安全岛以保障行人的安全。

4)定期对检测器等设备进行维修与保养

检测器是获取交通流参数的设备。我国多采用低成本的线圈和地磁检测器。但此类检测器损坏率极高,一旦损坏则无法获取准确的交通流参数。而且对于损坏的检测器不易于发现,更不易于更换。因此,建议在有条件的情况下,优先使用设置于路上或路侧的微波检测器、红外检测器以及视频检测器。通过故障分析可以看到,为了确保系统安全、可靠地运行,在安装检测器等设备时,应加强管理,规范操作,严把质量关,并应随时注意设备的运行情况,如有故障应立刻排除,并定期更换易损坏设备。

5)应以智能化作为路口信号机的发展方向

随着 ITS 的发展,具有交通检测功能和配时优化等功能的交通信号机应该是一个发展方向。在同一区域内应该使用同一系统或具有兼容性的、现场可调的信号控制设备,实现路口信号机的国产化、微机化、模块化、智能化,减少路口信号机的使用与维护成本,并使路口信号机具有较强的灵活处理功能,可以适应不同地区、不同控制功能的需要。

第二节 道路交通标志

道路交通标志是道路重要的组成部分。它主要以自己特有的形状、符号、图案、颜色和文字向交通参与者传递特定信息。按照我国现行《道路交通标志和标线》(GB 5768)规定,道路交通标志按照其作用分类,分为主标志和辅助标志两大类。其中,主标志又包含警告标志、禁令标志、指示标志、指路标志、旅游区标志、作业区标志和告示标志 7 类。

随着交通尤其是道路建设的迅猛发展,道路交通标志也在不断进行着新的演变。我国对道路交通标志进行规范始于 1955 年公安部发布的《城市交通规则》将交通标志划分为警告标志、禁令标志和指示标志 3 类共 28 种。1972 年交通部、公安部联合发布《交通规则》,将交通标志增至 34 种。1982 年交通部《公路标志及路面标线标准》(JTJ 072—1982)又将其分为警告标志、禁令标志、指示标志、指路标志和辅助标志 5 类共 105 种,并首次列入了高速公路和一级公路的起、终点预告标志,起、终点标志,以及高速公路出口、入口、服务区预告和指示标志。1986 年原国家标准局批准、发布《道路交通标志和标线》(GB 5768—1986),将交通标志分为主标志和辅助标志两大类五部分共 168 种。1999 年国家质量技术监督局发布《道路交通标志和标线》(GB 5768—1999),在总结我国道路交通标志,特别是高等级公路和高速公路标志建设的基础上,依据国内外交通标志的急速发展和交通管理的需要,并进一步向国际标准靠拢,交通标志数量增加到7类共255种。现行《道路交通标志和标线》(GB 5768)由中华人民共和国国家市场监督管理总局、中国国家标准化管理委员会于2009年5月25日发布,同年7月1日起实施。该标准共集录了255种道路交通标志,72种道路交通标线及15个道路施工安全设施设置典型示例。该标准适用于公路、城市道路、矿区、港区、林区、场(厂)区道路及在上述道路上行驶的一切车辆和行人。对道路交通标志和标线的形状、图案、文字、颜色、材料、构造、制作、安装、反光、照明,以及设置原则、设置地点等规定了相应的技术要求。

目前世界上通用的交通标志一般按联合国有关组织的推荐分为四大类,即警告标志、禁令标志、指示标志和指路标志。但不同国家可根据本国实际分类有所不同,如西班牙分成9类、新加坡分成10类,而我国分为主标志、辅助标志两大类(其中,主标志7类、辅助标志1类)。在标志数量上,我国有255种,丹麦300种,英国368种。

警告标志是警告车辆、行人注意道路交通的标志。其形状为等边三角形或矩形,三角形的顶角朝上;其颜色为黄底,黑边,黑图形,如图14-1所示。

图14-1　警告标志

禁令标志是禁止或限制车辆、行人交通行为的标志。其形状为圆形,但“停车让行标志”为八角形,“减速让行标志”为顶角向下的倒边三角形;禁令标志的颜色,除个别标志外,为白底、红圈、红杠、黑图形,图形压杠,如图14-2所示。

图14-2　禁令标志

指示标志是指示车辆、行人应遵循的标志。其形状为圆形、长方形和正方形。除个别标志外,指示标志颜色为蓝底、白图形,如图14-3所示。

图14-3　指示标志

指路标志是传递道路方向、地点、距离信息的标志。除地点识别标志外，其形状均为长方形和正方形；指路标志除里程碑、百米桩、公路界碑外，一般道路为蓝底、白图形、白边框、蓝色衬边，高速公路和城市快速路为绿底、白图案、白边框、绿色衬边，如图 14-4 所示。

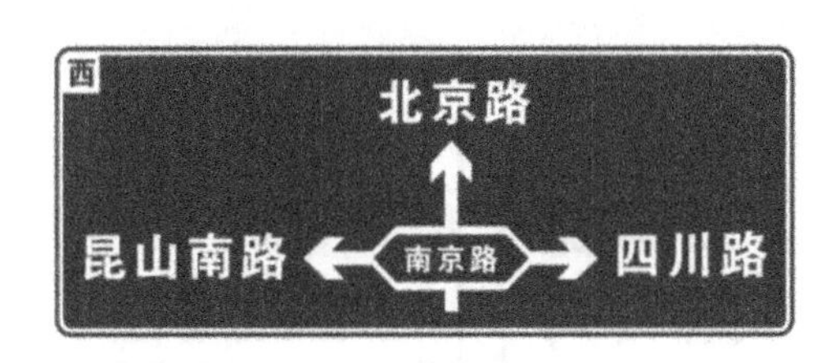

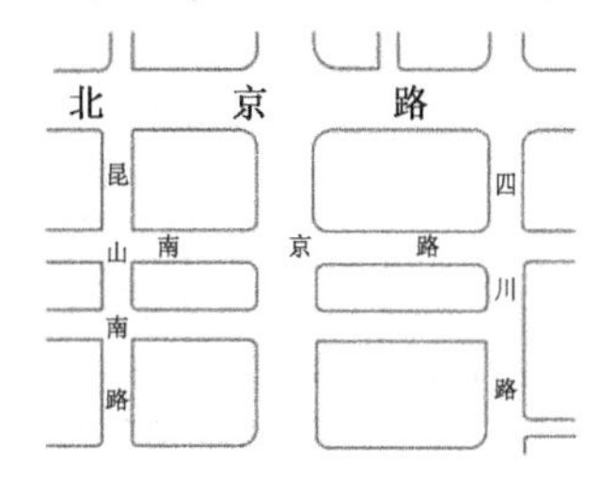

图 14-4　指路标志

旅游区标志是提供旅游景点方向、距离的标志。其形状为矩形，其颜色为棕色底、白字（图形）、白色边框、棕色衬边。

作业区标志是告知道路作业区通行的标志，用以通告道路交通阻断、绕行等情况。设在道路施工、养护等路段前适当位置。用于作业区的标志有警告标志、禁令标志、指示标志和指路标志，其中警告标志为橙色底黑图形，指路标志为在已有的指路标志上增加橙色绕行箭头或者为橙色底黑图形。作业区标志应和其他作业区交通安全设施配合使用。为了保障施工期间道路利用者的安全、便利，应该站在使用者的立场上设置必要的作业区标志。图 14-5 所示为上海市长宁区新华路路段施工期间设置的警示标志，图 14-6 所示为上海市长宁区新华路路段施工期间车道临时变更的标志板。

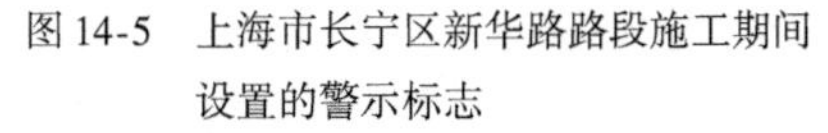
图 14-5　上海市长宁区新华路路段施工期间设置的警示标志

图 14-6　上海市长宁区新华路路段施工期间车道临时变更的标志板

告示标志是告知路外设施、安全行驶信息以及其他信息的标志。告示标志的设置有助于道路设施、路外设施的使用和指引，取消去设置不影响现有标志的设置和使用。告示标志一般为白底、黑色、黑图形、黑边框，版面中的图形标志如果需要可采用彩色图案。告示标志示例如图 14-7 所示。

图 14-7　告示标志示例

辅助标志是附设在主标志下,对其进行辅助说明作用的标志。凡主标志无法完整表达或指示其规定时,为维护行车安全和交通畅通的需求,应设置辅助标志。辅助标志不能单独设立和使用。辅助标志的形状为矩形,颜色为白底、黑字(图形)、黑边框、白色衬边,如图 14-8 所示。

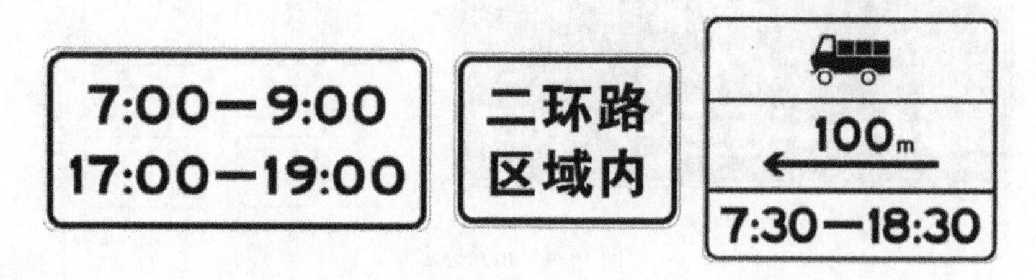

图 14-8　辅助标志

我国交通标志的形状主要有三角形、倒三角形、圆形、正方形、长方形、菱形、五角箭头形和八角形等 8 种,另有长方形的道路编号和六边形的里程碑,与联合国推荐的和一些国家、地区的主要标志的形状、含义基本一致。

我国新国标还将标志的颜色种类扩充为红、黄或荧光黄、蓝、白、黑、绿、棕、橙或荧光橙和荧光黄绿色 9 种,并规定各种颜色的适用标志,如绿色底、白字、白符号、白边框的标志,为高速公路指定的标志颜色,其他道路不能使用;黄色底、黑字、黑边框的标志,除三角形警告标志、省级公路编号、施工区标志外,在高速公路中,主要用于“车距确认”“追尾危险”“终点提示”等提示性标志。

道路交通标志的颜色以及色彩搭配有一定的科学道理。通常,人的心理对道路交通标志的色彩有视认性、诱导性、可读性和识别性等四方面的要求。视认性好的颜色看起来较近,使人容易看到,给人以紧迫感;诱导性好的颜色易引起人的注意,印象深。心理学家多次研究试验证明:对于较小的视标来说,红色的视认性、诱导性及识别性最好;对于较大的视标来说,黄色的视认性、诱导性及识别性最好。因此,通常采用红色和黄色来分别表示禁止标志和警告标志,以保证行车安全。

第三节　道路交通标线

1. 概况

道路交通标志是用白色或黄色的线条、符号、箭头、文字、凸起路标和路边轮廓标线等所组成,常敷设或喷涂于路面及构造物上,起着引导交通与保障交通安全的作用,具有强制性、服务性和诱导性,属于交通管理设施,是道路交通法规的组成部分之一。我国《道路交通标志和标线》(GB 5768—2009)规定了 72 种道路交通标线,按照功能分为指示标线、禁止标线和警告标线三类。

一般来讲,路面标线在白天基本都是清晰可见,但在夜间及雨天就往往难以辨认了,这可能就是交通事故发生的隐患。英国统计资料表明,虽然仅有 10% 的夜间会有降雨,而且在这些时间的交通量也会有所下降,但却有一半的事故是在雨夜发生的。原因调查的结果显示,雨夜事故多是由于标线被水覆盖后难于辨认造成的。

在过去，世界各地因缺乏安全意识及安全标线，每年的交通事故和不必要的交通阻塞及封路，所造成的经济损失非常大，从而使许多国家的公共事业当局及标线生产厂对路面标线的良好设施及清晰明亮度和防滑性等给予了更多考虑。

2. 道路标线的功能及应具有的特性

1）功能

道路标线的功能包括：

（1）分离不同的道路使用对象，如重型车、小汽车、自行车与行人等。

（2）规定不同的交通走向，如分离车流、定义交叉路口、指示道路的出入口等。

（3）向道路使用者提供信息，如速度限制、道路标记、方向指示等。

（4）强化道路规范以保障安全。

2）特性

道路标线应具有以下特性：

（1）白天和夜间均清晰可辨，不仅要求指令简明、标志醒目，在高速行驶下也应能清晰辨认，同时在夜间、雨天及恶劣气候条件下，还应具有反光性，保证足够视距以给驾驶员有一定的提前辨别时间，且应有适当的白度、反射率和耐沾污性（昼夜可视）。

（2）应具有良好的防滑性。

（3）应和路面黏结良好，具有充分的耐候性，可耐溶解盐，并具有有效的耐磨性（持久性）。

（4）可随时开放交通（干燥时间，可冲水时间）。

（5）对路面不能太过于凸起（涂膜厚度）。

（6）不能造成路面裂隙，从而导致路基损坏。

（7）不含与劳动保护及环境法规定有冲突的有害物质（劳动保护及环境保护）。

在交通高速发展的过程中，人们不断摸索，总结过去的经验和教训，试图提高道路标线的综合质量。对道路标线在晴天、潮湿和雨天的反光值都有具体的最低要求。

美国、澳大利亚、新西兰和芬兰等国家规定，当反射率下降到100mcd（光度）下时，必须重新划线。新线的反射率一般在300～400mcd。大部分发达国家设定的关于道路标线的反射率新标准为车辆距离30m处路面的反射率，在行驶速度为100km/h时给驾驶员提前辨别时间为3.9s。这仅仅为正常的反应时间。若驾驶员有疲劳驾驶、身体不适或年龄偏大等情况时，则所需时间更长。

3. 路面标线涂料

路面标线涂料一般分为溶剂型路面标线涂料、热融型路面标线涂料、水剂型路面标线涂料三种。由于对夜视等方面的要求，一般认为水剂型路面标线涂料有很多的优势。

水剂型路面标线涂料是一种用特殊配方配制的涂料与玻璃微珠经一定工艺混合而成的路面标线涂料。

路面标线涂料应具有如下良好的特性：

（1）与路面的良好附着力。

（2）良好的耐磨性。

（3）良好的耐候性（抗紫外线、耐水、耐温差）。

(4)良好的耐污性。

(5)良好的环保性。

(6)易于施工和重涂。

路面标线所使用的涂料也在不断得到改进,具体可以参见相关标准《路面标线涂料》(JTT 280—2022)。

4.路面标线分类

现行《道路交通标志和标线》(GB 5768)中按照功能将道路交通标线分为指示标线、禁止标线、警告标线三类,并对各种标线加注附图辅以详细文字解释。在此仅对一部分主要标线加以简单解释。

1)导向箭头

在道路上指示车辆行驶方向的箭头,称为导向箭头。在行驶方向受限制的交叉入口车道内,车道数减少路段的缩减车道内,设有专用车道的交叉路口或路段,畸形、复杂的交叉路口,渠化后的车道内,这些地方均应设置导向箭头。其作用是对渠化交通的引导,其颜色为白色。

2)路面文字标记

在路面上用文字形式表示的标记,称为文字标记。路面文字标记的作用是指示或限制车辆行驶速度及行车道等。

3)指示标线

指示标线用以指示通行(如车行道、行车方向、路面边缘等)。指示标线由纵向标线、横向标线和其他标线等组成。潮汐车道线属于纵向标线的一种。

4)禁止标线

禁止标线是告示道路交通的遵行、禁止、限制等特殊规定的标线。禁止标线由纵向禁止标线、横向禁止标线、其他禁止标线等组成。

(1)纵向禁止标线

纵向禁止标线是沿着道路行车方向设置的、禁止或限制车辆越线行驶的标线。它由禁止跨越对向车行道分界线、禁止跨越同向车行道分界线等组成。

①禁止跨越对向车行道分界线。禁止跨越对向车行道分界线也称为禁止跨越道路中心线,有双黄实线、黄色虚实线和单黄实线三种类型,用于分隔对向行驶的交通流,并禁止双方向或一个方向车辆越线或压线行驶。一般设在道路中线上,但不限于一定设在道路的几何中心线上。双黄实线作为禁止跨越对向车行道分界线时,禁止双方向车辆越线或压线行驶。黄色虚实线作为禁止跨越对向车行道分界线时,实线一侧禁止车辆越线或压线行驶,虚线一侧准许车辆暂时越线或转弯。越线行驶的车辆应避让正常行驶的车辆。黄色单实线作为禁止跨越对向车行道分界线时,禁止双方向车辆越线或压线行驶。

②禁止跨越同向车行道分界线。禁止跨越同向车行道分界线的作用是禁止车辆跨越车行道分界线进行变换车道或借道超车。它设置在交通繁杂而同向有多条车行道的桥梁、隧道、弯道、坡道、车行道宽度渐变路段、交叉路口驶入段、接近人行横道线的路段或其他认为需要禁止变换车道的路段。其标线为白色实线。

(2)横向禁止标线

横向禁止标线是与道路行车方向成角度设置的、禁止车辆超越的标线。它由停车让行线和减速让行线等组成。

①停车让行线。停车让行线表示车辆在此路口应停车让干道车辆先行,在设有“停车让行”标志的路口,除路面条件无法施划标线外均应设置停车让行标线。停车让行线由两条平行白色实线和一个白色“停”字组成。在双向行驶的路口,白色双实线长度应与对向车行道分界线连接;在单向行驶的路口,白色双实线长度应横跨整个路面。

②减速让行线。减速让行线应与“减速让行”标志配合使用。减速让行线由两条平行的虚线和一个倒三角形组成,颜色为白色。

(3)其他禁止标线

①非机动车禁驶区标线。非机动车禁驶区标线用以告示非机动车使用者在路口内禁止驶入的范围。非机动车禁驶区范围以机动车道外侧边缘为界,可配合设置中心圈。左转弯非机动车应沿禁驶区范围外绕行,且两次停车,其停止线长度不应小于相应非机动车道宽度,以保证路口内机动车的通行空间及安全侧向净空。非机动车禁驶区标线为黄色虚线,设置于无专用左转弯相位信号控制的较大路口或其他需要规范非机动车行驶轨迹的路口。

②导流线。导流线的作用是表示车辆必须按规定的路线行驶,不得压线行驶或越线行驶。它是设置在过宽、不规则或行驶条件比较复杂的交叉路口,立体交叉的匝道口或其他特殊地点。导流线的颜色为白色;与道路中心线相连时,导流线也可用黄色。中心圈的作用是用以区分车辆大、小转弯,及指示交叉路口车辆左、右转弯,车辆不得压线行驶。中心圈设在平面交叉路口的中心,直径及形状根据交叉路口大小确定,颜色为白色。

③网状线。网状线用以标示禁止以任何原因停车的区域,以防交通拥堵。它是设置于易发生临时停车造成堵塞的交叉路口、出入口及其他需要设置的位置,标线为黄色。

④专用车道线。专用车道线是指仅限于某种车辆行驶的专用车道,其他车辆及行人不得进入。其形式是用文字标写行驶车辆的种类,分为公交车、小型车、大型车、多乘员车辆、非机动车等。

5)警告标线

警告标线是促使道路使用者了解道路上的特殊情况,以提高警觉,准备应变防范措施的标线。警告标线由纵向警告标线、横向警告标线和其他警告标线等组成。

(1)纵向警告标线

纵向警告标线是沿着道路行车方向设置、警告驾驶员前方的行车道将发生变化的标线。纵向警告标线由车行道宽度渐变段标线、接近障碍物标线、接近铁路平交道口标线等组成。

车行道宽度渐变段标线用以警告车辆驾驶员路宽缩减或车道数减少,应谨慎行车,并禁止超车。该标线的颜色应与中心线的颜色一致。

接近障碍物标线是指示路面有固定性障碍物,警告车辆驾驶员谨慎行车,引导交通流顺畅驶离障碍物区域。接近障碍物标线的颜色,应根据障碍物所在的位置,与对向车行道分界线或同向车行道分界线的颜色一致。

接近铁路平交道口标线是用来指示前方有铁路平交道口,警告车辆驾驶员应在停车线处停车。其表示形式由交叉线、“铁路”标字、横向虚线、停止线(以上颜色均为白色反光)和禁止超车线(黄色反光)组成。铁路平交道口标线应与铁路道口警告标志及停车让行标志配合设置,有关设施的设置应符合《工业企业厂内铁路、道路运输安全规程》(GB 4387—2008)的规定。

(2)横向警告标线

横向警告标线是在道路上与行车方向交叉设置的标线。其作用是警告驾驶员前方是减速行驶的路段,注意行车安全。横向警告标线由减速标线和减速让行标线等组成。其中,减速标线是警告车辆驾驶员前方应减速慢行。减速标线可以是单虚线,也可以是双虚线或三条虚线,主要设置于收费广场、匝道出口的适当位置,为白色反光虚线。

(3)其他警告标线

现行的标准中还结合交通发展现状增加了潮汐车道线、导向车道线、可变导向车道线、减速丘标线、路面图形标记、多乘员车辆专用车道线、公交专用车道线、车行道横向减速标线、车行道纵向减速标线、实体标记等标线形式。以下简单介绍潮汐车道线,多乘员车辆专用车道线和公交专用车道线。

车辆行驶方向可随交通管理需要进行变化的车道称为潮汐车道。潮汐车道线以两条黄色虚线并列组成的双黄虚线作为其指示标线,指示潮汐车道的位置。应使用相应的可变标志、车道行车方向信号控制设施来配合实现车道行车方向随需要变化的功能,可配合使用相应的物理隔离设施。

多乘员车辆专用车道线由白色虚线及白色文字组成,表示该车行道为有多个乘车人的多乘员车辆专用的车道,未载乘客或乘员数未达规定的车辆不得入内行驶。多乘员车辆专用车道线应与多乘员车辆专用车道标志配合设置。

公交专用车道线由黄色虚线及白色文字组成,表示除公交车外,其他车辆及行人不得进入该车道。公交专用车道与非机动车道临近设置,且无机非隔离带时,应配合设置机非分道线。

第十五章
交通安全设施

道路交通安全问题是城市道路系统中极其重要的一个方面,需要在城市道路的规划、设计、运用、管理等各个阶段及各个方面采取多种措施予以保障。实际上很难区分道路相关设施是属于道路管理设施,还是属于道路安全设施的,因为它们都兼具保证效率和秩序,改善交通安全的功能。本书这样区分的目的是出于对于交通安全问题的重视。

从城市道路交通规划设计以及运用的角度出发,为了保证交通安全,减少交通事故的发生,同时保障交通的畅通,城市道路体系中需要合理、适当地设置立体人行过街设施、道路照明设施、防护栏、视线诱导标志、紧急联络设施以及其他交通安全设施。

北京市也曾事故高发,为此有关部门积极加强路段危险点段的排查、治理,确定事故"黑点",通过采取安装信号灯、铺设减速带、加装防护栏、增设交通标志、降低四环路等高等级道路的车速标准、增加隔离设施等措施,加以警力控制,较好地消除了道路上的隐患,取得了明显的效果。北京市的交通事故万车死亡率呈连年下降的趋势,死亡绝对数也稳中有降。

第一节　立体人行过街设施

随着经济的快速发展、城市规模的扩大、城市建设的发展,伴随着城市人口增加,城市中机动车、非机动车数量以及出行次数迅速增加,造成了地面交通的人、车混行,交通拥堵日益严重。尤其是在客流集散点和市内环状线、高架道路的上下匝道出入口处，车辆的正常行驶经常受到交通拥堵影响，使道路不能充分发挥其功能，同时形成了很多安全隐患。

交叉路口处过街行人、非机动车与转弯机动车的相互干扰不可忽视。有些路面经过改造加宽后，增加了机动车的通行能力，但对行人来说，在路口横穿道路的时间增加了，往往在人行横道的绿灯变为红灯时，行人还走在道路中间，造成了一些不安全因素。

行人因穿越人行横道而发生的交通事故是相当多的。据统计，在这部分受害者中，老年人因其行动迟缓，在各个年龄层中占了较大的比重。

因此，在渠化交通拓宽路面时，应充分重视地面人流与车流的分隔，在部分干道路口建设供行人和非机动车通行的地下通道或行人立交，即立体人行过街设施。通过对这些设施的合理建设，提高道路的通行能力，确保城市道路特别是保证行人的交通安全。

1. 人行天桥和人行地道的设置原则

立体人行过街设施包括人行天桥和人行地道。城市道路系统中许多位置需要设置立体过街设施。城市快速路应为全封闭、全立交道路，行人和自行车无法进入。当需要横穿道路时，必然需要立体过街设施。在城市人口密集的地区，当行人与车辆矛盾突出时也应该设置立体过街设施。立体人行过街设施可以消除步车冲突，是保障道路交通安全、提高通行能力的有效手段，但是由于会增加行人以及非机动车交通抵抗，能否有效地发挥其功能，需要在规划设计中充分酝酿、仔细斟酌。人行天桥和人行地道的设置具体应该遵循下列原则：

(1)人行天桥和人行地道应设置在交通繁忙或过街行人稠密的快速路、主干路、次干路的路段或平面交叉处。同一条街道的人行天桥和人行地道应统一考虑，一次建成或分期修建。

(2)人行天桥和人行地道的规划设计应该符合城市景观的要求，并与附近地上或地下建筑物密切结合，出入口处应规划人流集散用地，其面积不宜小于 $50m^2$。

(3)人行天桥和人行地道的设置应按规划永久横断面考虑，并注意近远期结合。

(4)比较修建人行天桥和人行地道两种方案时，应对地下水位影响、地下管线处理、施工期间对交通及附近建筑物的影响等进行技术分析或经过社会经济效益比较分析后确定。

(5)人行地道所需的净空仅考虑行人，一般为 2.5m，而人行天桥需要保证桥下不少于 4.5m的机动车道的净空高度；一般认为地下建筑的抗震性能较好，因此，考虑到行人上下高度以及抗震问题，立体人行过街设施宜优先采用地道。

2. 人行天桥和人行地道的设置条件

1)路段

在路段上具备以下情况之一者可修建人行天桥或人行地道：

(1)过街行人密集，影响车辆交通，造成严重交通阻塞处。

(2)车流量很大，车头间距不能满足过街行人安全穿行需要，或车辆严重危及过街行人安全的路段。

(3)人流集中，火车车次频繁的铁路道口，行人穿过铁路易发生事故处。

2)交叉路口

在交叉路口处过街行人严重影响通行能力时，可根据实际交通情况修建人行天桥或人行地道。

3)其他

结合其他地下设施的修建，考虑修建人行地道。

《城市步行和自行车交通系统规划标准》(GB/T 51439—2021)具体规定了下列两种应设立体人行过街设施的情况:

(1)地面快速路主路应设置立体过街设施。

(2)曾经发生或评估后可能发生重大、特大道路交通事故的地点,在分析事故成因基础上,经论证后确有必要设置立体过街的地点应设置立体人行过街设施。

同时,该标准指出,同一地点立体人行过街设施与平面过街设施的过街用时比不宜大于1.5:1。既强调交通安全,又强调了立体过街的效率。

3. 人行天桥和人行地道设置的注意事项

人行天桥和人行地道设置的注意事项如下:

(1)天桥与地道的设计通行能力应符合常规人行天桥、人行地道为2400人/(h·m),车站、码头前的为1850人/(h·m),大商场、商店、公共文化中心及区中心等行人集中或较多的天桥(地道)在计算设计通行能力时还应乘以相应的折减系数。人行天桥和人行地道的通道净宽,应根据设计年限内高峰小时人流量及设计通行能力计算。天桥桥面净宽不宜小于3m,地道通道净宽不宜小于3.75m。另外,人行天桥和人行地道每端梯道或坡道的净宽之和应为桥面(地道)的净宽1.2倍以上。梯(坡)道的最小净宽为1.8m。

(2)行人过街宜采用梯道型升降方式。为方便自行车、儿童车、轮椅等的推行,应采用坡道型升降方式。自行车较多,由于地形状况及其他原因无法设置坡道时,可采用梯道带坡道的混合型升降方式。

(3)在人行天桥与人行地道的地面梯道(坡道)口附近一定范围内,为引导行人经由人行天桥与人行地道过街,应设置地面导向护栏;在坡道的两侧应设置扶手。

(4)人行天桥与人行地道的导向标志,应设置在天桥、地道入口处及分岔口处。

(5)人行天桥的桥面、桥梯最低设计平均亮度(照度)应符合下列要求:非繁华地区敞开的人行天桥不低于0.3nt(≈5lx),繁华地区敞开的人行天桥不低于0.7nt(≈10lx),封闭式的天桥不低于2.2nt(≈30lx)。应合理选择和布设灯具,使照度均匀。路段上的人行天桥可采用调近路灯间距或加高灯杆的办法解决人行天桥照明。路口的人行天桥照明应专门设置。人行天桥的照明不应对桥下车辆驾驶员的视觉造成不良影响。

(6)人行地道容易形成安全隐患,因此,有转角处应架设反光镜,有条件时可设置摄像监控设备。

(7)无障碍设计已经成为一个方向,人行天桥和人行地道的规划设计中应该加以充分考虑。要求满足轮椅通行需求的人行天桥及人行地道处宜设置坡道。当设置坡道有困难时,应设置无障碍电梯;当人行天桥桥下的三角区净空高度小于2.00m时,应安装防护设施,并应在防护设施外设置提示盲道,以方便老年人和伤残人等交通弱势群体使用。

(8)在城市的主干道和次干道的路段上,人行横道或过街通道需要连续设置时,其间距宜为250~300m。

人行天桥和人行地道的选择要充分考虑使用方便、对交通的影响、与周围环境的协调、施工条件、维修管理的难易以及治安等问题。一般情况下,人行地道工程修建和维修费用较高,维持治安工作较多。但在名胜古迹风景区、跨线桥下净空有问题的地点、降雪多的地区跨线桥利用率低的以及高填方造价低的地点,修建人行地下通道是适宜的。所以,要因地制宜地进行技术经济比较确定。

立体人行过街设施的选址十分重要。人行天桥由于有桥下净空的要求，行人纵向移动距离要大于人行地道，实践表明并不是有了人行天桥就能解决行人过街的问题，不走人行天桥却翻越护栏的大有人在。这些过街设施都应该因地制宜，有针对性地准确地进行规划设计。

改革开放以来，我国的城市道路建设得到了快速发展，但也遗留下一系列问题。今后城市再开发（城市再生）将是一个必然的方向，在这个过程中注重枢纽周边的立体开发，将有助于公交城市的建设、缓解交通矛盾。而枢纽周边结合地下商业街等的建设，把行人空间彻底与车行空间分离，可以有效地吸引，而非强迫行人在自己的空间行走，这样不仅可以保证交通安全，还可以保障交通效率。

第二节 道路照明

1. 道路照明的功能

道路上的照明设施，可以起到保障交通安全、畅通，提高运输效率，防止犯罪活动发生的作用，同时对美化城市环境产生良好效果。

照明与交通安全的关系十分密切，长期以来受到人们的高度重视。夜晚驾驶汽车与白天驾驶汽车相比，驾驶汽车的最大威胁就是由于照度的下降而引起的视力降低。此时，驾驶员的观察和感知受到影响，极易因为视觉信息不足，判断失误而导致交通事故发生。据公安部交通管理局统计，2017 年我国夜间事故占城市道路交通事故总数的 41.76%，死亡人数占交通事故总死亡人数的 42.63%。国外有关资料也表明，夜间发生的交通事故约占全天事故的 30% ~ 40%。要想有效地预防夜间交通事故，就必须设置和完善道路照明，以改善驾驶员夜间驾驶时的视觉环境。美国一项研究报告指出，在 47 个道路交叉路口装置照明设备之后，将夜间交通事故减少了 49%。有一些国家的统计资料也表明，道路设置良好的照明后，夜间交通事故可减少 20% ~80%，道路通行能力可提高 5%。所以，道路照明是防止夜间交通事故的最为有效的手段。

近年来，我国道路事业发展迅速，新建和改造里程连年不断增长。高等级公路以及城市道路的照明几近完备，但低等级公路（特别是农村公路）、城市绿道等行人专用道路的照明仍需加以重视。

2. 道路照明的设计

1）驾驶员对道路照明的视觉要求

道路的主要使用者之一是汽车交通，因此道路照明必须考虑驾驶员的视觉要求，以便驾驶员能迅速、准确地获得有关的道路交通信息，使驾驶员在夜间驾驶汽车时也能够有良好的安全感和舒适感。

驾驶员对道路照明的视觉要求主要包括以下几个方面：

（1）能及时发现道路上的车辆、行人和障碍物，并准确地掌握其形状、大小、数量、位置、动态、移动方向和速度等信息。

（2）能清楚地观察道路条件，如道路的线形、宽度以及结构形式等。

（3）能及时发现道路上的特殊点及其所在位置，如交叉路口、岔道、高速公路的出入口等。

(4)能够看清楚路面的干、湿、凸、凹以及路面有无缺陷、损伤等情况。

(5)能及时观察道路设施状况,能看清交通标志、标线、信号灯、交通情报板等显示的内容及其确切含义。

(6)如果前方道路上没有任何障碍物,能得到无障碍物的确切信息。

2)设计原则

道路照明设施应遵循安全可靠、维修方便、节省能源、技术先进、经济合理的设计原则。

3)设计标准

城市道路的照明设计应该按照《城市道路照明设计标准》(CJJ 45—2015)的规定进行。

(1)照明标准

根据道路使用功能,城市道路照明可分为主要供机动车使用的机动车道照明和交汇区照明以及主要供行人使用的人行道照明。机动车道照明应采用路面平均亮度或路面平均照度、路面亮度总均匀度和纵向均匀度或路面照度均匀度、眩光限制、环境比和诱导性为评价指标。交汇区照明应采用路面平均照度、路面照度均匀度和眩光限制为评价指标。人行道照明和非机动车道照明应采用路面平均照度、路面最小照度、垂直照度、半柱面照度和眩光限制为评价指标。

①路面平均亮度。路面平均亮度不仅影响驾驶员看清楚路面上的障碍物,而且对视觉疲劳及舒适感方面有着重要影响。试验得知,当路面平均亮度比较低时,人的视觉感受性极低,对物体的辨别能力很差,时常发生错误。随着路面平均亮度的增大,人的视觉感受性开始显著增加,辨别速度也加快。因此,道路照明必须保证具有相当高的路面平均亮度。

②路面亮度的均匀度。路面亮度均匀度是指路面亮度分布的均匀程度。其衡量指标通常有两个,即总均匀度 U_o 和纵向均匀度 U_L。U_o 表示整个路面上的亮度均匀度,它主要影响对前方路面上障碍物的辨认。U_L 表示运行车道中间道路轴线方向上的亮度均匀度,它影响驾驶员对前方路面主观感觉的明暗不均程度。

如果路面亮度不均匀,会刺激驾驶员的视觉反应,形成不舒适感,影响驾驶员的观察和感知。因此,路面亮度的均匀度对夜间行车安全十分重要。

③道路照明的眩光性。道路照明所产生的眩光有两种:一种是生理眩光,主要是强光射入驾驶员的眼睛后,发生散射引起光幕而使驾驶员的视力降低;另一种是心理眩光,主要是由于道路照明引起驾驶员心理上的不舒适感。

④道路照明的环境比。环境比是机动车道路缘石外侧带状区域内的平均水平照度与路缘石内侧等宽度机动车道上的平均水平照度之比。带状区域的宽度取机动车道路半宽度与机动车道路缘石外侧无遮挡带状区域宽度二者之间的较小者,但不超过 5m。

⑤道路照明的视线诱导性。道路照明的视线诱导性是指通过合理地沿道路线形布置照明器,为驾驶员提供道路的方向、线形、坡度等情报,为驾驶员引导前进方向。它直接影响着行车安全,一般道路都要求道路照明要具有良好的视线诱导性。

(2)照明等级

我国《城市道路照明设计标准》(CJJ 45—2015)中对道路的照明等级进行了规定,具体内容包括:①根据道路使用功能,城市道路照明可分为主要供机动车使用的机动车道照明和交会区照明以及主要行人使用的人行道照明。②机动车道照明应按快速路与主干路、次干路、支路分为三级。③人行道照明应按交通流量分为四级。

城市机动车道的道路照明标准见表 15-1。

城市机动车道的道路照明标准值　　表 15-1

级别	道路类型	路面亮度			路面照度		眩光限制阈值增量 TI(%)最大初始值	环境比 SR 最小值
		平均亮度 L_{av} (cd/m^2)维持值	总均匀度 U_o最小值	纵向均匀度 U_L最小值	平均照度 $E_{h,av}$ (lx)维持值	均匀度 U_E最小值		
Ⅰ	快速路与主干路	1.5/2.0	0.4	0.7	20/30	0.4	10	0.5
Ⅱ	次干路	1.0/1.5	0.4	0.5	15/20	0.4	10	0.5
Ⅲ	支路	0.5/0.75	0.4	—	8/10	0.3	15	—

注：1. 表中所列的平均亮度仅适用于沥青路面。若系水泥混凝土路面，其平均亮度值则应降低约30%。
2. 表中各项数值仅适用于干燥路面。
3. 此表引自《城市道路照明设计标准》(CJJ 45—2015)。

4）设计及步骤与内容简述

(1)设计步骤与内容

①确定道路状况。道路状况包括道路宽度、中央隔离带宽度、非机动车道及人行道宽度、道路表面材料及表面反射系数。

②根据道路状况，确定道路等级及相应标准。

③选择布灯方式。布灯方式主要有双侧对称布灯、双侧交错布灯、单侧布灯、中心对称布灯、横向悬索布灯等。

④选择灯具及光源功率。

⑤确定电源，选择电缆，确定路灯控制方式。

⑥选择灯杆规格，具体包括灯杆高度、灯杆间距、挑臂长度、挑臂倾角。

设计时除了满足上述评价指标外，路段以及特殊区域的照明在《城市道路照明设计标准》(CJJ 45—2015)和《城市道路工程设计规范(2016 年版)》(CJJ 37—2012)中有详细规定，可进行参照。

(2)特定区域的布灯方式

①路段上常规照明灯具布置的五种基本形式如图 15-1 所示。

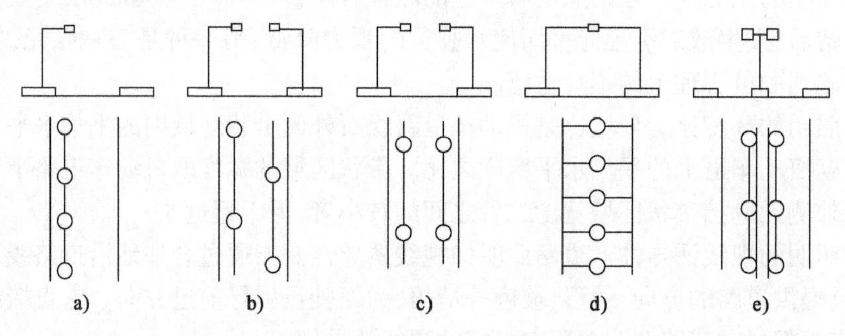

图 15-1　路段上常规照明灯具布置的五种基本形式

a)单侧布灯；b)双侧交错布灯；c)双侧对称布灯；d)横向悬索布灯；e)中心对称布灯

②十字形交叉路口典型布灯方式如图 15-2 所示。

③T 形交叉路口布灯方式如图 15-3 所示。

④环形交叉路口典型布灯方式如图 15-4 所示。

⑤曲线路段上的布灯方式如图 15-5 所示。

⑥转弯处的灯具设置如图 15-6 所示。

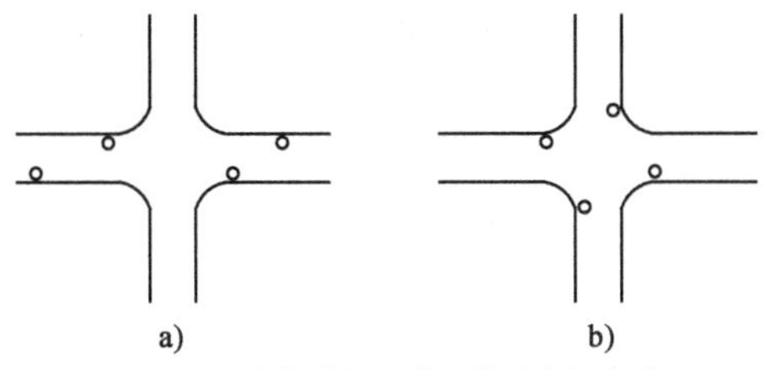

图 15-2 十字形交叉路口典型布灯方式
a)有照明道路和无照明道路;b)两条有照明道路

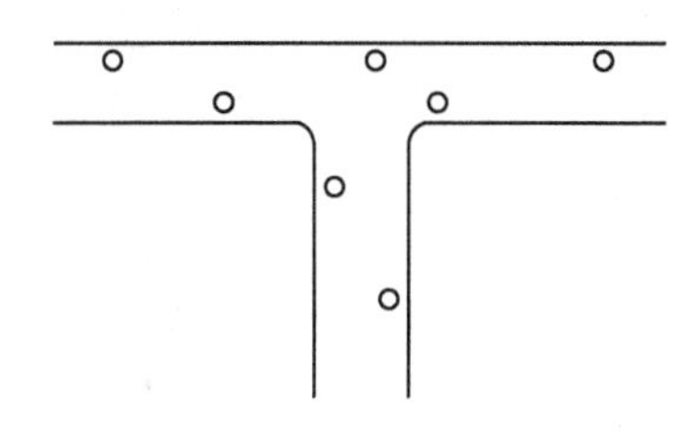

图 15-3 T 形交叉路口典型布灯方式

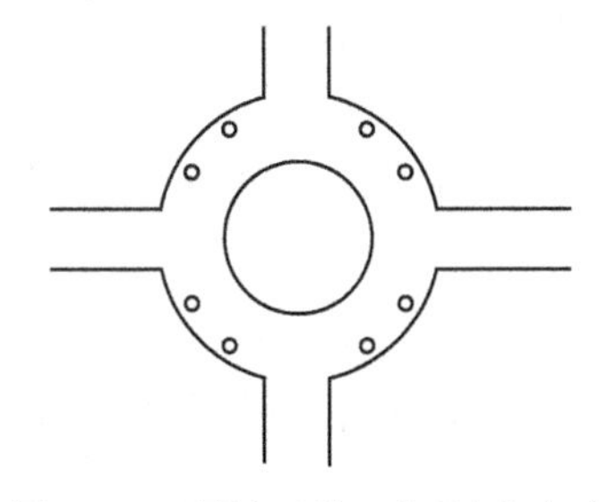

图 15-4 环形交叉路口典型布灯方式

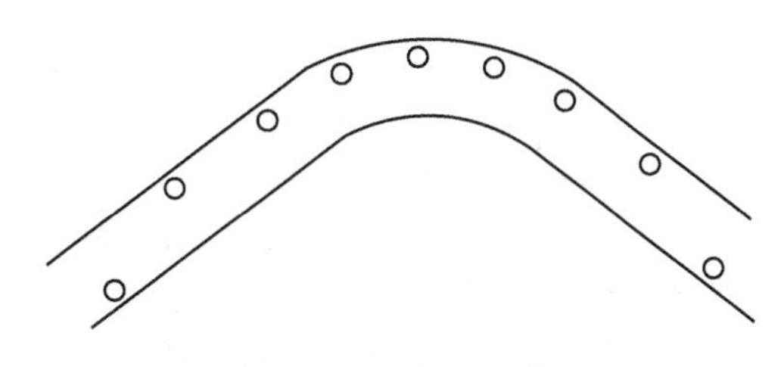

图 15-5 曲线路段上的布灯方式

5)照明器及照明方式的选择

(1)照明器的选择

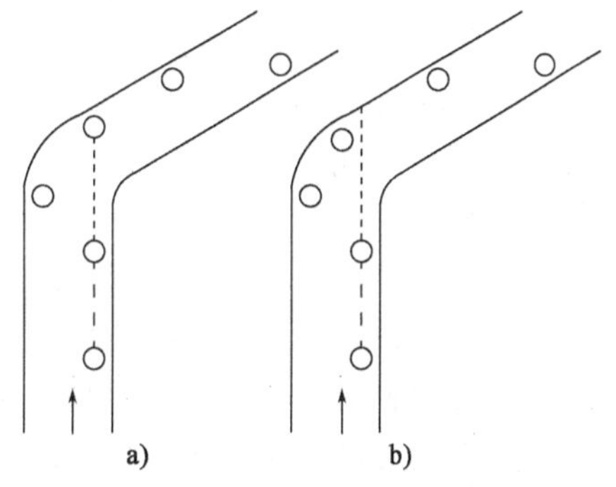

图 15-6 转弯处的灯具设置
a)不正确(易造成错觉);b)正确

照明器的光源特性应符合驾驶员的视觉要求。为了保证驾驶员能够准确地感知交通信息,在选择照明器时,除要考虑发光效率、光束形状、使用寿命、光源颜色、控制性能等因素外,还要考虑驾驶员的视觉需要。钠光灯的光色为橙色,导色性较差,会改变外界物体的自然颜色,不利于驾驶员的观察,但其透视性很好,可以使驾驶员在很远的距离上就发现它,因此,在一些交通复杂或危险的地点,钠光灯照明可以唤起驾驶员的注意,起到很好的警示作用。荧光汞灯的光色为白色,导色性能好,驾驶员在观察外界物体时,不会因物体颜色的改变而出现观察错误,而且其寿命长,经济性好,是道路照明的常用灯具。

此外,在选用照明器时,还要考虑眩光限制问题。对于眩光的限制,不同等级的道路有不同的要求,可用不同类型的灯具来满足。高速公路和主干道要求严格限制水平光线以免眩光,必须采用截光型照明器;一般道路要求适当限制水平光而不限制横向光,可采用半截光型照明器;对于没有眩光限制要求的道路,可采用非截光型照明器。

《城市道路照明设计标准》(CJJ 45—2015)规定使用的照明器有高压钠灯、发光二极管灯或陶瓷金属卤化物灯。其适用范围为:对于快速路和主干路,宜采用高压钠灯,也可选择发光二极管灯或陶瓷金属卤化物灯;对于次干路和支路,可选择高压钠灯、发光二极管灯或陶瓷金属卤化物灯;对于居住区机动车和行人混合交通道路,宜采用发光二极管灯或金属卤化物灯;对于市中心、商业中心等个别对颜色识别要求较高的机动车交通道路,可采用发光二极管灯或金属卤化物灯。

路灯光源经历过白炽灯、汞灯、钠灯,开始进入了 LED 灯时代。LED 路灯在近几年开始在道路上使用,主要是由于其良好的节电节能性。一般 100W 可以代替 250W 钠灯,165W 可以代替400W钠灯。综合节电效益在60%以上。一个城市5万盏路灯，如果都换上LED路灯，一年能省电费2000万~3000万元。现在低色温的LED无论能耗还是显色都能完全符合《城市道路照明设计标准》(CJJ 45—2015)的规定要求。

需要注意的是，以太阳能为供电方式的道路照明，由于能源供给的不稳定性，目前平均亮度、亮度均匀度等指标难以达到国标要求，无法在等级道路上使用，但是可以用到绿岛等对照明标准要求不高的地方。

(2)照明方式的选择

通常的照明方式有普通杆式照明、高杆式照明、悬索式照明和栏杆式照明。

①普通杆式照明。普通杆式照明是把照明器安装在10~15m高的灯杆顶端，既可以沿道路两侧或一侧任意设置灯杆，也可以按照道路线形的变化配置照明器。普通杆式照明不仅简单经济，而且在弯道上有良好的视线诱导性，是城市中最常用的道路照明方式。但是，普通杆式照明的照明范围有限，路面亮度的均匀度较差，在需要照明范围广、道路线形复杂的地方采用这种照明方式，会出现灯杆林立的混乱状况，白天有损于道路景观，夜晚可能会形成一片“光海”，还有可能发生汽车撞击灯杆发生事故。

②高杆式照明。高杆式照明是指在15~40m高的灯杆上安装多个照明器，进行大面积照明。这种照明方式适用于复杂的立体交叉、汇合点、停车场、收费处、广场等处的照明。其优点是具有良好的路面亮度均匀度，且可以使驾驶员在较远的地方就预知将要到达汇合点或交叉路口，提前做好心理准备。其缺点是投射到路外的光较多，与其他照明方式相比效率较低，且设备及维修费用较昂贵。

采用高杆式照明方式时应合理选择灯杆灯架的结构组成、灯具及其配置方式，确定灯杆安装位置、高度和间距以及灯具最大光强的投射方向，并处理好功能性和装饰性两者的关系。

③悬索式照明。悬索式照明是在道路上的灯杆之间拉起钢索，将照明器悬挂在钢索上。悬索式照明在道路的横向配光容易控制，有极好的路面亮度均匀度。它的光轴与道路轴线垂直，可以减少因路面干湿不同而引起的亮度变化，即使在潮湿路面上，也能保持良好的路面亮度均匀度。此外，照明器排列整齐，有很好的视线诱导性。在雾天行驶时，所形成的光幕效应也较小，可相对提高驾驶员的感知觉能力，是雾天、雪天效果最好的照明方式。但是，这种照明方式在干路面上对驾驶员的眩光性较强，维修也不太方便，目前在城市中使用较少。

④栏杆式照明。栏杆式照明是在车道两侧的护栏上大约1m高的位置设置照明器。它不用灯杆，有利于保持白天的道路景观，但照明器易被污染，使路面产生阴影效应，影响驾驶员的观察和感知。栏杆式照明主要用于城市桥梁上。

采用何种照明方式，除要考虑道路的等级、宽度、夜间交通量和横断面布置形式等基本因素外，还要根据每种照明方式的特点和驾驶员的心理需求而定。

3.道路照明设计中的注意事项

道路照明设计中的注意事项包括如下：

(1)道路照明设计中，在满足道路照明要求的前提下，尽量节省能源，进行节能设计，优化方案，同时要防止光害发生。

(2)高度重视灯杆、灯具选择和计算光学评价指标这两个环节对保证照明效果、装饰环境、控制投资、减少维护费用及节能所起的重要作用。

(3)为避免日后破路、减少重复投资、敷设电缆管道时，每个路口要求至少敷设一条备用管。电缆敷设路径要注意避开道边绿化树,以免种树破坏电缆。

(4)照明控制应可靠、灵活、经济、安全、方便。

(5)道路照明的设置应利于驾驶员的视觉适应。从照明路段驶入非照明路段时,车行道的亮度应逐渐减弱,以利于驾驶员的视觉适应,避免因亮度急剧变化,使眼睛无法适应,导致视力下降,影响观察。同时,要注意在复杂路段、危险路段前不得中断照明,不要出现时有时无的交替照明区域。

(6)与装饰性照明相关的几个注意事项:

①道路照明设计时,首先要满足路灯的功能需求,再考虑灯杆灯具的外观与周围的建筑、景观相协调。

②在做装饰性照明设计时,应当和功能性照明一起进行设计,做到互相协调。当二者产生矛盾时,装饰照明应服从功能性照明的要求。

③应认真选择装饰性照明的光源、灯具及安装方式,亮度应与路面亮度和环境亮度协调,不宜采用多种光色和多种灯光图式频繁变换的动态照明,应防止装饰性照明的光、色、阴影和闪烁干扰机动车驾驶员的视觉。

第三节 防护设施

道路防护设施是确保交通安全的基本道路设施,在道路使用中发挥着重要的防护作用,在新建和改建道路时均应设置必要的防护设施。防护设施包括车行护栏、护柱、人行护栏、分隔物、高缘石、防眩板、防撞护栏等。快速路与郊区主干路的中央分隔带上宜采用防眩、防撞设施。本节将重点讨论防护栏。

道路防护栏作为一项简单的交通安全设施,被广泛地运用于各级道路中,有效地降低了交通事故率,减少了人员伤亡和财产损失。

最早的防护栏应该是常见的木栅栏,随后发展为混凝土栅栏、钢筋混凝土栅栏、波纹钢护栏、链式护栏等。这些年来,道路防护栏不断发展,功效越来越好,形态也越来越美观,在发挥安全防护作用的同时,也美化了城市。

1. 防护栏的作用

道路防护栏的主要作用如下:

(1)诱导作用。道路防护栏作为诱导设施,对车辆行驶、行人通行有诱导作用。

(2)隔离作用。隔离不同的交通流,如对向车流隔离、机非隔离,减少了不同的交通流之间的干扰。

(3)防护作用。当车辆冲撞时,缓和车内人员所受的冲击力,防止汽车驶出路外或者驶入对向车道,有效地减少事故的发生。

2. 防护栏的设置原则

具体哪些路段应设置护栏,并没有确切的规定。《城市道路工程设计规范(2016年版)》(CJJ 37—2012)中的建议是"城市桥梁引道、高架路引道、立体交叉匝道、高填土道路外侧挡墙等处,高于原地面2m的路段,应设置车行护栏或护柱等""平面交叉、广场、停车场等需要渠化的范围,除划线、设导向岛外,可采用分隔物或护栏"。

规范中提到的内容只是很少的一部分,实际情况则是多种多样的。例如,对道路旁的固定障碍物(如标志、紧急电话亭等紧挨道路的固定物)要加设护栏防护;曲率比较大的急弯道处一般应设置;有些区域考虑隔离作用时,一般多设置护栏;中小学生的通学路上也应根据需要设置护栏。

实际工程应用中应根据需要,从多方面进行考虑,如当地的地形地貌等自然环境、人文环境、投资状况等。在对道路沿线进行详细调查的基础上,根据道路工程建设的投资实际情况,提出多种方案,最后确定一个经济、安全效益俱佳的方案。

当在道路运用过程中,某些路段交通事故损害比较大时,在事故分析的基础上应立即合理加设防护栏。

3. 防护栏的主要种类

①按照用途划分,防护栏可分为路侧护栏、中央分隔带护栏及分隔护栏(一般为防止行人穿越)。

②按照使用材料划分,防护栏可分为(钢筋)混凝土护栏、波纹钢护栏、钢管护栏、钢栅栏式护栏及链式护栏(钢索)。

③按照结构性质划分,防护栏可分为柔性护栏、半刚性护栏及刚性护栏。

④按照移动性划分,防护栏可分为固定式护栏、可移动式伸缩护栏。可移动式伸缩护栏是最近发展出来的,它既能控制道路上行驶车辆串道、中途调头,又能在需要时方便地打开,极大地方便了道路的运行管理。

表 15-2 为各种护栏一览表,列出了国内外采用的各种护栏形式及其结构性质、使用性能、使用条件、优缺点等,在设计时可以参考选用。柔性与刚性防护栏的类型如图 15-7 所示。

各种护栏一览表　　表 15-2

类型	名称	结构性质	组成部分与材料	说　明
普通护栏	钢管式护栏	刚性	由钢管、铁管或钢梁与支柱组成	(1)主要设置于城市道路。 (2)通透性好,但欠美观
路侧护栏	波纹钢护栏	半刚性	由连接的波纹形钢梁与支柱组成	(1)设置于道路较危险路段旁,广泛应用于高等级或高速公路。 (2)维修费用较高
	链式护栏(弹性护栏)	柔性	由预加拉力钢链与支柱组成	(1)常用于高速公路。当车辆碰撞时,钢链变形,其反弹力将车推回,使人、车受损减轻。 (2)钢链系预加拉力,其两端必须锚固,因而不适用于半径小的弯道或短路段。 (3)比波纹钢护栏通透性好,但造价高
中央分隔带护栏	阻挡式双面波纹钢护栏	半刚性	用波纹钢梁以横撑连接,并向支座两侧悬出	(1)有引导汽车沿护栏顺利向前行驶的高强性能。 (2)因护栏背面有支撑,被车辆撞击时,可避免护栏高度降低,阻止汽车越过。 (3)钢梁向两侧悬出,需一定宽度的用地,并且造价及维修费用较高
	阻挡式双面链式护栏	柔性	由预加拉力钢筋与支座组成	(1)假如车辆碰撞护栏,因背面钢链只靠支柱支撑,其高强弹性易被损坏。 (2)上下钢链分别发挥着不同作用。对载重汽车来说,由上端两根钢链起将车推回作用;对小汽车来说,由下端两根钢链起作用
	箱梁式护栏	刚性	由刚性高强的钢制箱梁与 H 形钢组成	(1)钢箱梁式护栏刚性强,受冲击后变形缓慢、微小,诱导汽车沿护栏行驶性能好。 (2)安装用地小,适用于狭窄的中央分隔带上,但造价高

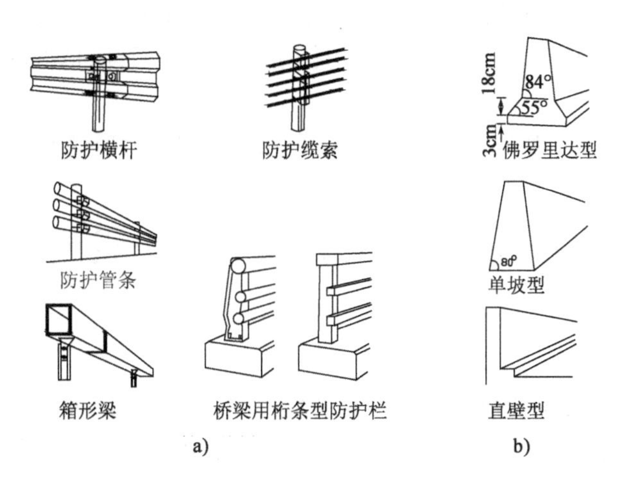

图 15-7 柔性与刚性防护栏的类型
a)柔性防护栏;b)刚性防护栏

4. 防护栏的设计

选用防护栏时,首先应明确其特定场合的用途,然后根据资金状况,考虑美观性进行设计。

对于主要起诱导和分隔作用的防护栏来说,对抵抗车辆撞击方面的性能方面可以低一点,景观方面的设计可以多考虑一点。

对于主要起防护作用的护栏来说,则要严格考虑其抗撞击性能:当车辆撞上时,要能控制车辆的横向位移,使之不会驶出路外、翻车,或过多地进入对向车道而造成更大的事故;能够吸收车辆撞击的动能,让车辆慢慢停止,而且对车内人员要有一个缓冲,以降低其受伤害的程度。在满足这些性能的基础上,再辅之美观设计,最后通过经济效益比较,设计出合理的防护栏。

此外,在设计时还应考虑防护栏的维修管理,建设只是最初的一步工作,如果后期维修管理不方便,那么必然导致严重的经济损失。

防护栏设计中需要考虑的实际问题还有很多。例如,有些移动性护栏,既要满足管理人员能方便灵活地移动,又要满足非管理人员不能对其擅自移动。所以,实际设计中需要全方位地考虑。

5. 国内外现状

目前,国内的路侧和中央分隔带多采用波纹钢护栏和混凝土护栏两种形式的安全护栏。

波纹钢护栏刚柔相兼,具有较强的吸收碰撞能量的能力,具有较好的视线诱导功能,能与道路线形相协调、外形美观,可在小半径弯道上使用,损坏处容易更换,并且对人、车造成的损害较小。所以设计中运用较多。

混凝土护栏防止车辆越出路(桥)外的效果好,适用于狭窄的中央分隔带。但混凝土护栏几乎不变形,吸收碰撞能量效果差,在失控车辆以较大的驶入角与护栏发生碰撞时,对车辆和乘车人员的损害均很大。另外,混凝土护栏还有遮挡视线的缺陷。因此,只在桥梁、挡土墙和一些危险陡坡路段路侧设置。

在国外护栏也在不断翻新。一种名为“布瑞芬金属索护栏”的护栏设施很受欢迎,因为该产品质量好、性能佳、易维修。由于其通透性,对景观的影响降至最小,在澳洲的很多海岸线上安装该产品,非常美观。它在全球范围内的无死亡纪录也使人们对之刮目相看。在韩国也曾经出现镶嵌了滚轴的护栏,发生碰撞时可以使得车辆不被弹回,而是沿着护栏前行,避免发生二次碰撞。

随着技术的发展,很多新型护栏不断涌现,道路也将因之更加舒适、美观、安全。

第四节　其他的交通安全设施

1. 视线诱导标志

视线诱导设施作为交通安全设施的一种,在城市道路上的作用越来越重要。特别是在夜间、雨天、雾天、路上有积雪等不良气候条件时,路面标线可能不清楚,驾驶员对视线诱导设施的需求就更为迫切。

视线诱导设施为夜间行驶的驾驶员提供道路线性轮廓的指示,诱导交通流的交汇运行,指示或警告前方行驶方向的改变,对提高行驶的安全性和舒适性十分重要。

视线诱导标志通过反射汽车前照灯光显示道路外缘。将其以一定间隔设置于路肩外侧,即使在没有照明的道路上,前照灯的反射光点连成线,显示出道路的线性,视线诱导效果十分显著。视线诱导标志示意图如图15-8所示。

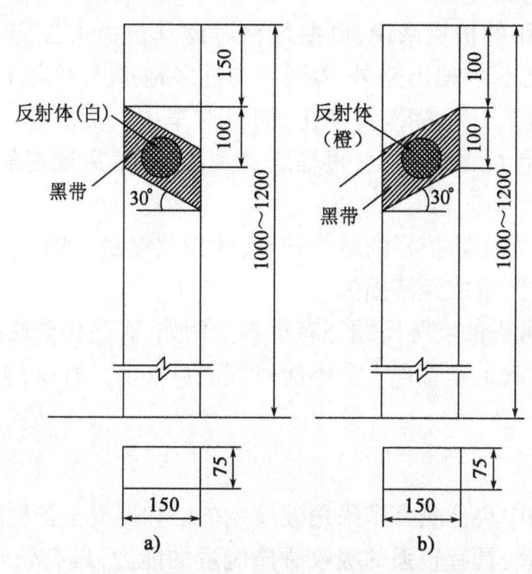

图15-8　视线诱导标志示意图(尺寸单位:mm)
a)2行车线道路的左侧;b)2行车线道路的右侧

视线诱导标志主要包括轮廓标、分合流诱导标和线形诱导标等几种。

(1)轮廓标。轮廓标是按一定间距连续对称设置,为驾驶员提供准确的道路轮廓方向、车行道边缘及危险路段位置。在未布设护栏的路段设置柱式轮廓标,在布设护栏的路段设置附着式轮廓标。

(2)分合流诱导标。在高速公路、快速路立交范围内,车辆交织频繁,事故率较高。为了引起驾驶员对这一现象的注意,尽可能避免事故的发生,可在交通合流与分流区段的适当位置设置分合流诱导标。

(3)线形诱导标。在主线平曲线半径小于1000m的路段及各互通立交出入口匝道均设置一定数量的线形诱导标,从而有效地提醒驾驶员相应改变行驶方向,保障行车安全。

目前视线诱导设施有反光膜型、太阳能型、热熔涂料型的产品。我国最常利用的是以普通反光膜型材料为主的产品,基本能满足车辆快速安全、经济、舒适等方面的要求。但与发达国家相比,我国的视线诱导设施尚不够完善,存在着品种较单一、设备技术不先进等问题。

据调查资料分析,交通事故在弯道处比较突出,且事故多发生在夜晚、阴雨和大雾天气。主要原因是在不良的气候条件下,普通反光膜型视线诱导标设施的视线诱导性能显著下降,导致事故的发生。这一问题现在还无法彻底解决。所以,在视线诱导设施这一领域,还有待改进技术,采用新产品,从而更有效地发挥其视线诱导的作用,保证交通安全。

2. 紧急联络设施

为了增进道路交通的安全性,为公众提供方便,提供道路以及交通信息的设施越来越重要。电光显示装置通常设在道路上方或在路侧,为道路使用者提供天气信息(如浓雾、大雨等)、交通拥堵情报、路面冻结信息以及交通事故信息等。

在封闭的高速路、快速路的紧急停车带中还应设置报警专用联络电话。

3. 无障碍设施以及盲人诱导用设施

我国有残疾人8500万,约占总人口的6.21%,是世界上残疾人数量最多的国家,平均约每5户家庭就有1个残疾人或1个残疾人家庭,其生存状况影响到近3亿的亲属和各方有关人士。残疾人生理残疾的影响和外界环境的障碍,在社会生活中处于种种不利地位,使正常作用的发挥受到许多限制,因此残疾人成为人类社会中一个特殊而困难的弱势群体。

当今社会,构筑无障碍设施已成为城市环境建设的主流之一,是城市道路、交通及建筑物在规划设计中尤其应该体现的城市文明程度的重要标志。通过无障碍设施的建设,创建温馨的城市环境,在全社会形成关心残疾人、关心弱势群体的良好风气。

所以,城市道路交通设计时要充分考虑残疾人的方便出行,加设合理的无障碍设施;对已有道路,也应根据需要,有步骤地加以改造。

城市道路实施无障碍的范围主要为人行道、过街天桥与地道、桥梁、隧道、立体交叉的人行道、人行道口等。其具体内容包括以下几个方面:

(1)设有路缘石的人行道,在各种路口应设缘石坡道使乘轮椅者避免了人行道路缘石带来的通行障碍,方便乘轮椅者进入人行道行驶;

(2)城市中心区、政府机关地段、商业街及交通建筑等重点地段应设盲道,公交候车站地段应铺设提示盲道。所谓盲道,就是在人行道上铺设一种固定形态的上有凸起的地面砖,可使视障者的脚产生不同触感,诱导视障者向前行走和辨别方向最终到达目的地的通道。提示盲道,是指表面呈圆点形状,用在盲道的起点处、拐弯处、终点处和表示服务设施的位置以及提示视残者前方将有不安全或危险状态等,具有提醒作用的盲道。

(3)城市中心区、商业区、居住区及主要公共建筑设置的人行天桥和人行地道应设置符合轮椅通行的轮椅坡道或电梯,坡道和台阶的两侧应设置扶手,上口和下口及桥下防护区应设置提示盲道。

(4)桥梁、隧道入口的人行道应设置缘石坡道,桥梁、隧道的人行道应设置盲道。

(5)立体交叉的人行道口应设置缘石坡道,立体交叉的人行道应设置盲道。

(6)部分平交路口应设置语音或音乐导向器,通过声音提示视障者过街。在建设道路的时候,可以在路中预埋电缆,以便将来安装声音导向器。

(7)有条件的地方,还应考虑将城市道路和主要的功用设施顺接,以方便残疾人、老年人的使用。

无障碍设计在我国已经有30多年的历史。北京从1985年就开始陆续对主要大街进行无障碍设施改造。1988年颁布了我国第一部《方便残疾人使用的城市道路和建筑物设计规范》(JGJ 50—1988),目前该规范已废止,被《无障碍设计规范》(GB 50763—2012)替代,在全国范围内实施。2002年,国家还首批了12个无障碍设施建设的示范城市。为了迎接2008年的奥运会及残奥会,在城市道路新建与改造设计时,进一步改善了无障碍环境,使各种无障碍设施系统化,将无障碍环境提高到一个新高度。

但是在实际应用中无障碍设施依然存在很多问题,如盲道被汽车、自行车、电动车随意占用,无障碍设施设计不合理、缺乏人性化、难于使用等。

4. 休憩设施

在高速道路上需要间隔一定距离设置一处服务区或是停车区,供道路使用者休息。普通公路也要适当设置公路驿站。城市道路上的休憩设施是指为市民,特别是为老年人、伤残人等交通弱势群体休息所用的设置在路边的附属设施(如长凳等),以一定间隔沿路设置,这也是城市道路空间功能的体现。这一部分相关内容也将在第十六章进行介绍。

第十六章

城市道路交通环境与道路景观

解决道路沿线产生的机动车噪声、尾气排放、振动等问题是道路建设推进过程中面临的一个重要课题。发达国家首先制定、修正了有关法律法规,从法律上认定空气污染、水质污浊、噪声、振动、地基下沉、土壤污染等为公害,并对其制定了相应环境标准。改革开放之后,我国开始实施环境影响评价,目前道路工程在实施过程中均需要进行环境影响评价。随着社会经济形势的变化,人们对高质量生活环境的追求越来越强烈,道路绿化、道路景观设计等都得到了长足发展。本章重点介绍道路交通环境与道路景观相关内容。

第一节　道路交通环境

1. 道路交通噪声

道路交通噪声直接威胁着道路沿线居民的健康。城市道路交通噪声根据其来源,主要分为来自发动机的动力性噪声、由鸣笛和制动引起的非动力性噪声、轮胎路面噪声三方面。道路交通噪声产生机理的过程是噪声的"产生""传播"和"接受声音(受音)",因此应该认真研究道路交通噪声发生的主要影响因素,在此基础上进行技术开发,予以解决。与道路交通噪声相关的道路环境技术(包括预测技术、对策技术和评价技术)体系如图 16-1 所示。

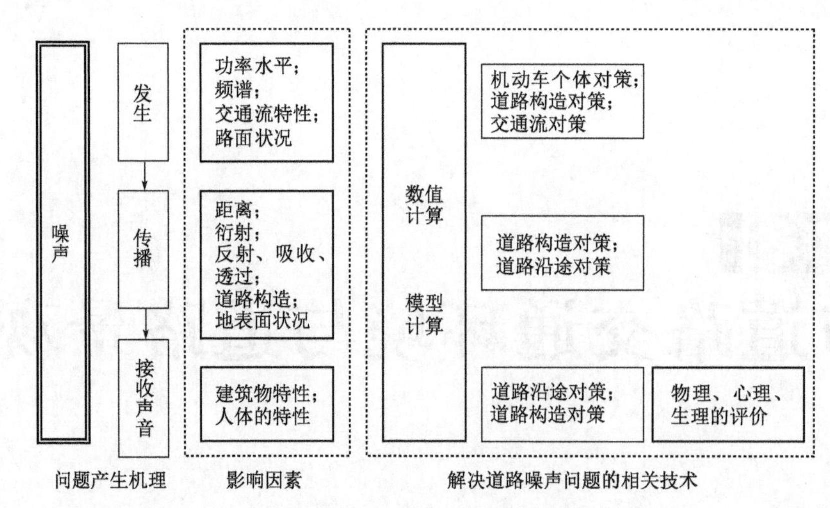

图 16-1　与道路交通噪声相关的道路环境技术体系

1）道路交通噪声的测定

道路交通噪声的大小可以使用精密噪声仪来测定。通常每个白天与夜间都需测量，早晚各测量一次以上，特别应该注意选择人们就寝和醒来的时刻进行测定。

《中华人民共和国环境噪声污染防治法》第六章规定了对于交通运输噪声污染的防治细则。规定的4类标准（低于白天70dB，夜间55 dB）适用于城市中的道路交通干线道路两侧区域、穿越城区的内河航道两侧区域。穿越城区的铁路主、次干线两侧区域的背景噪声（指不通过列车时的噪声水平）限值也执行该标准。我国的《公路建设项目环境影响评价规范》（JTG B03—2006）规定了关于公路交通噪声，以及复合地区交通噪声的预测方法。

《声环境质量标准》（GB 3096—2008）中对道路相关的噪声标准进行了规定。具体规定有：4类声环境功能区指交通干线两侧一定距离之内，需要防止交通噪声对周围环境产生严重影响的区域，包括4a类和4b类两种类型。4a类为高速公路、一级公路、二级公路、城市快速路、城市主干路、城市次干路、城市轨道交通（地面段）、内河航道两侧区域；4b类为铁路干线两侧区域。《声环境质量标准》规定的环境噪声限值见表16-1。4a、4b类所对应的噪声标准白天均为70dB（A），夜晚分别为55dB（A）、60dB（A）。

《声环境质量标准》规定的环境噪声限值［单位：dB（A）］　　表16-1

声环境功能区类别		时段	
		昼间	夜间
0类		50	40
1类		55	45
2类		60	50
3类		65	55
4类	4a类	70	55
	4b类	70	60

2）道路交通噪声的预测

在此介绍一种道路交通噪声的预测方法，是以等能量、等间隔模型为基础，由日本音响学会利用实测结果加以修正的简略的预测方法。

(1)基于等能量、等间隔模型的预测方法

假设机动车为无指向性的点声源,地面为平坦的声反射体。如图16-2所示,在直线AB上,有一辆具有声功率水平为L_ω的汽车P以等速v_t向前移动,通过位置C的最近距离O的t时间后,C点的声压L_P可由下式表示:

$$L_P = L_\omega - 8 - 20\log_{10}l - 10\log_{10}\left[1 + \left(\frac{v_t}{t}\right)^2\right] \tag{16-1}$$

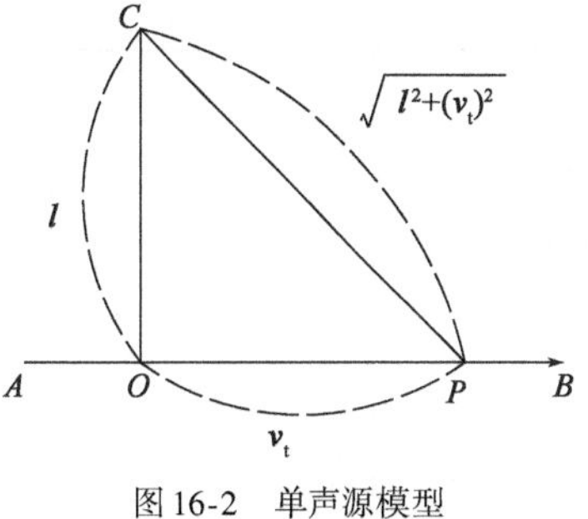

图16-2 单声源模型

实际上,在噪声预测中,假设所有汽车都具有同等的声功率,且等间隔,匀速行驶,并且与车道无关,所有机动车列都在车道中央以平均车头间隔d(图16-3)行驶,道路与收声点C的垂直距离之间无任何障碍,此时道路上所有车辆的声音可以按照下式进行合成。

$$L = L_\omega - 8 + 10\log_{10}\sum_{n=-\infty}^{\infty}\frac{1}{l^2 + (v_t + nd)^2} \tag{16-2}$$

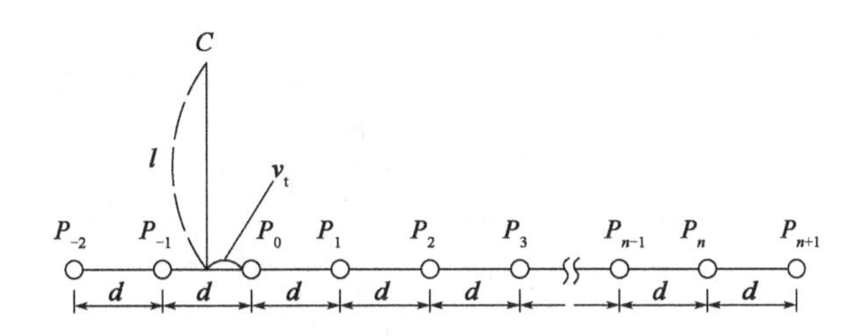

图16-3 一列等间隔声源模型

将式(16-2)的无限级数转换为周期函数,可以用下式表示噪声水平的中间值L_{50}。

$$L_{50} = L_\omega - 20\log_{10}l - 10\log_{10}\left[\pi\left(\frac{l}{t}\right)\tanh 2\pi\left(\frac{l}{d}\right)\right] \tag{16-3}$$

机动车的声功率水平(L_ω),当机动车处于低速域($v<100$km/h)时,用式(16-4)表示;当机动车处于高速域($v>100$km/h)时,用式(16-5)表示。

$$L_\omega = 87 + 0.2v + 10\log_{10}(a_1 + 10a_2) \quad (v < 100\text{km/h}) \tag{16-4}$$

$$L_\omega = 46 + 30\log_{10}v + \log_{10}(a_1 + 4a_2) \quad (v > 100\text{km/h}) \tag{16-5}$$

式中:L_ω——1辆汽车发出噪声的平均分贝值;

v——平均行驶速度;

a_1——小型车混入率;

a_2——大型车混入率。

(2)基于反射的声音的传播

当道路构造为高架等形式,在道路外侧设置声屏障时,需要考虑反射造成的声音衰减。

3)机动车噪声对策

机动车的噪声对策包括发生源对策、交通流对策、道路构造对策、沿线对策。道路交通噪声对策体系具体见表16-2。

道路交通噪声对策体系　　表 16-2

对策	措　施		方　法
发生源对策	改善机动车构造		加强噪声管制，推进技术开发，加强车辆检查整备，促进低公害车的开发利用
交通流对策	路网建设与改良		建设环状线
	物流的合理化	适当配置物流枢纽	—
		通过物流合理化抑制交通量	建设物流基地、货运枢纽，搬迁整顿大型集贸市场
	旅客运送合理化	推进人流对策	推进运送的共同化、配送的效率化、库存的适度化、返程的相互利用
	交通管制		信号系统化，公交车专用、优先车道，推进停车对策，限制速度，大型货车限时通行，取缔非法改装车辆
道路构造对策	基本构造		采用下挖构造，推进立体交叉口建设
	设置隔声设施		隔声壁、筑堤，特殊吸声物体，植树
	设置环境设施带		设置环境设施带，在上下层道路的高架构造下面设置吸声板
	路面改良		改善路面铺装状态，铺设低噪声铺装，防止桥梁接缝破坏，采用连续梁
沿线对策	设置缓冲空间	配置公园绿地	配置公园，配置农地、绿地
		配置业务类空间	按照城市规划等相关法律指定土地和建筑的用途以及构造
	配置缓冲建筑物	缓冲建筑物的区位诱导	指定建筑物的高度等，指定容积率，指定防火地区
		建设缓冲建筑物	建设公共设施，扩改建中建设缓冲建筑物
	沿线住宅防噪		对已有住宅的隔声改建予以补助，新建住宅隔声构造法律化

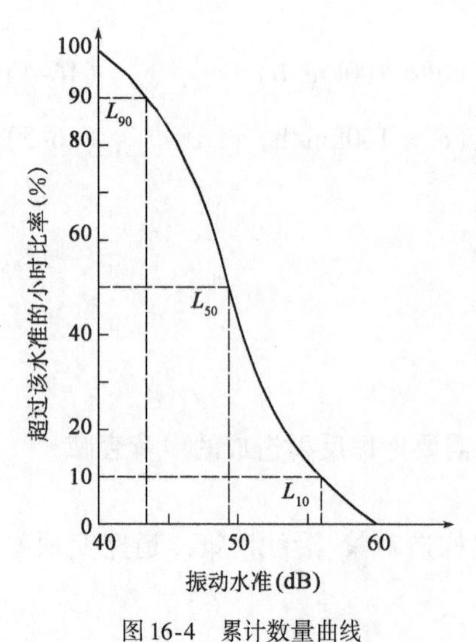

图 16-4　累计数量曲线

2. 道路交通振动

1）振动测定

路面不平整、铺装破坏、桥梁挠曲变形、车辆整备不良等原因，会导致产生向沿线传播的振动。交通振动可以使用振动程度测定仪（如 JISC 1510）等进行测定。

每 5s 间隔测定一次振动的分贝值，把连续测得的 100 个数值绘成累计数量曲线，取该曲线的 10% 的数值，作为某一时间的振动水平。累计数量曲线如图 16-4 所示。

2）振动预测

通常，道路交通振动的预测可以按照下式进行。

$$L_{10} = a\log_{10}(\log_{10}Q) + b\log_{10}v + c\log_{10}M + d + \alpha_{\sigma} + \alpha_{\gamma} + \alpha_{s} - \alpha_{1} \quad (16\text{-}6)$$

$$Q = \frac{500}{3600} \times \frac{1}{M} \times (Q_1 + 12Q_2) \quad (16\text{-}7)$$

式中：Q——500s 内的每一个车道的当量交通量，辆/(500s·车道)；

Q_1——小型车的小时交通量，辆/h；

Q_2——大型车的小时交通量，辆/h；

v——平均行驶速度，km/h；

M——上下行合计车道数；

α_σ——路面平整度的修正值，dB；

α_γ——地基震动的修正值，dB；

α_s——道路构造的修正值，dB；

α_l——距离衰减值，dB；

a、b、c、d——常数。

3. 大气污染

《中华人民共和国大气污染防治法》指出，防治大气污染，应当加强对燃煤、工业、机动车船、扬尘、农业等大气污染的综合防治，推行区域大气污染联合防治，对颗粒物、二氧化硫、氮氧化物、挥发性有机物、氨等大气污染物和温室气体实施协同控制。该法针对道路交通污染做了相关规定：国家倡导低碳、环保出行，根据城市规划合理控制燃油机动车保有量，大力发展城市公共交通，提高公共交通出行比例。国家采取财政、税收、政府采购等措施，推广应用节能环保型和新能源机动车船、非道路移动机械，限制高油耗、高排放机动车船、非道路移动机械的发展，减少化石能源的消耗。省、自治区、直辖市人民政府可以在条件具备的地区，提前执行国家机动车大气污染物排放标准中相应阶段排放限值，并报国务院生态环境主管部门备案。城市人民政府应当加强并改善城市交通管理，优化道路设置，保障人行道和非机动车道的连续、畅通。

大气污染的现状与危害程度等需要通过现场调查来确定。通常，一次调查需要一周时间。测定时间与测定次数需要以能掌握全年的污染物平均浓度为基准确定。例如，日本的环境基准规定利用一天 24h 的小时平均值作为评价对象。大气污染的测定方法多种多样，对于不同的污染物质有不同的测定方法。

机动车排放尾气中主要的污染物质有 5 种，即一氧化碳、碳化氢、铅化合物、氮氧化合物(NO_x)以及粒子状物质。环境基准随着地区的不同可能也不同。

大气污染以及地球温室效应是与机动车交通密切相关的社会问题，已成为世界性的关注焦点，到人类社会的高度重视。2020 年 9 月 22 日，习近平在第七十五届联合国大会上提出："中国二氧化碳排放力争在 2030 年前达到峰值，努力争取 2060 年前实现碳中和。"在碳中和战略目标下，我国城市交通的发展模式需要发生根本性转变。

4. 环境影响评价

社会基础设施建设等公共事业可能会带来公害或对环境造成破坏。环境影响评价就是为了保护环境，避免给人民生活造成危害，因此应在公共事业开始前对其影响进行预测，并进行评价。

1) 环境影响评价的含义

环境影响评价是对包括建设项目、资源利用、区域开发、规划和立法等人类活动可能造成的对环境产生的物理性、化学性或生物性的作用，造成环境变化和对人类健康、社会发展或生活福利的可能影响，进行系统的分析和评估，并提出减少这些影响的对策措施。

环境影响评价可分为环境质量评价、环境影响预测评价和环境影响后评价。

2）国外环境影响评价制度的发展历程

环境影响评价是从源头防治环境破坏的重要手段。“环境影响评价”的概念最早产生于1964年。其目的是通过预测和评估拟议中的开发建设活动可能造成的环境影响与危害，有针对性地提出相应的防治措施。1969年，美国颁布《国家环境政策法》，标志着环境影响评价制度的创立。20世纪70年代，日本、联邦德国、加拿大、印度等许多国家建立了环境影响评价制度。目前，全世界已有100多个国家推行建设项目环境影响评价制度，政策规划的环境影响评价也有了飞速发展。

3）我国环境影响评价制度的发展历程

我国于1972年就引入环境影响评价方法，并开展了相关研究。1979年，《中华人民共和国环境保护法（试行）》颁布，首次明确了环境影响评价制度的法律地位。1981年，国家计委、建委、经委和国务院环境保护领导小组颁布的《基本建设项目环境保护管理办法》对建设项目环境影响评价制度作了具体规定。1986年，《建设项目环境保护管理办法》（国环字003号）的颁布，进一步明确了环境影响评价的有关内容、编制和审批程序。1996年，《国务院关于环境保护若干问题的决定》（国发〔1996〕31号）提出环境影响评价应当从微观评价向中观、宏观评价发展。

1998年，国务院颁布的《建设项目环境保护管理条例》（国务院令第253号）中“第二章　环境影响评价”第一次用国务院行政规章规范了环境影响评价，提出对建设项目实行分类管理，完善了申报、审批程序及法律责任。

2002年10月全国人大常委会通过、2003年9月1日执行的《中华人民共和国环境影响评价法》将环境影响评价制度扩展为规划环境影响评价和建设项目环境影响评价两部分。其法律解释是：本法所称环境影响评价，是指对规划和建设项目实施后可能造成的环境影响进行分析、预测和评估，提出预防或者减轻不良环境影响的对策和措施，进行跟踪监测的方法和制度。

在道路领域，我国于1996年依据《中华人民共和国环境保护法》《建设项目环境保护管理办法》和《交通建设项目环境保护管理办法》，制定了中华人民共和国行业标准《公路建设项目环境影响评价规范（试行）》（JTJ 005—96）。该规范适用于汽车专用公路及其他有特殊意义公路的新建、改建项目的环境影响评价。目前该规范已废止，现使用的行业标准为《公路建设项目环境影响评价规范》（JTG B03—2006）。

4）《中华人民共和国环境影响评价法》的意义和内容

与具体的建设项目相比，政府的一些政策和规划对环境影响的范围更广，历时更久，而且影响发生后更难处置。2002年10月，第九届全国人大常委会第三十次会议通过的《环境影响评价法》，在对建设项目进行环境影响评价的基础上又推进了一步，扩展到对政府规划也进行环境影响评价，即把可能产生环境影响的政府规划（包括土地利用、区域、流域、海域的建设和开发利用规划以及工业、农业、畜牧业、林业、能源、水利、交通、城市建设、旅游、自然资源等专项规划）也纳入环境影响评价的范围，并确立了公众参与环境影响评价、专家参与审查监督的制度和程序。它把政府规划的行为也纳入法律规定的范围中，力求从决策的源头防止环境污染和生态破坏，从项目评价进入战略评价，是我国环境与资源立法最为重大的进展，标志着我国环境与资源立法进入了一个新阶段。

2003 年 9 月 1 日,《中华人民共和国环境影响评价法》开始施行,标志着环境影响评价在我国得到了法律保护。其立法宗旨是:①环境问题从源头抓起;②综合决策,共同把关;③实施可持续发展战略,促进经济、社会和环境的协调发展。其适用范围包括:①规划,即政府拟定的、经济发展方面的、实施后对环境有影响的规划。②建设项目,即在中华人民共和国领域及管辖的其他海域内建设对环境有影响的项目。

继 2003 年《中华人民共和国环境影响评价法》实施后,国家环保局又出台了若干配套的规章。例如,2003 年颁布的《规划环境影响评价技术导则(试行)》(HJ/T 130—2003)及《专项规划环境影响报告书审查办法》(国家环境保护总局令第 18 号)。2004 年颁布的《编制环境影响报告书的规划的具体范围(试行)》和《编制环境影响篇章或说明的规划的具体范围(试行)》。这些后续出台的规章补充和规范了环境影响评价的程序,在国家立法层面初步形成了一套层次清晰的包含环境保护基本法、环境影响评价单行法、部门规章的规划环境影响评价体系。各地方也出台了有关规划环境影响评价的地方性法规和地方政府规章。

2016 年 7 月 2 日,十二届全国人大常委会第二十一次会议对《中华人民共和国环境影响评价法》进行修订;2018 年 12 月 29 日,十三届全国人大常委会第七次会议对其进行第二次修正。

第二节 道路景观

城市道路是城市综合交通体系的基础,它作为人流、物流的主要通道,是连接城市各功能区的纽带。同时,城市道路也是城市其他基础设施的载体,其中很重要的一部分就是作为道路景观的载体。通常,景观由作为景观中心的主要对象和与其密切相关的周围环境等所组成。

以道路为主要对象的景观,称为道路景观。道路景观是展示在道路内外使用者视野中的道路线形、道路构造物和周围环境的组合体,也就是人们从道路上看到的一切东西,包括自然物(如山水、土地、植物等)和人工物(如路面、桥梁、建筑,以及车辆等)。道路景观具有以下几个特征:①道路内、外有着各自的视点,景观随视点位置的不同而不同,可以划分为内部景观和外部景观。②道路内的视点是动态的,或者说是移动的,随着视点的位置和移动速度不同,感受到的景观也不同。

道路景观一般由道路要素、沿线要素和远景要素所构成,三者之间的协调极为重要。为了实现优美的道路景观,应该注意以下几个方面:①在考虑道路区域性的同时,考虑道路的特点、利用方式等,形成具有个性的道路景观;②以道路内外众多的要素为景观设计以及景观控制的对象,追求全体的协调;③构成与道路的多种使用功能相适应的、舒适的、易于使用的道路空间的道路景观。总之,作为展现地区形象与特色、留给后代的资产,需要进行高品质的道路建设。

道路景观设计就是进行道路及其周围整体空间的景观环境设计。城市道路的景观设计是将所有的道路景观要素巧妙、和谐地组织起来的一种艺术,是指从景观学、美学观点出发,在满足交通功能的同时,充分考虑道路空间的美观、道路使用者的舒适性和安全性,以及与周围景观的协调性,让包括驾驶员、乘客以及行人在内的道路使用者感觉安全、舒适、便捷、和谐所进行的设计。城市道路的景观设计包括对于城市道路的线形规划、断面设计、建筑类型及组合、道路附属设施、道路铺装、街道绿化、街道小品的布设等的综合考虑,涉及城市规划、环境设计、建筑学、景观学、道路工程学、桥梁美学、园林学、环境心理学等多门学科知识。

1. 道路景观设计的发展历史

道路景观研究以景观科学为基础。纵观其历史,大致上经历了三个阶段。20 世纪二三十年代为第一个阶段。早在 20 年代初,美国修建公园公路时的专门景观设计,可以说是公路景观设计的雏形。在该阶段,主要是在现场勘测中考虑公路线形与地形地物的协调和沿线风景的保护和利用。20 世纪四五十年代为第二个阶段,此阶段的特点是公路景观设计手段进一步得到研究和改进,不仅采用了模型,还利用了光学投影原理人工制作透视图。20 世纪 60 年代至今为第三个阶段。此阶段的重要特点是,不仅在新建道路设计中考虑景观或专门进行景观设计,而且制定了相应的规范和法规。比如,1970 年美国出台了《公路景观和环境设计指南》;1974 年,苏联制定并颁发了《公路建筑艺术和景观设计须知》。

此外,随着计算机的发展及应用,道路景观设计手段更为先进。目前计算机图像(CG)已经成为道路景观研讨中不可缺少的一个重要手段。

道路景观在许多国家都受到法律的保护。1993 年 1 月 8 日,法国颁布《景观法》,内容包括建筑、城市与风景历史遗留保护区域概念。2004 年 6 月 11 日,日本参议院通过了《景观法》以及与此相关的 3 项法律,进一步加强对日本国内各种景观的保护。该法明确规定了国家和地方政府保护各类景观的责任与权限。规定各地政府可以依据《景观法》制订保护景观计划,限制建筑行为,并限制建筑物的外墙颜色和外观设计、建筑高度等。

在我国,有关道路景观设计有着悠久的历史。近年来,人们对道路的认识日益深化,我国在此方面也出台了一些条例和标准,如《公路环境保护设计规范》(JTG B04—2010),道路建设也由原来的功能设计层面上升到一个新的高度,这对道路设计理论的发展也提出了新的要求。

2. 道路景观设计的重要性

道路景观设计已经成为城市道路设计中必不可少的一部分,其重要性表现在:对外,城市道路景观反映着一个城市的政治、经济、文化的发展水平,是城市形象和城市环境景观的核心,是城市的一个重要展示窗口,直接影响着人们对一个城市的整体印象;对内,随着人类文明的高度发展,人们对居住环境的要求日益提高。城市道路是人们重要的户外活动空间。道路作为城市中人们出行与外部空间联系的必然通道,除了必须具备的基本的交通功能外,环境景观功能也日益被城市居民所重视。道路的环境景观功能最大限度地改善城市景观及整体生存环境,同时环境景观功能又是对交通功能的促进和完善,二者相辅相成。在论述城市道路景观时,不能单方面地强调道路的景观功能。顺畅、有序、连续的车流本身就是道路景观的主要构成。现代化的城市道路规划设计,必须让交通功能和环境景观功能协调发展。

近年来,我国的城市建设速度突飞猛进,城市基础设施建设日新月异,城市道路景观也取得巨大改观,但与发达国家城市相比还有一定的差距。为此针对不同性质的道路,分析在景观构成、设计内容以及设计手法的差异,力图营造可识别性强的、个性鲜明的特色道路景观,构筑城市优美的景观骨架。

3. 道路景观的构成要素

一般来说,道路景观要素可以分为道路要素、沿线要素、远景要素三类。

1)道路要素

(1)道路线形

道路线形自身直接构成了道路景观,特别是移动过程中对这一要素的要求更高。道路线形设计应该与交通功能密切结合,不能因为注重景观因素,而降低其交通功能。不同等级道路的线形是不同的。

(2)道路横断面形式

道路横断面形式是构成城市道路景观的一个要素。我国的城市道路横断面形式有一块板、二块板、三块板、四块板4种。

(3)道路铺装

人们的户外生活是以道路为依托展开的,每日的出行都离不开道路。路面铺装与人的关系密切,它所形成的交通、活动环境是城市景观系统中的重要内容。城市道路铺装包括车行道铺装、人行道铺装和桥面铺装。

(4)道路附属设施景观

道路附属设施包括交通管理设施、交通安全设施等。城市道路上有许多标志、标线、防护栏、电线杆等,其外观设计以及设置的好坏,除了直接影响到道路交通的通畅与安全之外,还直接对道路景观产生影响。在交通附属设施的规划、设计、布设中必须考虑其景观效果。

(5)桥梁景观

在现代化城市中,各种城市立交桥、跨河桥和步行桥以其宏伟或是精巧优美的造型、合理完美的结构、艺术的桥面装饰及栏杆,构成独特的桥梁景观,成为道路景观的聚焦点。

2)沿线要素

(1)建筑物

道路沿线的建筑景观是构成道路景观的有机组成部分。建筑物包括住宅楼、商业设施、工厂、仓库、加油站等。城市中沿线建筑风貌与道路景观要素和谐一体,才形成完整的城市道路景观。同时,建筑物及其他建筑物的造型、外饰、色彩、照明也需要协调一致。必要时需要对道路两侧建筑物表面进行艺术处理。

(2)绿化

绿色是自然的色彩。绿色植物所具有的净化空气、吸收噪声、调节人们心理和精神的生态功能,使之成为城市道路景观构成中最引人注目的要素。绿化用的植物在四季中变化的形象,为城市道路景观赋予不同的内容;树木、草坪、花卉配置形成的综合形态,还起着围挡、分划、联结、导向的作用,并同周边整体环境呼应渲染。

但是应该注意,绿化在构成景观的同时,其光影可能会对交通安全构成危害。

(3)广告

广告的设置也是道路景观设计的构成要素之一。广告的设置除了考虑宣传功能以外,还要考虑对道路景观建设的促进作用,与周边建筑关系协调,不破坏、影响建筑形象,与绿化、照明、雕塑、小品相结合,合理布设,形成完美的道路景观。

(4)照明景观

灯已不再是单纯的照明工具,而是集照明与装饰功能于一体,并成为创造、点缀、丰富城市景观环境空间的重要元素。照明景观主要包括路灯照明、道路沿线建筑物和桥梁等构筑物的形体照明、霓虹灯广告照明等内容。

(5)雕塑景观、水景景观

在现代化城市道路景观中,雕塑景观、水景景观已经成为道路景观的画龙点睛之笔。作为城市精灵的雕塑是人文景观的重要组成部分。桥梁两端的端柱、道路的护柱、隔离墩、挡土墙坡面都可结合雕塑的艺术手法处理，给混凝土构筑物注入“生机”和“活力”。

(6)其他服务设施的景观

服务设施包括建筑小品类与服务设施类。建筑小品是展示城市生活的窗口，是提供便利服务的公益性设施，同时是道路景观的载体。建筑小品主要包括书报亭、候车廊、地铁车站、地下通道出入口等。

邮筒、自动售货机、座椅、垃圾箱、自行车架等属于服务设施。这些服务设施具有体量小、占地少、分布广、数量多、机动性强等特点。它们反映了道路服务质量，是城市精神文明的窗口。制作精良、个性造型、色彩鲜艳、便于识别的服务设施，不仅为城市人民提供多样便利的公益服务，而且提高了道路的景观和环境效益。

(7)周边地形地貌

道路景观设计只有与周围的地形地貌紧密结合，才能创造出纯真自然的景观。

3)远景要素

远景要素包括属于自然要素的海岸、湖泊、山林等，以及属于人工要素的塔、楼阁、大型构造物、高压线等。远景要素在道路景观设计中不容忽视。

4. 道路景观设计的目的与原则

道路景观设计的目的是在考虑道路地区性、道路的特性和使用方法的基础上，形成具有个性的优美的道路景观。景观设计、景观控制的对象不仅是道路内部要素，还应该拓展到外部要素，追求全体的协调。道路景观设计既要让道路适合于多种多样的用途，又要形成易于使用的道路空间。

城市道路景观设计应该遵循下列原则。

1)道路景观与道路的功能相结合的设计原则

城市道路具有交通功能和空间功能。除收容基础设施、界定不同城市区域等功能外，道路还是城市居民购物、娱乐、散步、休憩的重要城市空间，具有生活服务性和观赏性。道路沿线绿化美化、步行空间设计、城市广场设计、雕塑及建筑小品等的设计也被纳入城市道路建设的范畴。因此，城市道路除了功能性规划设计以外，还应进行道路动态景观环境的设计。反过来，道路景观设计应该有助于道路各种功能的发挥。道路景观设计应该遵循与道路的功能规划相结合以及与道路的性质和功能要求相协调的原则。

城市道路景观设计应与城市道路的性质和功能相适应。由于道路是连接不同场所、空间的线性单元，这使得道路景观同其他的景观有所区别。它是一个动态三维空间景观，道路本身则成为景观的视线走廊，把不同的景点结成了连续的景观序列，使人产生一种累积的强化效果。由于城市布局、地形、气候、地质、水文及交通方式等因素影响，不同性质和功能的道路组成会形成不同的路网，如大城市有快速路系统、干线道路系统等；由于功能定位不同，不同环境中的景观元素要求也不同，路旁建筑、绿地、雕塑以及道路自身设计都必须符合不同类型道路的特点。

2)以人为本原则

道路上的人流、车流都是在动态过程中观赏街景，又由于各自交通目的(如上班、购物、旅游等)和交通方式(如步行、骑自行车、乘公交车、自驾车等)不同，产生不同的行为规律和视觉特征。对此,从规划到设计的各个阶段都要从使用者的角度出发,不仅要满足人们对道路功能上的要求,还要满足不同人们在心理、精神生活方面的要求。道路景观设计应该充分考虑不同道路使用者的行为规律与视觉特性,坚持以人为本原则。

3)可持续发展原则

可持续发展表现为自然资源、生态环境和经济社会发展三方面的统一。可持续发展理念的提出标志着人类社会已经将经济发展与环境保护之间的协调发展提到了一个前所未有的新的高度。在道路景观设计过程中要尽量加强自然要素的运用,恢复和创造城市中的生态环境,让城市道路中的硬质景观融入自然并与自然共存。这也是环境协调性所要求的。在道路景观设计过程中尽可能体现自然景观要素,在全力保持原有的自然景观的同时,运用科学设计手法,保持和节约自然资源,努力创造出符合可持续发展理念的生态环境。

同时,可持续发展的理念还要求:城市道路作为给市民提供的生活和交通空间,不仅要考虑现有城市常住居民的需要,还要考虑到未来的需求。我国已开始进入城市化的加速期,城市化水平不断提高,预计未来将有超过50%的人口生活在城市里。这是一个社会变迁的过程。为了保障城市化进程的健康发展,城市道路及其景观环境的规划设计必须在城市化的背景下进行深层次研究。

4)一体化协调的原则

优美的道路景观的形成需要多方的配合、协调来实现。具体到实际工作中则需要从规划、设计、施工等多个阶段进行一体化协调。城市道路景观设计过程中需要道路工程师、景观工程师、绿化工程师、照明工程师等的密切配合。交通与景观协调规划设计应该着重从规划控制、交通环境的优化、可持续发展、交通的合理组织、交通基础设施功能的改善等方面加以综合考虑,将当前实际与未来发展相结合,交通需求与景观环境相结合。

5)追求综合效应的原则

一方面城市道路系统是组织城市景观的骨架,是游人观赏城市景观的走廊;另一方面,城市道路的景观又是城市景观的重要组成部分,城市道路应该成为体现城市景观、历史文脉的宜人的公共空间环境。因此,道路景观设计需要从整体出发,把道路作为城市空间体系中的一个组成部分考虑;把城市道路空间纳入城市景观系统中,与城市自然景色(如地形、山峰、湖泊及绿地等)、历史文物(如古建筑、古桥梁、古塔、传统的街巷等)以及现代建筑有机地联系在一起;把道路与环境作为一个景观整体加以考虑,并作体化设计,创造有特色又有时代感的城市环境,并在空间上重视人、车辆与环境的联系,为人们提供与广阔大自然接触的机会和空间。

6)个性化设计与可识别性原则

道路景观的定位是指如何确定道路空间风貌的基本特征,这是设计时首先需要解决和把握的问题。影响道路景观定位的因素包括:①城市的性质(该城市是政治性的、经济性的,还是文化性的、旅游性的);②道路性质(该道路是交通性功能的道路,还是进出功能的道路;是车行道,还是步行街、商业街、文化街等);③文化价值取向,包括传统文化(如传统聚居方式和传统街道组织模式等);④自然地貌;⑤人工建筑物。

个性化设计指城市道路景观设计中要突出城市自身的形象特性,使每个城市各自不同的历史背景、不同的地形和气候、不同的民俗风貌在城市整体形象建设中得以充分体现，以此作为展示城市的重要平台。另外，个性设计最重要的价值是增强道路的可识别性。

5. 道路景观设计步骤

1）调研与分析

在明确的设计目的、背景与设计前提条件基础上，进行现场调研、资料收集，并进行综合分析。

（1）现场调查

现场调查包括交通状况调查、道路现状调查以及周边地形、地质、建筑物、自然条件等的综合调查。

（2）资料收集

资料收集指收集社会经济、自然资源、文化资源等资料。

（3）分析研究

分析研究包括道路交通相关分析、道路性质分析和沿线景观要素分析。

2）制订景观设计方案

（1）道路景观基本设计方案

道路设计包括新建和改良道路两种情况。

道路景观基本设计方案是由道路工程师与景观设计师合作，根据设计原则和调查分析结果，提出道路景观的初步方案。具体如下：

①依据景观环境进行选线（新建时）。

②结合环境氛围和地形条件进行道路线形设计（新建时）。

③根据道路功能、环境氛围、空间组合要求进行道路横断面设计。

④城市桥梁选型方案设计。

（2）景观协调设计方案

景观协调设计方案是由道路工程师与园林设计师共同研究道路绿化与景点布局，使道路绿化在树种、树形、布局等总体上与周边景观成为一个整体。

附属设施景观设计是对道路硬质景观部件和相关的建筑提出控制性的设计，包括路灯、路牌、候车亭、小品、雕塑、扶手栏杆等。

3）方案评价

（1）景观效果评价

景观效果评价是与规划师共同研究，使道路在平面、横断面、竖向、交叉路口、广场等方面达到和谐统一，并制作道路三维全景计算机动画图像，从不同角度感知模型的景观效果后进行评价。

（2）方案比选与定案

方案比选与定案是指以专家评审等方式对景观效果进行综合评价，在此基础上确定最优方案，进行施工图设计并实施。

道路景观设计的一般步骤如图16-5所示。

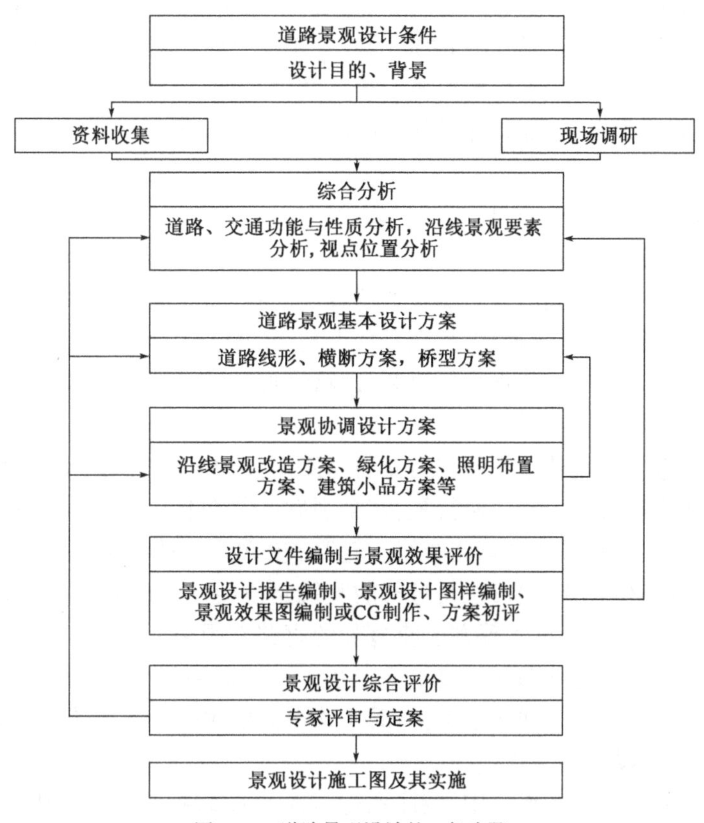

图 16-5　道路景观设计的一般步骤

6. 城市道路景观设计要点

从城市道路景观特征的角度可以将城市道路分为城市交通性道路、城市生活性道路、城市商业步行街等地区道路和其他步行空间。不同道路类型所对应的对道路景观的感受方式见表 16-3。道路景观设计中需要考虑的设计要素应该是行驶心理、运动感受、视觉感受、空间感受和各景观要素之间的协调组织艺术。在对上述道路景观设计内容进行设计时，应根据道路的不同景观特征在景观设计过程中予以区别对待。

不同道路类型所对应的对道路景观的感受方式　　表 16-3

道 路 分 类	行为模式（简化图式）	主要活动方式	行 进 速 度	对道路景观的感觉方式
交通性干道	起点 ●———▶● 目标	乘行、骑行	高速、中速	浏览
生活性街道	起点 ⁄╲⁄▶● 目标	骑行、步行	低速	观赏
城市广场	起点 ⁘ 目标	散步、休息	慢速	体验

城市快速路、主干路、次干路是路网骨架，属于交通性干道，它们的道路景观环境控制要素应突出在现代化交通条件下形成的连续、动态的视觉效果，如与地形条件及地区特点相协调，并在满足汽车行驶要求前提下需要自然流畅的线形与断面形式、交叉路口的设置形式等。支路、街坊路属于生活性道路，居民多采用步行和自行车交通方式，在道路景观设计时，动态视觉效果不起主导作用。商业步行街一般位于城市中心或区域中心。步行街实行交通管制，人们

可以自由漫步。商业步行街与街心广场、绿地花坛、水池喷泉、小品雕塑相结合,并设置供人们休憩用的长椅等服务设施,可缩短人们之间的社会距离,增加生活情趣以及对环境的亲切感,使人感觉舒适。交叉路口和城市广场是城市道路的联结点,应具有强有力的物质形态和一定的空间形状,其景观效果要考虑形象的鲜明性及时代特征,以留给人们深刻的、印象性的、可联想的内容。

下面从以下几个部分简单介绍不同类型道路空间景观设计的要点。

1)城市交通性干道的景观设计

城市交通性干道分布于城市各功能区和行政区之间,是城市结构的框架,担负着城市的主要交通。这类道路级别高,路幅较宽,其交通特点是交通流量大、速度较快,使用对象主要为机动车。城市交通性道路的功能与景观的协调、道路线形直接形成的景观特色是这类道路景观设计的主要问题。

布线时应注意打破交通性干道仅作为交通通路而呈现出的空间上的单调、呆板。交通性干道使用者为迅速到达目的地而快速行驶,其景观感受是粗犷、大尺度的,设计中应予以充分考虑,其设计手法包括直路布线和弯路布线。直路布线给人一种开阔感、方向感,令人愉快通畅,易于感受连贯性。但直线不宜过长,过长的直线路段会使人疲劳乏味。对此,可采用T形连接、Y形连接、终端对景、多重景等方法使过长的直路获得封闭的效果。弯路布线是创造良好道路景观的常用方法。弯路布线的突出优点在于易使道路使用者了解周围环境,主要景观从开始进入弯路时就已经在视线之中了,然后弯路慢慢地改变着道路使用者的方向,前方的景象也不断地变动,形成动态的景观。

在交通性干道的绿化景观设计中,应注意行车视线的要求,应考虑减少噪声以及防尘等环境效果。

城市入口地段是进入城市的通道,处于城市的边缘,大多不会有林立的高楼和繁杂的交通,道路为交通干道,其性质可以归属于高速浏览型;但它又不同于一般的交通性干道,因为它还担负着城市入口景观的功能。城市入口地段景观设计有其特殊性,应注意对景安排及道路景观的节奏和韵律、运动中周围环境的变化,以及利用空间对比、色彩对比的手法给道路使用者留下深刻的印象。

2)城市生活性道路的景观设计

城市生活性道路的交通特点是,以目的性及相关性的出行和到达的交通量为主体,一般车种构成较为复杂,车行速度较慢,非机动车和人流较多。城市生活性干道分为以生活居住为主的、以商业服务为主的和以行政办公为主的三种类型。城市生活性道路景观特征与城市交通性道路的相比,更突出可观赏性,提升了可读性、公平性、可识别性。可读性是指增加景观的文化内涵,满足人们在行进过程中,对街景的品评、联想、回味;公平性是指通过无障碍设计保证残疾人、老年人及儿童等交通弱势群体的使用需要;可识别性是指要突出其与众不同的个性。城市生活性道路应综合考虑园林艺术与建筑艺术的协调统一。

对于城市生活性街道的景观设计,要着重强调其领域属性,强调多样性和复杂性,要更加细致、巧妙地构思,多考虑服务设施的设置,通过强化建筑物和环境设施的特点,突出区域功能性,以形成其区域特色,使街道与两侧空间相融合,进而弱化道路与周围界面的隔离。其设计手法可以从布线、空间变化、领域分隔、道路设施及周围建筑环境等方面来实施。

S形布线可以起到控制行车速度的作用,有利于交通安全,是处理人与机动车混行交通的常用的方法之一。S形曲线可以给人们最大限度地提供观察周围环境的便利,同时可以为绿化提供有效空间。道路根据各路段交通量不同或地形条件限制,可能出现宽度的变化。利用宽度变化可提供错车空间,在特殊情况下,也可提供停车空间,有时也为行人提供休息逗留的场所。

作为居住区内的生活性道路,应为居民提高生活空间的领域感。此效果可以通过分隔手法来实现。这种分隔常为过街楼、拱门等。在我国古城中,牌坊则是分隔街道空间的常见方式。步行者活动常有随意性,且带有观赏特性。因此要求在生活性道路上多设置公用设施等,形成硬质景观。

生活性道路的观赏性,要求周围建筑环境具有一定的艺术性。建筑对于街道来说,如商店的橱窗。设计中应该使街道空间与建筑内部空间相互渗透形成一个内外兼顾的空间,使道路与室内空间连续起来,街道真正成为居民生活的场所。

3)城市商业步行街景观设计

城市中由于机动车辆日益增多,人的步行空间不断被挤占。人们在人车混杂的商业街上,无法安心地进行购物。商业步行街的设计解决了这一问题。城市商业步行街是以步行交通为主的商业街,它的出现给城市带来了许多新的生机,这是另一个重要的城市景观展示舞台。商业步行街商业繁荣、人流密集、人群活动集中,是城市中的热点,是城市标志性的、重要的开放空间,具有形象的传播意义。城市商业步行街的设计不仅要在缤纷繁杂的商业气氛中寻找城市的整体统一,而且要弘扬城市的地域文化特点,表现出城市的时代特征。在进行景观设计时,要强调个性创造,通过道路与建筑物风格的协调或对比,塑造商业步行街景观的个性。道路设施设计要精心,路面铺装个性化设计十分重要。此外,绿化以及雕塑艺术等城市小品也需要个性化设计。

北京王府井、上海南京东路、哈尔滨中央大街等都是近些年改造成功的城市商业步行街,在以人为本的思想指导下,通过环境治理,提高文化品位,结合店面装修,创造出环境优雅、舒适、安全的购物空间、游憩空间。

4)其他步行空间景观设计

所谓其他步行空间,是指区别于城市商业步行街而言的,包括城市广场、小规模开放空间、林荫道、专用步行空间、居住区的社区道路、高架步行空间地下步行街等。其他步行空间在设计上要求更加宜人,让人们拥有更多的游憩、娱乐的空间,是城市景观环境中又一颇具特色的部分。根据各个不同的步行空间的性质、位置、现状条件,可以充分考虑其应有的景观特色,塑造出多姿多彩的环境空间。

城市广场类型多种多样,一般有集散、休闲、商业、文化、集会、纪念等功能,多数广场均是上述功能的复合体。城市中心广场又被比喻为城市的客厅,是一个城市对外展示的窗口,也是城市形象表达的关键。其设施、绿化应满足人的使用要求和形式统一要求。周围建筑类型、组合、比例等要符合建筑创作形式法则。

5)立交景观设计

城市交通设施建设突飞猛进,路网中立体交叉成为现代城市道路交通的重要标志。立交景观设计会直接影响使用效果和城市景观。立交景观包括立交布局、立交整体造型、结构美观、局部绿化景观、立交与周围环境的协调等,其中起主导作用的是立交整体造型和结构美观两个因素。局部景观指绿化用地布局的合理性和绿化景观设计的先进性。

由于受到交通功能、周边环境等多种因素的影响，处于不同视点的人对立交景观的视觉需求也不尽相同，因此，立交景观设计在满足整体造型和使用功能的同时，还需考虑道路使用者眼中的线形、桥型以及其他多角度的美感要求，使之成为立交规划设计中重要而且困难的一项工作。

立交景观设计前，应在对工程的背景与目的、立交所在城区位置的地理特征与环境等进行深入细致调查的基础上，确定立交景观设计的指导方针，包括规模、形态、风格、与周围环境形成的关系以及给人们带来的行程感情等。立交景观设计中，确保立交景观设计及其指导方针贯穿于立交规划设计全过程。

在确保整体功能实现的基础上，满足整体布局的美感要求。城市立交的设计者需要重点解决为实现交通功能的布线问题。城市立交的整体布局往往局限于布线线形。因此，对立交整体造型的设计应以实现交通功能为前提，重点对被工程破坏的自然环境进行重新调整，使立交整体造型与周边自然环境合为一体，相互协调、适应，以满足整体美感的要求，而不能轻易降低线形标准和功能来满足立交总体造型的要求。

以动态景观设计为主，动静结合。立交各部分的景观首先应该满足道路使用者（机动车驾驶员及乘客）的视觉需求，他们始终处于运动状态，始终得到的是一个侧面或一部分的景观。因此，立交景观设计应该优先考虑线形与地物的协调、车速与感觉的协调、景物的先后次序协调等，以满足道路使用者视觉中的动态透视美感要求。另外，由于我国城市立交往往行人与非机动车较多，且常有行人在附近或立交区域中的人行系统停留观光，所以从这些视点出发的静态景观也是立交景观设计中不可缺少的组成部分。

6）城市景观桥梁设计

城市景观桥梁是指在保证基本通行功能的基础上，能够与所在地区自然景观、人文环境等协调搭配、相辅相成的桥梁构造物。城市景观桥梁建设的目的是创造标志性城市景观。随着经济实力和人民生活水平的提高，城市景观桥梁必然得到快速发展。城市景观桥梁的设计不仅是桥体本身的外观设计，更重要的是与周围自然环境、人文环境的结合以及与结构设计的有机结合，这才是完美的景观桥梁设计。

总之，进行城市道路景观设计时，工程技术人员应不断提高自身的美学修养，同时面向大众的科普性质的美学教育与宣传也是不可缺少的。

在进行景观评价的调查和量化分析中，调查人群的选择与确定，评价方法的选取以及调查与分析结果的稳定性、相关性分析等还需进一步研究，以使桥梁景观设计与评价的方法趋于成熟与完善。

景观桥梁必须注意其结构安全性。其景观效果的达到应该是基于现有的可实现的技术基础之上，切勿为追求新奇而忽视了安全性。

第十七章

城市道路交通系统展望

党的十九大提出新时代我国社会发展的主要矛盾是人民日益增长的美好生活需要和不平衡不充分的发展之间的矛盾。其在交通领域主要表现为:交通发展不平衡不充分,供给能力、质量、效率不能满足人民日益增长的美好交通需要。依照党的十九大提出的要求,可以看到目前交通供给尚不能满足人民群众日益增长的要求,尚不适应建设社会主义现代化强国的需要。对比世界交通强国,中国交通运输业在装备、质量、安全、服务、效率、竞争力方面还存在着不小差距。在此背景下,2019 年 9 月中共中央、国务院印发了《交通强国建设纲要》,并发出通知,要求各地区各部门结合实际认真贯彻落实。其指导思想是构建"安全、便捷、高效、绿色、经济的现代化综合交通运输体系,打造一流设施、一流技术、一流管理、一流服务,建成人民满意、保障有力、世界前列的交通强国。"在这一战略中,涉及很多与城市道路交通相关的内容,如"构建便捷顺畅的城市(群)交通网。建设城市群一体化交通网,推进干线铁路、城际铁路、市域(郊)铁路、城市轨道交通融合发展,完善城市群快速公路网络,加强公路与城市道路衔接"。《交通强国建设纲要》还提出:"尊重城市发展规律,立足促进城市的整体性、系统性、生长性,统筹安排城市功能和用地布局,科学制定和实施城市综合交通体系规划。""推进城市公共交通设施建设,强化城市轨道交通与其他交通方式衔接,完善快速路、主次干路、支路级配和结构合理的城市道路网,打通道路微循环,提高道路通达性,完善城市步行和非机动车交通系统,提升步行、自行车等出行品质,完善无障碍设施。科学规划建设城市停车设施,加强充电、加氢、加气和公交站点等设施建设。全面提升城市交通基础设施智能化水平。"从中可以看出,城市道路交通领域还有很多工作需要做。

2021 年 2 月 8 日，中共中央、国务院正式印发《国家综合立体交通网规划纲要》。这是继《交通强国建设纲要》之后，党中央、国务院印发的又一重要纲领性文件，是新发展阶段加快建设交通强国的行动纲领，其中涉及城市群内部交通运输一体化发展、都市圈交通运输一体化发展、城乡交通运输一体化发展等内容。

总的来说，今后城市道路交通还有很多工作要做。道路作为暴露在大自然中的基础设施，经受风吹日晒、冷热循环、荷载反复碾压，从开始使用的那一天起，其性能会逐渐降低，因此定期的养护维修必不可少，道路资产管理不可或缺。随着城市化进程的发展，城市功能的改变，与城市再生相对应的道路功能更新也十分必要。电动自行车的出现，老龄化社会引发的老年人安全出行问题，车路协同、自动驾驶、共享出行等新技术新业态的快速涌现带来的交通流量与出行方式变化，人民群众对美好交通出行的向往和追求，等等，这些对城市道路都提出了新的要求。城市道路的智慧化、数字化发展是必然的方向，精细化的规划、设计、运用和管理，以及新技术、新材料、新工艺的使用都是今后努力的方向。本章仅对其中几个部分做简单介绍和论述。

第一节　可持续发展的交通体系建设中道路系统的功能定位

1987 年，世界环境与发展委员会发布了一份重要报告，即通过长达 4 年的研究并经过充分论证的报告——《我们共同的未来》。报告中提出了可持续发展的概念，并对可持续发展做出定义：既满足当代人的需求又不危及后代人满足其需求的发展。

“可持续发展”概念的提出引起世界各个学科的关注，该理念被大多数人所接受。可持续发展的概念涉及经济社会的各个领域，交通运输也不例外。1996 年，世界银行在《可持续运输：政策变革的关键》报告中指出，可持续交通运输应该包含以下三个方面的内容：

(1)经济与财务的可持续性。经济与财务的可持续性是指交通运输必须保证能够支撑不断改善的物质生活水平，即提供较为经济的运输并使之满足不断变化的需求。

(2)环境与生态的可持续性。环境与生态的可持续性是指交通运输不仅要满足人流与物流的增加的需求，而且要最大限度地改善整个运输质量和生活质量。

(3)社会的可持续性。社会的可持续性是指交通运输产生的利益应该在社会的所有成员间公平分享。

城市道路交通问题一直是城市问题中最为复杂的问题。随着城市化进程的发展，全球人口越来越多地集中于城市，城市负荷加重。不良的交通系统会减缓城市内及城市间的流通能力，降低城市劳动生产力，同时消耗大量能源，既不利于城市发展，又不符合持续发展的要求。这些年除了可持续发展交通的概念之外，还出现了绿色交通、低碳交通、生态交通等概念。但从其内涵与外延的角度来看，这些概念均具有能源节约、环境友好、以人为本等基本特征，本质上是一致的。

2021 年 10 月 14 — 16 日，第二届联合国全球可持续交通大会在北京召开，会上中国发布了《中国可持续交通发展报告》(以下简称《报告》)。《报告》以“创新、协调、绿色、开放、共享”新发展理念为主线，展现中国交通在落实联合国 2030 年可持续发展议程提出的“人类、地球、繁荣、和平、伙伴"理念方面的探索和实践,体现中国对可持续发展的理论创新和对联合国可持续发展目标任务的落实。《报告》的主要内容包括:促进综合交通运输协调发展,推进交通运输创新驱动发展,推动交通运输绿色低碳转型,加强交通对外开放与交流合作,让人民共享交通运输发展成果,生命至上与安全发展。

《报告》提出了中国推进可持续交通发展的思路:坚持把建设人民满意交通作为推进可持续交通发展的目标,坚持把当好先行作为推进可持续交通发展的定位,坚持把新发展理念作为推进可持续交通发展的引领,坚持把改革开放作为推进可持续交通发展的动力,坚持把创新驱动作为推进可持续交通发展的支撑。其中,在第六章提到了推动城市公共交通优先发展、不断丰富多样化出行选择、打造无障碍出行服务环境等与城市交通相关的内容。

2021 年中共中央、国务院印发的《国家综合立体交通网规划纲要》中提出,到 2035 年,基本建成便捷顺畅、经济高效、绿色集约、智能先进、安全可靠的现代化高质量国家综合立体交通网的目标。这也应该是城市交通体系建设的目标和方向。

综合来看,促进城市交通的可持续发展,应该注意下列问题:①进行合理的城市布局与可持续发展的城市交通规划;②调整交通政策,优化城市交通结构,不断丰富多样化出行选择;③采用智能先进的高新技术,从交通需求与供给两方面加强管理;④坚持绿色发展,减少和控制交通污染,改善城市环境。

城市道路系统作为城市综合交通体系的基础与骨骼,其规划、建设对综合交通体系的可持续发展起到引导与制约的作用。如何进行城市道路系统的建设与管理以实现交通体系的可持续发展是交通领域研究的一项前沿内容。就目前研究现状看来,城市道路系统建设可通过以下途径进行可持续发展的努力。

1. 支撑"以公共交通为导向的发展"与城市再开发的城市道路系统

众所周知,公共交通载客多,占地少,同样的客运量公共交通所需道路面积是其他交通方式的几分之一甚至几十分之一,而且同样条件下公共交通人均能源耗费小,环境污染少。城市道路系统的规划和建设中应该充分考虑其对于"以公共交通为导向的发展"(Transit-Oriented Development,TOD)的支持。为此,还需要合理的土地利用形态来配合。

合理规划城市土地利用形态与城市道路系统,为公共交通方式提供更多、更有效的空间,把每个车站设置于 TOD 社区中心,并与商业、零售等功能相结合,以便于居民步行到达,并附以一些诸如限制停车车位数量的相关措施,这是从居民出行方面促进综合交通体系可持续发展的有效手段。

我国的一些大城市道路及交通都遵循以人为本的原则,在建设一个立体化、功能合理的以快速主干道为骨架的道路系统的同时,建成一个以快速轨道等大运量交通为骨架,以地面汽车、电车为基础,能与道路系统良好衔接,具有便利换乘设施的城市公共交通系统,以达到便捷迅速、安全高效的目的,从而有助于生态化城市人居环境的实现,最终实现交通运输系统的可持续发展。

如前所述,我国改革开放以来,以土地开发利用为保障,使经济得到快速发展的同时加快了城市化的进程。但在发展过程中出现了土地过度开发导致城市结构不合理等问题,过多的人口居住生活在高密度、高容积率的城市化地区,导致了城市的交通拥堵、环境恶化、事故高发等一系列不可持续发展的交通问题。可以预见城市再开发(又称城市更新、城市再生)将成为今后一个时期城市建设的主要任务。利用城市再生的机遇,围绕轨道交通建设,可加强站点周边的土地利用开发强度,调整城市的人口密度分布向疏密合理的方向发展,为更多的城市居民提供更加高效、便捷的公共交通系统,实现真正意义上的TOD,实现“公交城市”建设的基本目标。

2. 重视步行和自行车的作用

步行与自行车几乎是不消耗能源也不污染环境的出行方式,被称为“绿色出行”方式,其作用不应忽视。第九章第四节中已经从规划设计角度对行人和自行车等非机动车的空间进行了论述。

在欧洲国家,由于在道路规划及土地利用方面比较重视步行与自行车的作用,因此,其占总出行比例较高。在道路设施方面,特别要注意满足行人与自行车交通的安全与舒适度的要求。规划设计中,特别要考虑,在步行道、自行车道与机动车道交叉处,或者在接近停车场的地方行人与非机动车的安全。交叉路口信号设施、无障碍设施、自行车停车场停车设施等均需要仔细推敲。同时,无论是步行道还是自行车道,都要考虑沿线的视觉效果。有时也可以与绿地系统结合,提供良好的景观。公交站点不宜距离社区居民太远,否则可能令出行者倾向于选择机动车出行。

中国曾经是个自行车大国,应该在改善交通服务质量的同时,继续合理地引导和促进步行和自行车方式的合理使用。

2012年9月,住房和城乡建设部、国家发改委、财政部联合发布《关于加强城市步行和自行车交通系统建设的指导意见》,以促进城市交通领域节能减排,加快城市交通发展模式转变,预防和缓解城市交通拥堵,降低城市空气污染。该《意见》明确指出:大城市、特大城市发展步行和自行车交通,重点解决中短距离和与公共交通的接驳换乘;中小城市要将步行和自行车交通作为主要的交通方式予以重点发展,并且提出了“到2015年,城市步行和自行车出行环境明显改善,分担率逐步提高”“市区人口在1000万以上的城市,步行和自行车出行分担率达到45%以上;其余城市,步行和自行车分担率不低于50%~70%”。为保障城市步行和自行车交通空间,提升步行和自行车交通出行安全与品质,科学利用空间资源,住房和城乡建设部发布自2021年10月1日起实施的《城市步行和自行车交通系统规划标准》(GB/T 51439—2021),强调城市步行和自行车交通系统规划设计应坚持以人为本、因地制宜、畅通舒适、安全可达、环境友好的基本原则。在人民生活水平日益提高,汽车化快速发展的背景下,以上量化目标的达成无疑是困难的。但很多城市都在进行着不懈的努力。例如,北京市建成了全长6.5km的首条拥有独立路权的自行车专用路,道路开通后,从昌平回龙观到上地地区的骑行时间大大缩短,骑行体验也较过去有了较大改善。自2019年5月31日开通至2020年12月9日,其累计通勤辆次超过260万,日均骑行量在4600辆次左右。但是应该注意到,自行车的使用是有季节性、区域性差异的。例如,山地城市就不适合于自行车的骑行,寒冷地区冬季也不适合自行车的骑行,必须考虑这些差异性,实事求是地进行当地的自行车系统规划设计与建设。

近年来,共享单车作为一种独特的交通方式出现,客观上为城市居民出行提供了一个可行的选择,提供了方便。但是应该看到,共享单车是一种基于巨大的车辆供给及满足有限的出行需求的交通工具,在提供出行便利的同时,大量的自行车放置在本来道路空间资源有限的城市化地区,且长期得不到有效使用,自然就成了行人步行甚至是汽车行驶的障碍。共享单车的经济合理性需要进一步研究,共享单车的管理需要加强。

3. 交通系统的信息化与数字化

基于我国城市交通发展现状和未来的发展目标,除了应当继续加强基础设施建设以外,还必须积极探索新的途径和方式,最大限度地发挥已有设施的能力。

"十四五"规划纲要的第五篇中提出,加快数字化发展,建设数字中国。数字经济是指以使用数字化的知识和信息为关键生产要素,以现代化信息网络为重要载体,以信息通信技术的有效使用为效率提升和经济结构优化的重要推动力的一系列经济活动。

信息化侧重业务信息的搭建与管理,将企业已形成的相关信息,通过记录的各种信息资源,涉及各个环节业务的结果与管控。数字化侧重产品领域的对象资源的形成与调用,基于信息化技术所提供的支持和能力,让业务和技术真正产生交互,改变传统的商业运作模式。

在"十四五"规划的数字化应用场景中,首先谈到了智能交通,具体内容为发展自动驾驶和车路协同的出行服务,推广公路智能管理、交通信号联动、公交优先控制。

当前,国际上有关 ITS 的研究(将在下一节内容具体讲到),为城市交通系统的可持续发展提供了新的契机。ITS 是将先进的信息技术、数据通信技术、电子控制技术以及计算机处理技术等有效地综合运用于整个交通管理体系,把人、车、路等有机地结合起来,让城市交通系统发挥出最大的功效。ITS 是一种由先进的运输管理系统、先进的交通信息系统、先进的车辆控制系统、先进的公共交通系统、营运车辆系统、自动高速公路系统等组成的,具有大范围、全方位发挥作用和实时、准确、高效的综合特性的系统。发展 ITS,借助于各种先进手段和设备,提高交通效率、保障交通安全,充分利用已有交通设施,实现交通运输的集约化发展,实现 TDM,依靠科技进步解决城市交通系统的可持续发展问题,这也是向先进的城市交通系统发展的必经之路。

信息化、数字化是 ITS 实现的基础,其中信息化的实现需要有完整的信息平台作为支撑。交通系统的信息化是实现城市交通系统的可持续发展的有利途径之一。近年来,我国在信息化方面取得了很大的进步,在道路交通领域,用于信息获取的以视频为主的各类设备、传感器得到普及,信息获取不再成为主要的障碍。但是应该指出,信息公开、信息共享中的各种问题依然是实现我国交通系统信息化的主要障碍。另外,如滴滴出行、高德地图等民间企业通过为市民提供出行服务,获取了用户以隐私为代价的大量出行信息,并将这些信息用于提供更加精准的出行服务信息和更高质量的服务。因此需要注意个人隐私以及涉及国家安全的信息等的安全与保护问题。

精准大量的与交通相关信息的有效使用,可以为科研部门提供研究素材,可以为规划设计部门提供基础数据,可以为政府部门提供决策依据。

总之,交通信息的公开、共享需要进一步加强,利用有效的信息可以促进我国城市交通的健康发展。

第二节 城市再生与道路建设及改良的案例

几十年来,随着工业、农业、科技的发展,生活质量不断提高,世界各国的人口正在逐渐增长。同时,经济发展加速了城市化进程,城市人口的比例在迅速增加。

一般情况下,世界大城市的发展都经过其生命期的四个基本阶段:第一个阶段为城市形成阶段,中心区出现并得到发展。第二个阶段为城市发展阶段,随着城市人口增加、社会经济等的发展,城市由中心区向四周的郊外扩展。第三个阶段为卫星城的出现与市中心的衰退阶段,当城市扩展到一定规模,市中心的土地价格高、居住环境条件降低,收入较高的市民阶层则把住宅移动到土地价格低廉、居住环境优越的郊外。人们住得离市中心越来越远,放射道路上的交通随之增加,从而导致在现有大城市活动范围内各自独立的卫星城镇的出现,同时带来的是中心区的衰退。第二次世界大战结束后的20年间,这种卫星城镇比较多地出现在一些大城市。第四个阶段为城市中心的复兴阶段。卫星城的布局呈现出一些弊端,因此被多中心的城市结构取代,城市中心开始复兴,建设有较多独立的城市群,各自有自己的中心,它们与市中心之间以及彼此之间有快速的道路设施和城市轨道相互连接,从而使城市中的各项活动更加便捷。组团式的城市结构在世界一些大城市获得成功,得到了普遍的认可。

在我国,很多城市仍然处于城市发展阶段,这些城市的扩张已经发展到一些程度,但仍旧处于单中心结构,市中心及通往中心的道路白天处于人潮拥挤、交通拥堵以及环境恶劣的状态下,城市结构急需城市规划和交通规划的引导与改善。还有一些城市仍处于发展的第三个阶段(卫星城镇阶段),需要相应的城市规划及道路新建与改善来过渡到第四个阶段。在这样的情况下,对于城市的再生和可持续发展,合理的城市规划和相应的城市道路规划与道路建设及改良就显得尤为重要。

事实上,我国近年来陆续出现了一些城市改造的案例。例如,成都市金牛区的$2km^2$的城市公园簇群,即金牛区天府文化景观轴丝路云锦美空间(简称“天府丝路云锦”)。这$2km^2$面积地处市中心地带,原有城市快速干道经过,市政府投资4.1亿元人民币,将城市主干道改造到地下,把地面的空间打造为市民服务的公园绿地,使城市景观和环境大为改观。这种理念和方法与波士顿的城市大改造一脉相通。本节将以美国波士顿的大开挖(Big Dig)工程与韩国首尔的清溪川复原工程为例,分析城市中心再生与道路建设及改良的关系,提供如何通过道路改建实现城市再生的新思路。

1. 美国波士顿的大开挖工程(Big Dig)

美国波士顿“大开挖”(Big Dig)工程可以说是当时世界上最为雄心勃勃的隧道工程,2002年6月时总的项目费已经高达144.75亿美元。

Big Dig号称美国历史上最大的土木工程项目。其官方名称为波士顿中心干道/隧道工程(The Central Artery/ The Third Harbor Tunnel Project, CA/T Project)。该项目全长为12.5km,其中包括了把穿越波士顿市中心的长约2.5km的高架高速道路I-93号线(CA)埋入地下,将其上部作为开放空间的工程,以及I-90号线的一部分海底隧道工程。该项目以改善交通拥堵和改善地域环境为共同目的,但在其背后还有一个回复过去美好时代的城市风貌的最主要的目的。

波士顿是美国历史最为悠久的港口城市,有着辉煌的历史,美国的独立战争就起源于此地。波士顿的城区面积狭小,但是在有限的面积上洲际道路I-93号线却穿城而过。I-93原有的6车道高架路通过市中心(图17-1),每天的交通量高达19万辆,波士顿市内每年由于交通堵塞而造成的直接损失达5亿美元,交通事故数量也是州际公路平均值的4倍,而且随之而来的大气污染和噪声污染也越来越严重。为了提高城市的地位,改善城市的交通环境,波士顿政府早在1982年制定了把高速道路市区路段采用隧道方式埋入地下规划(图17-2),并开始了调查。隧道建成以后,不仅可以把高架路上的交通量转入地下,并且为波士顿创造 0.61km^2 以上的城市公园和开阔空间,整个城市一氧化碳的排放水平预计可以减少 12% 左右。

图 17-1 I-93 号线穿越波士顿市中心

图 17-2 将 I-93 号线穿越波士顿市中心部分埋入地下效果图

Big Dig 的总费用大大地超过了当初规划时 32 亿美元的预算,自然也引起了人们的种种议论。但是,该项目有着巨大的效果。其直接效果是:①恢复平滑的城市交通;②创造出高质量的城市空间。其波及效果是:①引导城市再开发;②增加作为旅游城市的魅力;③进行产业积累,增加就业机会,利用房地产价值的上涨增加税收,提高波士顿城市的竞争力等。

拆除部分已有的城市高架路,并将其埋入地下,充分利用地下空间,这种做法虽然耗资巨大,但是可以减缓城市发展空间日益紧张的问题,促进城市土地的高效利用并达到改善城市环境和提高城市竞争力的目的。重新建设的城市原有道路空间将给城市带来新的发展空间,引导大型城市中心区的复兴与多副中心结构的合理形成。

在超过预定工期 5 年后,“大开挖”工程于 2007 年年底竣工。尽管人们对这个大开挖工程评价不一,由于其耗资巨大、工程质量问题较多、过程中还出现腐败等问题,有人甚至称其为“美国市政工程建设历史上最大的败笔”。但总的来说“主干道/第三期海港隧道工程”的建成对波士顿居民意味着希望。位于老高架道路下的昏暗停车场被公园取代,被高架遮住光线的建筑也得以重见天日,近半个世纪来,波士顿市民终于可以第一次轻松地从市政厅走到港口,而不用在高架公路下徘徊。有调查显示,隧道建成后,穿越波士顿城的平均时间将从将近 20min,缩短为不到 3min。

2. 韩国首尔的清溪川复原工程

首尔是韩国的首都,2005 年之前名为汉城。清溪川是流经首尔市中心区、横贯城市东西的人工河道,发挥着重要的城市排水作用。数百年来,清溪川是首尔的历史、文化和市民生活不可缺少的一部分。它见证了首尔的城市发展史。战后,经济和人口迅速增长,快速城市化的影响使清溪川不堪重负,成为垃圾覆盖、污水横流和贫民窟聚集的地方。环境的恶化和城市中心区日益紧张的交通压力,使得政府下决心从 1955 起开始了清溪川的覆盖工程,并在加盖后的清溪川上修建高架路,工程历时 20 年,成为穿越城市中心的主要交通动脉,进而道路沿线演变为以电子、机械工具、印刷及服装为主的城市工业及服务业中心。

进入 21 世纪,清溪川的荒废已经有 40 年余历史。首尔市中心区的环境及发展也被这座穿越城市东西的高架路及带来的大量交通所破坏,导致整个城市的发展都被制约,而且年久失修的高架路给市民的城市生活带来安全隐患。首尔城市规划部门开始重新审视城市发展轨迹，在2003年启动了清溪川复原工程，计划两年内将高架路拆除，重新打开河道并进行景观建设，使清溪川再生成为人们享受自然的去处，从而带动城市中心区的再生。

对于这样的规划方案曾经有过争议。有人怀疑：原有横贯城市中心16车道的交通主动脉，减为上下各两条车道的河边辅路，是否会对城市交通带来负面影响？如此巨大的投资是否值得？但是，就城市中心的作用而言，城市中心没有必要承担对外交通，没有必要发挥通道作用，而原有高架路不仅承担了城市交通，还由于与外部连接的便捷引来过境交通，实际上却阻碍着城市中心的发展。在项目开始之前，韩国首尔市政府重新组织了公共交通系统，鼓励使用公共交通，并采取措施均匀分配交通流量，以提高效率，推出更多的路中央式公交专用道，增加单行线，开辟替代线路以缓解过境交通和进城问题。2004年7月1日首尔对公共交通系统进行重组，开通了8条放射方向的公交专用道，在很大程度上提高了公共交通的服务水平，增加了效用。通过上述措施并加强宣传与引导，达到减少清溪川沿线交通流量的目的。

清溪川复原工程将使清溪川成为“具有自然美景的城市河道”，对提升首尔居民生活质量和建设环境友好的城市中心具有推动作用，将成为利用道路改建实现城市生态恢复和城市再生管理的范例。

第三节　智能交通在城市道路体系中的功能和应用

1. 智能交通的产生及现状

随着世界范围城市化的进展和汽车的普及，不论是在发展中国家还是在发达国家，交通拥堵加剧、交通事故频繁、环境恶化等问题日趋严重。由于交通拥堵引起的总体资源浪费、排放物对道路沿线环境的污染、地球温室效应等社会成本更是难于估量。各国曾经尝试解决交通问题最直接的途径——修建道路，美国、英国、日本等发达国家也曾大力建设道路基础设施。但是在大量能源、土地资源消耗的同时，不但交通需求没有完全得到满足，而且诱发了对于潜在的需求，由于道路拥堵造成的汽车尾气排放量剧增，环境问题加剧。这说明对于交通发展，尤其对于城市而言，可供修建道路的空间和资源是有限的，并且由于交通系统是一个庞大的复杂系统，因而从车辆或道路单方面考虑，都很难从根本上解决问题。

20世纪80年代后期，由于世界冷战结束，大量军事高科技转向民用，信息产业应运而生，为解决交通问题带来了新的思路——一个旨在将先进的信息技术、数据通信技术、电子控制技术及计算机处理技术等综合、有效地应用于地面交通体系，从而建立起一种大范围、全方位发挥作用的，实时、准确、高效的ITS的概念便产生了。智能交通进入20世纪90年代以来得到飞速发展，国际智能交通领域已形成美国、欧洲和日本三强鼎立的局面，制定了各自的标准，形成了各自的ITS系统。我国也在20世纪90年代开始研究，2000年国家科技部组织交通部、铁道部、公安部、建设部、国家技术监督局等有关部门联合组建了城市ITS。2014年国家发展改革委员会等8部委联合发布《关于促进智慧城市健康发展的指导意见》，将智能交通作为今后十大智能项目建设之一。2019年中共中央、国务院印发《交通强国建设纲要》，提出大力发展智能交通，推动大数据、互联网、人工智能、区块链、超级计算等新技术与交通行业深度融合。目前智能交通在中国正在得到迅猛的发展。

2. 智能交通在城市道路体系中的应用

ITS 中各个子系统在不同国家地区的研发与运行在定义与具体内容上有所区别。按美国的分类体系,ITS 在城市道路体系中的应用分为以下几个方面。

(1)先进的交通管理系统

先进的交通管理系统(Advanced Traffic Management System,ATMS)是整个城市交通管理体系的核心,用于道路交通的监测、控制、决策和管理,在道路、车辆和驾驶员之间提供实时的信息。ATMS 的构成包括:以视频信号采集和激光、微波传感器为主的交通信息采集系统,以大型可变情报板、交通广播和车载信息系统为特色的信息发布系统,以大型背投式显示系统为核心的交通控制中心以及以光缆为主体配以专用短程通信的信息传输系统,以及带有人工智能特色的软件系统。

(2)先进的出行者信息系统

先进的出行者信息系统(Advanced Traveler Information System,ATIS)是一种基于社会化费用最小理论的城市道路交通需求管理模式,以个体出行者为服务对象,通过车载导航系统(Car Navigation) 为出行者提供路径信息,使出行者能够及时了解路网情况,并根据路网和辅助决策信息进行快速反应,在与控制中心的双向信息传递中始终处于最短路径或者预期一般社会化费用最小的出行路径上。ATIS 的使用可以缩短行车时间,降低燃油消耗和减少废气排放,使交通拥堵状况得到缓解,提高了对道路网络交通流进行实时控制的效率。

(3)先进的汽车控制系统

先进的汽车控制系统(Advanced Vehicle Control System,AVCS)是辅助驾驶员进行车辆控制、确保行驶安全高效的技术体系,包括对驾驶员的警告和帮助以及躲避障碍物等自动驾驶功能。AVCS 不仅可以极大地降低道路交通事故的发生概率以及事故对交通流的影响,提高城市道路交通管理系统的连续性;还可以对行驶中的潜在危险实行预先警告,在一定程度上降低道路交通流的平均车头时距,从而提高整个交通网络容量,缓解供需矛盾。

(4)运营车辆调度管理系统

运营车辆调度管理系统(Commercial Vehicle Operation,CVO)是运用 IVHS 技术(如车辆自动识别技术、车辆自动定位技术、车辆自动分类技术等)实现车辆综合管理的调度系统。CVO 的实施,可以改进对突发事件的反应处理能力,从根本上加强城市道路交通管理体系对信息化下客运一体化和货运物流化的适应性。

(5)先进的公共交通系统

先进的公共交通系统(Advanced Public Transportation System,APTS)通过 ITS 对公共汽车、轨道交通以及多人共乘车辆等进行集成,实现多种方式联运,可以提高公共交通的运营效率和公共交通的竞争力,有助于在城市道路交通管理体系中有效实施公交优先的发展战略。

(6)先进的城市间运输系统

先进的城市间运输系统(Advanced Rural Transportation System,ARTS)包括交通事故预警系统、事故地点快速检测系统、紧急事件处理系统等,其核心功能就是实现城市道路交通和城市间运输系统之间的连接和综合,在城市群落的整体范围(经济影响范围和交通影响范围)体现城市交通管理体系的集成效用。

日本也是 ITS 发展较早且成效显著的国家。日本的 ITS 分为 9 个部分:①车辆导航系统的高度化;②ETC;③安全驾驶支援系统;④优化交通管理;⑤道路管理的效率化;⑥公共交通支援系统；⑦商业车辆的效率化；⑧支援步行者等交通弱势群体；⑨支援近畿车辆的运行。日本于1999年6月发布了《为实现智慧公路的提议》，第一次提出车路协同型智慧公路概念。智慧公路（Smartway）由能够实现多种多样ITS服务的共同基盘（Platform）上统合了各种先进的智能交通技术的新一代公路。2004年8月，发布了《将ITS推进到第二阶段的提议》，推出智慧公路的具体内容和目标。要求把已经实现了的各种ITS服务整合成一个综合ITS，2007年实现了智慧公路公开实验，2009年开始智慧公路正式营运，2011年开始全国推广。为此，日本将车辆导航系统、VICS、ETC整合成ETC2.0以及各种车载器统一为ITS车载器。

3. 我国城市ITS的发展中的问题

尽管ITS无法彻底解决城市交通问题，但有助于缓解城市道路的交通拥堵，提高道路交通的安全性，改善道路交通带来的环境问题。毫无疑问，发展ITS是解决我国城市交通问题的一个有力手段，现阶段应该注意在我国ITS的开发和应用必须与基础设施相适应，并与建设同步。

首先，交通设施自身及其服务水平不足是我国一般城市共有的问题，因此道路建设不应放松。但是交通基础设施建设周期长、投资大。在现有财力和投资状况下，交通基础设计的建设速度无法满足迅速发展的交通需求。同时，由于城市土地资源有限，交通基础设施建设也会受到城市资源与环境的制约。实现了科学的交通管理，现有路网的利用效率也会大大提高，交通拥堵会得到相当程度的缓解。我国的交通管理（控制）系统与发达国家的构成基本相同，只是我国交通的构成（如机动车、非机动车、行人等）与发达国家有很大的不同，我国的文化背景和交通行为与发达国家的差别很大，在系统和软件的设计上与发达国家有较大的区别。在我国，如何实现交通基础设施和智能交通技术的共同建设，如何制订我国自己的ITS标准，引进国外先进的ITS技术，并研发、推广适合我国城市交通特点的技术体系是我国ITS研究的一个前沿内容。

2016年国务院发布的《国家中长期科学和技术发展规划纲要（2006—2020年）》指出，在2015—2020年期间，智能交通给相关行业带来的商机将超过1000亿元。其中，电子警察、视频传输和视频监控系统约占40%，车载GPS约占35%，其他约占25%。

但是，总体上我国智能交通的发展一直不够顺畅，存在很多亟待解决的问题。在ITS规划过程中，需要搞清楚问题，才能有针对性地反映在规划中，加以解决。

总体上说，ITS是一个高投入、低产出的系统，初期投资巨大，后期维护维修投入仍然巨大，同时，因为电子信息技术设备更新换代非常快，所以升级改造必不可少。而我们追求的效益（包括缓解拥堵、提升安全以及改善环境的效益），似乎也没有那么大，CBA的结果很可能是无法达到投资标准。智能交通的产业化势在必行，因此需要对ITS的问题做深入的分析，解决瓶颈问题，发掘应用领域十分重要。

访谈交通运输部相关人士等，就我国ITS发展状况进行交流与探讨，从中可以总结出以下与政策相关的问题：

（1）我国ITS的产业格局较复杂。我国ITS研发部门主要有国家部委（包括科学技术部、交通运输部、公安部）、智能交通企业（包括IT企业与路桥企业等）、高校（包括自动化工程、交通工程、软件工程专业等）。其中，科学技术部、IT企业与自动化工程专业主要参与高新技术研发与应用方面，交通运输部、路桥企业、交通工程专业主要参与基础设施建设、交通规划等方面。可以看出，我国ITS产业格局比较复杂，没有高层面的统一管理、组织，信息共享难度较大。

(2)我国ITS主要用于满足交通管理需求。我国最初生产的ITS产品是执法摄像头和感应线圈,是为提升管理者执法效率而引入的。随着交通拥堵加剧,信号灯、信息板、GPS等才渐渐被重视起来。但目前市场占有率最大的仍然是电子警察,足见ITS倾向于管理者的使用。

(3)我国ITS中机动车份额较少。无论是从交通工程中"人、车、路"三者结合的理念,还是从智能交通所面向的主要交通工具来看,机动车都十分关键。作为交通领域的重要组成部分,机动车应当在ITS中占有重要份额,但是与国外机动车厂商相比,国内机动车厂商仍停留在传统机动车设计与制造之中,即使是国外厂商,在中国环境下,车辆与ITS的结合仍然不足。

(4)我国ITS应用领域比较狭窄。从现阶段我国ITS应用领域来看,其核心是对机动车的引导,包括辅助交通管理者对交通监管,辅助信号灯对交通流进行控制、对机动车的辅助控制等。可知,目前ITS绝大部分是针对汽车的,也就是说,除了汽车,ITS对其他交通方式的贡献和帮助均较小;对于城市中主要通勤方式,公交车、地铁及自行车,ITS的投入更显不足。

(5)我国ITS主要是提供高端信息。除对管理者的倾向外,ITS主要面对的是机动车驾驶员。对于非机动车或行人尚无针对性的产品,而高端用户所应用的产品与获得信息的能力显然多于低端用户。

(6)ITS缺少在经济手段方面的应用空间。城市化和汽车化快速发展,我国大中城市均出现了不同程度的交通问题。经济手段则是缓解交通问题的有效方法之一。ITS从技术上可以支撑经济手段的实施。由于经济手段实现的障碍较大,似乎也一定程度上影响了ITS发展。

4. 我国ITS发展的瓶颈

结合调查研究,我国ITS发展的瓶颈可分为理念瓶颈、制度瓶颈和技术瓶颈三大类。综合来看,理念瓶颈对于ITS发展制约似乎更为严重。

1)理念瓶颈

理念瓶颈主要体现在以下几方面:

(1)ITS应用重点集中在管理层面,忽视了使用者层面。现有的ITS发展和建设主要是为了满足管理者需求,缺乏对用户需求考虑。例如,在解决交通拥堵问题上,缺乏量化指标。电子警察、视频监控仍然占据大部分的投资份额。

(2)对于ITS关键发展方向没有明确。从广义来说,ITS是将信息、控制、检测技术在运输系统中进行集合的统称。从狭义上来说,以人作为主体,以人、车、路三者结合为根本,是ITS发展的基础。只有立足于车路一体化,以人作为对象,才能确保ITS的长远良性发展。

(3)基础设施建设不仅包含设施实体建设,还包含信息资源基础建设。我国企业虽具有进行交通信息服务方面的动力,但基础信息资源建设超出了企业自身能力,政府部门对于信息资源基础建设缺乏动力与具体规划,造成了目前有基础设施而无基础信息的局面。

2)制度瓶颈

制度瓶颈主要体现在以下几方面:

(1)缺乏完善的国家标准。我国在ITS标准确立上进展十分缓慢。ITS标准来源于对理念、技术、产业等方面的深入了解,也将指明我国ITS的发展方向。现今我国ITS标准完成度仍然较低,我国ITS发展也因此失去了目标与方向。ITS相关标准的不完善与不明确化严重阻碍了民间企业的市场参与。

(2)缺少一个高层次引导我国ITS发展的中心。我们还没有一个全面引导我国ITS发展的中心,参与ITS的政府部门、高校、企业缺乏统一的领导和组织,处于"跑马圈地"的状态,让ITS的信息与技术无法共享,同一地区不同部门或是不同地区的ITS也无法共享一个平台。ETC因无法全国联网,造成利用率不高,使ETC收益相对减少,不利于交通外部性的内部化。

3)技术瓶颈

由调研和分析可见,"车路一体化"也是ITS的趋势,其对于技术要求较高,较之前的ITS效果更好,ITS发展较快的几个国家和地区也在2005年左右开始发展车路一体化计划。"车路一体化"技术要求的主要技术包括短程无线通信技术、车辆运行态势精确检测技术、基础设施及环境性能检测技术、辅助驾驶技术和新一代交通控制系统等。

5.我国ITS发展策略建议

针对上述瓶颈,可以提出以下我国ITS发展策略建议。

1)用户策略建议

ITS服务目标应从面向交通管理者转变为面向交通参与者。我国处于ITS发展的第一个阶段,技术、产业都比较落后。ITS作为朝阳产业,其发展程度代表着我国在高新技术领域的发展程度。目前,我国正处于高速和高质量发展期,面临的交通问题已不是提高管理水平所能解决的。唯有以用户为本,为用户提供有价值的服务,使用户能够较为便捷地使用ITS,并且对ITS进行反馈,这样才能形成产业化,通过良性循环,使我国ITS有持久的发展动力。

我国人口数量大,对于用户单一的政策并不能解决交通问题。目前,ITS主要面向机动车驾驶者,对于公交车、非机动车、行人等并没有足够的关注,而这类人群对于ITS的需求也是非常大的。因此,我们应当大力发展公共交通的ITS,进一步提高公共交通的运力,缓解交通拥堵。现阶段,ITS需要针对减少城市内部的交通拥堵,增大城市之间道路的安全性而发展。对于非机动车和行人,应当利用ITS进行引导,提高非机动车和行人遵守法规和交通道德的意识,同时提高交叉路口的便捷性和安全性。

2)产业策略建议

(1)确立产业中心。确立ITS产业中心,既有利于各企业间信息共享、相互竞争,又有利于规模较大的企业形成。进一步扶植规模较大的企业,以抗衡国际上在ITS行业比较先进的企业,打破技术的垄断,同时有利于ITS出口。

(2)形成权威主导机构。政府应当组织形成单一的、更高层次的权威主导机构。这种机构一旦建立,其职责不仅是管理和协调ITS的各个环节,而且是为了建立基础信息资源平台,既有利于产业层面的共享与竞争,又有利于实现了技术层面的信息共享与交流。在此基础上,官产学研共同推进的机制才能够形成并稳步发展。标准化推进也应该是主导机构的关键任务之一。

(3)提出可量化的评价机制。目前我国对于ITS的评价手段较少,而且往往只停留在理论层面。首先,应当加强对ITS的评价工作。因ITS有着复杂巨系统的性质,评价指标往往很复杂,可以在不同区域,面对不同用户采用不同的侧重方案,使之有比较明确的导向性,减少评价的难度。其次,应当提升量化指标数量。现今规划往往定性的比较多,难于操作,量化的指标不仅可以让ITS的发展更有针对性,而且可以促进ITS的技术发展。

(4)重大计划带动ITS的发展。根据国际先进经验可以了解到,重大计划对于ITS发展的影响是巨大的,发达国家的诸多计划,如Smartway、IntelliDriveSM等,都取得了技术与产业上的成功。我国缺乏技术与产业共同发展的阶段,应当提出车路协同的重大计划,以带动我国 ITS 的发展。

(5)以标准化带动产业良性发展。加快国家层面对 ITS 标准化建设,完善标准可以使产业在没有后顾之忧的条件下,把人力、资金投入 ITS 产业,促进 ITS 产业的良性快速发展。

第四节　其他与城市道路相关的新技术

城市道路的规划设计、施工建设、管理维护等各个领域都有一些新的动向。本节就其中主要几个相关问题进行简单介绍。交通调查是规划设计的基础,PT 调查等常规的调查方法,但耗资大、耗时长,因此低成本、高精度的调查方法的开发和应用以及高科技信息技术、仪器在调查中的作用变得越来越重要。随着道路资产的不断增多,道路的养护维修变得十分重要。道路资产养护是近年来新兴的研究领域。养护维修的依据是对路面使用状况掌握,因此,道路检测技术也变得十分重要。另外,随着 ITS 的不断发展,信息采集技术变得十分重要。本节将重点介绍这些方面的技术。

1. 交通调查与信息采集技术的新动向

传统的交通调查的方法将主要是通过问卷调查把握平日一天中的交通情况,将其作为平均化的交通实际状态。其中,大规模实施的调查方法是 PT 调查,但是 PT 调查的调查规模和问卷调查的内容庞大,对于调查者与被调查者来说都是一个沉重的负担。

随着社会经济形势的变化,老龄化社会的到来与投资能力的限制,全球规模的环境问题的加重,通过 ITS 以及 TDM 等手段充分发掘既有设施的潜力等新的措施逐渐得到实施,与这些措施的实施相对应的规划制定以及效果评价等所需要的交通数据,与过去的结果相比要求更为精细。

在此背景下,交通实际状态调查中,近年来高科技信息技术、仪器,特别是移动通信系统等受到重视,并得到应用。这些技术包括线圈检测、地磁检测、微波检测、红外检测、视频检测等。

检测器是获取交通参数的重要手段,种类繁多。调查时,可以通过比较分析,针对具体情况从中做出选择。常用的检测器包括:

①电感线圈检测器。电感线圈检测器是传统环形线圈检测器。它由于成本低、可靠性高、检测精度较高仍被普遍采用。通过进一步研究以及利用先进的计算机软件技术,单环线圈也可以检测车流量、占有率、饱和度、车辆种类,使得传统技术得到较大进步。

②微波交通检测器。微波交通检测器(Microwave Traffic Detection,MTD)是利用雷达线性调频技术原理,对路面发射微波,通过对回波信号进行高速、实时的数字化处理分析,检测车流量、占有率、速度和车型等交通流基本信息的非接触式交通检测器。MTD 主要应用交通流量观测站的交通参数采集。MTD 通过感知目标的位置和所测试到的范围,从而推算出车流量、道路占有率、速度和车型等实时信息,并定时将包含每条车道上车辆的数据传输到控制中心。

③视频检测器。视频检测器是通过分析摄像机视频交通图像来获得各种道路车辆交通数据和状态信息。该设备可以直观地在显示器上将需要分析的视频图像设置为多个监测区域,并且可以矫正由于安装问题而带来的纵向误差或横向误差。

现在,在视频检测器技术的基础上开发了车牌识别技术,为衡量城市交通状况的一项重要指标——行程时间提供了方便。其原理是在路段上间隔布置两个检测节点，当两个节点监测到同一车牌时，即可通过两节点的间距和该车分别通过两节点的时刻计算出该车通过该段路程的时间及行车车速。

这些技术的功能特点如下：

(1)不同的检测器有其不同的特长，各种检测器检测到的交通控制参数不同。需要根据设置目的选取使用。电感线圈可检测到车流量、占有率。MTD可检测到车流量、占有率、车辆速度、停车等待时间、车辆类型、路口拥堵状况、压线驶来车辆。视频检测器在微波检测的基础上还能进行车辆颜色、特定违章、交通事件的检测。

(2)各种检测器的检测精确度不同。电感线圈对车辆的计数非常精确，一般大于90%；对140km/h的车辆行驶速度检测误差小于5%。MTD对车流量、占有率误差小于6%；车速检测误差小于10%。视频检测器对车流量、占有量、车辆类型、车间距、交通流密度、通过时间检测误差小于5%；车速、交通事件检测误差小于10%。

(3)安装和可维护性不同。电感线圈安装比较复杂，需要破坏路面进行施工，安装或更换线圈时需要停止交通。因此，为节约施工经费，少量线圈发生故障时一般不进行维修，等多个线圈失效才进行一次性更换。MTD安装在道路侧方5m左右高处，不影响正常交通。有一种称为远程交通微波传感器的检测器，具有安装简单、便于维护、高可靠性和易于快速更换的特点。视频检测器侧向或正向安装，安装简便，也不影响交通；故障处理简单，恢复快速，并易于扩展。

(4)设备经济性也有所不同。电感线圈价格较低，但是路面质量好坏直接影响其使用寿命。路政改造也易造成线圈破坏，所以长远看来该技术投资较高。相对而言其他两项技术成本适中，维修改造容易，长期投资较少。

检测线圈等技术在美国得到了广泛应用，在我国的使用也很普遍。但是由于损坏率极高，使用效果并不好。日本一开始就没有使用线圈和地磁检测器，直接使用了红外检测和微波检测器，成本虽高，但便于维护，损坏率低。因此，建议今后应以视频、红外、微波等检测器为主。

此外，针对以往调查中的问题，在调查策略，调查方法论等软的方面还有很多新的进展。

2.道路资产管理与道路检测新技术

道路是具有许多使用目的的公共设施，在阳光照射，严峻气候条件等的影响下，经过车辆的反复加载，会发生老化、破坏。道路功能也会“老化”，难以为现在的交通需求服务。道路资产管理的目的在于发现问题，及时进行养护修缮以及功能改良。

路面的破坏是导致交通事故发生的原因，同时引起噪声、振动、道路通行性能降低，造成经济损失，一旦发生事故，道路管理者应负责任。随着道路里程的增加，道路的养护管理费用会迅速增加。养护管理措施分为两类：①以预防为主的事先的措施。去除造成道路缺陷、破损的原因，加以预防；②早期发现，把影响控制到最小。尽可能早地发现缺陷、破损，及时采取必要措施，进行养护、修缮。

2022年4月，交通运输部印发了《“十四五”公路养护管理发展纲要》，推动公路养护管理高质量发展，各省(区、市)积极推动公路养护维修“四新”技术的发展。“四新”技术即新技术、新材料、新工艺和新设备。具体如下：

(1)在新技术方面，精细化同步碎石封层技术具有施工工艺简单、节省原材料、开放交通时间短等优点，在各地应用广泛，仅在2021年度工程应用累积已超100km。与沥青面层摊铺相比，其摊铺速度提高50%~70%，防水性能良好，能有效延长路面使用寿命。同时，节约资金比例为40% ~60%,应用前景广阔,推广价值较高。

(2)在新材料方面,一种蓄盐量大、高温防水性能好、低温长期缓释融雪盐的功能集料被推广用于自融雪沥青路面的除冰雪技术中,实现沥青路面自融雪功能的长效性,降低冬季交通事故发生率,提高了冬季道路的运营效益和通行能力,蓄盐除冰雪路面的铺设社会效益重大。

(3)在新工艺方面,针对桥梁养护改造项目,推广了碳纤维布粘贴处治裂缝、P形锚具施工工艺,两种新工艺分别被应用于梁底裂缝修复和旧桥拆除中。该类新工艺在桥梁的养护效果、服役年限、施工效率、施工难度等方面的效果理想,且实用推广性较强,在市内多个大桥、新桥的修复整治项目中应用推广,得到了较好反响。

(4)在新设备方面,在危桥整治项目中引进了多功能钻机、水磨钻等设备,分别适用于加固地基防渗止水和作业面狭小的桩基开挖。新设备的引入有效破解了项目施工中的技术壁垒,保证了施工的安全,提高了施工的效率和质量。

以上"四新"技术各项工作不仅有"量"的增长,更有"质"的提升,有利于加快推进交通事业可持续发展,建设资源节约型、环境友好型公路交通环境。

此外,道路路面检测技术也是研究的重要方向。清华大学交通研究所自主开发的具有国际领先水平的一体化道路与机场巡检车,基于三维检测技术,可同时进行路面损坏、车辙、平整度、纹理、道路景观等项目的检测,在此基础上发展的道路基础设施建模与仿真技术已经应用在道路基础设施管理平台建设上,为设施性能的精准预测和网络级的设施管理优化决策提供基础。

道路资产管理与道路建设一样需要进行规划。目前,道路资产管理已经成为新的研究方向。

3. 交通管理和交通安全技术

交通安全管理研究主要包括事故数据的采集与规范性记录方法研究、针对不同道路设施的安全建模研究、公路安全手册研究、事故多发设施判别研究、公路限速研究。交通安全管理研究为不同设施的交通安全管理提供针对性的理论和方法支撑。

道路交通安全干预手段和改善措施主要通过"4E"科学策略实施。"4E"即工程(Engineering)、教育(Education)、执法(Enforcement)和急救(Emergency)。其中,工程是指基于工程设计手段的事故预防及改善,教育主要指以学校和社会为主的驾驶技能与交通安全意识培训,执法是指由交通管理部门依据相关法律法规对交通行为进行监督和管理,急救包括救护运输服务以及紧急医疗救治等。

大量统计数据表明,交通事故发生的主要原因是人因,且主要是驾驶员原因,其比例高达80% ~90%。加强人因研究可以从根源上了解事故的成因,可以采取有效措施防止事故的发生。

老龄化社会引发的老年人安全出行问题,车路协同、自动驾驶、共享出行等新技术新业态的快速涌现可能会带来交通流量、出行方式等方面的较大变化,随着自动驾驶技术的进展,车路协同条件下的事故预防将是一个全新的研究领域。为此,各地积极推动建设智能网联汽车测试道路。例如,仅2021年上海就通过全系统谋划产业发展、全链条打造应用生态和全维度建设发展环境,累计开放615条、1289.83km测试道路(2021年新增372条、729.96km测试道路),可测试场景达到12000个,累计向25家企业、295辆车颁发道路测试和示范应用资质,实现了嘉定新城和临港新片区386区域全域开放测试。

综上,只有针对道路交通复杂系统,采取合理的组合策略,才能最终实现交通安全改善的目标。

参 考 文 献

[1] 新谷洋二.都市交通計画[M].日本,東京都:技報堂出版,2003.
[2] 大城温,小根山裕之,山田俊哉,等.沿道における大気汚染予測に用いる自動車の排出係数について[J].土木技術資料,2000,42(1):60-63.
[3] 汤姆逊 J M.城市布局与交通规划[M].倪文彦,陶吾馨,译.北京:中国建筑工业出版社,1982.
[4] 北京市交通委员会,北京交通发展研究中心.北京交通发展纲要(2004—2020年)[R].北京:北京市人民政府,2005.
[5] 公安部交通管理局.中华人民共和国道路交通事故统计资料汇编[M].北京:公安部交通管理科学研究所,2003.
[6] 刘志强,钱卫东.中美日道路交通安全状况比较分析[J].现代交通技术,2005,2(5):57-60.
[7] 陆化普.解析城市交通[M].北京:中国水利水电出版社,2001.
[8] 贺业钜.中国古代城市规划史[M].北京:中国建筑工业出版社,1996.
[9] 建设部城乡规划司.城市规划决策概论[M].北京:中国建筑工业出版社,2003.
[10] 彭利人,何民,毛海虓,等.我国城市交通发展特征分析[J].北京工业大学学报,2004,30(3):323-328.
[11] 沈玉林.外国城市建设史[M].北京:中国建筑工业出版社,1989.
[12] 宋俊岭.城市的定义和本质[J].北京社会科学,1994(2):108-114.
[13] 文国玮.城市道路与道路系统规划[M].北京:清华大学出版社,2001.
[14] 中华人民共和国住房和城乡建设部.城市综合交通体系规划标准:GB 51328—2018[S].北京:中国建筑工业出版社,2018.
[15] 邹德慈.城市规划导论[M].北京:中国建筑工业出版社,2002.
[16] 刘易斯·芒福德.城市发展史:起源、演变和前景[M].宋峻岭,倪文彦,译.北京:中国建筑工业出版社,2005.
[17] GOLD J R. Athens Charter(CIAM)[M].[S. L.:s. n.],1933.
[18] 北京市人民政府.三条轨道交通新线12月31日开通北京轨道交通运营里程增至727公里[EB/OL].(2022-09-10)[2021-07-20]. http://www.beijing.gov.cn/fuwu/bmfw/jtcx/ggts/202012/t20201231_2190963.html.
[19] 吴建军,高自友,张会君,等.城市交通系统复杂性:复杂网络方法及其应用[M].北京:科学出版社,2010.
[20] 北京交通发展研究院."十四五"时期北京交通发展形势解读[EB/OL].(2022-09-10)[2021-07-20]. https://mp.weixin.qq.com/s/7RlMokkVbCueZYLKL4agQ.
[21] 周钱,陆化普,徐薇.城市居民出行特性比较分析[J].中南公路工程,2007,32(2):145-149.
[22] 曲大义,于仲臣,庄劲松,等.苏州市居民出行特征分析及交通发展对策研究[J].东南大学学报:自然科学版,2001,31(3):118-123.

[23] 景国胜,王波. 广州市居民出行特征变化趋势分析[J]. 华中科技大学学报:城市科学版,2004,21(2):88-92.

[24] 牛凯,田甜,余丽洁. 西安城市发展与居民出行特征变迁分析[C]//2019 世界交通运输大会论文集(下),2019:901-912.

[25] 中华人民共和国住房和城乡建设部. 城市步行和自行车交通系统规划标准:GB/T 51439—2021[S]. 北京:中国城市规划设计研究院,2021.

[26] 李琨浩. 基于共享经济视角下城市共享单车发展对策研究[J]. 城市,2017(3):66-69.

[27] 国务院办公厅. 国务院办公厅转发建设部等部门关于优先发展城市公共交通意见的通知:国办发〔2005〕46 号[A/OL]. (2022-09-10)[2005-09-23]. http://www.gov.cn/gongbao/content/2005/content_92902.html.

[28] 国务院. 国务院关于城市优先发展公共交通的指导意见:国发〔2012〕64 号[A/OL]. (2022-09-10)[2013-01-05]. http://www.gov.cn/zhengce/content/2013-01/05/content_3346.html.

[29] 中华人民共和国住房和城乡建设部. 住房城乡建设部发展改革委财政部关于加强城市步行和自行车交通系统建设的指导意见[EB/OL]. (2022-09-10)[2015-03-25]. http://www.doc88.com/p5415818315975.html.

[30] 杨朗,石京,陆化普. 道路设施项目投资公平性的评价方法[J]. 清华大学学报:自然科学版,2005,45(9):1162-1165.

[31] ITE. Technical resources. topics:traffic engineering[EB/OL]. (2022-09-10). https://www.ite.org/technical-resources/topics/traffic-engineering/.

[32] 北京市市政设计院. 城市道路设计规范[M]. 北京:中国建筑工业出版社,2006.

[33] 宋雪鸿. 城市交通微循环问题的解决策略及其应用研究[D]. 上海:同济大学,2008.

[34] 中华人民共和国住房和城乡建设部. 城市停车设施规划导则[EB/OL]. (2022-09-10)[2015-09-06]. http://www.gov.cn/xinwen/2015-09/06/content_2925775.htm.

[35] 邵春福. 我国城市交通发展中的关键问题及对策建议[J]. 北京交通大学学报,2016,40(4):32-36.

[36] ITS America. Homepage[EB/OL]. (2022-09-10)[2021-07-23]. https://www.itsa.org/.

[37] ERTICO. Our History[EB/OL]. (2022-09-10)[2021-07-23]. https://ertico.com/history/.

[38] 中华人民共和国交通运输部. 落实国家"十四五"规划纲要交通运输怎么干?[EB/OL]. (2022-09-10)[2021-03-24]. https://www.163.com/dy/article/G5SLV74A0514TUOK.html.

[39] 邵春福. 交通规划原理[M]. 2 版. 北京:中国铁道出版社,2014.

[40] 中华人民共和国住房和城乡建设部. 城市道路工程设计规范:CJJ 37—2012[S]. 北京:中华建筑工业出版社,2016.

[41] 石田東生. 都市圏交通マスタープランとパーソントリップ調査[J]. 都市計画,2000,49(2):5-8.

[42] 北村隆一. 都市圏交通調査の新たな展開[J]. 都市計画,2000,49(2):23-26.

[43] 越智健吾. 東京都市圏総合交通体系調査における実態調査結果概要と新たな試み[J]. 都市計画,2000,49(2):18-22.

[44] 原田昇. 人の動きを捉える都市交通調査のあり方[J]. 都市計画,2000,49(2):9-12.

[45] 中野敦.パーソントリップ調査データへのニーズと活用[J].都市計画,2000,49(2):13-17.
[46] 長瀬龍彦.都市圏交通調査の新技術と展望[J].都市計画,2000,49(2):31-34.
[47] 社团法人日本道路協会.道路の交通容量[M].日本,東京都:社团法人日本道路協会,1984.
[48] 中岡智信.技術士を目指して一選択科目第7卷——道路[M].日本,東京都:山海堂,1998.
[49] 伊吹山四郎,多田宏行,栗本典彦.道路(わかり易い土木講座12新訂[M].3版.日本,東京都:彰国社刊,2002.
[50] 道路投資の評価に関する指針検討委員会.道路投資評価に関する指針(案)[S].日本,東京都:(財)日本総合研究所,1998.
[51] 道路投資の評価に関する指針検討委員会.道路投資評価に関する指針(案)第2編総合評価[S].日本,東京都:(財)日本総合研究所,1999.
[52] 運輸省鉄道局.「鉄道プロジェクトの費用対効果分析マニュアル99」[R].(財)運輸政策研究機構,1999.
[53] 杨晓光,等.城市道路交通设计指南[M].北京:人民交通出版社,2003.
[54] 深圳市人民政府.深圳市城市规划标准与准则[S].深圳:深圳市人民政府,2013.
[55] 周建高.城市路网结构及其对商业影响的中日比较——以天津与大阪为例[J].环渤海经济瞭望,2013(11):27-31.
[56] 刘洋,金智英,姚广铮,等.北京市密路网规划建设策略研究[C]//创新驱动与智慧发展——2018年中国城市交通规划年会论文集,2018.
[57] 王振藩.基于"窄马路,密路网"发展理念的城市道路网络指标分析——以海口市为例[J].中国水运(下半月),2018,18(11):216-217.
[58] 杨俊宴,吴明伟.中国特大城市CBD交通路网模式量化研究[J].规划师,2010,26(1):59-65.
[59] SHI J. Practical issues in traffic prediction for certain toll roads[C]//Proceedings of the Fourth International Conference on Traffic and Transportation Studies,2004,8:374-383.
[60] 郭凤香,熊坚,王朝英.交通分配模型研究及其应用[J].交通与计算机,2004(4):10-13.
[61] 佚名.TransCAD:交通问题的全面解决方案[J].综合运输,1997(A11):2.
[62] 刘东,路峰.道路交通安全管理规划体系初探[J].中国安全科学学报,2004,14(5):51-54.
[63] 李建文.浅谈编制城市道路交通管理规划[J].现代交通管理,2003(3):17-19.
[64] 李清波,符锌砂.道路规划与设计[M].北京:人民交通出版社,2002.
[65] 路峰.编制道路交通管理规划若干问题的探讨[J].公安大学学报:自然科学版,2001(2):26-28.
[66] 陆化普.交通规划理论与方法[M].北京:清华大学出版社,2006.
[67] 石京.利用调整系数提高交通量预测精度的有效方法[C]//第八届国际交通新技术应用大会论文集.北京:人民交通出版社,2004:822-825.
[68] 石京.土木规划学[M].2版.北京:人民交通出版社股份有限公司,2019.

[69] 石京,李文彧.中国智能交通系统发展瓶颈分析及发展策略研究[J].交通运输系统工程与信息,2012(12):1-6.
[70] 李瑞敏,邱红桐.智能交通系统规划设计及案例[M].北京:中国建筑工业出版社,2016.
[71] 佐佐木纲,饭田恭敬.交通工程学[M].邵春福,杨海,史其信,等译.北京:人民交通出版社,1994.
[72] 王殿海.交通流理论[M].北京:人民交通出版社,2002.
[73] 中华人民共和国交通运输部.公路工程技术标准:JTG B01—2014[S].北京:人民交通出版社股份有限公司,2014.
[74] 孙炳.高速公路纵横谈[J].汽车与安全,1997(1):40-41.
[75] 王毅.我国城市快速路发展综述[J].综合运输,2003(8):52-54.
[76] 文国玮.城市交通与道路系统规划[M].北京:清华大学出版社,2013.
[77] 中华人民共和国住房和城乡建设部.城市居住区规划设计标准:GB 50180—2018[S].北京:中国建筑工业出版社,2018.
[78] 石京,李卓斐,陶立.居住区空间模式与道路规划设计[J].城市交通,2011,9(3):60-65.
[79] 社团法人交通工学研究会.改訂平面交差の計画と設計基礎编[M].日本,東京都:社团法人交通工学研究会,2002.
[80] 中华人民共和国公安部.道路交通信号灯安装规范:GB 14886—2016[S].北京:中国标准出版社,2016.
[81] 中华人民共和国住房和城乡建设部.城市道路交叉口规划规范:GB 50647—2011[S].北京:中国计划出版社,2010.
[82] 陈小鸿,肖海峰.交织区交通特性的微观仿真研究[J].中国公路学报,2001,14(z1):88-91.
[83] 黎国强,梁华煜.浅议平面交叉路口的交通渠化法[J].广东公安科技,2001(3):54-56.
[84] 杨佩昆.重议城市干道网密度——对修改《城市道路交通规划设计规范》的建议[J].城市交通,2003,1:52-54.
[85] 李波.浅析改变交叉口左转交通流向的方法[J].广西城镇建设,2005(4):39-41.
[86] 潘东来,赵宪尧,曹凌峰,等.城市远引立交的规划设计理论与实践[J].河北工业大学学报,2005,34(3):79-84.
[87] 中国道路交通安全协会.中华人民共和国道路交通安全法实用指南[M].北京:中国计划出版社,2003.
[88] 翟忠民.道路交通组织优化[M].北京:人民交通出版社,2004.
[89] 陶经辉,李旭宏,毛海军.无信号交叉口通行能力[J].交通运输工程学报,2003,3(4):100-103.
[90] 杨晓光.城市道路交通计指南[M].北京:人民交通出版社,2003.
[91] 袁健.交通设计若干问题研究[D].北京:清华大学,2005.
[92] 姚恩建.城市道路工程[M].北京:北京交通大学出版社,2015.
[93] 北京市统计局.北京市 2020 年国民经济和社会发展统计公报[R].北京:北京市统计局,2021.
[94] 北京市统计局.北京统计年鉴 2020[R].北京:北京市统计局,2021.

[95] 北京市规划和自然资源委员会. 北京城市总体规划(2016 年—2035 年)[EB/OL]. (2022-09-10). [2018-01-09] http://ghzrzyw.beijing.gov.cn/zhengwuxinxi/zxzt/bjcsztgh20162035/.

[96] 中华人民共和国住房和城乡建设部. 城市快速路设计规程:CJJ 129—2009[S]. 北京:中国建筑工业出版社,2009.

[97] 中华人民共和国住房和城乡建设部. 城市道路交叉口设计规程:CJJ 152—2010[S]. 北京:中国建筑工业出版社,2010.

[98] 中华人民共和国交通运输部. 公路路线设计规范:JTG D20—2017[S]. 北京:人民交通出版社股份有限公司,2017.

[99] 高速公路丛书编委会. 高速公路交通工程及线设施[M]. 北京:人民交通出版社,2005.

[100] 刘扬. Smartway 对我国交通系统影响研究[D]. 北京:清华大学,2005.

[101] 张贻生,刘光辉. 城市快速路交通设计理念浅析[J]. 有色冶金设计与研究,2003,24(3):26-28.

[102] 朱胜跃. 城市快速路出入口设置探讨[J]. 城市交通,2004,2(4):59-63.

[103] 陈阳. 公交优先的内涵与措施[J]. 城市问题,2001(5):64-67.

[104] 葛宏伟,王炜,陈学武,等. 城市公交停靠站规划设置方法综述[J]. 现代城市研究,2004,19(11):53-57.

[105] 韩宝睿,马健霄,邵光辉. 港湾式公交停靠站的设计分析[J]. 南京林业大学学报:自然科学版,2003,27(5):69-71.

[106] 季彦婕,邓卫. 交叉口公交优先技术研究现状及发展综述[J]. 交通运输系统工程与信息,2004,4(1):30-34.

[107] 李京,武伟. 对城市"公共交通优先"的思考[J]. 广东公安科技,1998(4):87-94.

[108] 刘红红,王鑫钥,杨兆升. 城市公共交通优先的信号控制策略[J]. 公路交通科技,2004,21(5):121-124.

[109] 陆建. 公交专用车道设置条件研究[J]. 交通标准化,2003(1):59-61.

[110] 孙俊. 大型公交场站布局规划[J]. 城市公共交通,2004(3):14-16.

[111] 杨晓光,马林. 有关城市公交专用道(路)之设计要点及优先控制管理系统[J]. 城市规划,1997(3):36-37.

[112] 王桔丰,武伟. 各种不同程度公交优先措施的分析[J]. 广东公安科技,1998(2):69-73.

[113] 彭国雄,莫汉康. 城市公交停靠站设置常见问题及对策[J]. 交通运输工程学报,2001(3):77-80.

[114] 中华人民共和国公安部. 公交专用车道设置:GA/T 507—2004[S]. 北京:中国标准出版社,2004.

[115] CHILDS M C. 停车场设计[M]. 彭楚云,译. 北京:机械工业出版社,2003.

[116] 王元庆,周伟. 停车设施规划[M]. 北京:人民交通出版社,2003.

[117] 刘朝晖,秦仁杰. 公路环境与景观设计[M]. 北京:人民交通出版社,2003.

[118] 同济大学城市规划教研室. 铁路旅客站广场规划设计[M]. 北京:中国建筑工业出版社,1981.

[119] 李泽民. 城镇道路广场规划与设计[M]. 北京:中国建筑工业出版社,1981.

[120] 李云清,孙有望,季令. 城市现代物流系统建设的相关问题[J]. 上海交通大学学报,2000(S1):56-60.

[121] 沈鹍,何世伟,李岩. 城市物流货运枢纽需求预测及规划方法研究[J]. 沿海企业与科技,2005(2):126-128.

[122] 王秋平,刘军立,严宝杰. 城市货运交通枢纽布局方案模糊评价研究[J]. 城市问题,2004(3):53-56.

[123] 佚名. 物流中心的规划与设计要点[J]. 中国储运,2002(4):34-42.

[124] 姚志刚,王元庆,周伟. 城市货运规划理论框架[J]. 综合运输,2005(4):68-70.

[125] 张晶. 议物流园区的规划建设[J]. 四川建筑,2004(4):18-19,23.

[126] 杨煜辉. 物流中心设计初探[J]. 工业建筑,2003,33(11):87-89.

[127] 张永,李旭宏,毛海军. 区域物流基础设施平台规划框架研究[J]. 交通运输系统工程与信息,2005,5(2):69-73.

[128] 中华人民共和国交通运输部. 道路交通标志和标线　第 1 部分:总则:GB 5768.1—2009[S]. 北京:中国标准出版社,2009.

[129] 中华人民共和国交通运输部. 道路交通标志和标线　第 2 部分:道路交通标志:GB 5768.2—2022[S]. 北京:中国标准出版社,2022.

[130] 中华人民共和国交通运输部. 道路交通标志和标线　第 3 部分:道路交通标线:GB 5768.3—2009[S]. 北京:中国标准出版社,2009.

[131] 史忠科,陈小锋,赵凯. 一种智能交通信号控制机的设计与实现[J]. 计算机应用研究,2004,21(8):145-147.

[132] 宋颖苇. 浅谈道路标线与交通安全[J]. 交通标准化,2001(4):37-39.

[133] 中华人民共和国公共部. 道路交通信号控制系统术语:GB/T 31418—2015[S]. 北京:中国质检出版社,2015.

[134] 中华人民共和国公共部. 道路交通信号控制方式第 1 部分:通用技术条件:GA/T 527.1—2015[S]. 北京:中国质检出版社,2005.

[135] 金磊. 城市无障碍环境的规划设计[J]. 现代城市研究,2001(2):29-31.

[136] 李景色,李铁楠. 修订我国《城市道路照明设计标准》中的几个问题(之一)[J]. 照明工程学报,2004,15(1):38-42,49.

[137] 倪朝乐. 浅谈城市道路照明设计[J]. 福建建设科技,2000(4):40-41.

[138] 杨军. 澳大利亚新型布瑞芬金属索护栏装置的使用[J]. 公路运输文摘,2002(9):31-38.

[139] 赵炳强. 道路照明设计中的若干问题分析[J]. 人类工效学,1999(2):59-62.

[140] 中华人民共和国住房和城乡建设部. 城市人行天桥与人行地道技术规范:CJJ 69—1995[S]. 北京:中国建筑工业出版社,1996.

[141] 中华人民共和国住房和城乡建设部. 无障碍设计规范:GB 50763—2012[S]. 北京:中国建筑工业出版社,2012.

[142] 中华人民共和国住房和城乡建设部. 城市道路照明设计标准:CJJ 45—2015[S]. 北京:中国建筑工业出版社,2015.

[143] 周志刚. 关于高等级公路安全护栏设计中几个问题的探讨[J]. 中南公路工程,1995(2):

59-63.
[144] 大西博文.道路環境技術開発三箇年計画の概要—快適な生活環境をつくる技術開発を目指して—[J].道路,1996(7):34-38.
[145] 沈亚巍.景观桥梁的规划研究及其评价[D].北京:清华大学,2005.
[146] 邵艺超.城市道路的景观设计[J].江苏交通,2003(7):13-15.
[147] 赵雅静,闻丽红.城市道路环境景观浅析[J].沈阳建筑工程学院学报(社会科学版),2004,6(1):14-16.
[148] 聂小沅,刘朝晖.城市道路景观设计[J].交通环保,2002,23(6):45-47.
[149] 刘景星,邢军.城市道路景观设计理论与方法[J].哈尔滨建筑大学学报,1997(1):99-104.
[150] 于玲,周晓丹,王荣.道路景观设计[J].沈阳建筑工程学院学报,1999(1):24-27.
[151] 杨晓光,白玉,薛昆.城市主干道交通与景观协调规划设计方法研究[J].城市规划,2003,27(10):34-38.
[152] 范瑛,汪国圣.结合景观路谈城市道路景观设计[J].华中科技大学学报(城市科学版),2002,19(2):68-70.
[153] 郭旭.浅谈城市道路的景观美[J].哈尔滨建筑大学学报,1995(2):124-127.
[154] 廖子成.现代花园城市道路系统规划中的景观设计[J].公路,2001(6):96-97.
[155] 黄锦香,杨岚,郭景立.城市道路绿化景观设计[J].林业勘查设计,1999(1):53-54.
[156] 杨慧敏.功能·美化·天人合一——浅谈现代城市道路景观设计[J].江西园艺,2003(5):33-35.
[157] 王少丽.城市入口地段道路景观设计[J].华中农业大学学报(社会科学版),2004(1):57-59.
[158] 张铭,向剑.论城市互通式立交景观特性与景观设计[J].重庆交通学院学报,2003(2):43-45.
[159] 中华人民共和国交通部.公路建设项目环境影响评价规范:JTG 03—2006[S].北京:人民交通出版社,2006.
[160] HALL P. The future of metropolis and its form[J]. Regional Studies,1997,31(3):211-220.
[161] GAKENHEIMER R.城市交通规划的作用(孔令斌摘编)[J].国外城市规划,1996(3):27-29.
[162] 威尔 W.城市的发展过程[M].北京:中国建筑工业出版社,1981.
[163] 石丸浩司,田島夏与.米国ボストンの都心における高速道路地下化プロジェクト“The Big Dig”[J].土木学会誌,2002,87:44-47.
[164] 陈旭梅,于雷,郭继孚,等.美国智能交通系统ITS的近期发展综述[J].中外公路,2003(2):9-12.
[165] 陈易.城市建设中的可持续发展理论[M].上海:同济大学出版社,2003.
[166] 何永.清溪川复原——城市生态恢复工程的典范[J].北京规划建设,2004(4):102-105.
[167] 黄永根,胡列格.交通需求管理——实现交通系统可持续发展的有效方法[J].系统工程,1998(4):41-44,65.
[168] 贾元华.高速公路交通事件自动检测系统结构框架[J].佳木斯大学学报:自然科学版,

2004(2):242-246.
[169] 李崆崨. 城市地下空间的开发和利用[J]. 城市,2004(6):20-22.
[170] 刘江鸿. 道路交通管理:城市交通可持续发展的瓶颈[J]. 城市规划,2002(3):69-73.
[171] 宋瑞,何世伟. 城市交通系统可持续发展问题的研究[J]. 北方交通大学学报,1999(5):7-11.
[172] 苏州,付新云,胡超明. FWD 在公路工程检测中的实际应用[J]. 交通科技,2004(1):40-41.
[173] 杨晓文. 智能交通系统信息检测器分析及展望[J]. 交通与运输,2003(2):9-10.
[174] 王力强. 智能运输系统(ITS)及其支持技术的特点与发展趋势[J]. 黑龙江交通科技,2004(4):82-83.
[175] 王炜,过秀成. 交通工程学[M]. 南京:东南大学出版社,2003.
[176] 张庶萍,郝春晖. ITS 支持下的城市交通发展策略取向[J]. 综合运输,2005(1):62-63.
[177] 《中国公路学报》编辑部. 中国交通工程学术研究综述·2016[J]. 中国公路学报,2016,29(6):1-161.
[178] 中华人民共和国国家发改委. 关于促进智能城市健康发展的指导意见[EB/OL]. (2022-09-10). http://www.cac.gov.cn/files/pdf/SmartCity0829.pdf.
[179] 中共中央 国务院. 交通强国建设纲要[EB/OL]. (2022-09-10)[2019-09-19]. https://www.mot.gov.cn/zhengcejiedu/jiaotongqghzd/xiangguanzhengce/201909/t20190920_3273800.html.
[180] 中华人民共和国交通运输部. "十四五"公路养护管理发展纲要[EB/OL]. (2022-09-10)[2022-04-26]. https://xxgk.mot.gov.cn/2020/jigou/glj/202204/t20220426_3652905.html.